高职高专国家示范性院校系列教材

数控加工工艺技术

主　编　郑　红

参　编　耿洪福　胡文艺　燕龙浩

西安电子科技大学出版社

内 容 简 介

本书采用项目驱动、任务引导的模式编排教学内容。全书共八个项目，重点介绍了硬质合金机夹可转位刀具的选择及应用，并结合企业生产实践中的典型案例介绍了数控车削、数控铣削、加工中心加工工艺规程的编制方法，使学生在掌握金属切削加工必备知识的基础上，学会数控机床设备、自动换刀装置及通用夹具的使用方法。

本书编排创新、体例创新、案例创新，可作为高职高专院校机械、电子信息、自动化、机器人、电气控制类各专业的教材，也可以作为相关工程技术人员的参考书。

图书在版编目(CIP)数据

数控加工工艺技术/郑红主编. —西安：西安电子科技大学出版社，2020.6
ISBN 978-7-5606-5637-3

Ⅰ.① 数…　Ⅱ.① 郑…　Ⅲ.① 数控机床—加工工艺　Ⅳ.① TG659

中国版本图书馆 CIP 数据核字(2020)第 070803 号

策划编辑　高　樱
责任编辑　武伟婵　雷鸿俊
出版发行　西安电子科技大学出版社(西安市太白南路 2 号)
电　　话　(029)88242885　88201467　　邮　　编　710071
网　　址　www.xduph.com　　电子邮箱　xdupfxb001@163.com
经　　销　新华书店
印刷单位　陕西天意印务有限责任公司
版　　次　2020 年 6 月第 1 版　2020 年 6 月第 1 次印刷
开　　本　787 毫米×1092 毫米　1/16　印张　17.5
字　　数　417千字
印　　数　1～3000 册
定　　价　41.00 元
ISBN 978-7-5606-5637-3/TG

XDUP 5939001-1

＊＊＊如有印装问题可调换＊＊＊

前言

Foreword

“中国制造2025”有力推动了智能制造技术的发展，数控加工技术是智能制造技术的初级形态，在CAD-CAE-CAPP-CAM产品数字技术全生命周期中，CAPP(计算机辅助工艺设计)一直处于瓶颈阶段，制约着CAM技术的智能化发展。相同工况条件下的生产加工、数控加工工艺规程及加工工艺参数直接决定了产品加工质量和效益，生产上更需要工程师长期积累的加工经验及大数据，综合考虑机床、材料、刀具、切削参数等工况，实时调整数控加工工艺规程及工艺参数。为了满足高等职业技术新工科教育的发展及高技术高技能人才培养的需要，编者历经三年的教学、生产理论与实践，站在企业生产角度，编撰了本书，对数控加工工艺技术课程内容及教学方式方法进行了变革。

本书以项目化教学模式为导向，结合学生的认知规律和知识储备结构，将来自企业生产一线的产品以案例任务编排，突出职业岗位、工作任务与知识的映射关联，将机械制造技术基本概念及知识点分别渗透到每个项目模块中，强调教学的严谨性和项目的完整性。

本书旨在培养机械制造岗位人员所需的数控加工工艺技术分析及工艺实施能力。全书共八个项目，包含金属切削加工基础知识，机械加工工艺规程，数控车床及通用夹具，数控车削刀具及孔加工刀具，数控车削加工工艺(拉钉、镗刀杆、锥套球体、刀柄套零件数控加工工艺)，数控铣床、加工中心及通用夹具，数控铣床、加工中心刀具，数控铣、加工中心加工工艺(连接板、方刀架、阀体、拨叉、三孔连杆、箱体零件数控加工工艺)。书中案例的数控加工工艺规程及工艺参数参照企业生产实践，融合了数控加工工艺领域内的新技术和新趋势，使学生逐步建立起现代企业生产工作规范。

本书由温州职业技术学院郑红老师担任主编，承担全部项目的编写工作，济南二机床集团有限公司耿洪福、燕龙浩和温州职业技术学院胡文艺老师参编。为方便教师教学和学生自学，本书配有二维码教学信息视频。电子教学课件等资源请读者登录出版社网站，免费下载。

由于编者水平有限，书中不足之处在所难免，希望广大读者提出宝贵意见，以便进一步修订。编者邮箱：454831023@qq.com。

编　者

2020年1月

目　　录

项目一　金属切削加工基础知识

【知识目标】

- 掌握数控切削加工特点
- 掌握切削运动和切削用量
- 掌握金属切削过程
- 熟悉金属切削刀具

【技能目标】

- 能够合理选择切削用量
- 能够正确标注刀具角度

1.1　数控切削加工概述

一、数控切削加工的概念

数控切削加工是指在数控机床上进行金属切削加工的技术。数控加工技术的产生是传统加工技术一次革命性的变革，也是传统加工技术发展到今天的必然结果，如图1-1所示。数控加工技术是基于数字信息来控制零件和刀具动作与位移的机械加工方法。数控机床的机械结构相对简单，但电气控制技术相当复杂，该技术以专业的数控系统为核心，通过数控程序控制刀具完成复杂的轨迹运动。数控机床的主轴速度与进给速度变换方便，且可无级调速，可在加工过程中用数控程序改变参数，并可用相应的倍率调节开关在一定范

图1-1　数控切削加工

数控切削加工

围内进行调节。数控加工使操作者的体力消耗降至最低，转为以脑力劳动为主，并且在加工之前就将加工程序及参数预设完成。数控机床除具备传统加工的基本功能外，更多地满足了现代金属切削加工、智能制造的要求，如刀具的自动更换、刀具运动轨迹程序的控制、同一把刀具应付多种几何特征表面的加工要求(如外圆车刀往往同时具备加工端面、外圆、锥面和圆弧面的功能)；铣削刀具往往同时用到圆柱切削刃与端面切削刃加工，圆角铣刀(又称圆鼻铣刀)和球头铣刀在企业已经被普遍采用。智能制造高转速、高精度、智能化的加工要求，对数控机床、刀具材料、刀具结构与装刀刀柄等均提出了特定和更高的要求，如装刀刀柄已出现工具系统的形式。

数控加工技术虽然被冠以现代智能制造技术的美誉，但其本质仍然是金属切削加工，其切削原理与规律仍然与传统加工理论相仿，刀具几何角度的定义并没有新的变化。虽然数控技术对新型刀具材料有极强的需求，但传统的刀具材料仍然被大量使用。虽然机夹可转位刀具结构被普遍采用，但传统的整体结构式刀具仍未被抛弃。因此，不要将数控切削加工与传统切削加工割裂开来，学习数控加工时，不能忽视金属切削原理与刀具基本知识的学习，以便进一步学习数控加工技术相关的知识，掌握数控加工的原理与特点。

二、数控切削加工的特点

数控切削加工具有以下特点：

1. 自动化程度高

数控机床是基于数控系统，由数控程序控制进行工作的，加工过程中切削参数的设定与转换全自动化，刀具的选择与更换基本可自动完成，因此加工效率高。据统计，数控铣床的切削加工时间占总加工时间的70%左右，加工中心的切削加工时间占总加工时间的90%以上。

2. 加工精度高

数控加工技术由于加工过程程序控制的特定性，使其在加工质量的稳定性与加工精度的重复再现性方面远高于传统机械加工。

3. 加工适应性强

数控加工改变了传统机械加工通过机床专用夹具使工件位置适应刀具位置的特点，转而以刀具位置的变化适应工件表面的复杂性，这一点在多轴加工机床上更为明显。因此，数控加工不仅在批量生产中替代传统专用机床加工，还非常适用于单件、小批量产品的生产和新产品的试制。

4. 适应高速加工新技术要求

高速切削加工技术的出现，对数控机床提出了新的要求。数控机床的电主轴技术摒弃了传统的齿轮传动，极大地提高了主轴转速，转速的转换可实现无级调速、平稳过渡；数控机床的进给伺服控制与联动技术，使得进给速度提高，并且使得进给速度的转换更为平稳可控，同时使切削厚度的控制变得更为方便与可靠。这些适用于高速加工的特点是传统加工机床不可能实现的。

1.2　切削运动和切削用量

数控加工技术是传统机械加工技术的延伸和发展，两者在金属切削原理与刀具知识方面是相同的。为保持数控知识的连贯性与系统性，以下简要介绍金属切削原理与刀具的基础知识。

一、切削运动

在金属切削加工时，为了切除工件上多余的材料，形成工件要求的合格表面，刀具和工件间须完成一定的相对运动，即切削运动。切削运动按其所起作用的不同，可分为主运动和进给运动，如图 1-2 所示。

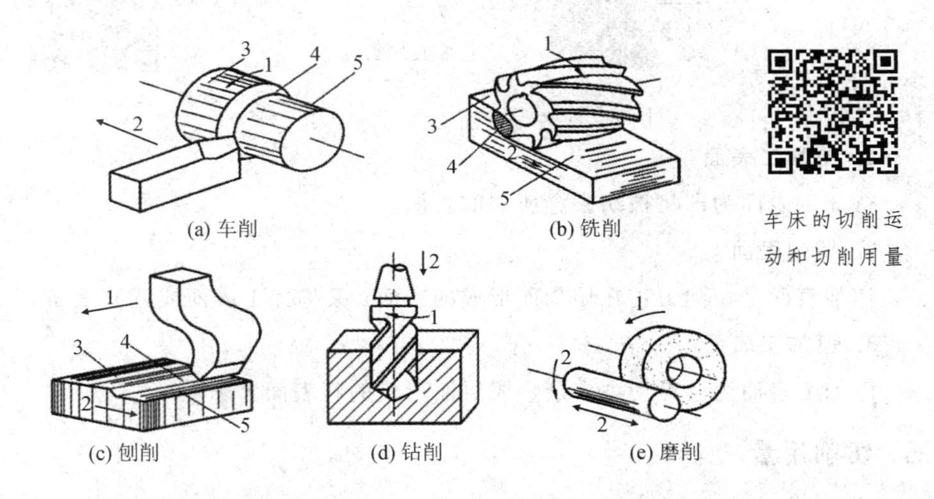

1—主运动；2—进给运动；3—待加工表面；4—加工表面；5—已加工表面

图 1-2　主运动和进给运动

1. 主运动

在切削加工中起主要作用且消耗动力最多的运动为主运动，它是切除工件上多余金属层所必需的运动。一般切削加工中主运动只有一个。车削时主运动是工件的旋转运动；铣削和钻削时主运动是刀具的旋转运动；磨削时主运动是磨轮的旋转运动；刨削时主运动是刀具(牛头刨)或工件(龙门刨床)的往复直线运动；等等。

2. 进给运动

在切削加工中，为使金属层不断投入切削、保持切削连续进行而附加的刀具与工件之间的相对运动称为进给运动，进给运动可以是一个或多个。车削时进给运动是刀具的移动；铣削时进给运动是工件的移动；钻削时进给运动是钻头沿其轴线方向的移动；内、外圆磨削时进给运动是工件的旋转运动和移动等。

二、工件表面

切削加工过程中，在切削运动的作用下，工件表面的一层金属不断地被切下来变为切屑，从而加工出所需要的新表面。在新表面形成的过程中，工件上有三个依次变化着的表面，它们分别是待加工表面、切削表面和已加工表面，如图 1-2 和图 1-3 所示。

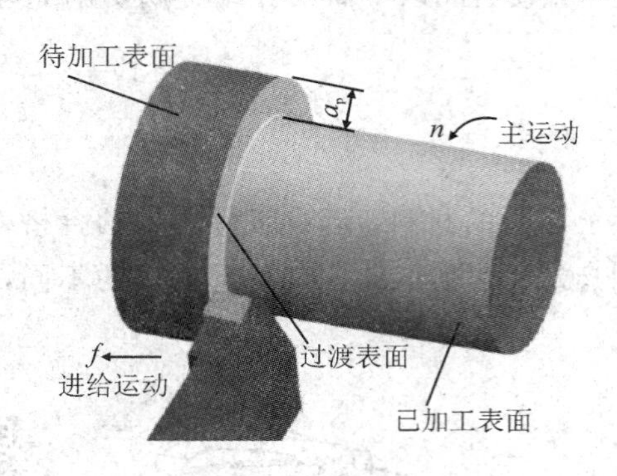

图 1-3 车外圆加工

车外圆加工

1. 待加工表面

待加工表面为即将被切去金属层的表面。

2. 切削表面

切削表面是切削刃正在切削而形成的表面，又称加工表面或过渡表面。

3. 已加工表面

已加工表面为已经切去多余金属层而形成的新表面。

三、切削用量

在切削加工中，切削速度、进给量和背吃刀量(切削深度)总称为切削用量，它表示主运动和进给运动量，如图 1-3 及图 1-4 所示。

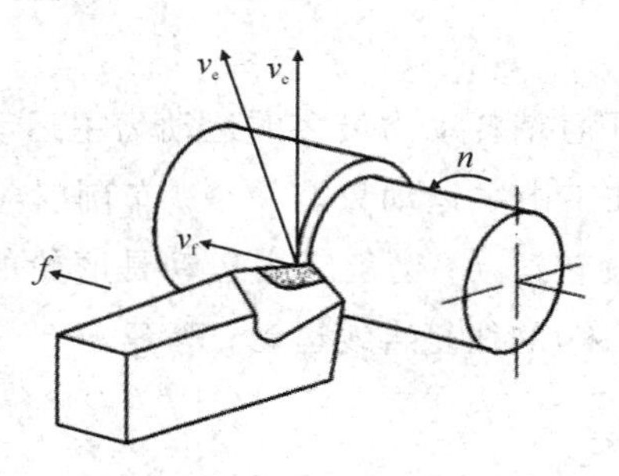

图 1-4 车外圆时合成切削运动

1. 切削速度

刀具切削刃上选定点相对工件主运动的瞬时线速度称为切削速度，用 v_c 表示，单位为 m/s 或 m/min。当主运动为旋转运动时，切削速度的计算公式为

$$v_c = \frac{\pi dn}{1000} = \frac{dn}{318} \tag{1-1}$$

式中：d 为工件加工表面或刀具选定点的旋转直径，单位为 mm；n 为主运动的转速，单位为 r/s 或 r/min。

2. 进给量

工件或刀具每转一周，刀具在进给方向上相对工件的位移量称为每转进给量，简称进给量，用 f 表示，单位为 mm/r。单位时间内刀具在进给运动方向上相对工件的位移量称为进给速度，用 v_f 表示，单位为 mm/s 或 m/min。

当主运动为旋转运动时，进给量 f 与进给速度 v_f 之间的关系为

$$v_f = fn \tag{1-2}$$

当主运动为往复直线运动时，进给量为每往复一次的进给量。

3. 背吃刀量(切削深度)

工件已加工表面和待加工表面之间的垂直距离称为背吃刀量，用 a_p 表示，单位为 mm。车外圆时背吃刀量 a_p 为

$$a_p = \frac{d_w - d_m}{2} \tag{1-3}$$

式中：d_m 为已加工表面直径，单位为 mm；d_w 为待加工表面直径，单位为 mm。

4. 合成切削速度

主运动与进给运动合成的运动称为合成切削运动。切削刃选定点相对工件合成切削运动的瞬时速度称为合成切削速度 v_e，其可表示为

$$v_e = v_c + v_f \tag{1-4}$$

四、切削用量的合理选择

要合理确定具体加工条件下的背吃刀量 a_p、进给量 f、切削速度 v_c 及刀具寿命 T，应综合考虑加工质量、生产率及加工成本等因素，并充分发挥刀具和机床的性能。

1. 切削用量对加工质量的影响

切削用量的选择会影响切削变形、切削力、切削温度和刀具寿命，从而会对加工质量产生影响。背吃刀量 a_p 增大，则切削力成比例增大，工艺系统变形大、振动大，工件加工精度下降，表面粗糙度增大；进给量 f 增大，则切削力也增大(但不成正比例)，使表面粗糙度的增大更为显著；切削速度 v_c 增大，则切削变形、切削力、表面粗糙度等均有所减小。因此，精加工应采用小的背吃刀量和进给量，为降低积屑瘤、鳞刺的影响，可用硬质合金刀具进行高速切削(v_c>80 m/min)。

2. 背吃刀量 a_p 的合理选择

背吃刀量 a_p 一般是根据加工余量确定的。

对于粗加工(表面粗糙度 Ra 为 50～12.5 μm)，一次走刀尽可能切除全部余量，在中等功率机床上，a_p 的范围为 8～10 mm；当余量太大或不均匀、工艺系统刚性不足、断续切削时，可分几次走刀。

对于半精加工(表面粗糙度 Ra 为 6.3～3.2 μm)，a_p 的范围为 0.5～2 mm。

对于精加工(表面粗糙度 Ra 为 1.6～0.8 μm)，a_p 的范围为 0.1～0.4 mm。

3. 进给量 f 的合理选择

粗加工时，对表面质量没有太高的要求，切削力往往较大，合理的 f 应是工艺系统(机床进给机构强度、刀杆强度和刚度、刀片的强度、工件装夹刚度等)所能承受的最大进给量。当刀杆尺寸、工件直径增大时，f 可较大；若 a_p 增大，因切削力增大，则 f 应较小；加工铸铁时的切削力较小，所以 f 可大些。

精加工时，进给量主要受加工表面粗糙度的限制，所以一般进给量取较小值。但进给量过小，切削深度太薄，刀尖处应力集中，散热不良，刀具磨损加快，反而使表面粗糙度加大，所以进给量也不宜太小。

4. 选择切削速度的一般原则

(1) 粗车时，a_p、f 均较大，故 v_c 较小；精车时，a_p、f 均较小，所以 v_c 较大。

(2) 工件材料强度、硬度较高时，应选较小的切削速度；工件材料加工性能越差，切削速度越小。所以，易切削钢的切削速度较同等条件的普通碳钢高，加工灰铸铁的切削速度较碳钢低，加工铝合金、铜合金的切削速度较加工钢高得多。

(3) 刀具材料的性能越好，切削速度也选得越高。

此外，在选择切削速度时，还应考虑以下因素：

(1) 精加工时，应尽量避免积屑瘤和鳞刺产生。

(2) 断续切削时，为减小冲击和热应力，应当降低切削速度。

(3) 在易发生振动的情况下，切削速度应避开自激振动的临界速度。

(4) 加工大件、细长件、薄壁件及带硬皮的工件时，应选用较低的切削速度。

切削速度确定后，可按公式(1-1)计算机床主轴转速 n，单位为 r/min。

1.3　金属切削过程

金属切削过程是指从工件表面切除多余金属形成已加工表面的过程。在切削过程中，工件受到刀具的推挤，通常会变形，形成切屑。伴随着切屑的形成，将产生切削热、刀具磨损、积屑瘤和加工硬化等现象，这些现象将影响到工件的加工质量和生产效率等，因此有必要对其变形过程加以研究，找到其规律，以提高加工质量和生产效率。

一、切削变形

1. 切屑的形成过程

切屑是被切材料受到刀具前刀面的推挤，沿着某一斜面剪切滑移形成的，如图 1-5 所示。切削层不是由刀具切削刃削下来的或劈开来的，而是靠前刀面的推挤滑移而成的。

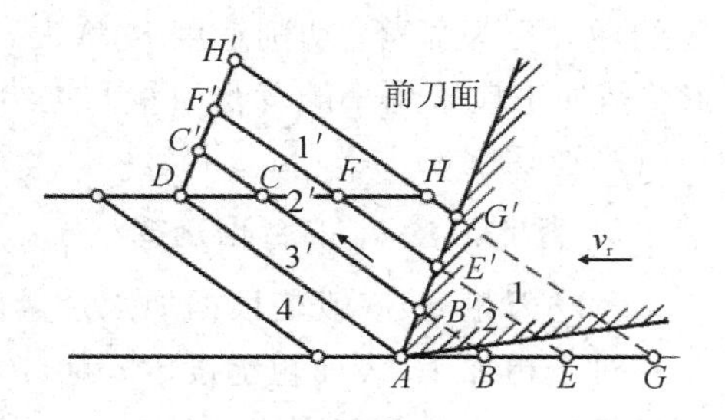

图 1-5　切削过程示意图

2. 切削过程变形区的划分

切削层金属受到刀具前刀面的推挤产生剪切滑移变形后，还要继续沿着前刀面流出变成切屑。在这个过程中，切削层金属将产生一系列变形，通常将其划分为三个变形区，如图1－6所示。

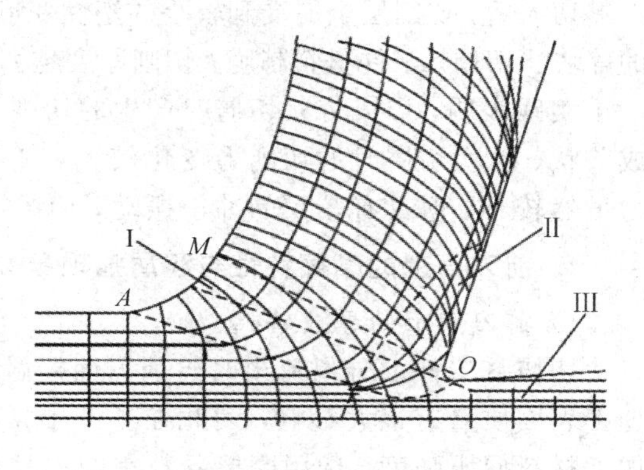

图1－6　剪切滑移线与三个变形区示意图

图1－6中：Ⅰ为第一变形区，其主要特征是沿滑移面的剪切变形以及随之产生的加工硬化；Ⅱ为第二变形区，切屑底层(与前刀面接触层)在沿前刀面流动过程中受到前刀面的进一步挤压与摩擦，使靠近前刀面的金属纤维化，即产生了第二次变形，变形方向基本与前刀面平行；Ⅲ为第三变形区，此变形区位于后刀面与已加工表面之间，切削刃钝圆部分及后刀面对已加工表面进行挤压，使已加工表面产生变形，造成纤维化和加工硬化。

3. 切屑类型及控制

由于工件材料性质和切削条件不同，切削层变形程度也不同，因而产生的切屑形态也多种多样，归纳起来主要有如图1－7所示的四种类型。

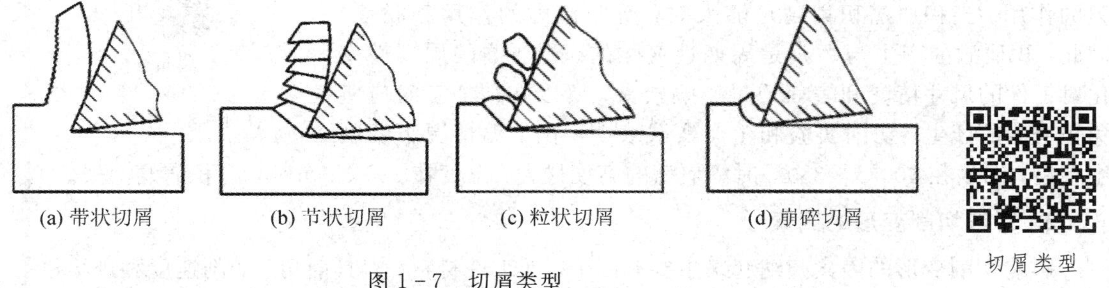

图1－7　切屑类型

切屑类型

(1) 带状切屑：如图1－7(a)所示，切屑延续成较长的带状，这是最常见的一种切屑形状。一般情况下，当加工塑性材料，且切削厚度较小、切削速度较高、刀具前角较大时，往往会得到此类型切屑。此类型切屑底层表面光滑，上层表面毛茸，切削过程较平稳，已加工表面粗糙度值较小。

(2) 节状切屑：如图1－7(b)所示，切屑底层表面有裂纹，上层表面呈锯齿形。在加工塑性材料，且切削速度较低、切削厚度较大、刀具前角较小时，容易得到此类型切屑。

(3) 粒状切屑：如图1－7(c)所示，当切削塑性材料，且剪切面上剪切应力超过工件材料破裂强度时，挤裂切屑便被切离成粒状切屑。采用较小的前角或负前角，切削速度较低，进给量较大时，易产生此类型切屑。

以上三种切屑均是切削塑性材料时得到的，只要改变切削条件，三种切屑形态是可以相互转化的。

(4) 崩碎切屑：如图 1－7(d)所示，在加工铸铁等脆性材料时，由于材料抗拉强度较低，刀具切入后，切削层金属受到较小的塑性变形就被挤裂，或在拉应力状态下脆断，形成不规则的碎块状切屑。工件材料越脆，切削厚度越大，刀具前角越小，越容易产生这种类型切屑。

实践表明，形成带状切屑时产生的切削力较小、较稳定，加工表面的粗糙度值较小；形成节状、粒状切屑时的切削力变化较大，加工表面的粗糙度值增大；崩碎切屑产生的切削力虽然较小，但具有较大的冲击振动，切屑在加工表面上不规则崩落，加工后表面较粗糙。

4. 前刀面上的摩擦特性与积屑瘤现象

1) 前刀面上的摩擦特性

切屑从工件上分离流出时与前刀面接触产生摩擦，由于摩擦对切削变形、刀具寿命和加工表面质量有很大影响，因此在生产中常采用减小切削力、缩短刀—屑接触长度、降低加工材料屈服强度、选用摩擦系数小的刀具材料、提高刀面刃磨质量和浇注切削液等方法，来减小摩擦。

2) 积屑瘤现象

在切削塑性材料时，如果前刀面上的摩擦系数较大，切削速度不高又能形成带状切屑，则常常会在切削刃上黏附一个硬度很高的鼻型或楔型硬块，该硬块称为积屑瘤。如图 1－8 所示，积屑瘤包围着刃口，将前刀面与切屑隔开，其硬度是工件材料的 2～3倍，可以代替刀刃进行切削，起到增大刀具前角和保护切削刃的作用。当积屑瘤积累到足够大时，受摩擦力的作用会脱落，因此，积屑瘤的产生与大小是周期性变化的。积屑瘤的周期性变化对工件的尺寸精度和表面质量影响较大，所以在精加工时应避免积屑瘤的产生。切削实验和生产实践表明，在中温情况下切削中碳钢，温度在 300℃～380℃时积屑瘤的高度最大，温度在 500℃～600℃时积屑瘤消失。

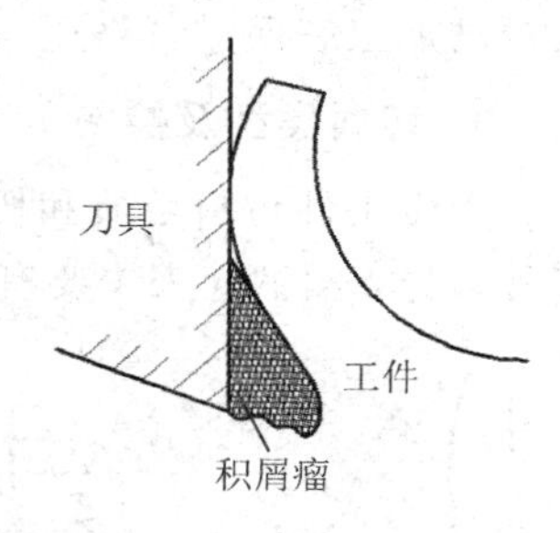

图 1－8　积屑瘤

5. 影响切削变形的因素

影响切削变形的因素归纳起来主要有四个，即工件材料、刀具前角、切削速度和进给量。

(1) 工件材料。工件材料的强度和硬度越高，则摩擦系数越小，变形越小。材料的强度和硬度增大时，前刀面的法向应力增大，摩擦系数减小，从而使剪切角增大，变形减小。

(2) 刀具前角。刀具前角越大，切削刃越锋利，前刀面对切削层的挤压作用越小，则切削变形越小。

(3) 切削速度。在切削塑性材料时，切削速度对切削变形的影响比较复杂，如图 1－9 所示。在有积屑瘤的切削范围内($v_c \leqslant 400$ m/min)，切削速度通过积屑瘤来影响切屑变形。在积屑瘤增长阶段，切削速度增大，积屑瘤高度增大，实际前角增大，从而使切削变形减少；在积屑瘤消退阶段，切削速度增大，积屑瘤高度减小，实际前角减小，切削变形随之增大。积屑瘤最大时切削变形达最小值，积屑瘤消失时切削变形达最大值。

在没有积屑瘤的切削范围内，切削速度越大，则切削变形越小。这有两方面原因：一方面是由于切削速度越高，切削温度越高，摩擦系数降低，使剪切角增大，切削变形减小；另一方面，切削速度增高时，金属流动速度大于塑性变形速度，使切削层金属尚未充分变形就已从刀具前刀面流出成为切屑，从而使第一变形区后移，剪切角增大，切削变形进一步减小。

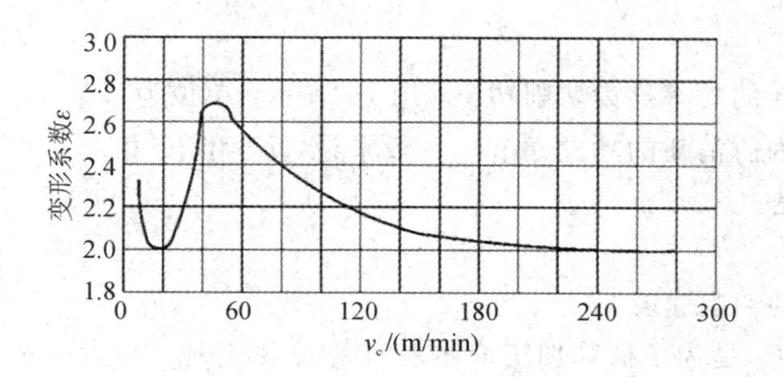

图1-9 切削速度对切削变形的影响

(4) 进给量。进给量通过摩擦系数影响切削变形，进给量增加，作用在前刀面的法向力增大，摩擦系数减小，从而使摩擦角减小，剪切角增大，因此切削变形减小。

二、切削力与切削功率

切削力是被加工材料抵抗刀具切入所产生的阻力，它是影响工艺系统强度、刚度和加工工件质量的重要因素，是设计机床、刀具和夹具，计算切削动力消耗的主要依据。

1. 切削力

刀具在切削工件时，由于切屑与工件内部产生弹、塑性变形抗力，切屑与工件对刀具产生摩擦阻力，因此形成了作用在刀具上的切削合力 $\boldsymbol{F}$，如图1-10所示。在切削时，合力 $\boldsymbol{F}$ 作用在近切削刃空间的某方向，由于大小与方向都不易确定，因此为便于测量、计算和反映实际作用的需要，常将合力 $\boldsymbol{F}$ 分解为三个分力。

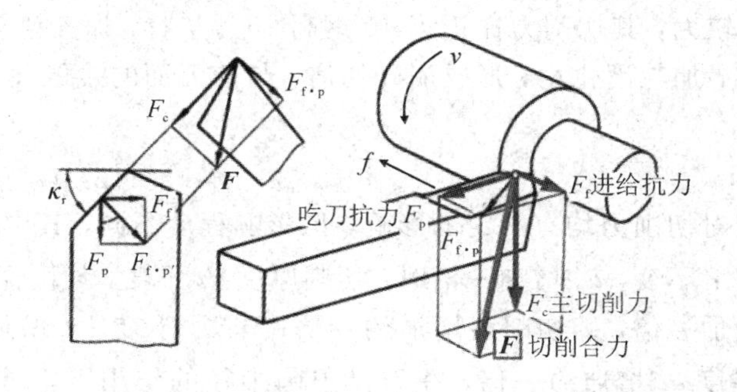

图1-10 切削时的切削合力及其分力

主切削力 F_c：垂直于基面，与切削速度 v_c 方向一致；

吃刀抗力 F_p：平行于基面，与进给方向(即工件轴线方向)相垂直；

进给抗力 F_f：平行于基面，与进给方向平行。

合力 $\boldsymbol{F}$ 与主切削力 F_c、吃刀抗力 F_p、进给抗力 F_f 之间的关系(κ_r 为主偏角)为

$$F = \sqrt{F_c^2 + F_p^2 + F_f^2} \tag{1-5}$$

$$F_p = F_{f·p} \times \cos\kappa_r \tag{1-6}$$

$$F_f = F_{f·p} \times \sin\kappa_r \tag{1-7}$$

2. 切削功率

切削过程中消耗的功率称为切削功率，用 P_c 表示，单位为 kW，它是 F_c、F_p、F_f 在切削过程中单位时间内所消耗的功的总和。一般来说，F_p 和 F_f 相对 F_c 所消耗的功率很小，可以略去不计，于是

$$P_c = F_c v_c \tag{1-8}$$

式中：v_c 为主运动的切削速度。

计算切削功率 P_c 是为了核算加工成本和计算能量消耗，在设计机床时可根据切削功率来选择机床电机的功率。机床电机的功率 P_E 可按下式计算：

$$P_E = \frac{P_c}{\eta_c} \tag{1-9}$$

式中：η_c 为机床传动效率，一般取 η_c＝0.75～0.85。

3. 影响切削力的主要因素

凡影响切削过程变形和摩擦的因素均影响切削力，其主要包括工件材料、切削用量和刀具几何参数三个方面。

1）工件材料

工件材料是通过材料的剪切屈服强度、塑性变形程度与刀具间的摩擦条件影响切削力的。一般来说，材料的强度和硬度越高，切削力越大，这是因为强度、硬度高的材料，切削时产生的抗力大，虽然它们的变形系数 μ 相对较小，但总体来看，切削力还是随材料强度、硬度的增大而增大。在强度、硬度相近的材料中，塑性、刃性大的，或加工硬化严重的材料，其切削力大。例如，不锈钢 1Cr18Ni9Ti 与正火处理的 45 钢的强度和硬度基本相同，但不锈钢的塑性、刃性较大，其切削力比正火 45 钢高 25%左右。加工铸铁等脆性材料时，切削层的塑性变形很小，加工硬化小，形成崩碎切屑，与前刀面的接触面积小，摩擦力小，故切削力比加工钢小。

2）切削用量

切削用量三要素对切削力均有一定的影响，但影响程度不同，其中背吃刀量 a_p 和进给量 f 影响较明显。当 f 不变，a_p 增加一倍时，切削厚度 a_c 不变，切削宽度 a_w 增加一倍，因此刀具上的负荷也增加一倍，即切削力增加约一倍；当 a_p 不变，f 增加一倍时，切削宽度 a_w 保持不变，切削厚度 a_c 增加约一倍，在刀具刃圆半径的作用下，切削力只增加 68%～86%。可见，在相同的切削面积下，采用大的进给量较采用大的背吃刀量省力和节能。切削速度 v_c 对切削力的影响不大，当 v_c＞500 m/min，切削塑性材料时，v_c 增大，μ 减小，切削温度增高，从而使材料强度、硬度降低，剪切角增大，变形系数减小，切削力减小。

3）刀具几何参数

在刀具几何参数中，刀具的前角 γ_o 和主偏角 κ_r 对切削力的影响较明显。当加工钢时，γ_o 增大，切削变形明显减小，切削力减小得较多。适当增大 κ_r，使切削厚度 a_c 增加，则单位面积上的切削力 $\boldsymbol{F}$ 减小。在切削力不变的情况下，主偏角大小将影响吃力抗刀和进给抗力的分配比例，当 κ_r 增大时，吃刀抗力 F_p 减小，进给抗力 F_f 增加；当 κ_r＝90°时，吃刀抗力 F_p＝0，对防止车细长轴类零件减少弯曲变形和振动十分有利。

三、切削热与切削温度

切削热是切削过程中产生的另一个物理现象，它对刀具的寿命、工件的加工精度和表面质量影响较大。

1. 切削热的产生和传散

在切削加工中，切削变形与摩擦所消耗的能量几乎全部转换为热能，即切削热。切削热通过切屑、刀具、工件和周围介质(空气或切削液)向外传散，同时使切削区域的温度升高。切削区域的温度称为切削温度。图 1－11 所示为切削热的产生与传出，图 1－12 所示为直角自由切削正交平面内的温度场分布。

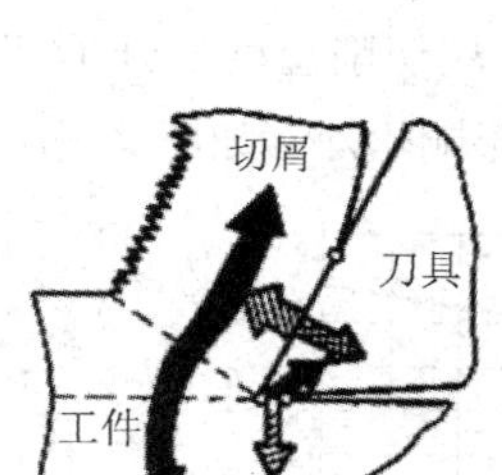

图 1－11　切削热的产生与传出

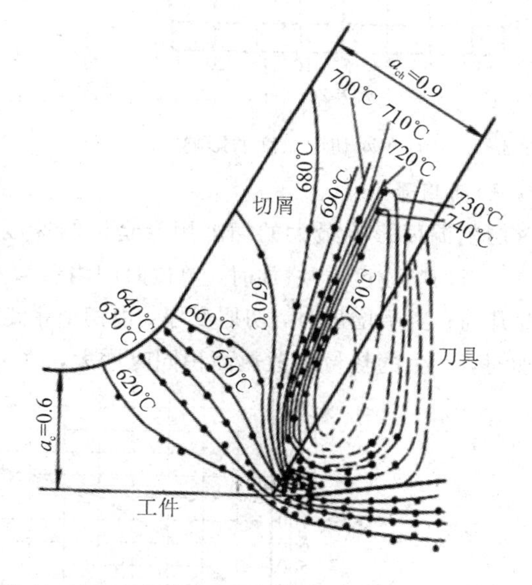

图 1－12　直角自由切削正交平面内的温度场分布

不同的加工类型，切削热传给各部分的比例不同。例如，干车削的切削热除极少部分(约 1%)传给周围空气外，绝大部分传给切屑、刀具和工件，切屑占 50%～86%，车刀占 10%～40%，工件占 3%～9%。钻削加工时，切屑带走切削热的 28%，刀具传出 14.5%，工件传出 52.5%，周围介质传出 5%。

影响热传散的主要因素是工件和刀具材料的热导率、加工方式和周围介质的状况。热量传散的比例与切削速度有关，切削速度增加时，由摩擦生成的热量增多，但切屑带走的热量也增加，刀具的热量减少，工件的热量更少。所以，高速切削时，切屑的温度很高，刀具和工件的温度较低，这有利于切削加工的顺利进行。

2. 影响切削温度的主要因素

切削温度的高低主要取决于切削加工过程中产生热量的多少和向外传散的快慢。影响热量产生和传散的主要因素有工件材料、刀具几何参数、切削用量和其他因素。

1) 工件材料

工件材料的强度、硬度越高，切削时消耗的功率就越多，产生的切削热越多，切削温度就越高。工件材料的热导率越大，通过切屑和工件传出的热量越多，切削温度下降越快。

2）刀具几何参数

前角增大，切削变形减小，产生的热量少，切削温度降低。但过大的前角会减小散热体积，当前角大于20°～25°时，前角对切削温度的影响减小。主偏角减小，使切削宽度增大，散热面积增加，切削温度下降，如图1-13、图1-14所示。

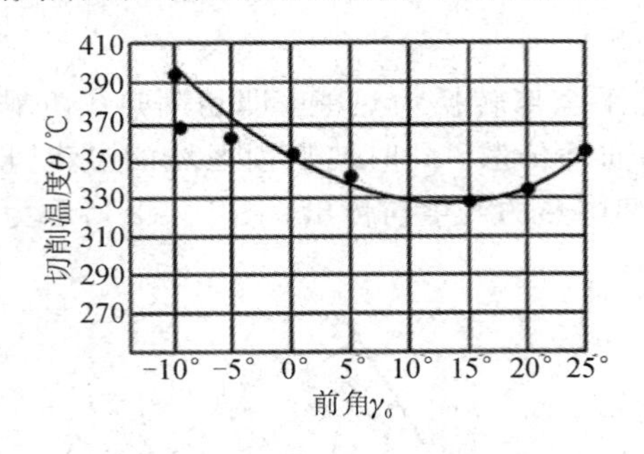

图1-13　前角对切削温度的影响

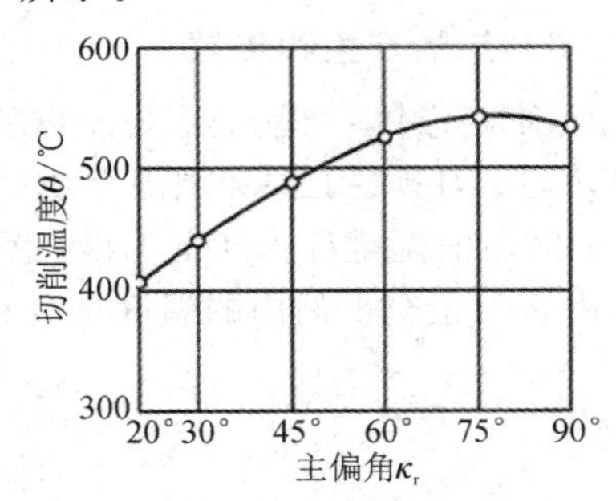

图1-14　主偏角对切削温度的影响

3）切削用量

对切削温度影响最大的切削用量是切削速度，其次是进给量，而背吃刀量的影响最小，这是因为当切削速度v_c增加时，单位时间内参与变形的金属量增加而使消耗的功率增大，切削温度升高；当f增加时，切屑变厚，由切屑带走的热量增多，故切削温度上升不甚明显；当a_p增加时，产生的热量和散热面积同时增大，故对切削温度的影响也小，如图1-15所示。

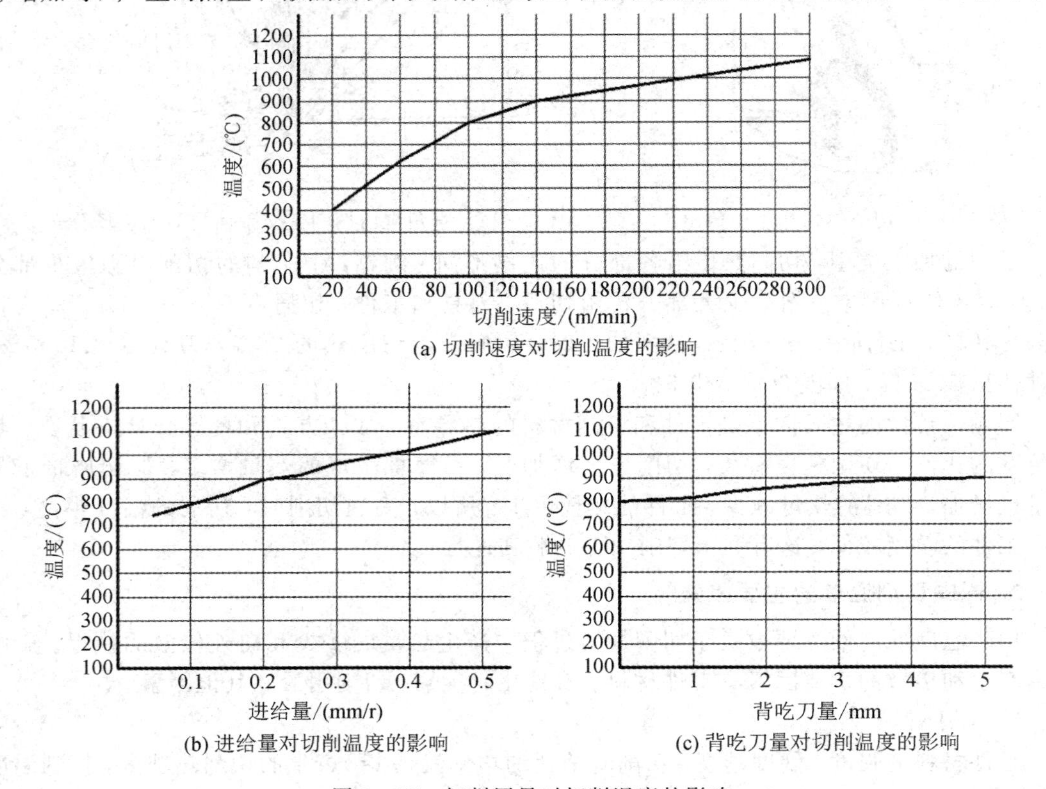

图1-15　切削用量对切削温度的影响

4）其他因素

刀具后刀面磨损量增大时，加剧了刀具与工件间的摩擦，使切削温度升高。切削速度越高，刀具磨损对切削温度的影响就越显著。浇注切削液对降低切削温度、减少刀具磨损和提高已加工表面质量有明显的效果，切削液的润滑作用可以减小摩擦，同时降低切削热的产生。

四、切削液

1. 切削液的作用

在切削区浇注切削液可以改善切削条件，提高工件加工质量和切削效率，如图1-16所示。切削液的主要作用如下：

（1）冷却作用。切削液能从切削区域带走大量切削热，从而降低切削温度。切削液冷却性能的好坏，取决于它的导热系数、比热、汽化热、汽化速度、流量和流速等。

（2）润滑作用。切削液能渗入到刀具、切屑和加工表面之间，形成一层润滑膜或化学吸附膜，以减小它们之间的摩擦。切削液润滑的效果主要取决于切削液的渗透能力、吸附成膜的能力和润滑膜的强度等。

（3）清洗作用。由于切削液具有流动性，因此可以冲走切削区域和机床上的细碎切屑和脱落的磨粒。切削液清洗性能的好坏，主要取决于切削液的流动性、使用压力的情况和切削液的油性。

（4）防锈作用。在切削液中加入防锈剂，可在金属表面形成一层保护膜，对工件、机床、刀具和夹具等都能起到防锈作用。防锈作用的强弱，取决于切削液本身的成分和添加剂的作用效果。

图1-16　切削液

切削液

2. 常用切削液的种类与选用

（1）水溶液。水溶液的主要成分是水，其中加入了少量的有防锈和润滑作用的添加剂。水溶液的冷却效果良好，多用于普通磨削和其他精加工。

（2）乳化液。乳化液是将乳化油（由矿物油、表面活性剂和其他添加剂配成）用水稀释而成。低浓度乳化液冷却效果较好，主要用于磨削、粗车、钻孔加工等，高浓度乳化液润滑效果较好，主要用于精车、攻丝、铰孔、插齿加工等。

（3）切削油。切削油主要是矿物油（如机械油、轻柴油、煤油等），少数采用动植物油或复合油。普通车削、攻丝时，可选用机油；精加工有色金属或铸铁时，可选用煤油；加工螺纹时，可选用植物油；在矿物油中加入一定量的添加剂，可用于精铣、铰孔、攻丝及齿轮加工。

1.4　金属切削刀具

任何刀具都由刀头和刀柄两部分构成，刀头用于切削，刀柄用于装夹。虽然用于切削加工的刀具种类繁多，但刀具切削部分的组成有共同点，车刀的切削部分可看作是各种刀具切削部分最基本的形态，如图 1－17 所示。

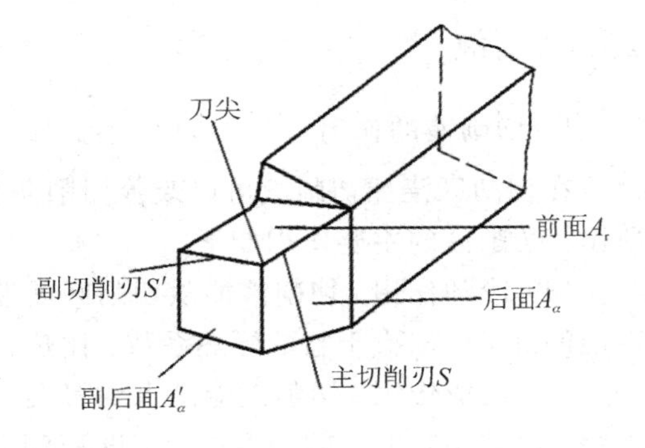

图 1－17　车刀切削部分的结构

一、刀具切削部分的构成要素

刀具切削部分主要由刀面和切削刃两部分构成，刀面用字母 A 与下角标组成的符号标记，切削刃用字母 S 标记，副切削刃及相关的刀面标记在右上角加一撇以示区别。

(1) 前面(前刀面)A_r：刀具上切屑流出的表面。

(2) 后面(后刀面)A_α：刀具上与工件新形成的过渡表面相对的刀面。

(3) 副后面(副后刀面)A'_α：刀具上与工件新形成的已加工表面相对的刀面。

(4) 主切削刃 S：前面与后面形成的交线，在切削中承担主要切削任务。

(5) 副切削刃 S'：前面与副后面形成的交线，参与部分切削任务。

(6) 刀尖：主切削刃与副切削刃汇交的交点或一小段切削刃。

二、刀具标注角度

刀具标注角度主要有四种类型，即前角、后角、偏角和倾角。

如图 1－18 所示，在正交平面参考系中，刀具标注角度分别标注在构成参考系的三个切削平面上。

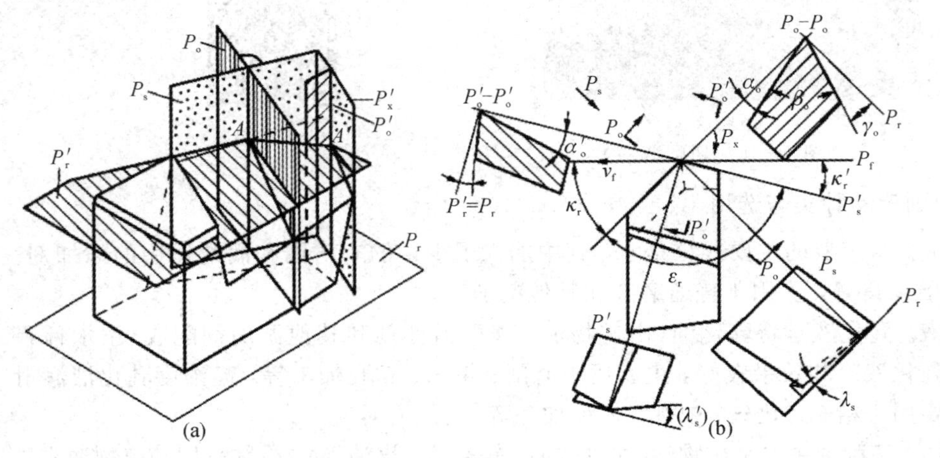

图 1－18　正交平面参考系的刀具标注角度

车刀组成角度

(1) 在基面 P_r 上刀具标注角度有：

主偏角 κ_r——主切削平面 P_s 与假定工作平面 P_f 间的夹角。

副偏角 κ'_r——副切削平面 P'_s 与假定工作平面 P_f 间的夹角。

(2) 在切削平面 P_s 上刀具标注角度有：

刃倾角 λ_s——主切削刃 S 与基面 P_r 间的夹角。刃倾角 λ_s 有正负之分，当刀尖处于切削刃最高点时为正，反之为负。

(3) 在正平面 P_o 上刀具标注角度有：

前角 γ_o——前面 A_r 与基面 P_r 间的夹角。前角 γ_o 有正负之分，当前面 A_r 与切削平面 P_s 间的夹角小于 90°时，取正值；大于 90°时，则取负值。

后角 α_o——后面 A_α 与切削平面 P_s 间的夹角。

以上五个角度 κ_r、κ'_r、λ_s、γ_o、α_o 为车刀的基本标注角度，此外还有以下派生角度：

刀尖角 ε_r——在基面 P_r 内，测量的主切削平面 P_s 与副切削平面 P'_s 间的夹角，$\varepsilon_r = 180° - (\kappa_r + \kappa'_r)$。

余偏角 ψ_r——在基面 P_r 内，测量的主切削平面 P_s 与背平面 P_p 间的夹角，$\psi_r = 90° - \kappa_r$。

楔角 β_o——在正平面 P_o 内，测量的前面 A_r 与后面 A_α 间的夹角，$\beta_o = 90° - (\gamma_o + \alpha_o)$。

三、刀具工作角度

上述刀具标注角度是在忽略进给运动及刀具安装误差等因素影响的情况下给出的，实际上在刀具的使用中，应考虑合成运动和实际安装情况。按照刀具工作的实际情况，所确定的刀具角度参考系称为刀具工作角度参考系。在刀具工作角度参考系中，标注的刀具角度称为刀具工作角度。通常进给运动在合成切削运动中起的作用很小，在一般安装条件下，可用标注角度代替工作角度，只有在进给运动和刀具安装对工作角度产生较大影响时，才需计算工作角度。

1. 进给运动对刀具工作角度的影响(横车时)

切断刀切断工件时的情况如图 1-19 所示，当考虑进给运动时，切削刃上 A 点的运动轨迹是一条阿基米德螺旋线，切削刃越接近工件中心，d_w 越小，η 越大，γ_{oe} 越大，而 α_{oe} 越小，甚至变为零或负值，对刀具的工作越不利。

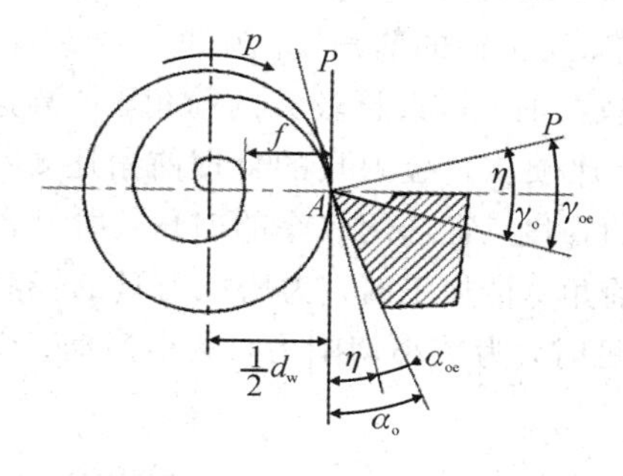

图 1-19 横向进给运动对刀具工作角度的影响

2. 刀尖位置高低对工作角度的影响

实际安装时，刀尖不一定在机床中心高度上，若刀尖高于机床中心高度，如图1-20所示，其工作前角和后角分别为γ_{pe}、α_{pe}，则刀具工作前角γ_{pe}比标注前角γ_p增大了，工作后角α_{pe}比标注后角α_p减小了。

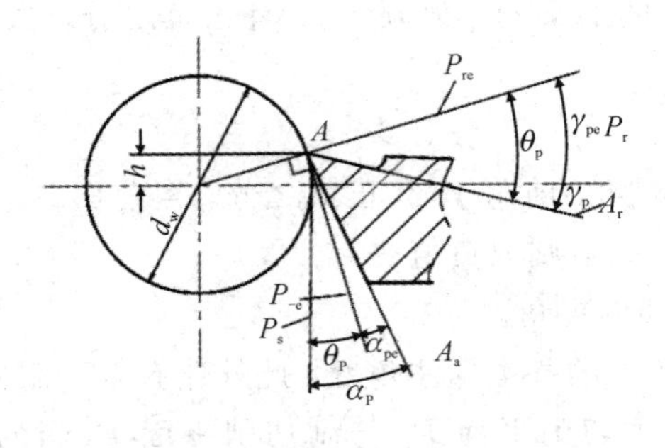

车刀安装

图1-20　刀尖位置高时的刀具工作角度

四、刀具几何参数的合理选择

刀具几何参数对切削时金属的变形、切削力、切削温度和刀具磨损都有显著影响，从而影响生产率、刀具寿命、已加工表面质量和加工成本。刀具“合理”的几何参数，是指在保证加工质量的前提下，能够获得最高刀具寿命、提高切削效率、降低生产成本的几何参数。

1. 前角的选择

前角的大小决定切削刃的锋利程度和强固程度。增大前角可使刀刃锋利，减小切削变形、切削力，降低切削温度，提高刀具寿命，并且较大的前角还有利于排除切屑，使表面粗糙度减小。但是，增大前角会使刃口楔角减小，削弱刀刃的强度，同时使散热条件恶化，切削区温度升高，从而导致刀具寿命降低，甚至造成崩刃。所以，前角不能太小，也不能太大，应有一合理值，即存在一个刀具寿命最大的前角——合理前角γ_{opt}。

当工件材料的强度、硬度大时，为增加刃口强度、降低切削温度、增加散热体积，应选择较小的前角；当材料的塑性较大时，为使变形减小，应选择较大的前角；加工脆性材料时，塑性变形很小，切屑为崩碎切屑，切削力集中在刀尖和刀刃附近，为增加刃口强度，宜选用较小的前角。通常加工铸铁的前角γ_{opt}为5°～15°；加工钢材的前角γ_{opt}为10°～20°；加工紫铜的前角γ_{opt}为25°～35°；加工铝的前角γ_{opt}为30°～40°。

刀具材料的强度和韧性较高时，可选择较大的前角，如高速钢；硬质合金脆性大，怕冲击，所以前角小；而陶瓷刀具比硬质合金刀具的合理前角还要小些。

粗加工时，为增加刀刃的强度，宜选用较小的前角；加工高强度钢断续切削时，为防止脆性材料的破损，常采用负前角；精加工时，为增加刀具的锋利性，宜选择较大前角；工艺系统刚性较差和机床功率不足时，为减小切削力，减小振动、变形，应选择较大的前角。

2. 后角的选择

刀具后角的作用是减小切削过程中刀具后刀面与工件切削表面之间的摩擦。增大后角，可减小后刀面的摩擦与磨损，从而减小刀具楔角，使刀具变得锋利，可切下很薄的切削层，从而延长刀具寿命；但是后角太大时，楔角减小，刃口强度减小，散热体积减小，从而缩短刀具寿命，故后角不能太大。因此，与前角一样，有一个刀具耐用度最大的合理后角 α_{opt}。

刀具合理后角的选择依据是切削厚度 a_c(或进给量 f)的大小，a_c 增大，前刀面上的磨损量加大，为使楔角增大以增加散热体积，延长刀具寿命，后角应选得小些；a_c 减小，磨损主要在后刀面上，为减小后刀面的磨损和增加切刃的锋利程度，应使后角增大。一般车刀的合理后角 α_{opt}与进给量 f 的关系为：$f > 0.25$ mm/r 时，α_{opt}的范围为 5°～8°；$f \leqslant 0.25$ mm/r 时，α_{opt}的范围为 10°～12°。

另外，刀具合理后角 α_{opt}还取决于切削条件：

(1) 当材料较软，塑性较大时，已加工表面易产生硬化，后刀面摩擦对刀具磨损和工件表面质量影响较大，应取较大的后角；当工件材料的强度或硬度较高时，为加强切削刃的强度，应选取较小的后角。

(2) 切削工艺系统刚性较差时，易出现振动，故应减小后角。

(3) 对于尺寸精度要求较高的刀具，应取较小的后角，这样可使磨耗掉的金属体积增大，使刀具寿命增加。

(4) 精加工时，因背吃刀量 a_p 及进给量 f 较小，所以使得切削厚度较小，刀具磨损主要发生在后面，此时宜取较大的后角。粗加工或刀具承受冲击载荷时，为使刃口强固，应取较小后角。

(5) 刀具的材料对后角的影响与前角相似，一般高速钢刀具可比同类型的硬质合金刀具的后角大 2°～3°。

3. 主偏角的选择

主偏角 κ_r 的大小影响着切削力、切削热和刀具寿命。主偏角减小，刀尖角 ε_r增大，刀尖强度增加，散热体积增大，使刀具寿命延长；减小主偏角，可减少因切入冲击而造成的刀尖损坏；减小主偏角，可使工件表面残留面积高度减小，从而使已加工表面粗糙度减小。但是减小主偏角，将使径向分力 F_p 增大，引起振动及增加工件挠度，这会使刀具寿命下降，并增大了已加工表面粗糙度及降低了加工精度。主偏角还影响断屑效果和排屑方向。增大主偏角，使切屑窄而厚，易折断，对钻头而言，增大主偏角，有利于切屑沿轴向顺利排出。主偏角可根据不同加工条件和要求选择使用：

(1) 粗加工、半精加工和工艺系统刚性较差时，为减小振动、提高刀具寿命，应选择较大的主偏角。

(2) 加工很硬的材料时，为提高刀具寿命，应选择较小的主偏角。

(3) 应根据工件已加工表面形状选择主偏角，如加工阶梯轴时，选 $\kappa_r = 90°$；需 45°倒角时，选 $\kappa_r = 45°$等。

(4) 有时考虑一刀多用，常选通用性较好的车刀，如 $\kappa_r = 45°$或 $\kappa_r = 90°$等。

4. 副偏角的选择

副偏角 κ'_r的作用是减小副切削刃和副后刀面与工件已加工表面间的摩擦。减小副偏角，会使残留面积高度减小，使已加工表面粗糙度减小；但减小副偏角，会增加副后刀面与已加工表面间摩擦，使径向力增加，易出现振动。副偏角太大会使刀尖强度下降、散热体积减小，从而缩短刀具寿命。一般精加工时，$\kappa'_r=5°\sim10°$；粗加工时，$\kappa'_r=10°\sim15°$。有些刀具因受强度及结构限制(如切断车刀)，取 $\kappa'_r=1°\sim2°$。

5. 刃倾角的选择

刃倾角 λ_s 的作用是控制切屑流出的方向、影响刀头的强度和切削刃的锋利程度。当 $\lambda_s>0°$时，切屑流向待加工表面；当 $\lambda_s=0°$时，切屑沿主剖面方向流出；当 $\lambda_s<0°$时，切屑流向已加工表面，如图 1-21 所示。粗加工时，宜选负刃倾角，以增加刀具的强度；在断续切削时，负刃倾角有保护刀尖的作用，因此，当 $\lambda_s=0°$时，切削刃全长与工件同时接触，因而冲击较大；当 $\lambda_s>0°$时，刀尖首先接触工件，易崩刀尖；当 $\lambda_s<0°$时，离刀尖较远处的切削刃先接触工件，可保护刀尖。当工件刚性较差时，不宜采用负刃倾角，因为负刃倾角将使径向切削力 F_p 增大。精加工时，宜选用正刃倾角，可避免切屑流向已加工表面，保证已加工表面不被切屑碰伤。大刃倾角刀具可增大排屑平面的实际前角，减小刃口圆弧半径，使刀刃锋利，进而切下极薄的切削层(微量切削)。

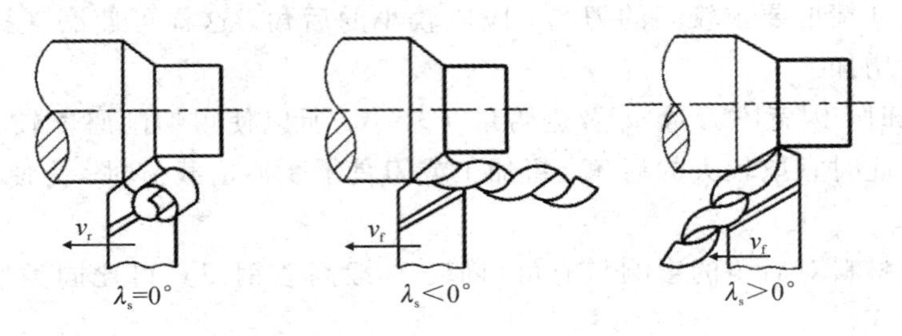

图 1-21　刃倾角对排屑方向的影响

刃倾角主要由切削刃强度与流屑方向而定，一般加工钢材和铸铁时，粗车取 $\lambda_s=0°\sim-5°$，精车取 $\lambda_s=0°\sim5°$，有冲击负荷时取 $\lambda_s=-5°\sim-15°$。

五、刀具材料、刀具磨损与刀具寿命

刀具材料一般是指刀具切削部分的材料，它的性能优劣是影响加工表面质量、切削效率、刀具寿命等的重要因素。在金属切削过程中，刀具切削部分在高温下承受着很大的切削力与剧烈的摩擦。在断续切削工作时，还伴随着冲击与振动，引起切削温度的波动。因此，刀具材料应具备良好的性能，有高的硬度和耐磨性、足够的强度和韧性、高的耐热性、良好的工艺性与经济性、好的导热性和小的膨胀系数。

当前使用的刀具材料分四大类，即工具钢(包括碳素工具钢、合金工具钢、高速钢)、硬质合金、陶瓷、超硬刀具材料，机加工使用最多的是高速钢与硬质合金，各类刀具材料所适应的切削范围如图 1-22 所示。

1. 工具钢

用来制造刀具的工具钢主要有三种，即碳素工具钢、合金工具钢和高速钢。

碳素工具钢只适于制造手用和切削速度很低的刀具，如锉刀、手用锯条、丝锥和板牙等，常用牌号有 T8A、T10A 和 T12A，其中以 T12A 用得最多，其含碳量为 1.15%～1.2%，淬火后硬度可达 58～64HRC，热硬性达 250℃～300℃，允许切削速度可达 5～10 m/min。

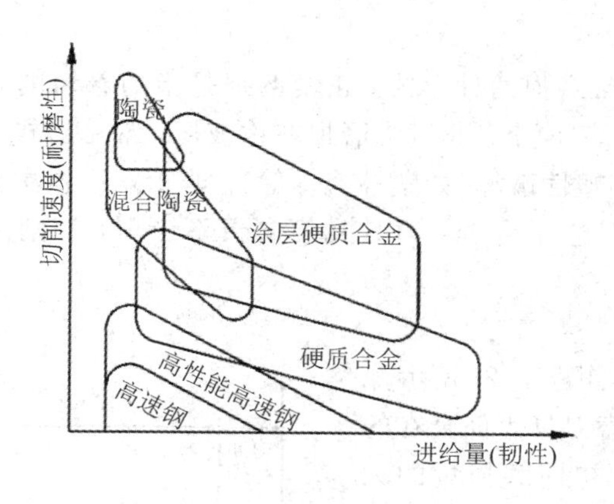

图 1-22　各类刀具材料所适应的切削范围

刀具材料

合金工具钢是指在高碳钢中加入 Si、Cr、W、Mn 等合金元素，其目的是提高淬透性和回火稳定性、细化晶粒、减小变形，常用牌号有 9SiCr、CrWMn 等，热硬性达 325℃～400℃，允许切削速度可达 10～15 m/min。合金工具钢目前主要用于低速工具，如丝锥、板牙、铰刀等。

高速钢是指含有 W、Mo、Cr、V 等合金元素较多的合金工具钢。高速钢是综合性能较好、应用范围最广的一种刀具材料，热处理后硬度达 62～66HRC，抗弯强度约为 3.3 GPa，耐热性为 600℃左右，此外还具有热处理变形小，能锻造，易磨出较锋利的刃口等优点。高速钢的使用约占刀具材料总量的 60%～70%，特别适用于制造结构复杂的成形刀具、孔加工刀具，例如各类铣刀、拉刀、螺纹刀具、切齿刀具等。常用的高速钢牌号为 W18Cr4V。

2. 硬质合金

硬质合金是由硬度和熔点很高的碳化物(称硬质相)和金属(称黏结相)通过粉末冶金工艺制成的。常用的硬质合金牌号中含有大量的 WC、TiN，因此硬度、耐磨性、耐热性均高于工具钢，常温硬度达 89～94HRA，耐热性达 800℃～1000℃，切削钢时，切削速度可达 220 m/min 左右。

硬质合金按其化学成分与使用性能可分为四类，即钨钴类 YG(WC+Co)、钨钛钴类 YT(WC+TiN+Co)、添加稀有金属碳化物类 YW(WC+TiC+TaC(NbC)+Co)及碳化钛基类 YN(TiN+WC+Ni+Mo)。

涂层硬质合金有较好的综合性能，其基体强度韧性较好，表面耐磨、耐高温，但涂层硬质合金刃口锋利程度与抗崩刃性不及普通合金，因此多用于普通钢材的精加工或半精加工。涂层硬质合金允许采用较高的切削速度，与未涂层硬质合金相比，能减小切削力、降低切削温度、改善已加工表面质量、提高通用性。涂层硬质合金不能用于焊接结构，且不能重磨，主要用于可转位刀片。

其他刀具材料有陶瓷、金刚石、立方氮化硼(CBN)等超硬刀具材料。

3. 刀具磨损

金属切削时，刀具在高温条件下受到工件、切屑的摩擦作用，刀具材料逐渐被磨耗或出现其他形式的损坏，刀具磨损将影响加工质量、生产率和加工成本。

1）刀具磨损形式

刀具磨损可分为正常磨损和非正常磨损两种形式。正常磨损是指随着切削时间的增加而逐渐扩大的磨损，主要发生在前、后刀面上。非正常磨损亦称破坏，常见形式有脆性破坏（如崩刃、碎断、剥落、裂纹破坏等）和塑性破坏（如塑性流动等）。非正常磨损主要是由于刀具材料选择不合理，刀具结构、制造工艺不合理，刀具几何参数不合理，切削用量选择不当，刃磨和操作不当等原因造成的。

2）刀具磨损过程

刀具磨损过程一般分成三个阶段，如图 1－23 所示。

初期磨损阶段（*OA* 段）：将新刃磨刀具表面存在的凸凹不平及残留砂轮痕迹很快磨去。初期磨损量的大小，与刀具刃磨质量有关，一般经研磨过的刀具，初期磨损量较小。

正常磨损阶段（*AB* 段）：经初期磨损后，刀具的粗糙表面已被磨平，压强减小，磨损比较均匀缓慢，后刀面上的磨损量将随切削时间的延长而近似的成正比例增加，此阶段是刀具的有效工作阶段。

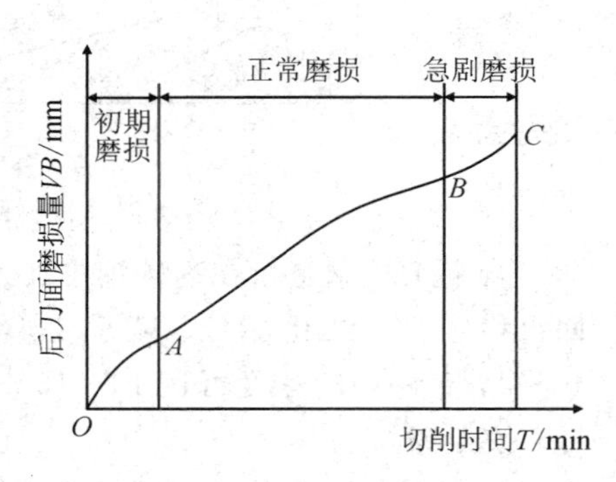

图 1－23　刀具磨损曲线

急剧磨损阶段（*BC* 段）：当刀具磨损达到一定限度后，已加工表面粗糙度变差，摩擦加剧，切削力、切削温度猛增，磨损速度快速增加，往往产生振动、噪声等，致使刀具失去切削能力。因此，应避免刀具达到急剧磨损阶段，在这个阶段到来之前，就应更换新刀或新刃。

4. 刀具寿命

刀具寿命是指一把新刀从开始切削直到磨损量达到磨钝标准为止的总切削时间，或者说是刀具两次刃磨之间的总切削时间，用 T 表示，单位为 min。在切削用量三要素中，切削速度 v_c 对刀具寿命的影响最大，进给量 f 次之，背吃刀量 a_p 影响最小。因此，实际使用中，在使刀具寿命降低较少而又不影响生产率的前提下，应尽量选取较大的背吃刀量、较小的切削速度以及适中的进给量。

思考与练习

1－1　谈谈数控切削加工的特点。

1－2　什么是切削三要素？如何选择切削速度？

1－3　切屑的类型有哪些？请描述带状切屑。

1－4　简述切削液的种类与作用。

1－5　金属切削刀具标注的主要角度有五个，分别是什么？主偏角的选择原则是什么？

1－6　谈谈刃倾角的选择方法。

1－7　当前使用的刀具材料主要有哪四大类？硬质合金材料按其化学成分与使用性能分为哪四类？

1－8　简述刀具切削部分的构成要素。

项目二　机械加工工艺规程

【知识目标】

- 掌握机械加工工艺规程
- 掌握六点定位基本原理
- 掌握定位基准的选择
- 掌握工艺路线的拟定
- 熟悉加工余量、工序尺寸、工艺尺寸链

【技能目标】

- 能够合理划分工序、安装、工位、工步、走刀
- 能够合理选择粗基准、精基准
- 能够合理确定每道工序的工序尺寸及公差
- 能够进行工艺尺寸链的计算

在完成产品图样设计后正式投产之前，要对产品及其零件进行工艺规程的制订。工艺规程的设计是制造系统中技术、经验、信息流集中的焦点，不论生产类型如何都必须制订机械加工工艺规程，它直接关系到生产计划调度、工人操作、质量检验、生产准备、新建扩建车间等各个方面。工艺规程的设计与修改是一项严肃的工作，必须经过认真讨论和严格的审批，工艺规程设计需要经过不断的修改和完善，吸收先进技术，才能保证其合理性。随着数控技术的飞速发展，数控机床广泛应用于企业中，因此机械加工工艺规程常被称为数控加工工艺规程，机械加工常被称为数控加工，两者是一个概念。

2.1　机械加工工艺规程基本概念

一、机械加工工艺规程概述

1. 生产过程

把原材料转变为成品的全过程，称为生产过程。生产过程一般包括原材料的运输及仓储保管、生产技术准备、毛坯制造、机械加工、含热处理、装配、检验、喷涂、包装和入库等。

2. 工艺过程

在上述生产过程中，凡是直接改变生产对象的形状、尺寸、相对位置和性质等，使之成

为成品或半成品的过程称为工艺过程。工艺过程的种类较多，有毛坯制造、热处理、机械加工、装配等。机械加工工艺过程是机械产品生产过程的一部分，是对机械产品中的零件采用各种加工方法直接用于改变毛坯的形状、尺寸、表面粗糙度以及力学物理性能，使之成为合格零件的全部劳动过程。

3. 生产类型

生产类型是指企业生产专业化程度的分类，人们按照产品的生产纲领、投入生产的批量，可将生产分为单件生产、大量生产和批量生产三种类型。

(1) 单件生产：单个生产不同结构和尺寸的产品，很少重复甚至不重复，这种生产称为单件生产。如新产品试制、维修车间的配件制造和重型机械制造等都属此种生产类型，其特点是生产的产品种类较多，而同一产品的产量很小，工作地点的加工对象经常改变。

(2) 大量生产：同一产品的生产数量很大，大多数工作地点经常按一定节奏重复进行某一零件的某一工序的加工，这种生产称为大量生产。如自行车制造和一些链条厂、轴承厂等专业化生产即属于此种生产类型，其特点是同一产品的产量大，工作地点较少改变，加工过程重复。

(3) 批量生产：一年中分批轮流制造几种不同的产品，每种产品均有一定的数量，工作地点的加工对象周期性地重复，这种生产称为批量生产。如一些通用机械厂、农业机械厂、陶瓷机械厂、造纸机械厂、烟草机械厂等的生产即属于这种生产类型，其特点是产品的种类较少，有一定的生产数量，加工对象周期性改变，加工过程周期性重复。

同一产品(或零件)每批投入生产的数量称为批量，根据批量的大小又可分为大批量生产、中批量生产和小批量生产。小批量生产的工艺特征与单件生产类似，大批量生产的工艺特征与大量生产类似，参考表 2-1 即可确定生产类型。生产类型不同，产品和零件的制造工艺、所用设备及工艺装备、采取的技术措施、达到的技术经济效果等也不同。

表 2-1　生产类型的判别

生产类型		生产纲领(件/年或台/年)		
		重型(30 kg 以上)	中型(4～30 kg)	轻型(4 kg 以下)
单件生产		1～5	1～10	1～100
批量生产	小批量生产	5～100	10～200	100～500
	中批量生产	100～300	200～500	500～5000
	大批量生产	300～1000	500～5000	5000～50 000
大量生产		1000 以上	5000 以上	50 000 以上

4. 工序集中与工序分散

1) 工序集中

工序集中就是将工件的加工集中在少数几道工序内，每道工序的加工内容较多，工序集中减少了工件装夹次数，易于保证各表面间的相互位置精度，还能缩短辅助时间。工序集中又可分为采用技术措施的机械集中，如采用多刀、多刃、多轴或数控机床加工等；采用人为组织措施的组织集中，如车削加工的顺序加工。

2）工序分散

工序分散是将工件的加工分散在较多的工序内，每道工序的加工内容很少，有时甚至每道工序只有一个工步，大批量流水化生产就是工序分散特征的体现。

3）工序集中与工序分散的选择

工序集中与工序分散各有利弊，如何选择，应根据企业的生产规模、产品的生产类型、现有的生产条件、零件的结构特点和技术要求、各工序的生产节拍，进行综合分析后选定。工序集中与工序分散受生产批量制约，一般说来，单件、小批量生产采用组织集中，以便简化生产组织工作；批量较大时就可采用多刀、多轴等高效数控机床将工序集中；对于重型零件，为了减少装卸运输工作量，工序应适当集中；而对于刚性较差且精度高的精密工件，则工序应适当分散。随着科学技术的进步，先进制造技术的发展，数控机床加工的发展趋势倾向于工序集中。

二、机械加工工艺过程的组成

机械加工工艺过程是由若干个顺序排列的工序组成的，工序是组成工艺过程的基本单元，也是生产计划和经济核算的基本依据。机械加工中的每一个工序又可依次细分为安装、工位、工步和走刀，如图 2-1 所示。

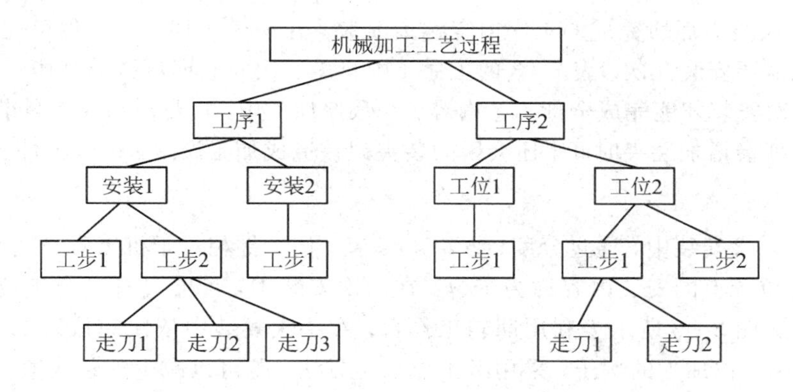

图 2-1 机械加工工艺过程的组成

1. 工序

机械加工工艺过程的工序是指一个（或一组）工人在一个工作地点对一个（或同时对几个）工件连续完成的工艺过程。只要工人、工作地点、工作对象之一发生变化或不是连续完成的，则应成为另一道工序，因此同一个零件同样的加工内容可以有不同的工序安排。为了提高生产率和加工经济性，加工过程中的工序划分也不同。

图 2-2 所示为阶梯轴，当加工数量较少时，工艺过程和工序的划分如表 2-2 所示，有四道工序，呈工序集中态势；当加工数量较多时如表 2-3 所示，可分为六道工序，呈工序分散态势。

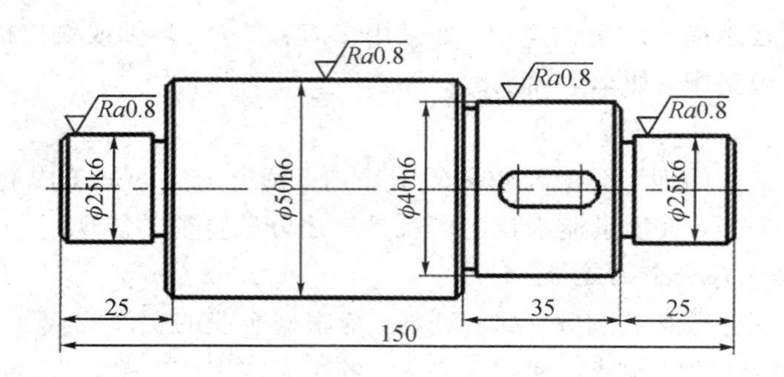

图 2-2 阶梯轴简图

表 2-2 单件、小批量生产工艺过程

工序	工序内容	设备
1	车两端面、钻中心孔	车 床
2	车外圆、车槽和倒角	车 床
3	铣键槽、去毛刺	铣床、钳工
4	磨外圆	磨 床

表 2-3 大批量生产工艺过程

工序	工序内容	设备
1	两端同时铣端面钻中心孔	专用机床
2	车一端外圆、车槽和倒角	车 床
3	车外圆、车槽和倒角	车 床
4	铣键槽	铣 床
5	去毛刺	钳 工
6	磨外圆	磨 床

2. 安装

工件经一次装夹后所完成的工序内容称为安装。在一道工序中，工件可能只需要安装一次，也可能需要安装几次。表 2-3 的工序 4 中只需一次安装即可铣出键槽，表 2-2 工序 2 中至少须两次安装才能完成全部工艺内容。在数控加工中，应尽量减少工件装夹次数，每多一次装夹，就会增加装夹时间，还会因为装夹误差造成加工误差，影响零件的加工精度。

3. 工位

在工件的一次安装中，通过分度(或移动)装置，使工件相对于机床床身变换加工位置，把每一个加工位置上的安装内容称为工位。在一次安装中，可能只有一个工位，也可能需要有几个工位。图 2-3 所示为利用回转工作台，在一次安装中依次完成装卸工件、钻孔、扩孔、铰孔四个工位加工的例子。采用多工位加工方法，既可以减少安装次数、提高加工精度、减轻工人的劳动强度，又可以使各工位的加工与工件的装卸同时进行，提高劳动生产率。

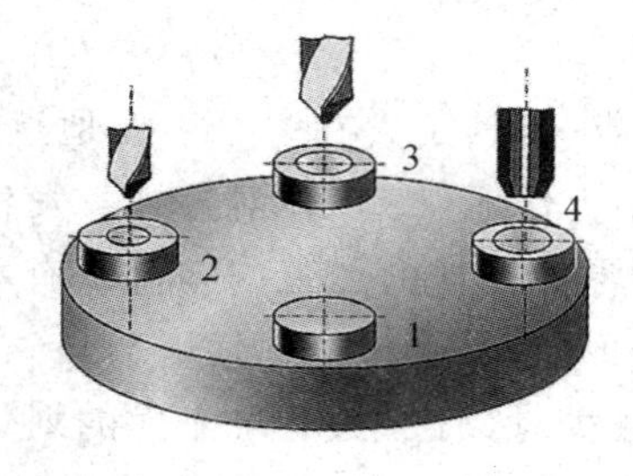

工位 1—装卸工件；工位 2—钻孔；工位 3—扩孔；工位 4—铰孔

图 2-3 多工位加工

多工位加工

4. 工步

加工表面、切削刀具、切削速度和进给量都不变的情况下所完成的工位内容，称为一个工步。对于带回转刀架的机床(转塔车床、数控车床、数控铣床、加工中心)，其回转刀架的一次转位所完成的工位内容应属一个工步，此时若几把刀具同时参与切削，则该工步称为复合工步。图 2-4 所示为立轴转塔车床多刀同时加工内孔、外圆、端面的复合工步，复合工步在工艺规程中写作一个工步。在数控加工中，使用一把刀具连续切削零件的多个表面(例如阶梯轴零件的多个外圆、端面、台阶)也看成一个工步。

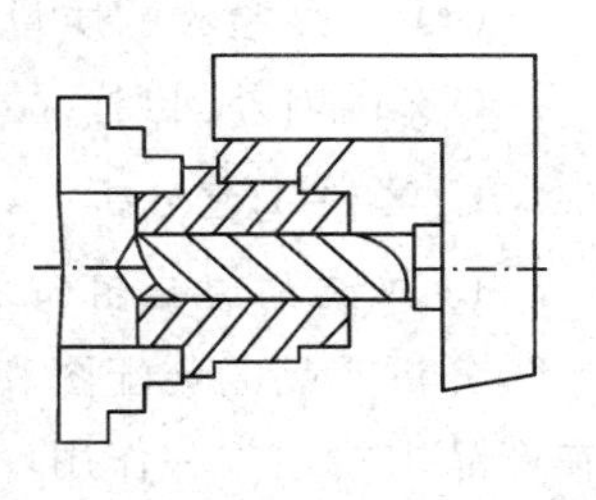

图 2-4 复合工步

5. 走刀

在一个工步中，若需切去的金属层很厚，则可分为几次切削，则每进行一次切削就是一次走刀，一个工步可以包括一次或几次走刀，如图 2-5 所示。

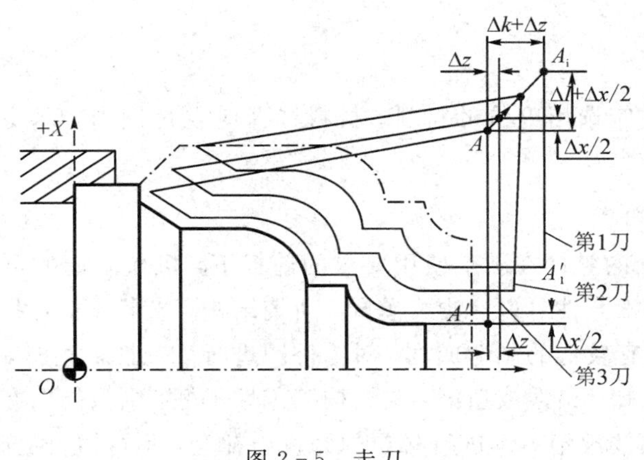

图 2-5 走刀

走刀

现代数控加工技术因为工序集中，所以工件装夹次数较少，基本上以安装次数划分工序，但每道工序内容很多，每道工序以刀具划分工步。

三、机械加工工艺规程

机械加工工艺规程是规定产品或零部件机械加工工艺过程和操作方法等的工艺文件。为了使所制造出的零件能满足“保证质量、降低成本、提高生产率”的原则，零件的工艺过程不能仅凭经验来确定，必需按照机械制造工艺学的原理和方法，结合生产实践和具体的生产条件，以较合理的工艺过程和操作方法，并按图表或文字形式书写成工艺文件，经审批后用来指导生产。制订机械加工工艺规程时，必须依据如下原始资料：

(1) 产品的装配图和零件的工作图；

(2) 产品的生产批量；

(3) 本企业现有的生产条件，包括毛坯的生产条件或协作关系、工艺装备和专用设备及其制造能力、工人的技术水平以及各种工艺资料和标准等；

(4) 产品验收的质量标准；

(5) 国内外同类产品的新技术、新工艺及其发展前景等相关信息。

1. 零件工艺分析

1) 产品的装配图和零件图分析

分析产品的装配图和零件图，其目的是了解产品的用途、性能和工作条件，熟悉零件在产品中的地位和作用，找出主要的和关键的技术要求，以便在拟订工艺规程时采取适当的工艺措施加以保证。

2) 零件的完整性与正确性分析

零件的视图应足够正确及表达清楚，并符合国家标准，零件的尺寸及有关技术要求应标注齐全，几何要素(点、线、面)之间的关系(如相切、相交、垂直、平行等)应明确。

3) 零件技术要求分析

零件技术要求主要是指尺寸精度、位置精度、形状精度、表面粗糙度及热处理等，这些要求在保证使用性能的前提下应经济合理，过高的精度要求会使工艺过程复杂，加工困难，成本提高。

4) 零件材料分析

在满足零件功能的前提下，应选用廉价的材料，材料选择应立足国内，不要轻易选用贵重及紧缺的材料。

2. 零件结构工艺性分析

零件结构工艺性是指所设计的零件在满足使用要求的前提下，机械制造的可行性和经济性。功能相同的零件，其结构工艺性可以有很大差异。所谓结构工艺性好，是指在现有的工艺条件下，既能方便制造，又有较低的制造成本。对零件图进行工艺性审查时，如发现图样上的视图、尺寸标准、技术要求有错误或遗漏，或结构工艺性不好，则只能向有关部门提出建议，在征得设计人员同意后按规定手续进行必要的修改与补充，不得擅自更改图样。

3. 机械加工工艺规程内容

机械加工工艺规程的核心内容为工艺路线、工序的具体内容、各工序所用的机床设备、切削用量及工时定额等。制订工艺规程的步骤及内容如图 2-6 所示。

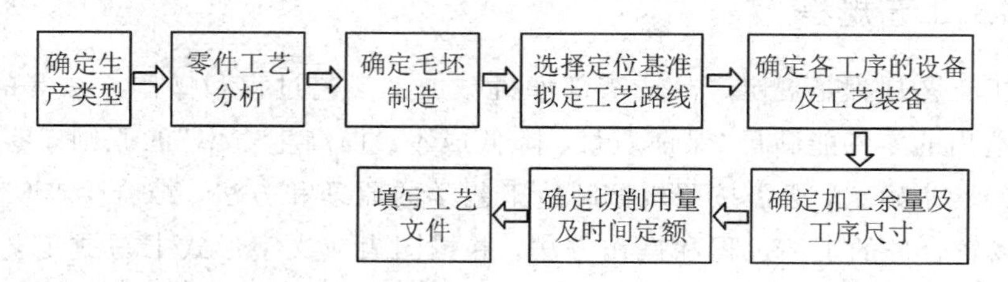

图 2-6 制订工艺规程的步骤及内容

4. 填写工艺文件

将工艺规程的内容填入一定格式的卡片中，即成为生产准备和施工所依据的工艺文件。机械加工工艺规程工艺文件的种类和样式还没有统一的标准格式，各企业可以结合具体情况自行决定，但其基本内容是相通的。常见的工艺文件有工艺过程卡、工序卡等，这些工艺文件会在企业生产时选用，一般生产批量越大的零件，生产组织呈工序分散的零件，工艺文件的要求就越完备。

数控加工工艺文件不仅是进行数控加工和产品验收的依据，也是操作者遵守和执行的规程，还为产品重复生产积累工艺资料，完成技术储备。工艺技术文件的作用是让操作者更明确加工程序的内容、装夹方式、各个加工部位所选用的刀具及其他技术问题，比如编程任务书、数控加工工序卡、数控刀具卡、数控加工程序单、数控加工走刀路线图、数控加工工件安装和原点设定卡(简称装夹图和零件设定卡)等，文件格式可根据企业实际情况自行设计。

1）机械加工工艺过程卡

机械加工工艺过程卡也称工艺路线卡，它是以工序为单位，简要说明零件加工过程的一种工艺文件，其内容包括零件工艺过程所经过的各个车间、工段，按零件工艺过程顺序列出各个工序，在每一个工序中指明使用的机床、工艺装备及时间定额等内容。对单件、小批量生产，一般只需编制工艺过程卡供生产管理和生产调度使用，工序的具体内容由操作者决定。这种卡片主要列出了整个零件加工所经过的工艺路线(包括毛坯、机械加工和热处理等)，它是制订其他工艺文件的基础，也是生产技术准备、编制作业计划和组织生产的依据，但它对各个工序的说明不够具体，故适用于生产管理，工艺过程卡片相当于工艺规程的总纲。

2）机械加工工艺卡片

机械加工工艺卡片是用于普通机床加工的卡片，它是以工序为单位详细说明整个工艺过程的工艺文件，作用是指导工人进行生产和帮助车间管理人员和技术人员掌握整个零件的加工过程，该卡片广泛用于成批生产的零件和小批生产中的重要零件。工艺卡片的内容包括零件的材料、质量、毛坯性质、各道工序的具体内容及加工要求等。

3）机械加工工序卡

机械加工工序卡是为每一道工序编制的一种工艺卡，工序卡上有工序简图，注明了工序的加工表面及应达到的尺寸和公差，多用于大批、大量生产的零件和批量生产的装夹方式、刀具、夹具、量具、切削用量和时间定额等。这种卡片是用来具体指导工人在机床上加工时进行操作的一种工艺文件。

4）数控加工刀具卡

数控加工刀具卡主要反映刀具名称、编号、规格、长度等内容，它是组装刀具、调整刀具的依据。

5）数控加工走刀路线图

在数控加工中，常要注意防止刀具在运动过程中与夹具或工件发生碰撞，为此必须设法告诉操作者关于编程中的走刀路线图(如从哪里下刀、在哪里抬刀、哪里是斜下刀等)。走刀路线图用于表达数控程序中刀具的运行轨迹，包括编程原点、下刀点、抬刀点、刀具的走刀方向和轨迹等，见表2-4。

表 2-4 数控加工走刀路线图

数控加工走刀路线图	零件图号		工序号		工步号		程序号	
机床型号		程序段号		加工内容			共 页	第 页
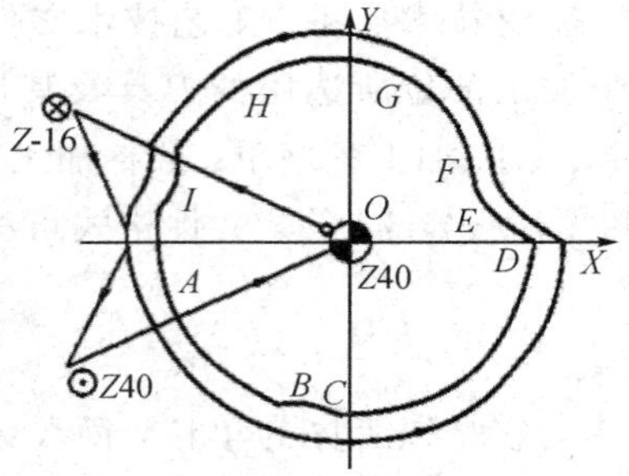							编程	
							校对	
							审批	

符号	⊙	⊗							
含义	抬刀	下刀	编程原点	起刀点	走刀方向	走刀线相交	爬斜坡	铰孔	行切

6）数控加工工件安装和原点设定卡（简称装夹图和零件设定卡）

数控加工工件安装和原点设定卡应表示出数控加工原点定位方法和夹紧方法，并应注明加工原点设置位置和坐标方向、使用的夹具名称和编号等，详见表 2-5。

表 2-5 数控加工工件安装和原点设定卡

零件名称		数控加工工件安装和原点设定卡			工序号	
零件图号					装夹次数	
				3	T 形槽螺栓	
				2	压板	
				1	镗铣夹具板	
编制	审核	批准	第 页			
			共 页	序号	夹具名称	夹具图号

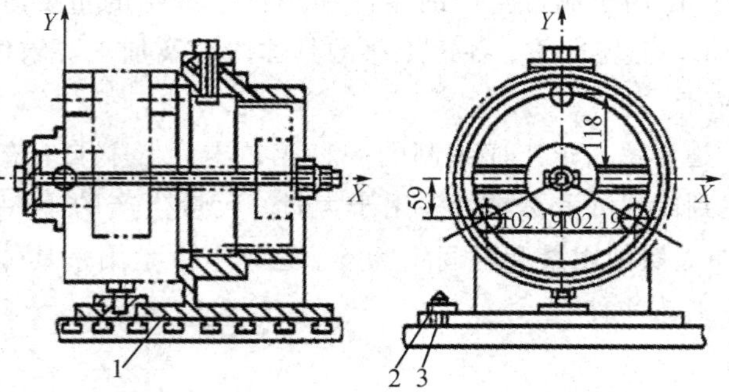

2.2　六点定位基本原理

一、工件定位基本原理

1. 六点定位基本原理

工件在空间具有六个独立的运动，即六个自由度：三个坐标方向的移动自由度 $\vec{x}$、$\vec{y}$、$\vec{z}$ 和转动自由度 $\widehat{x}$、$\widehat{y}$、$\widehat{z}$，如图 2-7 所示。若使工件在空间有确定的位置，就必须按一定的要求布置六个支承点(及定位元件)来限制工件的六个自由度，这就是工件的“六点定位原理”。

对于图 2-8 所示的长方形工件，底面 A 放置在不在同一直线上的三个支承点上，限制了工件的 $\widehat{x}$、$\widehat{y}$、$\vec{z}$ 三个自由度；工件侧面 B 紧靠在沿长度方向布置的两个支承点上，限制了 $\vec{x}$、$\widehat{z}$ 两个自由度；端面 C 紧靠在一个支承点上，限制了 $\vec{y}$ 自由度，这个长方形工件的六个自由度全部被限制了。

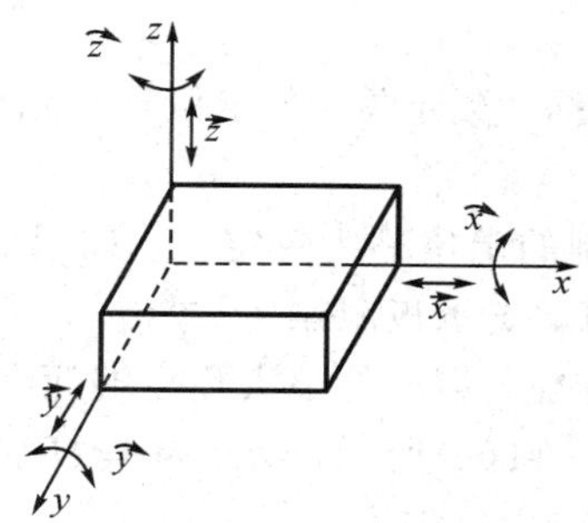

图 2-7　工件在空间的自由度

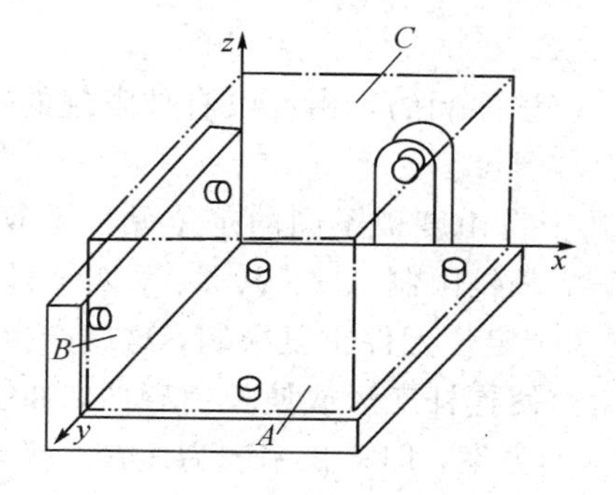

图 2-8　长方形工件的六点定位

六点定位

2. 工件自由度与加工要求的关系

工件定位时，影响加工要求的自由度必须限制，不影响加工精度的自由度不必限制。如铣削图 2-9 所示零件上的通槽，$\widehat{x}$、$\widehat{y}$、$\vec{z}$ 三个自由度影响槽底面与 A 面的平行度及尺寸 $60_{-0.2}^{\ 0}$ 两项加工要求；$\vec{x}$、$\widehat{z}$ 两个自由度影响槽侧面与 B 面的平行度及尺寸 30±0.1 两项加工要求；$\vec{y}$ 自由度不影响通槽加工。所以，$\vec{x}$、$\vec{z}$、$\widehat{x}$、$\widehat{y}$、$\widehat{z}$ 五个自由度对加工要求有影响，必须限制；而 $\vec{y}$ 自由度对加工要求无影响，可以不限制。

六点定位原理及定位方式

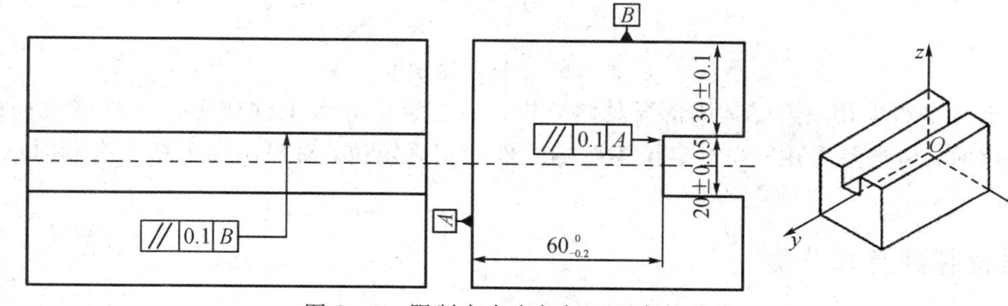

图 2-9　限制自由度与加工要求的关系

1）完全定位与不完全定位

工件的六个自由度全部被限制的定位称为完全定位，如图 2 - 8 及图 2 - 10 所示；工件被限制的自由度少于六个，但不影响加工要求的定位称为不完全定位，如图 2 - 9 所示。完全定位与不完全定位是实际加工中最常用的定位方式。

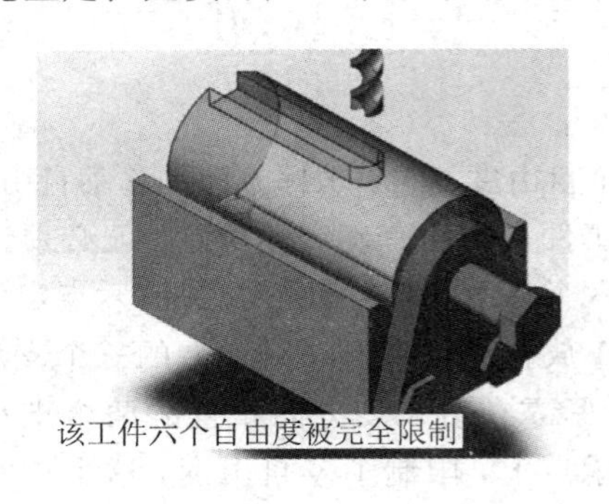

图 2 - 10　完全定位

完全定位

2）过定位与欠定位

按照加工要求，应该限制的自由度没有被限制的定位称为欠定位。欠定位是不允许的，因为欠定位不符合加工要求。

工件的一个或几个自由度被不同的定位元件重复限制的定位称为过定位。如图 2 - 11 所示的连杆定位方案，长销限制了 $\vec{z}$、$\vec{y}$、$\overset{\frown}{x}$、$\overset{\frown}{y}$ 四个自由度，支承板限制了 $\overset{\frown}{x}$、$\overset{\frown}{y}$、$\vec{z}$ 三个自由度，其中 $\overset{\frown}{x}$、$\overset{\frown}{y}$ 被两个定位元件重复限制，这就产生过定位。当工件小头孔与端面有较大垂直度误差时，夹紧力使连杆变形或使长销弯曲，如图 2 - 11(c)所示，会引起连杆加工误差；若采用图 2 - 11(d)方案，即将长销改为短销，就不会产生过定位。

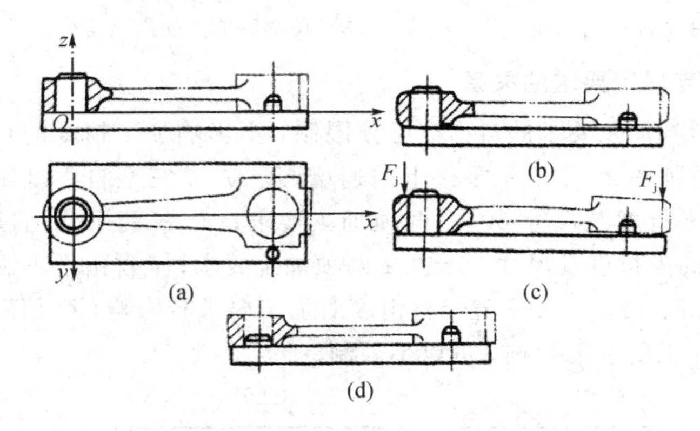

图 2 - 11　连杆定位方案

过定位是否采用，需要具体情况具体分析，当过定位导致工件或定位元件变形而影响加工精度时，应严禁采用；当过定位不影响工件的正确定位，对提高加工精度有利时，也可以采用。

二、定位基准及其分类

基准是机械制造中应用十分广泛的一个概念，是用来确定生产对象上几何要素之间的几何关系所依据的点、线、面。根据基准的功用不同，可分为设计基准和工艺基准。

1. 设计基准

设计图样上所采用的基准称为设计基准，如图 2-12 所示衬套简图的轴心线 OO 是各外圆表面和内孔的设计基准；$\phi30$ 内孔的轴心线是 $\phi45h6$ 外圆表面径向跳动和端面 B 端面圆跳动的设计基准。

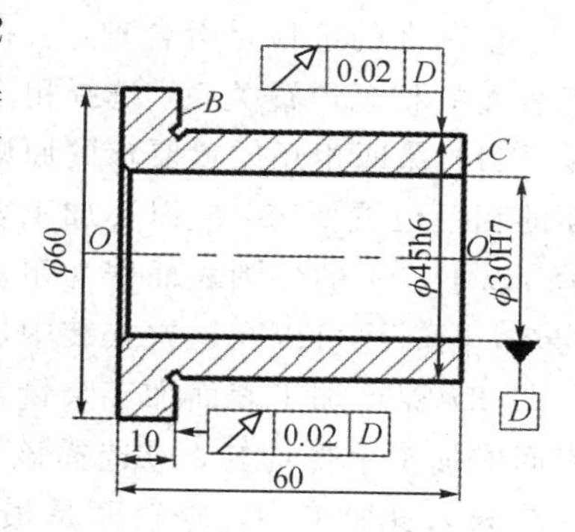

图 2-12　衬套简图

2. 工艺基准

加工工艺过程中所采用的基准，称为工艺基准，它包括装配基准、测量基准、工序基准及定位基准。

(1) 装配基准：在装配时用以确定零件或部件在产品中的相对位置所采用的基准。

(2) 测量基准：在加工中或加工后测量工件的形状、位置和尺寸误差时所采用的基准。

(3) 工序基准：在工序图上用来确定本工序所加工表面加工后的尺寸、形状、位置的基准，工序基准首要考虑使用设计基准。

(4) 定位基准：指使工件在机床上或夹具中占据正确位置所依据的基准。如果用直接找正装夹工件，则找正的面就是定位基准；若用划线找正装夹，则所划的线就是定位基准；若用夹具装夹，则工件与定位元件相接触的面就是定位基准(定位基面)。

图 2-13 是各种基准之间相互关系的实例。

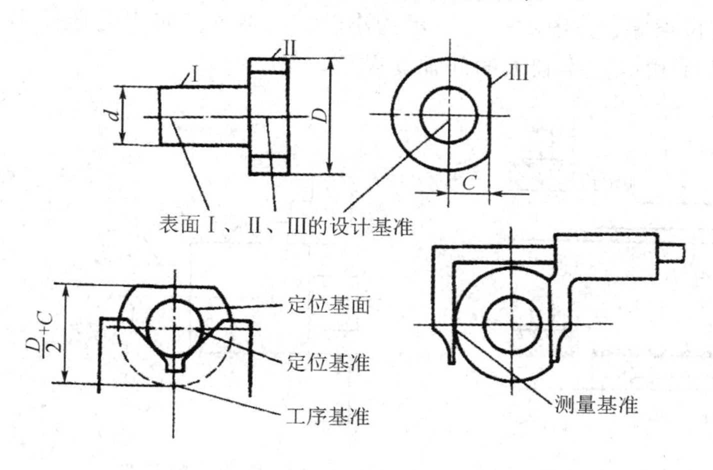

图 2-13　各种基准之间的关系

定位基准及其分类

三、定位基准的选择

定位基准的选择

在制订零件加工工艺过程时，合理地选择定位基准，对保证零件的位置精度、安排加工顺序有着决定性的影响。选择定位基准应从有相互位置精度要求的表面中选择，且尽量与设计基准或装配基准重合。

定位基准可分为粗基准和精基准，用未加工过的毛坯表面作为定位基准称为粗基准，用已加工过的表面作为定位基准则称为精基准。

1. 粗基准的选择

粗基准的选择是否合理，直接影响到各加工表面加工余量的分配以及加工表面和不加工表面的相互位置关系。选择粗基准一般应遵循以下原则：

(1) 保证相互位置要求的原则。为保证加工表面和不加工表面的相互位置要求，应以不加工表面作为粗基准。如图 2-14 所示，以不加工的外圆表面作为粗基准，可以保证内孔加工后壁厚均匀，同时还可以在一次安装中加工出大部分要加工的表面。

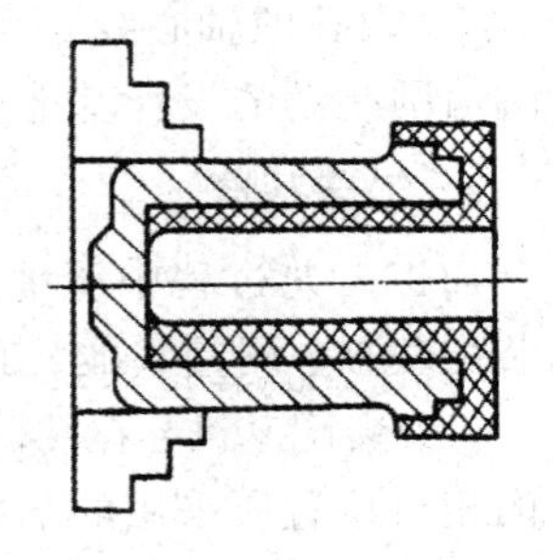

图 2-14　套的粗基准选择

(2) 保证加工表面加工余量合理分配原则。为保证重要加工表面的加工余量均匀，应选择该表面的毛坯面为粗基准。例如，在车床床身加工中，导轨面是最重要的表面，它不仅精度要求高，而且要求导轨面有均匀的金相组织和较高的耐磨性，故应使导轨面去除余量小且均匀。因此，应选择导轨面为粗基准，先加工底面，如图 2-15(a)所示，然后再以底面为精基准加工导轨面，如图 2-15(b)所示，这就可以保证导轨面的加工余量均匀。

(3) 便于工件装夹的原则。选择粗基准时，必须考虑定位准确、夹紧可靠及操作方便等，要求选用的粗基准尽可能平整、光洁，并有足够大的尺寸，不允许有飞边、浇冒口等缺陷。

(4) 粗基准一般不重复使用的原则。若毛坯的定位面很粗糙，则在两次装夹中使用同一粗基准就会造成相当大的定位误差。如图 2-16 所示的小轴，如果重复使用毛坯面 B 定位加工 A 和 C，则会使加工面 A 和 C 产生较大的同轴度误差。

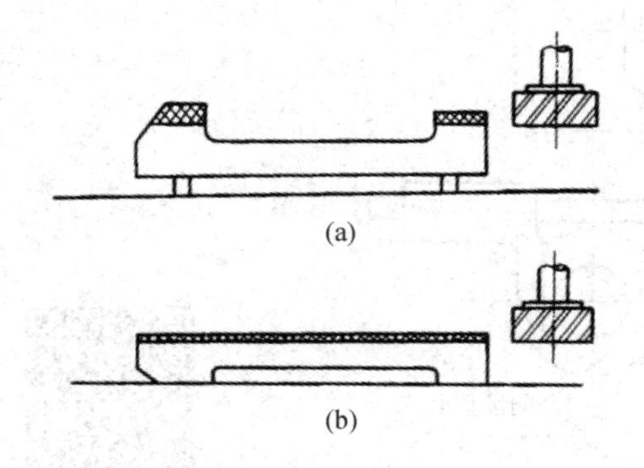

图 2-15　车床床身的粗基准选择

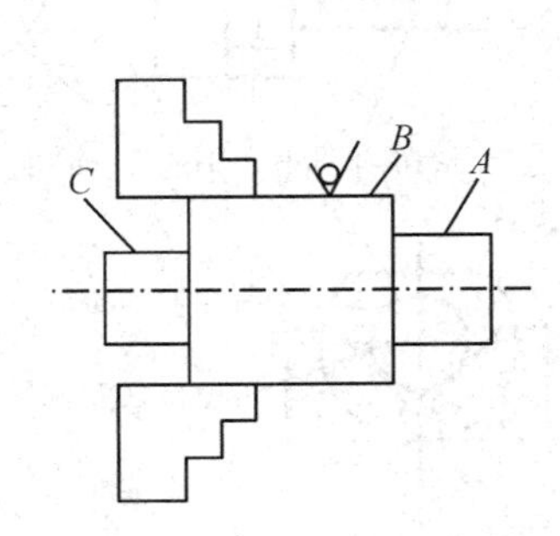

图 2-16　重复用粗基准

2. 精基准的选择

选择精基准主要考虑如何减少加工误差、保证加工精度，使工件装夹方便，并使零件的制造较为经济、容易，具体选择时可遵循一定原则。当在数控机床上无法同时完成包括设计基准在内的全部表面加工时，要考虑用所选基准定位后，一次装夹能够完成全部关键精度部位的加工。比如箱体类工件，采用一面两销(孔)的定位方案，以便刀具对其他表面进行加工，若工件上没有合适的孔，则可增加工艺孔进行定位。

(1) 基准重合原则。选择被加工表面的设计基准为精基准称为基准重合原则。采用基准重合原则可以避免由定位基准和设计基准不重合而引起的定位误差，从而保证加工精度，简化程序编制。如图 2-17 所示，以 B 面定位加工 C 面，使得基准重合，此时尺寸 a 的误差对加工尺寸 c 无影响。

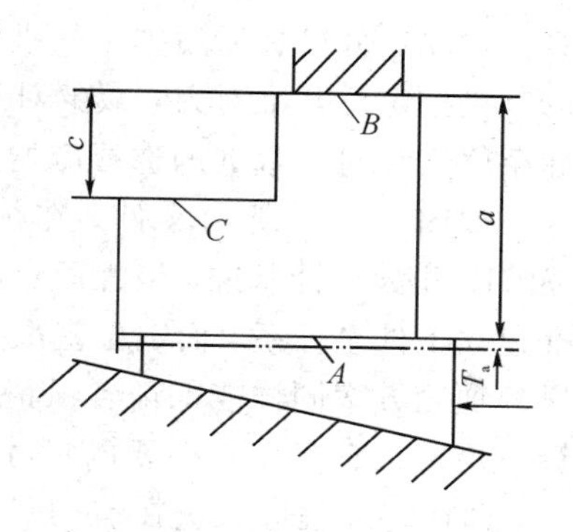

图 2-17 基准重合原则图

当零件的定位基准与设计基准不能重合，而且加工面与其设计基准又不能在一次装夹中同时加工时，应认真分析装配图样，确定该零件设计基准的设计功能，通过尺寸链的计算，严格规定定位基准与设计基准间的公差范围，确保加工精度。加工中心加工时也存在定位基准与设计基准不重合的情况，这时就必须通过更改设计(或更改尺寸标注，因加工中心加工精度较高，一般更改尺寸标注为集中标注或坐标式尺寸标注，不会产生较大累积误差而造成工件报废或影响零件的装配及使用特性)或通过计算确定工序尺寸与公差。

如图 2-18(a)所示零件，105±0.1 尺寸的 $Ra0.8\ \mu m$ 两面均已在前面工序中加工完毕，在加工中心只进行所有孔的加工，以 A 面为基准定位时，由于高度方向没有统一的基准，所以 ϕ48H7 孔和上面两个 ϕ25H7 孔与 B 面的尺寸是间接保证的，要保证 32.5±0.1(ϕ25H7 孔与 B 面)和 52.5±0.04 尺寸，则须在前面工序中对 105±0.1 尺寸公差进行压缩。若改为图 2-18(b)所示方式标注尺寸，各孔位置尺寸都以定位面 A 为基准，即基准统一，且定位基准与设计基准重合，则各个尺寸都容易保证。

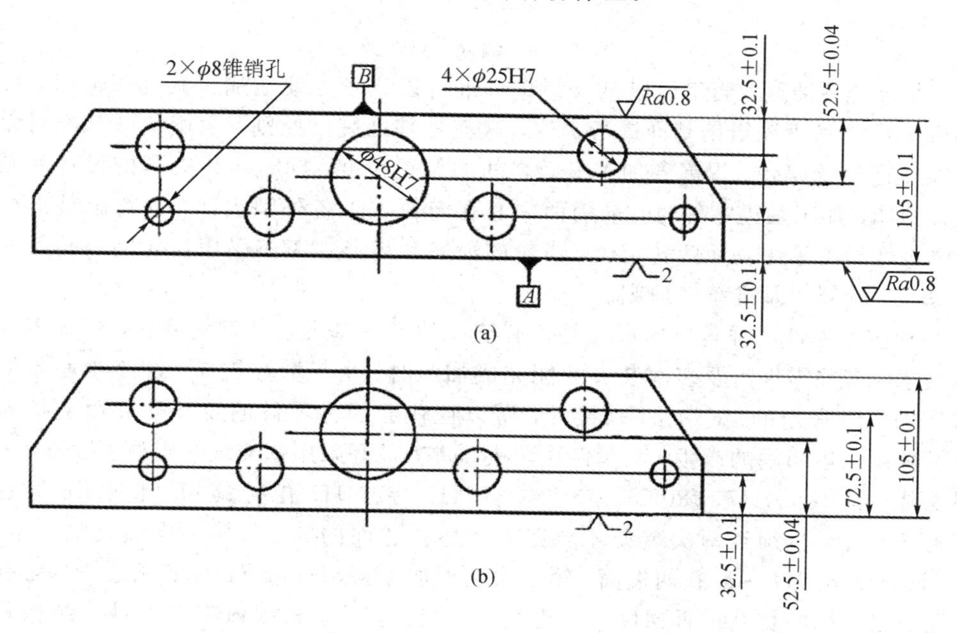

图 2-18 零件工序基准不重合时工序尺寸的确定

批量加工时，零件定位基准应尽可能与建立工件坐标系的对刀基准重合(对刀后，工件坐标系原点与定位基准间的尺寸为定值)。批量加工时，工件采用夹具定位安装，刀具一次对刀建立工件坐标系后加工一批工件，建立工件坐标系的对刀基准与零件定位基准重合可以直接按定位基准对刀，减少对刀误差。但在单件加工时(每加工一件对一次刀)，工件坐标系原点和对刀基准的选择应主要考虑编程和测量的便捷性，可不与定位基准重合。

如图 2－19 所示零件，在加工中心上单件加工 4×ϕ25H7 的孔，4×ϕ25H7 孔都以 ϕ80H7 孔为设计基准，编程原点应选在 ϕ80H7 孔中心上，加工时以 ϕ80H7 孔中心为对刀基准建立工件坐标系，而定位基准为 A、B 两面，定位基准与对刀基准和编程原点不重合，这样的加工方案同样能保证各项精度。如将编程原点选在 A、B 两面的交点上，则编程时的计算很烦琐，还存在不必要的尺寸链计算误差。但批量加工时，工件采用 A、B 面为定位基准，即使将编程原点选在 ϕ80H7 孔中心上并按 ϕ80H7 孔中心对刀，仍会产生基准不重合误差，因为再次安装工件时 ϕ80H7 孔中心的位置是变动的。

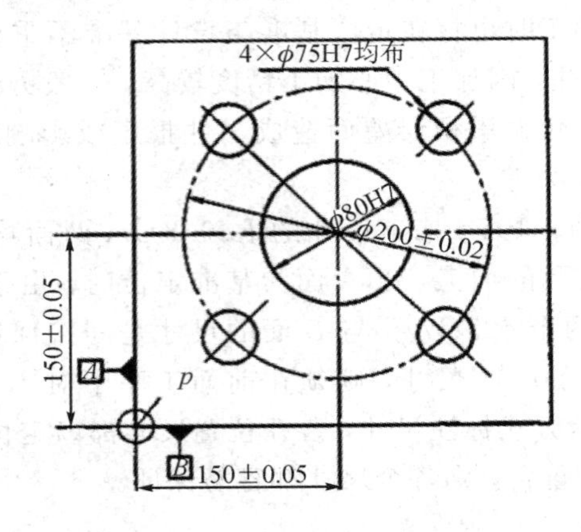

图 2－19　编程原点选择

(2) 基准统一原则。当工件以某一组精基准可以比较方便地加工其他表面时，应尽可能在多数工序中采用该组精基准进行定位，这就是基准统一原则。采用统一基准可以避免基准变换所产生的误差，提高各加工表面之间的位置精度，同时简化夹具的设计和制造的工作量。例如，加工轴类零件时，采用两中心孔定位加工各外圆表面，就符合基准统一原则；箱体零件加工采用一面两孔定位；齿轮的齿坯和齿形加工多采用齿轮的内孔及一端面为定位基准，均属于基准统一原则。

要特别注意零件图样各方向尺寸是否有统一的设计基准，以简化编程，保证零件的加工精度要求。有些零件需要多次装夹才能完成加工时，由于数控铣床、加工中心不能使用普通铣床加工时常用的“试切法”来接刀，所以往往会因为零件的重新安装而使接刀不理想。为了避免上述问题的产生，减少两次装夹误差，最好采用基准统一定位。如图 2－20 所示的铣头体，其中 ϕ80H7、ϕ80K6、ϕ90K6、ϕ95H7、ϕ140H7 孔及 $D-E$ 孔两端面要在卧式加工中心上加工，且须经两次装夹才能完成上述孔和面的加工，第一次装夹加工 ϕ80K6、ϕ90K6、ϕ80H7 孔及 $D-E$ 孔两端面；第二次装夹加工 ϕ95H7 及 ϕ140H7 孔。为保证孔与孔之间、孔与面之间的相互位置精度，应选用同一定位基准，根据该零件的具体结构及技术要求，显然应选 A 面和 A 面上两孔为定位基准。两次装夹都以 A 面和 2×ϕ16H6 孔定位，可减少因定位基准转换而引起的定位误差。

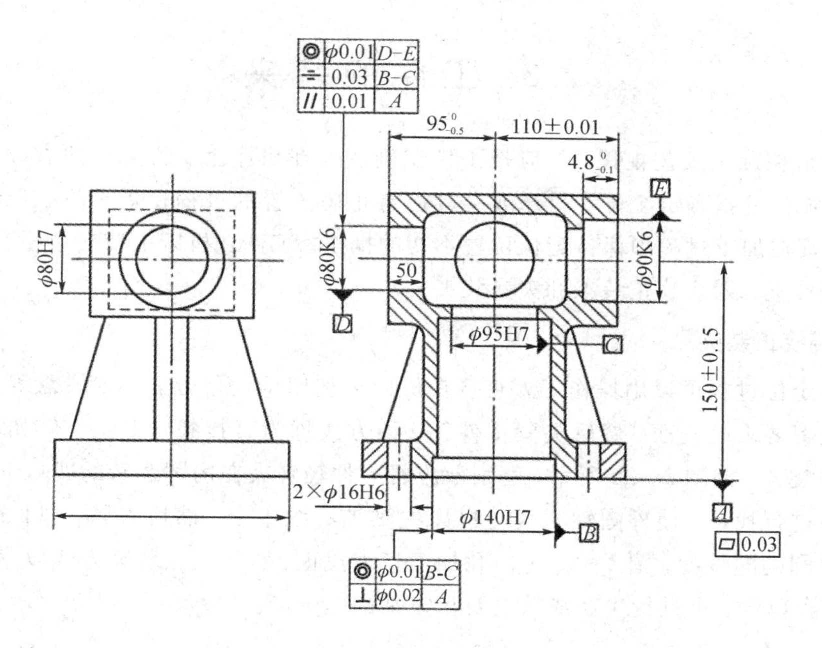

图 2-20　铣头体简图

(3) 自为基准原则。某些要求加工余量小而均匀的精加工工序，选择加工表面本身为基准进行加工，称为自为基准原则。如拉孔、铰孔、珩磨孔、浮动镗刀镗孔、无心磨外圆等都是自为基准加工的例子。采用自为基准原则加工时，只能提高加工表面本身的尺寸精度、形状精度，不能提高加工表面的位置精度，加工表面的位置精度应由前道工序保证。如图2-21所示，磨削车床导轨面用可调支撑来支撑床身零件，在导轨磨床上，用百分表找正导轨面相对机床运动方向的正确位置，然后加工导轨面以保证其余量均匀，满足对导轨面的质量要求。

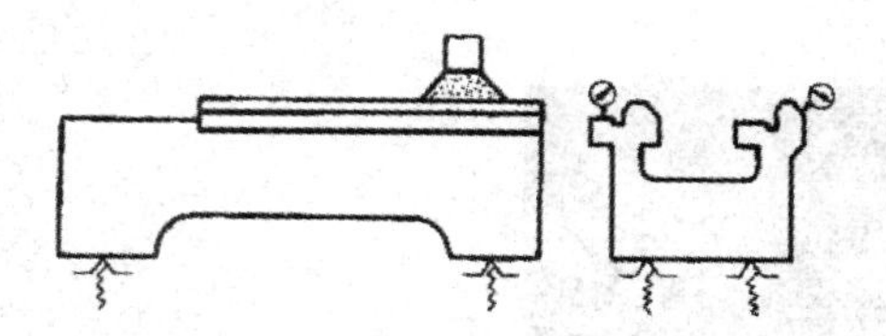

图 2-21　自为基准原则

(4) 互为基准原则。为使各加工表面之间有较高的位置精度，且使其加工余量小而均匀，可采用两个表面互为基准反复加工，称为互为基准原则。例如，要保证精密齿轮的齿圈跳动精度，在齿面淬硬后，先以齿面定位磨内孔，再以内孔定位磨齿面，从而保证位置精度。再如，车床主轴的前锥孔与主轴支承轴颈间有严格的同轴度要求，加工时就先以轴颈外圆为定位基准加工锥孔，再以锥孔为定位基准加工外圆，如此反复多次，最终达到加工要求。

在实际生产中，精基准的选择要完全符合上述原则，有时很难做到，应根据具体的加工对象和加工条件，从保证主要技术要求出发，灵活选用有利的精基准。

2.3　工件的装夹

在设计机械加工工艺规程时，应把工件正确装夹在机床上。装夹有两方面含义，即定位和夹紧。定位是指确定工件在机床或夹具占有正确位置的过程；夹紧是指定位工件后将其固定，使其在加工过程中保持定位位置不变的操作。工件在机床上装夹主要有三种方法，即直接找正装夹、划线找正装夹和夹具装夹。

1. 直接找正装夹

工件的定位过程可以由操作工人直接在机床上利用千(百)分表、划线盘等工具找正某些有相互位置要求的表面，然后夹紧工件，这种方式称为直接找正装夹。例如套类零件内孔磨削时的装夹，如图 2-22 所示，磨削前应将工件轻轻夹在内圆磨床的四爪卡盘中，以千分表对外圆进行找正，使外圆轴心线与机床主轴轴心线重合，然后夹紧，以保证磨削后工件外圆与内圆的同轴度；图 2-23 为内孔加工打表找正。直接找正装夹方式效率低，但找正精度高，适合单件、小批量生产或精度要求特别高的生产。

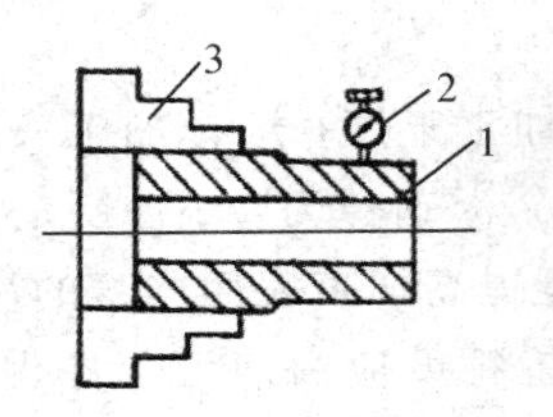

1—工件；2—千分表；3—四爪卡盘

图 2-22　直接找正装夹

直接找正装夹

图 2-23　内孔加工打表找正

内孔加工打表找正

2. 划线找正装夹

划线找正装夹方法是按图纸要求，在工件表面上划出位置线以及加工线、找正线，装夹工件时，先在机床上按找正线找正工件位置，然后夹紧工件。例如，在长方形工件上镗孔时，如图 2-24 所示，可先在划线平台上划出孔的十字中心线，再划出加工线和找正线，然后将工件在四爪单动卡盘上轻轻夹住，用划线检查找正线，找正后夹紧工件。划线找正装夹不需要其他专用设备，该方法通用性好，但生产效率低，精度不高，适用于单件、中小批量生产中的复杂铸件或零件精度较低的粗加工工序。

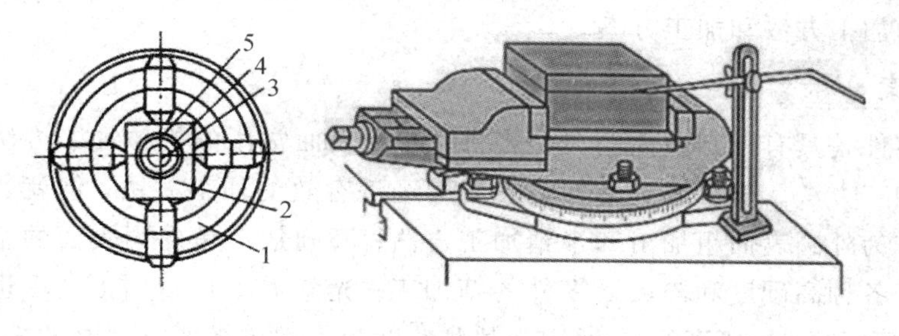

划线找正装夹

1—四爪单动卡盘；2—工件；3—毛坯孔；4—划线孔；5—检验线孔

图 2-24 划线找正装夹

3. 夹具装夹

为保证加工精度要求和提高生产率，通常采用夹具装夹方式，该装夹方式的优点是不需要划线和找正，直接由夹具来保证工件在机床上的正确位置，并在夹具上直接夹紧工件，操作简单，容易保证加工精度，如图 2-25 所示。

图 2-25 夹具装夹

2.4 工艺路线的拟定

拟定工艺路线是制订机械加工工艺规程的重要内容之一，其主要内容包括选择加工表面的加工方法、划分加工阶段、划分工序以及安排工序的先后顺序等。设计者应根据从生产实践中总结出来的一些综合性工艺原则，结合实际生产条件，提出几种方案，通过对比分析从中选择最佳方案。表面加工方法的选择不仅要考虑零件结构的形状和尺寸、加工质量、零件的材料性能以及生产类型等因素，还要考虑加工的经济性，在保证加工质量的前提下，达到效率最高、成本最低。

一、加工方法的选择

机械零件是由平面、外圆柱面、内圆柱面、成型面等基本面所组成的。每一种表面都有多种加工方法，具体选择时应根据零件的加工精度、表面粗糙度、材料、结构形状、尺寸及生产类型等，选用相应的加工方法和加工方案。

1. 外圆表面加工方案

轴类、套类和盘类零件是具有外圆表面的典型零件，外圆表面常用的机械加工方法有车削、磨削和各种光整加工方法。车削加工是外圆表面最经济有效的加工方法，但就其经济精度来说，一般适于作为外圆表面粗加工和半精加工方法；磨削加工是外圆表面的主要精加工方法，特别适用于各种高硬度和淬火后零件的精加工；光整加工是精加工之后进行的超精密加工方法(如滚压、抛光、研磨等)，适用于某些精度和表面质量要求很高的零件。外圆表面加工方案如表 2－6 所示。

表 2－6　外圆表面加工方案

序号	加工方案	经济精度（公差等级）	表面粗糙度 Ra/μm	适用范围
1	粗车	IT13～IT11	50～12.5	适用于淬火钢以外的各种金属
2	粗车—半精车	IT10～IT8	6.3～3.2	
3	粗车—半精车—精车	IT8～IT7	1.6～0.8	
4	粗车—半精车—精车—滚压	IT8～IT7	0.2～0.0255	
5	粗车—半精车—磨削	IT8～IT7	0.8～0.4	主要用于淬火钢，也可用于未淬火钢，但不适用于有色金属
6	粗车—半精车—粗磨—精磨	IT7～IT6	0.4～0.1	
7	粗车—半精车—粗磨—精磨—超精加工（或轮式超精磨）	IT5	0.1～0.012（或 R_z0.1）	
8	粗车—半精车—精车—精细车（金刚车）	IT7～IT6	0.4～0.025	主要用于要求较高的有色金属
9	粗车—半精车—粗磨—精磨—超精磨（或镜面磨）	IT5 以上	0.025～0.006（或 R_z0.05）	适用于极高精度的外圆加工
10	粗车—半精车—粗磨—精磨—研磨	IT5 以上	0.1～0.012（或 R_z0.05）	

2. 内孔表面加工方案

内孔表面加工方案包括钻孔、扩孔、铰孔、镗孔、拉孔、磨孔以及光整加工，选择时应根据加工要求、尺寸、具体的生产条件、批量的大小以及毛坯上有无预留加工孔进行合理选用。内孔表面加工方案如表 2－7 所示。

表 2－7　内孔表面加工方案

序号	加工方案	经济精度（公差等级）	表面粗糙度 $Ra/\mu m$	适用范围
1	钻	IT11～IT12	100	适用于加工未淬火钢及铸铁的实心毛坯，也可用于加工非铁金属（但粗糙度稍差），孔径小于（15～20）mm
2	钻—铰	IT9	3.2～6.3	
3	钻—粗铰—精铰	IT7～IT8	1.6～3.2	
4	钻—扩	IT11	12.5～25	适用于加工未淬火钢及铸铁的实心毛坯，也可用于加工非铁金属（但粗糙度稍差），但孔径大于（15～20）mm
5	钻—扩—铰	IT8～IT9	3.2～6.3	
6	钻—扩—粗铰—精铰	IT7	1.6～3.2	
7	钻—扩—机铰—手铰	IT6～IT7	0.2～0.8	
8	钻—（扩）—拉	IT7～IT9	0.2～1.6	适用于大批量、大量生产（精度视拉刀的精度而定）
9	粗镗（或扩孔）	IT11～IT12	12.5～25	适用于除淬火钢外的各种材料及有铸出孔或锻出孔的毛坯
10	粗镗（粗扩）—半精镗（精扩）	IT7～IT9	3.2～6.3	
11	粗镗（粗扩）—半精镗（精扩）—铰	IT7～IT8	1.6～3.2	
12	粗镗（扩）—半精镗（精扩）—精镗—浮动镗刀块精镗	IT6～IT7	0.8～1.6	
13	粗镗（扩）—半精镗—磨孔	IT7～IT8	0.4～1.6	主要用于加工淬火钢也可用于不淬火钢，但不宜用于非铁金属
14	粗镗（扩）—半精镗—粗磨—精磨	IT6～IT7	0.2～0.4	
15	粗镗—半精镗—精镗—金刚镗	IT6～IT7	0.1～0.8	主要用于精度要求较高的非铁金属的加工
16	钻—（扩）—粗铰—精铰—珩磨钻—（扩）—拉—珩磨粗镗—半精镗—精镗—珩磨	IT6～IT7	0.05～0.4	用于加工精度要求很高的孔
17	以研磨代替上述方案中的珩磨	IT6 以上	0.012～0.2	

3. 平面加工方案

平面加工方案包括铣削、刨削、车削、拉削及磨削等，精度要求高的表面还需经研磨或刮削加工。平面加工方案如表 2-8 所示。

表 2-8　平面加工方案

序号	加工方案	经济精度（公差等级）	表面粗糙度 $Ra/\mu m$	适用范围
1	粗车—半精车	IT9	6.3～12.5	适用于加工端面
2	粗车—半精车—精车	IT7～IT8	1.6～3.2	
3	粗车—半精车—磨削	IT8～IT9	0.4～1.6	
4	粗刨（或粗铣）—精刨（或精铣）	IT8～IT9	3.2～12.5	适用于加工一般的不淬硬平面（端铣的粗糙度较低）
5	粗刨（或粗铣）—精刨（或精铣）—刮研	IT6～IT7	0.2～1.6	适用于加工精度要求较高的不淬硬平面，批量较大时宜采用宽刃精刨
6	粗刨（或粗铣）—精刨（或精铣）—宽刃精刨	IT7	0.4～1.6	
IT7	粗刨（或粗铣）—精刨（或精铣）—磨削	IT7	0.4～1.6	适用于加工精度要求较高的淬硬平面或不淬硬平面
8	粗刨（或粗铣）—精刨（或精铣）—粗磨—精磨	IT6～IT7	0.05～0.8	
9	粗铣—拉	IT7～IT9	0.4～1.6	适用于加工大量生产且较小的平面（精度视拉刀的精度而定）
10	粗铣—精铣—磨削—研磨	IT6 以上	0.012～0.2	适用于加工高精度平面

直线成型面常用的加工方法有数控铣、线切割及磨削等，立体成型面的加工方法主要是数控铣削、加工中心，根据曲面形状、刀具形状及精度要求等采用三轴联动数控机床、四轴或五轴加工中心。

二、零件毛坯的工艺分析

在分析数控加工零件的结构工艺性时，由于加工过程的自动化，在设计毛坯时应考虑好加工余量的大小、如何装夹等问题。

1. 毛坯应有充分、稳定的加工余量

毛坯主要指锻件、铸件。锻件在锻造时的欠压量与允许的错模量会造成余量不均匀；铸件在铸造时因砂型误差、收缩量及金属液体的流动性差不能充满型腔等造成余量不均匀；铸造、锻造后，毛坯的挠曲和扭曲变形量的不同也会造成加工余量不充分、不稳定。经验表明，数控加工中最难保证的是加工面与非加工面之间的尺寸，对这一点应引起特别的重视，应事先对毛坯的设计进行必要的更改或在设计时就加以充分考虑，即在零件图样注明的非加工面处增加适当的余量。

2. 分析毛坯的装夹适应性

分析毛坯的装夹适应性主要指毛坯在加工时定位和夹紧的可靠性与方便性，以便在一次安装中加工出较多表面。对不便装夹的毛坯，可考虑在毛坯上另外增加装夹余量或工艺凸台、工艺凸耳等辅助基准。如图 2－26 所示，该工件缺少合适的定位基准，在毛坯上铸出两个工艺凸耳，在凸耳上制出定位基准孔。

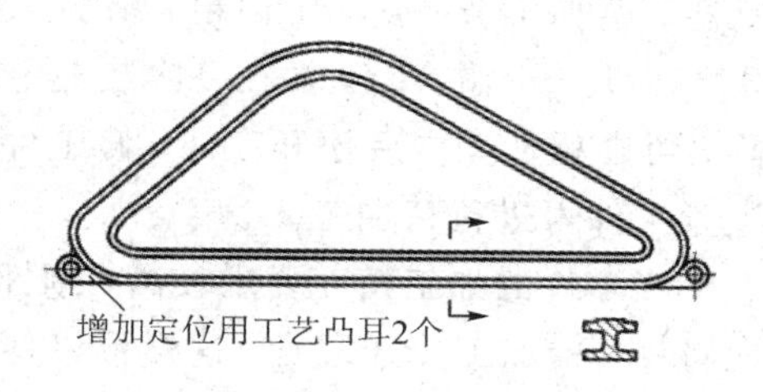

图 2－26　增加毛坯辅助基准示例

3. 分析毛坯的变形、余量大小及均匀性

分析毛坯加工中与加工后的变形程度，考虑是否应采取预防性措施和补救措施，如对于热轧中、厚铝板，经淬火时效后很容易加工变形，这时最好采用经预拉伸处理的淬火板坯。对于毛坯余量大小及均匀性，在数控加工中主要考虑是否分层铣削，分几层铣削，在自动编程时，这个问题尤其重要。

三、加工阶段的划分

当零件加工面的加工质量要求较高时，往往不能用一道工序来满足要求，而要用几道工序逐步达到所要的加工质量。为保证加工质量和合理地使用设备、人力，零件的加工过程通常按工序性质不同，分为粗加工、半精加工、精加工和光整加工四个阶段。粗、精加工分开便于安排热处理工序，如粗加工后，一般要安排去应力的热处理，以消除内应力；精加工前采用淬火等最终热处理，其变形可以通过精加工得以消除。

1. 粗加工

粗加工阶段的主要任务是切除毛坯上各表面的大部分多余金属，使毛坯在形状和尺寸上接近零件成品，其目的是提高生产率。

2. 半精加工

半精加工阶段的任务是使主要表面达到一定的精度，留有一定的精加工余量，为主要表面的精加工(精车、精铣或精磨)做好准备，并可完成一些次要表面的加工，如扩孔、攻螺纹、铣键槽等。

3. 精加工

精加工阶段的任务是保证各主要表面达到图样规定的尺寸精度和表面粗糙度要求，其主要目标是保证加工质量。

4. 光整加工

光整加工阶段的任务是对于零件上精度和表面粗糙度要求很高(IT6 级以上，表面粗糙度为 $Ra0.2$ 以下)的表面进行光整加工，其目的是提高尺寸精度、减少表面粗糙度。

加工阶段的划分不是绝对的，必须根据工件的加工精度要求和工件的刚性来决定。对于零件加工精度要求不高，而毛坯质量较高、工件刚性较好、加工余量不大、生产批量又很小的零件，可以充分利用数控机床良好的冷却系统，允许不划分或少划分加工阶段，甚至把粗、精加工合并进行，但粗、精加工应分成两个工步完成。对于一些刚性好的重型零件，由于装夹、运输费时，常在一次装夹中完成粗、精加工，为了弥补不划分加工阶段引起的缺陷，可在粗加工之后松开工件，使工件的变形得到恢复，稍留间隔后用较小的夹紧力重新夹紧工件再进行精加工。

当零件的加工精度要求较高，刚性不好，或在数控机床加工之前没有进行过粗加工时，应将粗、精加工分开进行，这样可以使零件在粗加工后有一段自然时效过程，以消除粗加工产生的残余应力，恢复因切削力、夹紧力引起的弹性变形以及由切削热引起的热变形，必要时还可以安排人工时效，最后再通过精加工消除各种变形，保证零件的加工精度。粗、精加工分开，可及时发现零件主要加工表面上毛坯存在的缺陷，如裂纹、气孔、砂眼、疏松、缩孔、夹渣或加工余量不够等，及时采取措施，避免浪费更多的工时和费用。如果零件已经过粗加工，数控机床只是完成最后的精加工，则不必划分加工阶段。

四、划分加工工序

加工工序的划分通常采用工序集中原则和工序分散原则，单件、小批量生产时，通常采用工序集中原则；成批生产时，可按工序集中原则划分，也可按工序分散原则划分，应视具体情况而定。在数控铣床、加工中心上加工零件时，工序比较集中，一般只需一次装夹即可完成大部分工序的加工。

1. 按所用刀具划分

按所用刀具划分工序，即用同一把刀具加工完成所有可以加工的部位，然后再换刀，这种方法适用于工件的待加工表面较多、机床连续工作时间长、加工程序的编制和检查难度较大的情况，这种方法还可以减少换刀次数、缩短辅助时间、减少不必要的定位误差。

2. 按粗、精加工划分

按粗、精加工划分，即粗加工中完成的工艺过程作为一道工序，精加工中完成的工艺过程作为一道工序，这种划分方法适用于加工后变形较大，需粗、精加工分开的零件，如毛坯为铸件、焊接件或锻件类零件。

3. 按加工部位划分

对于加工内容很多的工件，可按其结构特点将加工部位分成几个部分，如内腔、外形、曲面或平面，并将每一部分的加工作为一道工序。有些零件虽然能在一次安装中加工出很多待加工表面，但程序过长，会受到某些限制。

4. 按安装次数划分

按安装次数划分，即以一次安装完成的工艺过程作为一道工序，这种划分方法适用于工件加工内容不多，加工完成后就能达到待检状态的情况。有些零件虽然能在一次安装中加工出很多待加工表面，但由于程序太长，会受到某些限制，如控制系统的限制(主要是内存容量)、机床连续工作时间的限制(如一道工序在一个工作班内不能结束)等，此外程序太长会增加出错与检索的难度，因此程序不能太长，一道工序的内容不能太多。

五、划分加工工步

数控加工的特点是工序集中，传统工艺中所说的工序，在数控加工中，应按照工步来理解，数控加工零件，工序虽只有一道，但加工过程仍是一步一步进行的，按相关定义，这一步一步的加工称为工步。在传统加工中，工序较分散，每道工序中的工步内容少，而数控加工中一道工序中的工步内容很多，传统加工工艺编制时将工序的编制作为重点，而数控加工中，着眼点就必然在工步上。数控加工一般有多个工步，使用多把刀具，因此加工顺序安排得是否合理，直接影响加工精度、加工效率、刀具数量和经济效益。数控多工序加工时可自动换刀，加工工序划分后还要细分加工工步，设计数控加工工步时，主要从精度和效率两方面考虑，以下是加工中心加工工步设计的主要原则：

(1) 加工表面按粗加工、半精加工、精加工次序完成，或全部加工表面按先粗加工，后半精加工、精加工分开进行。加工尺寸公差要求较高时，考虑零件尺寸、精度、零件刚性和变形等因素，可采用前者；加工位置公差要求较高时，采用后者。

(2) 对于既有铣面又有镗孔的零件，可以先铣面后镗孔，按照这种方法划分工步，可以提高孔的加工精度。铣削时，切削力较大，工件易发生变形，先铣面后镗孔，使其有一段时间恢复，减少由变形引起对孔精度的影响。反之，如果先镗孔后铣面，则铣削时必然在孔口产生飞边、毛刺，从而破坏孔的精度。

(3) 当一个设计基准和孔加工的位置精度与机床定位精度、重复定位精度相接近时，应采用相同设计基准集中加工的原则，这样可以解决同一工位设计尺寸的基准多于一个时的加工精度问题。

(4) 相同工位集中加工，应尽量按就近位置加工，以缩短刀具移动距离，减少空运行时间。

(5) 按所用刀具划分工步，如某些机床工作台回转时间较换刀时间短，在不影响精度的前提下，为了减少换刀次数、空移时间及不必要的定位误差，可以采取刀具集中工序，也就是用同一把刀将零件上相同的部位都加工完，再换第二把刀。

(6) 考虑到加工中存在着重复定位误差，对于同轴度要求很高的孔系，就不能采取原则(5)，应该在一次定位后，通过顺序连续换刀，顺序连续加工完该同轴孔系的全部孔后，再加工其他坐标位置孔，以提高孔系同轴度。

(7) 在一次定位装夹中，尽可能完成所有能够加工的表面。

六、确定加工工序顺序(工序顺序安排)

加工工序通常包括切削加工工序、热处理工序和辅助工序等，工序顺序直接影响到零件的加工质量、生产率和加工成本。加工时，应根据零件的结构和毛坯状况，结合定位及夹紧的需要综合考虑，重点应保证工件的刚度不被破坏，尽量减少变形。

1. 基面先行原则

用作精基准的表面，要首先加工出来，因为定位基准的表面越精确，装夹误差就越小，所以第一道工序一般是进行定位表面的粗加工和半精加工(有时也包括精加工)，然后再以精基面定位加工其他表面。例如，对于箱体零件，一般是以主要孔为粗基准加工平面，再以平面为精基准加工孔系；对于轴类零件，一般是以外圆为粗基准加工中心孔，再以中心孔为精基准加工外圆、端面等其他表面。如果有几个精基准，则应该按照基准转换的顺序和逐步提高加工精度的原则来安排基面和主要表面的加工。

2. 先粗后精原则

一个零件通常由多个表面组成，各表面的加工一般需要分阶段进行，在安排加工顺序时，应先集中安排各表面的粗加工，中间根据需要依次安排半精加工，最后安排精加工和光整加工，逐步提高加工表面的加工精度，减少加工表面的粗糙度。对于精度要求较高的工件，为了减小因粗加工引起的变形及对精加工的影响，通常粗、精加工不应连续进行，而应分阶段，间隔适当时间进行。

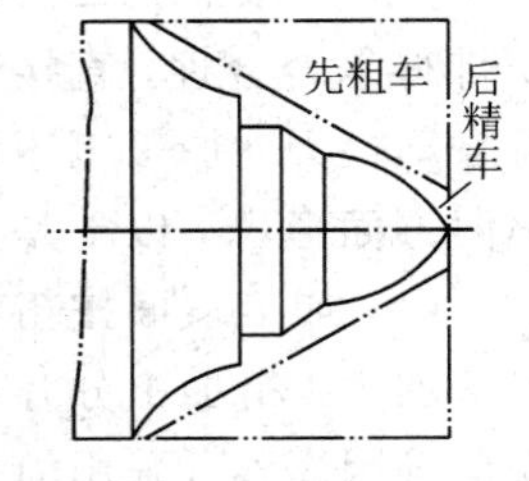

图 2-27　先粗后精

比如对于数控车削，要按照粗车→半精车→精车的顺序，逐步提高加工精度。粗车将在较短的时间内将工件表面上的大部分加工余量(如图 2-27 中的双点划线内部分)切掉，一方面提高金属切除率，另一方面满足精车的余量均匀性要求；若粗车后所留余量的均匀性满足不了精加工的要求，则要安排半精加工，为精车作准备；精车要保证加工精度，按图样尺寸，一刀车出零件轮廓。

3. 先主后次原则

零件的主要表面一般都是加工精度或表面质量要求比较高的表面，它们的加工质量好坏对整个零件的质量影响很大，其加工工序往往也比较多，因此应先安排主要表面的加工。通常将装配基面、工作表面等视为主要表面，将键槽、紧固用的光孔和螺孔等精度要求较低的表面，视为次要表面。由于次要表面加工工作量小，又常与主要表面有位置精度要求，所以一般放在主要表面的半精加工之后，精加工之前进行。

4. 先面后孔原则

对于箱体、支架和连杆等工件，由于平面轮廓尺寸较大，所以应先加工用作定位的平面和孔的端面，再以平面定位加工孔，保证加工时孔有稳定可靠的定位基准，特别是钻孔，使孔的轴线不易偏斜，这样可使工件定位夹紧稳定可靠，利于保证孔与平面的位置精度，减少刀具的磨损，同时也给孔加工带来方便。

定位基准的选择是决定加工顺序的又一重要因素，对于半精加工和精加工的基准表面，应提前加工好，即任何一个高精度表面加工前，作为其定位基准的表面，应在前面工序中加工完毕。而这些作为精基准的表面加工，又有其加工所需的定位基准，这些定位基准又要在更前面工序中加以安排，故各工序的基准选择问题解决后，就可以从最终精加工工序向前倒推出整个工序顺序的大致轮廓。在数控加工工序前，应安排有预加工工序的零件，数控工序的定位基准面即预加工工序要完成的表面，可由普通机床完成。不安排预加工工序的，采用毛坯面作为数控工序的定位基准，这时要根据毛坯基准精度考虑数控工序的划分，即是否仅一道数控工序就能完成全部加工内容，必要时要把数控加工内容分多道工序完成。

数控加工零件最难保证的尺寸，一是加工面与非加工面之间的尺寸；二是数控加工的面与预加工工序中普通机床加工的面之间的尺寸。对前一种情况，即使是图样已注明的非加工面，也必须在毛坯设计或型材选用时，在其确定的非加工面上增加适当的余量，以便在数控机床上按图样尺寸进行加工时，保证非加工面与加工面之间的尺寸符合图样要求。对后一种情况，安排加工顺序时要统筹考虑，最好在数控机床一次定位装夹中完成包括预加工面在内的所有内容。如果非要分两台机床完成，则最好留一定的精加工余量，或者使该预加工面与数控加工工序的定位基准有一定的尺寸精度要求。由于这是间接保证，故该尺寸的公差要比数控机床加工面与预加工面之间的尺寸精度要求严格。

七、热处理工序的安排

为了提高材料的力学性能，改善材料的切削加工性和消除工件内应力，在工艺过程中要适当安排一些热处理工序。

(1) 改善工件材料切削加工性能的热处理(如退火、正火、调质等)，一般安排在切削加工之前。

(2) 为了消除内应力而进行的热处理(如人工时效、退火、正火等)，最好安排在粗加工之后。有时为减少运输工作量，对精度要求不太高的零件，将去除内应力的人工时效或退火安排在切削加工之前(即在毛坯车间)进行。

(3) 为了改善材料的力学物理性能，在半精加工之后、精加工之前常安排淬火、渗碳淬火等热处理工序。对于整体淬火的零件，淬火前应将所有切削加工的表面进行完；对于变形较小的热处理(如高频感应加热淬火、渗氮)，有时允许安排在精加工之后。

(4) 对于高精度的精密零件(如铰刀、精密丝杠、精密齿轮等)，应在淬火后安排冷处理(使零件在低温介质中继续冷却到零下 80℃)，以稳定零件的尺寸。

2.5　加工余量、工序尺寸、工艺尺寸链

一、加工余量的概念

在加工过程中，从某一表面上切除的金属层厚度称为加工余量。在由毛坯加工成成品的过程中，在某加工表面上切除的金属层总厚度，即某一表面的毛坯公称尺寸与零件公称尺寸之差，称为该表面的总余量 Z_0；每道工序切除的金属层厚度，即相邻工序的工序公称尺寸之差称为该表面的工序余量 Z_i。因此，总余量为同一表面各工序加工余量的总和。即

$$Z_0 = Z_1 + Z_2 + \cdots + Z_n$$

n 为某一表面的工序(或工步)数目。加工余量有双边和单边之分，对于对称结构的零件对称面(如外圆表面和内孔)，加工余量是在直径方向上对称分布的，称为双边余量；零件非对称结构的非对称面，如平面加工高度尺寸的余量，称为单边余量。

二、加工余量的确定

确定加工余量的基本原则是在保证加工质量的前提下，尽量减少加工余量。对于最小加工余量的数值，应保证能将具有各种缺陷和误差的金属层切去，从而提高加工表面的精

度和表面质量。若加工余量过小，则会由于上道工序与加工中心工序的安装找正误差，不能保证切去金属表面的缺陷层而产生废品，有时还会使刀具处于恶劣的工作条件，如切削很硬的夹砂表层会导致刀具迅速磨损等；若加工余量过大，则浪费工时、增加工具损耗、浪费金属材料，从而增加成本。加工余量一定要充分而且稳定均匀，因为数控机床的自动化与定位加工，在加工过程中不能采用串位或借料等常规方法，一旦确定了零件的定位基准，则数控机床加工时对余量不足的问题就很难照顾到。因此，在加工基准面或选择基准对毛坯进行预加工时，要照顾各个方向的尺寸，留给数控机床的余量要充分而且均匀。

所以，要合理地规定加工余量，加工余量的确定方法有三种：一是经验估算法，此方法是凭工艺人员的实践经验估计加工余量，为避免因余量不足而产生废品，所估余量一般偏大，仅用于单件小批量生产；二是查表修正法，即将实践和实验积累的有关加工余量的有关数据资料汇编成手册，确定加工余量时从手册查得并结合实际加以修正；三是分析计算法，这种方法确定的加工余量比较经济合理，但必须有比较全面和可靠的实验资料，在实际生产中较少使用。

三、工序尺寸及其公差的确定

工件的设计尺寸一般要经过几道工序的加工才能得到，每道工序所应保证的尺寸称为工序尺寸。编制工艺规程的一个重要工作就是确定每道工序的工序尺寸及公差，在确定工序尺寸及公差时，存在工序基准与设计基准重合和不重合两种情况。

1. 基准重合时工序尺寸及其公差的计算

当工序基准、定位基准或测量基准与设计基准重合，表面多次加工时，工序尺寸及其公差的计算相对来说比较简单。其计算顺序是：先确定各工序的加工方法，然后确定该加工方法所要求的加工余量及其所能达到的精度，再由最后一道工序逐个向前推算，即由零件图上的设计尺寸开始，一直推算到毛坯图上的尺寸。工序尺寸的公差都按各工序的经济精度确定，并按“入体原则”确定上、下偏差。

例如，某主轴箱体主轴孔的设计要求为 $\phi100H7$，$Ra=0.8\ \mu m$，其加工工艺路线为：毛坯孔—粗镗—半精镗—精镗—浮动镗，确定各工序尺寸及其公差，方法为：从机械工艺手册查得各工序的加工余量和所能达到的经济精度，具体数值见表 2－9 中的第二、三列，计算结果见表第四、五列。

表 2－9　主轴孔工序尺寸及公差的计算

工序名称	工序余量	工序的经济精度	工序基本尺寸	工序尺寸及公差
浮动镗	0.1	H7($^{+0.035}_{0}$)	100	$\phi100^{+0.035}_{0}$，$Ra=0.8\ \mu m$
精镗	0.5	H9($^{+0.087}_{0}$)	100－0.1＝99.9	$\phi99.9^{+0.087}_{0}$，$Ra=1.6\ \mu m$
半精镗	2.4	H11($^{+0.22}_{0}$)	99.9－0.5＝99.4	$\phi99.4^{+0.22}_{0}$，$Ra=6.3\ \mu m$
粗镗	5	H13($^{+0.54}_{0}$)	99.4－2.4＝97	$\phi97^{+0.54}_{0}$，$Ra=12.5\ \mu m$
毛坯孔	8	(±1.2)	97－5＝92	$\phi92\pm1.2$

2. 基准不重合时工序尺寸及其公差的计算

在加工过程中，工件的尺寸是不断变化的，由毛坯尺寸到工序尺寸，最后达到满足零件性能要求的设计尺寸。一方面，由于加工的需要，在工序图以及工艺卡上要标注一些专供加工用的工艺尺寸，工艺尺寸往往不是直接采用零件图上的尺寸，而是需要另行计算的；另一方面，当零件加工时，有时需要多次转换基准，因而引起工序基准、定位基准或测量基准与设计基准不重合。这时，需要利用工艺尺寸链原理来进行工序尺寸及其公差的计算。

零件从毛坯逐步加工至成品的过程中，无论是在一个工序内，还是在各个工序间，无论是加工表面本身，还是各表面之间，它们的尺寸都在变化，并存在相应的内在联系。运用尺寸链原理分析这些关系，是合理确定工序尺寸及其公差的基础。

四、工艺尺寸链的概念及计算

1. 工艺尺寸链的定义、组成及分类

在机器装配或零件加工过程中，由相互连接的尺寸形成的封闭尺寸组，称为尺寸链。在机械加工过程中，同一工件的各有关尺寸组成的尺寸链称为工艺尺寸链。在机器设计及装配过程中，由有关零件设计尺寸所组成的尺寸链，称为装配尺寸链。如图 2-28(a)所示，工件上尺寸 A_1 已加工好，现以底面 M 定位，用调整法加工台阶面 P，直接得到尺寸 A_2，显然尺寸 A_1、A_2 确定后，在加工中未予直接保证的尺寸 A_0 也就随之确定(间接得到)。此时，A_1、A_2 和 A_0 这三个尺寸就形成了一个封闭的尺寸组合，即形成了尺寸链。

组成尺寸链的每一个尺寸都称为尺寸链的环。根据特征的不同，环可分为封闭环和组成环。封闭环是在零件加工或装配过程中，间接得到或最后形成的环，如图 2-28(b)中的 A_0；尺寸链中除封闭环以外的各种环都称为组成环，如图 2-28(b)中的 A_1、A_2，组成环是在加工中直接得到的尺寸。组成环按对封闭环的影响性质又可分为增环和减环。在尺寸链中，其余各环不变，当该环增大，使封闭环也相应增大的组成环，称为增环，如尺寸 A_1，一般记为 $\overrightarrow{A}_1$；反之，其余各环不变，当该环增大，而使封闭环相应减小的组成环，称为减环，如尺寸 A_2，一般记为 $\overleftarrow{A}_2$。

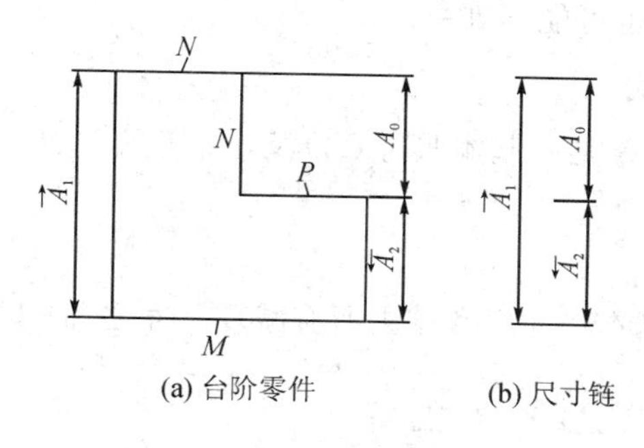

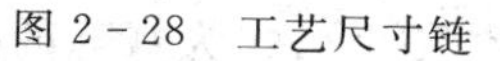

图 2-28　工艺尺寸链

工艺尺寸链

建立尺寸链时，首先应确定哪一个尺寸是间接获得的尺寸，并把它定为封闭环；再从封闭环一端起，依次画出直接得到的尺寸作为组成环，直到尺寸的终端回到封闭环的另一端，形成一个封闭的尺寸链图。在直线尺寸链中，封闭环只有一个，其余都是组成环。封闭环是尺寸链中最后形成的一个环，所以在加工或装配未完成之前，它是不存在的。在工艺尺寸链中，封闭环必须在加工顺序确定后才能判断，当加工顺序改变时，封闭环也随之改变。在装配尺寸链中，封闭环就是装配的技术要求，比较容易确定。

在分析、计算尺寸链时，正确判断封闭环以及增环、减环是十分重要的。通常先给封闭环任意一个方向画上箭头，然后沿此方向环绕尺寸链依次给每一组成环画出箭头，凡是组成环尺寸箭头方向与封闭环箭头方向相反的，均为增环；反之，则为减环。

2. 尺寸链的计算方法

计算尺寸链有两种方法，即极值法和概率法。

(1) 极值法。极值法是按综合误差最不利的情况，即各增环均为最大(或最小)极限尺寸，而减环均为最小(或最大)极限尺寸，来计算封闭环极限尺寸的。该方法的优点是简便、可靠，其缺点是当封闭环公差较小、组成环数目较多时，会使组成环的公差过于严格。

(2) 概率法。概率法是用概率论原理来进行尺寸链计算的，该方法能克服极值法的缺点，主要用于环数较多以及大批量自动化生产中。

本节仅介绍目前计算工艺尺寸链常用的方法——极值法，尺寸链的计算有以下 3 种情况。

① 已知组成环，求封闭环：即根据各组成环的基本尺寸和公差(或偏差)，来计算封闭环尺寸以及验证工序图上所标注的工艺尺寸及公差，是否能满足设计图上相应的设计尺寸及公差的要求，这种计算方法称为尺寸链的正计算，正计算的结果是唯一的。

② 已知封闭环，求组成环：即根据设计要求的封闭环基本尺寸、公差(或偏差)以及各组成环的基本尺寸，反过来计算各组成环的公差(或偏差)，这种计算方法称为尺寸链的反计算。反计算常用于产品设计、加工和装配工艺计算等方面。反计算的解不是唯一的，它有一个优化问题，即如何把封闭环的公差合理地分配给各个组成环。

③ 已知封闭环及部分组成环，求其余组成环：即根据封闭环及部分组成环的基本尺寸及公差(或偏差)，计算尺寸链中余下的一个或几个组成环的基本尺寸及公差(或偏差)，这种计算方法称为尺寸链的中间计算。中间计算在工艺设计中应用较多，如基准的换算、工序尺寸的确定等。其解可能是唯一的，也可能不唯一。

3. 极值法解尺寸链的基本计算公式

机械制造中的尺寸及公差要求，通常是由基本尺寸(A)及上、下偏差(ES_A、EI_A)来表示的。

1) 封闭环的基本尺寸

封闭环的基本尺寸等于所有增环基本尺寸之和减去所有减环尺寸之和，即

$$A_0 = \sum_{i=1}^{m}\overrightarrow{A}_i - \sum_{j=m+1}^{n}\overleftarrow{A}_j \qquad (2-1)$$

式中：A_0 为封闭环的基本尺寸；$\overrightarrow{A}_i$ 为增环的基本尺寸；$\overleftarrow{A}_j$ 为减环的基本尺寸；m 为增环的环数；n 为组成环的总环数(不包括封闭环)。

2) 封闭环的上、下偏差

用封闭环的最大极限尺寸和最小极限尺寸分别减去封闭环的基本尺寸，即可得到封闭

环的上偏差 ES_0 和下偏差 EI_0。

$$ES_0 = A_{0\max} - A_0 = \sum_{i=1}^{m} ES_i - \sum_{j=m+1}^{n} EI_j \tag{2-2}$$

$$EI_0 = A_{0\min} - A_0 = \sum_{i=1}^{m} EI_i - \sum_{j=m+1}^{n} ES_j \tag{2-3}$$

式中：ES_i、ES_j 分别为增环和减环的上偏差；EI_i、EI_j 分别为增环和减环的下偏差。

式(2-2)、式(2-3)表明，封闭环的上偏差等于所有增环上偏差之和减去所有减环下偏差之和；封闭环的下偏差等于所有增环下偏差之和减去所有减环上偏差之和。

3）封闭环的公差

用封闭环的上偏差减去封闭环的下偏差，即可求出封闭环的公差，即

$$T_0 = ES_0 - EI_0 = \sum_{i=1}^{m} T_i + \sum_{j=m+1}^{n} T_j \tag{2-4}$$

式中：T_i、T_j 分别为增环和减环的公差。

式(2-4)表明，尺寸链封闭环的公差等于各组成环的公差之和。由于封闭环的公差比任何组成环的公差都大，因此在零件设计时，应尽量选择最不重要的尺寸作封闭环。由于封闭环是加工中最后自然得到的，或者是装配的最终要求，不能任意选择，因此为了减小封闭环的公差，应当尽量减少尺寸链中组成环的环数。对于工艺尺寸链，则可通过改变加工工艺的方案来改变工艺尺寸链，从而达到减少尺寸链环数的目的。

五、工艺尺寸链的计算

如前所述，在零件加工过程中，由有关工序尺寸所形成的尺寸链，称为工艺尺寸链。工序尺寸是指某工序加工所要达到的尺寸，即在加工中用来调整刀具的尺寸或测量的尺寸。它们一般是直接得到的，故在工艺尺寸链中的尺寸常常是组成环。工艺尺寸链中的设计要求或加工余量，常是间接保证的，故一般以封闭环的形式出现。确定各加工工序的工序尺寸及其公差，目的是使加工表面能达到设计的要求(如尺寸、形状、位置精度要求以及渗层、镀层厚度要求等)，并有一个合理的加工余量。当零件在加工过程中存在基准转换时，就需要通过尺寸链的计算来确定工序尺寸及其公差。

拟定零件加工工艺规程时，一般尽可能使工序基准(定位基准或测量基准)与设计基准重合，以避免产生基准不重合误差。如因故不能实现基准重合，就需要进行工序基准不重合时的尺寸换算。

下面举例说明定位基准与设计基准不重合时的尺寸换算。

例 2-1 如图 2-29(a)所示零件，表面 A、C 均已加工，现加工表面 B，要求保证尺寸为 $A_0 = 25^{+0.25}_{0}$ mm 及平行度为 0.1 mm，表面 C 是表面 B 的设计基准，但不宜作为定位基准，故选表面 A 为定位基准，此时出现定位基准与设计基准不重合的情况，为达到零件的设计精度，需要进行尺寸换算。

解 在采用调整法加工时，为了调整刀具位置，常将表面 B 的工序尺寸及平行度要求从定位表面 A 注出，即以 A 面为工序基准标注工序尺寸 A_2 及平行度公差 T_{α_2}，因此，需要确定 A_2 和 T_{α_2} 的值。在加工表面 B 时，A_2 和平行度 α_2 是直接得到的，而 A_0 及平行度公差

T_0（T_0＝0.1 mm）是通过尺寸 A_1、A_2 以及平行度公差 T_{α_1}、T_{α_2} 间接保证的。因此，在尺寸链中，A_0 为封闭环，A_1 为增环，A_2 为减环，α_0 为封闭环，α_1 为增环，α_2 为减环（如图 2-29(b)、(c)所示）。

$$A_1 = 60_{-0.10}^{\ 0}, A_0 = 25_{\ 0}^{+0.25}$$

$$A_2 = A_1 - A_0 = (60 - 25) = 35 \text{ mm}$$

$$ES_2 = EI_1 - EI_0 = (-0.1 - 0) = -0.1 \text{ mm}$$

$$EI_2 = ES_1 - ES_0 = (0 - 0.25) = -0.25 \text{ mm}$$

所以，工序尺寸 $A_2 = 35_{-0.25}^{-0.10}$ mm。

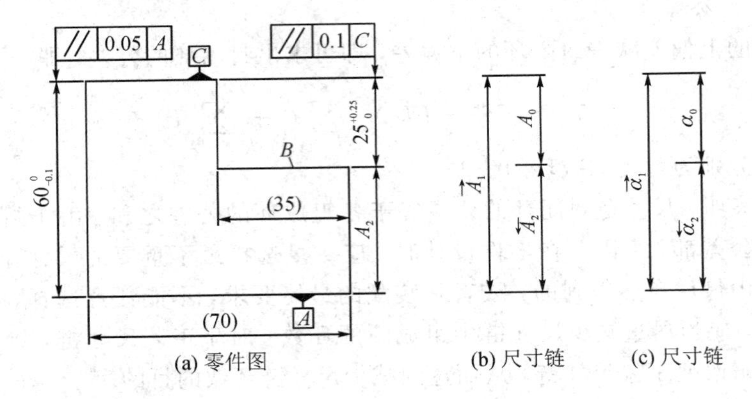

图 2-29　工艺尺寸链计算

根据已知条件：T_{α_1}＝0.05 mm、T_{α_0}＝0.1 mm，所以平行度 α_2 的公差为

$$T_{\alpha_2} = T_{\alpha_0} - T_{\alpha_1} = (0.1 - 0.05) = 0.05 \text{ mm}$$

必须指出，从零件的设计要求来看，在图 2-26(a)中 A_2 是设计尺寸链的封闭环，它的上、下偏差分别应为：

$$ES_2 = ES_1 - EI_0 = (0 - 0) = 0 \text{ mm}$$

$EI_2 = EI_1 - ES_0 = (-0.10 - 0.25) = -0.35$ mm，即设计要求 $A_2 = 35_{-0.35}^{\ 0}$ mm。

对比上述 A_2 的计算结果（$A_2 = 35_{-0.25}^{-0.10}$ mm）可见，设计要求的 A_2 尺寸精度较低，而转换基准后使零件的制造精度要求提高，应尽量避免或减少定位基准与设计基准不重合。

思考与练习

2-1　什么是生产过程及工艺过程？什么是工序、安装、工位、工步、走刀？

2-2　生产类型是根据什么划分的？目前有哪几种生产类型？它们各有哪些主要工艺特征？在多品种生产的要求下各种生产类型又有哪些不足？如何解决？

2-3　谈谈工序集中与工序分散的选择。

2-4　机械加工工艺过程卡和机械加工工序卡的区别是什么？简述它们的应用场合。

2-5　在编制机械加工工艺规程时，为什么要对零件图样进行工艺性分析？

2-6　什么是基准？基准分哪几种？精、粗定位基准的选择原则各有哪些？

2-7　机械加工工艺过程划分加工阶段的原则是什么？

2-8　有一小轴，毛坯为热轧棒料，大量生产的工艺路线为粗车—半精车—淬火—粗磨—精磨，外圆设计尺寸$\phi 30_{-0.013}^{0}$ mm。已知各工序的加工余量和经济精度，试确定各工序尺寸及公差、毛坯尺寸及粗车余量，并填入表2-10中(余量为双边余量)。

表2-10　数据记录表

工序名称	工序余量	工序的经济精度	工序基本尺寸	工序尺寸及公差
精磨	0.1	0.013(IT6)		
粗磨	0.4	0.033(IT8)		
半精车	1.1	0.084(IT10)		
粗车				
毛坯尺寸	4(总余量)			

2-9　加工图2-30所示的零件，要求保证尺寸(6±0.1) mm。由于该尺寸不便测量，只能通过测量尺寸L来间接保证。试求测量尺寸L及其上、下偏差。

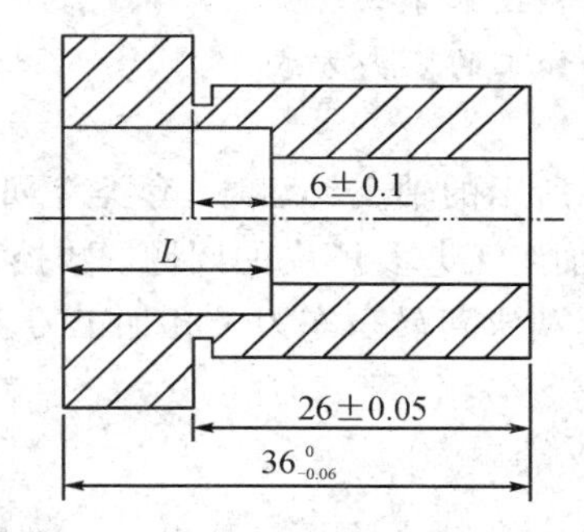

图2-30　不便测量的尺寸换算

项目三　数控车床及通用夹具

【知识目标】

- 掌握数控车床的工艺特征与分类
- 熟悉数控车削加工坐标系
- 熟悉数控车床通用夹具

【技能目标】

- 能够区分各种不同配置和技术等级的数控车床
- 能够正确选用数控车削加工的装夹方式

企业经常要加工如图 3-1 所示的轴类、盘类、套类等回转体零件。经济合理且有质量地加工出这些零件是数控车削加工工艺要解决的问题。数控车削加工工艺是在图样分析的基础上，选择合理的数控车床、机夹可转位车刀及孔加工刀具、工装量具，制订经济合理的工艺工序卡及切削参数等。

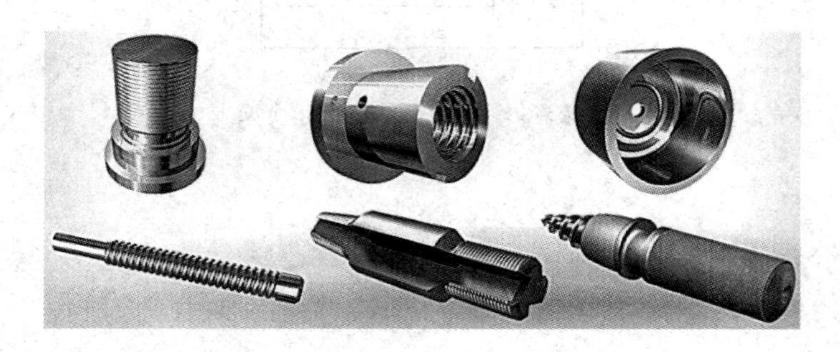

图 3-1　数控车削加工零件

3.1　数控车床的工艺特征与分类

一、数控车床的工艺特征与用途

数控车床是目前广泛使用的数控机床，主要用于加工轴类、盘套类等回转体零件。只要改变数控车床中刀具和主轴的相对位置，通过数控加工程序的运行，就可自动完成内外圆柱面、圆锥面、成形表面、螺纹和端面等工序的切削加工，并能进行车槽、钻孔、扩孔、铰孔等工作。在机械产品中，由回转体表面构成的零件数量众多，车削加工在所有金属切削加工中所占的比重为最大，车削是以工件旋转为主运动，刀具作进给运动的切削加工方法。

虽然数控车床也进行钻孔、铰孔、扩孔、攻螺纹等加工，但由于数控车床的刀具不能旋转，因此孔加工通常只能在工件的回转中心(主轴中心)上进行。由于数控车床的孔加工需要利用工件旋转进行，工件的结构对称性一般较差，大多数工件的重心和主轴回转中心并不重合，因此进行孔加工时的主轴转速不能过高，特别是对于体积大、质量大的非对称零件，其孔加工的转速要远低于以刀具旋转为主运动的镗铣加工类机床，故不适合于高速小孔加工。

车削中心虽然在数控车床的基础上增加了 C 轴控制、动力刀具、Y 轴控制功能，可以用于回转体零件侧面、端面的孔加工和铣削加工，但总体而言，产品仍然属于车削类机床的范畴，其动力刀具的数量、规格、输出功率和转矩、Y 轴的加工范围等指标都无法与镗铣类数控机床相比，因此它仍然属于车削加工为主的设备。

二、数控车床类别

数控技术发展很快，出现了各种不同配置和技术等级的数控车床，在配置、结构和使用上都有其各自的特点，可以从以下几个方面对数控车床进行分类。

数控车床类别

1. 按主轴位置分

1）卧式数控车床

卧式数控车床是主轴轴线处于水平位置的数控车床，如图 3－2 所示，是最常用的数控车床。

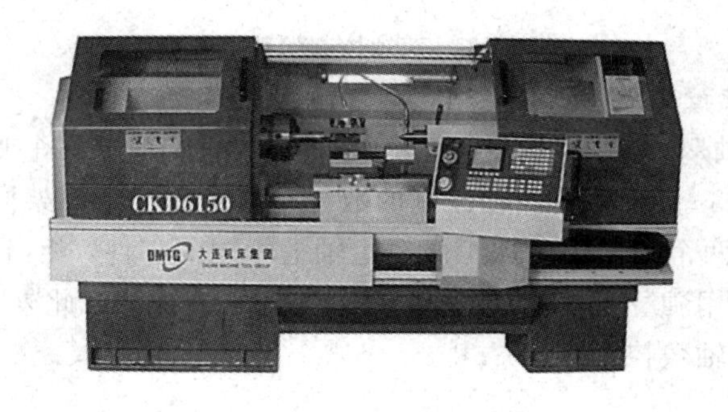

图 3－2　卧式数控车床

2）立式数控车床

立式数控车床是主轴轴线处于垂直位置的数控车床，如图 3－3 所示，主要用于加工径向尺寸大、轴向尺寸相对较小的大型复杂零件。

德国 EMG、INDEX 等著名机床生产厂家研发了主轴倒置式数控车床这一新颖的结构形式，并将其广泛应用于端盖、法兰等零件的大批量加工行业。倒置式数控车床如图 3－4 所示，这种布局的机床采用了立式主轴、卡盘垂直向下的特殊结构形式，转塔刀架布置在主轴下方的床身上，其结构布局相当于倒置的立式数控车床，故称为倒置式数控车床。

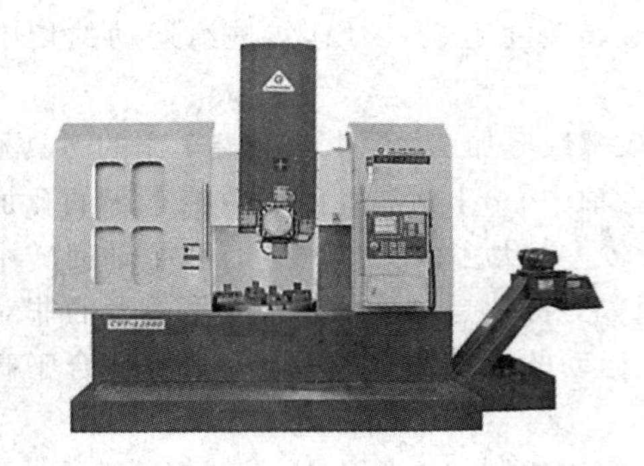

图 3-3　立式数控车床

图 3-4　倒置式数控车床

2. 按可控轴数分

1）两轴控制的数控车床

两轴控制（单轴单刀架）的数控车床只有一个刀架，可实现两坐标轴的联动控制，如图 3-5 所示。

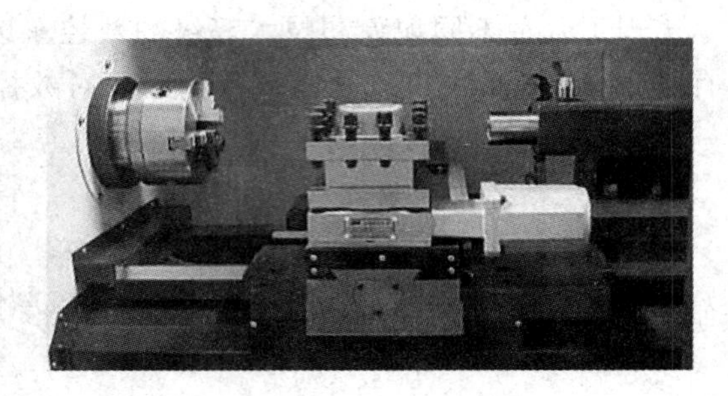

图 3-5　两轴控制的数控车床

2）四轴控制的数控车床

四轴控制（双主轴双刀架）的数控车床有两个独立的主轴和两个独立的刀架，可实现四坐标轴的控制，如图 3-6 所示。四轴控制的数控车床可以两个刀架同时加工一个主轴上零件的不同部位；可以两个刀架同时加工两个主轴上相同的零件，相当于两台机床同时工作；可以正副主轴分别使用独立的刀架对一个工件进行完整加工。此外，还有单主轴双刀架、双主轴单刀架及多主轴数控车床。

图 3-6　四轴控制的数控车床

3. 按数控系统功能分

1）经济型数控车床

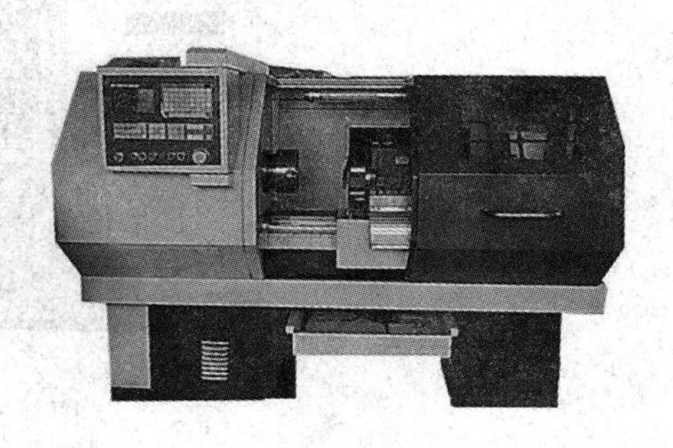

图 3-7　经济型数控车床

经济型数控车床一般是以普通车床的机械结构为基础，经过改进设计得到的，也有一些是对普通车床进行改造得到的，其机床布局为平床身结构形式，一般采用由步进电机驱动的开环伺服系统，其控制部分采用单板机或单片机实现，如图 3-7 所示。经济型数控车床的自动化程度和功能都比较差，缺少诸如刀尖圆弧半径自动补偿和恒表面线速度切削等功能，其车削加工精度也不高，适用于精度要求不高的回转类零件的车削加工。

2）全功能型数控车床

全功能型数控车床如图 3-8 所示，它的控制功能是全功能型的，带有高分辨率的 CRT，具有各种显示、图形仿真、刀具和位置补偿等功能，带有通信或网络接口；采用闭环或半闭环控制的伺服系统，可以进行多个坐标轴的控制，具有高刚度、高精度和高效率等特点。全功能型数控车床的机床布局为斜床身结构形式，如图 3-9 所示。斜床身布局比平床身布局具有切削刚性好、加工精度高、排屑方便、自动化程度高，但缺点是制造成本高。为了能够安装各类刀具、增加刀具安装数量、提高换刀速度，全功能型数控车床一般都需要采用液压回转刀架。

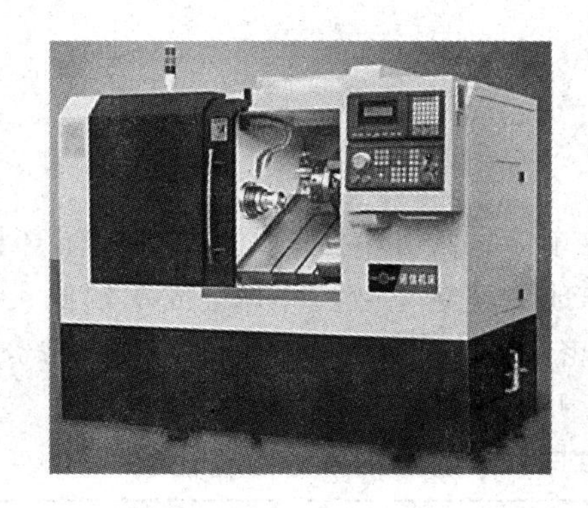

图 3-8　全功能型数控车床

图 3-9　斜床身结构布局

3）车削加工中心

车削加工中心是以全功能型数控车床为主体，配备刀库、自动换刀器、分度装置、铣削动力头和机械手等部件，可用于回转体零件的车削、铣削和孔加工，实现多工序复合加工的数控车床。由于增加了 C 轴和铣削动力头，刀架上可安装钻镗铣加工用的动力旋转刀具，所以刀具能进行垂直方向的 Y 轴运动。车削中心除了可以进行普通的车削加工外，还可以对回转零件的侧面或端面、进行中心线不在零件回转中心的孔、径向孔和轮廓的钻镗铣加工。车削加工中心如图 3-10 所示。

图 3 - 10　车削加工中心

4) 车铣复合加工中心

卧式车铣复合加工中心采用了数控车床和动柱立式加工中心复合的结构形式，其机床布局采用立式床身结构形式，具备数控车床的全部功能，同时具备主轴摆动的立式五轴加工中心同样的性能，是一种真正具备完整车铣加工功能的车铣复合加工中心，如图 3 - 11 所示。

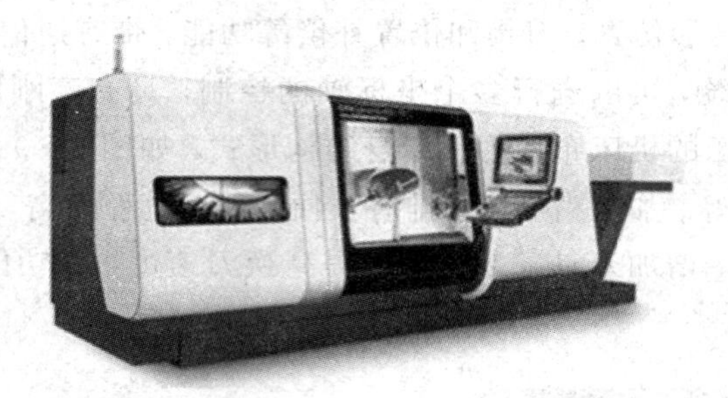

图 3 - 11　车铣复合加工中心

4. 按伺服系统分

按伺服系统分，数控车床可以分为开环控制数控车床、半闭环控制数控车床、闭环控制数控车床。开环控制数控车床一般是简易数控车床或者经济型数控车床，成本较低；中高档数控车床均采用半闭环控制，价格偏高；高档精密数控车床采用闭环控制，价格昂贵。

经济型数控车床、全功能型数控车床、车削加工中心配置比较，如表 3 - 1 所示。

表 3 - 1　经济型数控车床、全功能型数控车床、车削加工中心配置比较

类别	控制方式	主轴控制	主轴	控制轴数	主轴数	床身结构	刀架系统	卡盘及尾座
经济型数控车床	开环控制	速度控制	机械主轴	两轴	单主轴	平床身	电动刀架	手动
全功能型数控车床	半闭环控制或闭环控制	速度和位置控制	机械主轴或电主轴	两轴或四轴	单主轴或双主轴	斜床身	液压转塔刀架	手动或液压
车削加工中心	闭环控制	速度、位置、C轴控制	电主轴	两轴或四轴	单主轴或双主轴	斜床身	动力刀架	液压

三、数控车床的机械结构

1. 主传动系统

数控车床的主传动系统多采用无级变速或分段无级变速方式，一般使用交流主轴电动机，通过同步带传动或主轴箱内2～4级齿轮换挡传动主轴；也有的主轴由交流调速电动机通过两级塔轮直驱，并由电气系统无级调速，由于主传动链没有齿轮，故噪声很小。数控车床切削是受程序控制的，可自动切换转速、换向、自动换刀、用脉冲编码器控制螺纹车削，加工过程全自动运行，工序高度集中。

数控车床
机械结构

全功能数控车床的主轴需要采用专用的交流主轴驱动系统，它与通用变频调速相比，调速范围宽、低速输出转矩大、最高转速高，可实现主轴位置的控制。所以，全功能数控车床主传动一般只要一级同步带减速，就可保证主轴具有良好的性能，主轴箱结构较为简单。在现代高速、高精度机床上，还经常使用高速主轴单元或电主轴代替主轴箱，使主轴具有很高的转速和精度。数控车床主传动系统主轴有机械主轴和电主轴两种基本结构形式，如图3－12所示。

图3－12　主传动系统主轴

主传动系统

2. 进给传动系统

数控车床没有传统的进给箱和交换齿轮架，它直接采用伺服电机经同步带驱动无间隙滚珠丝杠(如图3－13所示)，将运动和动力传到滑板和刀架，实现Z向(纵向)和X向(横向)进给运动。数控车床所用的伺服电动机除有较宽的调速范围并能无级调速外，还能实现准确定位。普通车床是把主轴的运动经过挂轮架、进给箱、光杆、溜板箱传到刀架，来实现纵向和横向进给运动的。数控车床主轴与纵向丝杠虽然没有机械传动联结，但同样具有加工各种螺纹的功能，主轴由伺服电动机驱动旋转，但在主轴箱内安装有脉冲编码器，主轴的运动通过齿轮或同步齿形带按1∶1的比例传到脉冲编码器。当主轴旋转时，脉冲编码器便向数控系统发出检测脉冲信号，使主轴电动机的旋转与刀架的切削进给保持同步关系，即实现加工螺纹时主轴转一圈，刀架Z向移动工件一个导程的运动关系。主轴脉冲编码器代替了传统机床螺纹加工冗长的进给传动链，使传动链大大缩短，机床加工精度提高，且由于数控车床采用了脉宽调速伺服电动机及伺服系统，

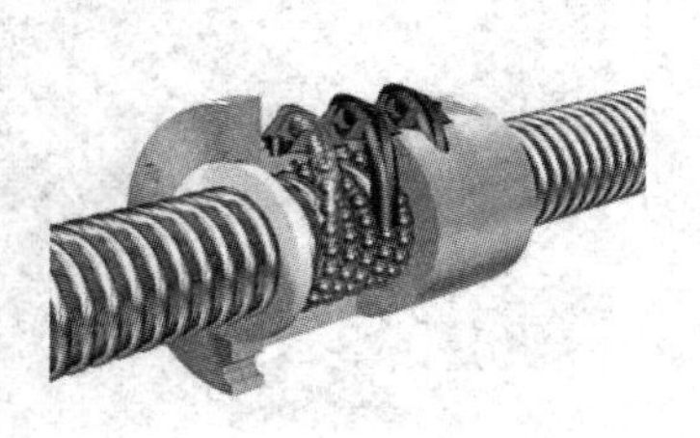

图3－13　滚珠丝杆传动装置

滚珠丝杠
传动装置

因此进给和车螺纹范围很大。高档数控车床的进给部件直接使用直线电机驱动，实现了高速、高灵敏度的伺服驱动。

数控车床进给传动系统也是由电气系统按程序指令自动控制进给速度，进给方向由数字坐标信息控制，背吃刀量由程序指令信息控制，切削用量的变化均无需停车调整，为工序集成提供了技术保证。

3. 数控车床导轨

机床加工精度和使用寿命很大程度上取决于导轨的质量，机床导轨要求具有高的导向精度、良好的精度保持性、良好的摩擦特性、运动平衡性、较高的灵敏度和较长的使用寿命。目前，数控机床使用的导轨主要有三种：贴塑导轨、滚动导轨和静压导轨(传统的铸铁—铸铁滑动导轨，除经济型数控机床外，其他数控机床已不采用，取而代之的是铸铁—塑料或镶钢—贴塑导轨)。滚动导轨按滚动体形式的不同，分为滚珠导轨(图 3-14)、滚柱导轨(图 3-15)和滚针导轨等。数控车床利用贴塑导轨或静压导轨来减少运动中的摩擦力，提高传动精度。静压导轨(图 3-16)的滑动面之间开有油腔，将有一定压力的油通过节流器输入油腔，形成压力油膜，浮起运动部件，使导轨工作表面的摩擦为纯液体摩擦。

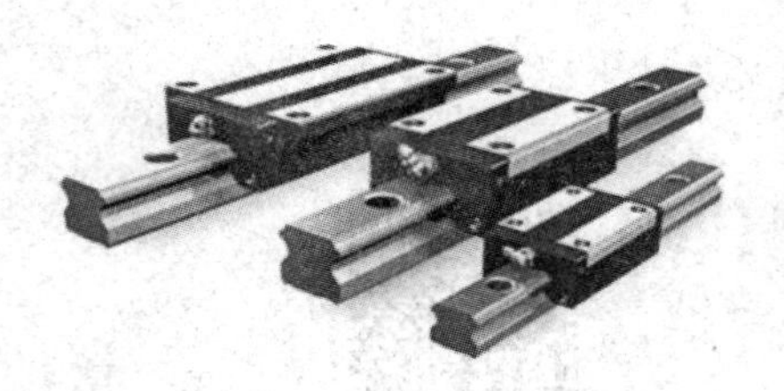

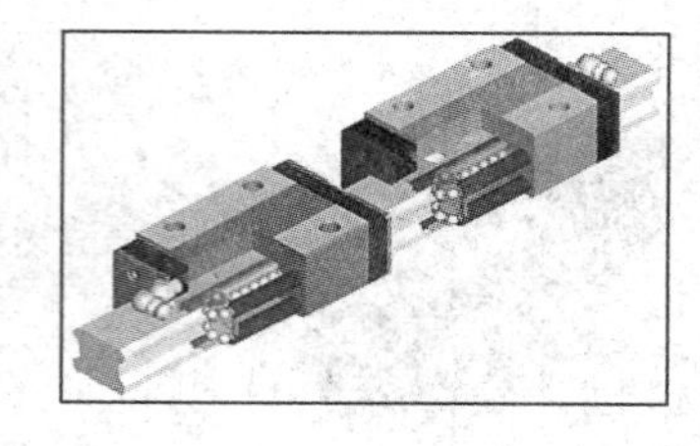

图 3-14 滚珠导轨

滚动导轨

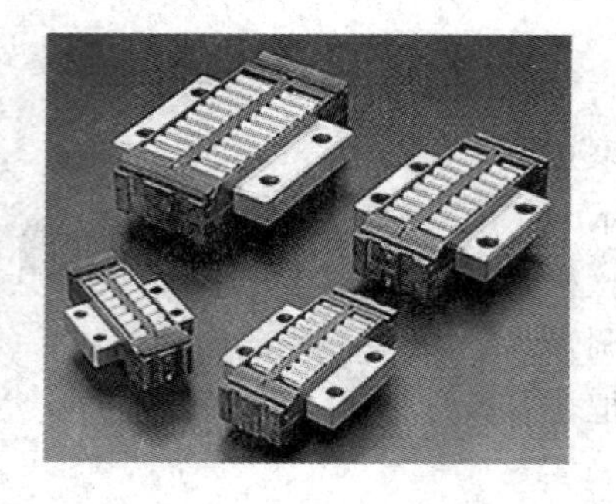

图 3-15 滚柱导轨

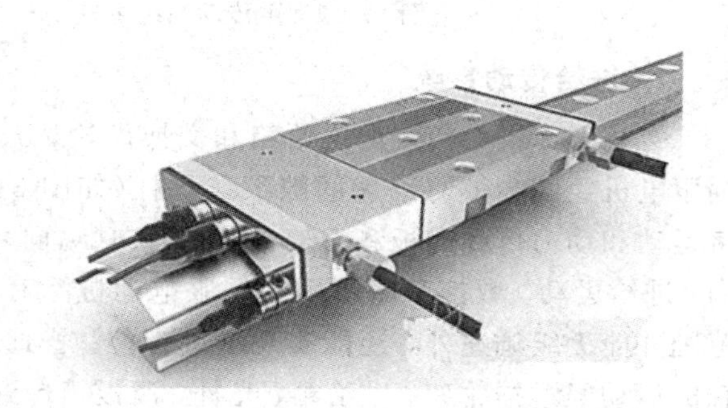

图 3-16 静压导轨

4. 刀架系统

数控车床刀具移动采用滚珠丝杆传动，图 3-17 所示为最常用的四工位电动方刀架，只能安装车削刀具，适用于经济型数控车床；图 3-18 所示为液压转塔刀架，可以安装车刀、铣刀以及钻头、铰刀、镗刀等孔加工刀具，适用于全功能型数控车床；图 3-19 所示为排式刀架，一般用于小规格数控车床，以加工棒料或盘类零件为主；图 3-20 所示为车削中心用的动力刀架，动力刀架上可安装车刀、铣刀以及钻头、铰刀、镗刀等孔加工刀具，且铣刀、孔加工刀具是由动力驱动的，可以旋转。

方刀架

图 3-17 四工位电动方刀架

转塔刀架

图 3-18 液压转塔刀架

排式刀架

图 3-19 排式刀架

动力刀架

图 3-20 动力刀架

5. 自动排屑装置

自动排屑装置一般在倾斜床身的全功能型数控车床或车削中心上才配置，因为床身或导轨倾斜有利于滑落切屑的收集。通过自动排屑装置将切屑排至自动排屑机内，由此改善操作环境、减轻劳动强度、提高整机自动化程度。自动排屑装置可以与过滤水箱配合使用，将各种冷却液回收利用。自动排屑装置包括刮板式排屑机、链板式排屑机、磁性排屑机和螺旋式排屑机。

6. 气液电自动控制工装

传统机械加工工艺方法是在普通机床上依靠夹具，采用“一人、一机、一刀、一道工序”的方法对零件进行加工。对于结构复杂的零件，一般需要多套工装夹具，经过几十道工序，多次定位装夹才能完成加工，导致加工零件的一致性差、加工效率低、工装数量多、生产准备工作量大、生产周期长等诸多弊端。由于数控机床通常采用高速切削或强力切削，加工过程实现自动化，因此对数控夹具提出了新的功能要求，首先是夹紧力要大，以保证夹紧可靠；其次是柔性要好，以适应自动控制。所以，数控夹具通常采用气液电自动控制夹具，该夹具可保证定位精确、夹紧可靠，夹具的导向由数控机床及数控装置保证，夹具的对刀通过预对刀操作或用机外对刀仪检测并输入数控系统，夹具的分度转位由回转工作台自动控制。

四、典型卧式数控车床

CKD6150A 卧式平床身数控车床是大连机床集团生产的，如图 3－21 所示，CK 系列数控车床为纵（Z）、横（X）两坐标控制的数控卧式车床。平床身数控车床能对各种轴类和盘类零件自动完成内外圆柱面、圆锥面、圆弧面、端面、切槽、倒角等工序的切削加工，并能车削公制直螺纹、端面螺纹及英制直螺纹和锥螺纹等，适合于多品种，中小批量产品的生产，对复杂、高精度零件尤能显示其优越性。

数控车床结构组成

图 3－21　CKD6150A 卧式平床身数控车床

CKD6150A 卧式平床身数控车床的技术参数如表 3－2 所示（其中，1 inch＝2.54 cm），产品配置如表 3－3 所示。

表 3-2　CKD6150A 卧式平床身数控车床技术参数

序号	技术参数	CKD6150A	序号	技术参数	CKD6150A
1	最大切削直径/mm	500	11	快移速度 X/Z(m/min)	4/8
2	滑板上最大回转直径/mm	280	12	X 轴最大行程/mm	280
3	最大工件长度/mm	750/1000	13	Z 轴最大行程/mm	935
4	最大切削长度/mm	930	14	刀架工位数	4
5	卡盘尺寸/inch	10	15	单工位换刀时间/s	3
6	主轴形式	A2-8	16	刀柄尺寸	25 mm×25 mm
7	主轴内孔直径/mm	ϕ82	17	主轴电机功率/kW	7.5
8	尾座套筒行程/mm	150	18	伺服电机扭矩 X/Z(N/m)	7/7
9	尾座套筒直径/mm	ϕ75	19	机床重量/kg	2600
10	主轴转速/(r/m)	3000			

表 3-3　CKD6150A 卧式平床身数控车床产品配置

序号	产品配置名称	产品配置	序号	产品配置名称	产品配置
1	导轨形式	滑动导轨	7	数控系统	FANUC 0i-MATE-TD
2	主轴	机械主轴	8	液压元器件	国产
3	轴承	NSK 轴承	9	排屑	接屑盘
4	尾座	手动	10	冷却系统	冷却泵与水箱风扇电气柜
5	刀架	立式四工位外冷电动刀架	11	其他	机床照明灯技术文件
6	卡盘	手动			

3.2　数控车削加工坐标系

1. 数控车床坐标系

数控车床坐标系如图 3-22 所示，在机床每次通电之后，必须进行回参考点操作(简称回零操作，如图 3-23 所示)，使刀架运动到机床参考点，其位置由机械挡块确定。通过机床回零操作，确定了机床原点，从而准确地建立机床坐标系。机床参考点与机床原点之间有严格的位置关系，机床出厂前已调试准确，确定为某一固定值，即为机床参考点在机床坐标系中的坐标。

2. 工件坐标系

数控车床加工时，工件通过卡盘夹持于机床坐标系中的任意位置，但用机床坐标系描述刀具轨迹不方便，工艺人员在编写零件加工程序时通常要选择一个工件坐标系，也称编程坐标，工件坐标系坐标轴的意义必须与机床坐标轴相同，这样刀具轨迹就变为工件轮廓在工件坐标系下的坐标。工艺人员就不用考虑工件上的各点在机床坐标系下的位置，从而大大简化了问题。

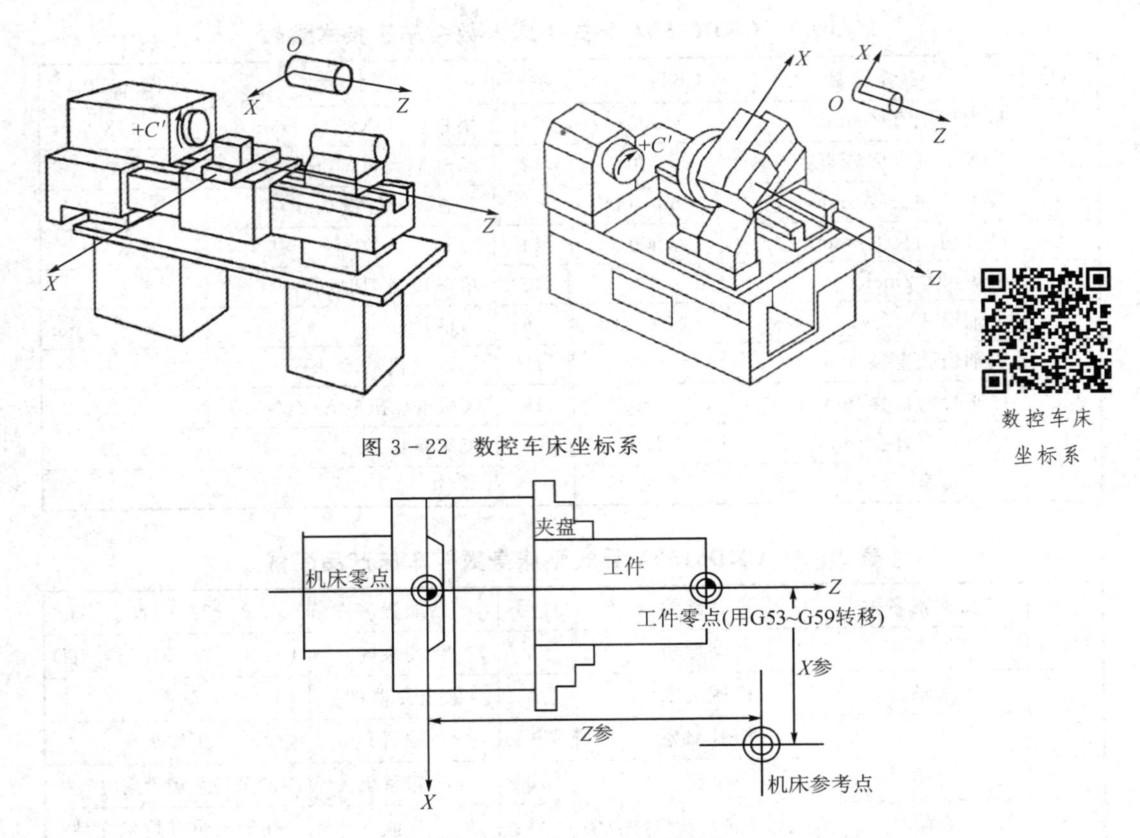

图 3-22　数控车床坐标系

图 3-23　数控车床回零操作

工件坐标系的原点，也称编程原点，其位置由工艺人员自行确定，数控编程时，应该首先确定工件坐标系和工件原点，工件原点的确定原则是简化编程计算，应尽可能将工件原点设在零件图的尺寸基准或工艺基准处。一般来说，数控车床的 X 向零点应取在工件的回转中心，即主轴轴线上，Z 向零点一般在工件的左端面或右端面，即工件原点一般应选在主轴中心线与工件右端面或左端面的交点处。实际加工时考虑加工余量和加工精度，工件原点应选择在精加工后的端面上或精加工后的夹紧定位面上，如图 3-24 所示。

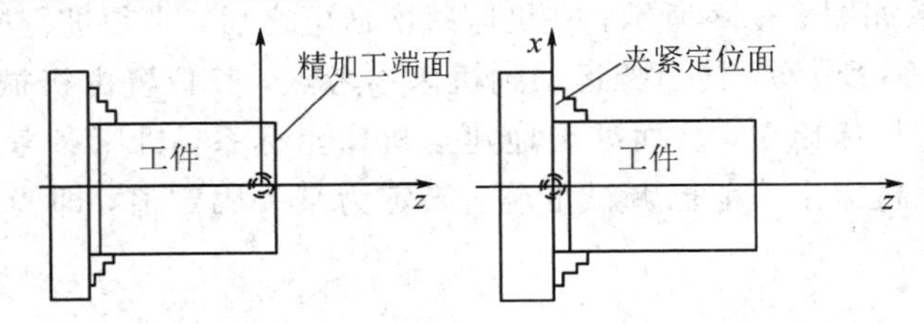

图 3-24　实际加工时的工件坐标系

3. 数控车床的前置刀架与后置刀架

数控车床的刀架布置有两种形式：前置刀架与后置刀架。

1）前置刀架

前置刀架位于 Z 轴的前面，与传统卧式车床刀架的布置形式相同，刀架导轨为水平导轨，使用四工位电动刀架。操作人员站在数控车床前面，刀架位于主轴和操作人员之间的属于前置刀架，前置刀架主轴正转时刀尖朝上，如图 3－25 所示。

2）后置刀架

后置刀架位于 Z 轴的后面，刀架的导轨位置与正平面倾斜，这样的结构形式便于观察刀具的切削过程，使切屑易于排除，后置空间大，可以设计更多工位的刀架，一般多功能的数控车床都设计为后置刀架。操作人员站在数控车床前面，如果主轴位于刀架和操作人员之间，则属于后置刀架，后置刀架主轴正转时刀尖则朝下，如图 3－26 所示。

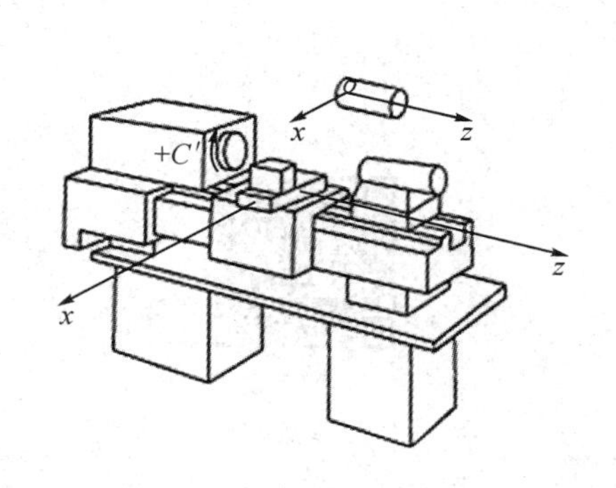

图 3－25　数控车床前置刀架

图 3－26　数控车床后置刀架

前置刀架与后置刀架的 Z 轴是相同的，但前置刀架的 X 轴正向向下表示，后置刀架的 X 轴正向向上表示。

3.3　数控车床通用夹具

数控车削加工应尽量使用数控装置的全功能，减少专用夹具的数量，为企业降低生产成本，也缩短生产周期。为减少工件装夹辅助时间和减轻劳动强度，一般多使用通用工装夹具或气液电自动控制夹具，如气动液压卡盘(钢制)、可编程控制液压尾座、液压中心架、液压心轴等，选用动力工装主要是为适应程序自动运行、自动化生产。

数控车床通用夹具 1

一、卡盘式夹具

三爪卡盘和四爪卡盘作为机床的附件称为通用夹具，两爪卡盘则称为可调整夹具。为扩大卡盘的使用范围，通常采用更换卡盘上卡爪的方法来满足各种零件的加工要求。当装夹直径较大的工件时，可采用反爪装夹或正爪反撑。

1. 两爪卡盘

两爪卡盘常用于需定位兼夹紧的零件、对称性外形零件、定位夹紧表面不规整的零件等，如各种管接头，图 3－27 所示为液压两爪卡盘。

图 3－27　液压两爪卡盘

2. 三爪卡盘

三爪卡盘可达到既定心又夹紧的目的，其特点是夹紧力大，使用方便，图 3－28 所示为液压三爪卡盘。三爪卡盘能自动定心，一般不需要校正，但在装夹细长轴工件时，工件外端面不一定正，即工件中心线不一定与主轴中心线一致，所以需要用划针校正或目测校正。用三爪卡盘装夹已经过精加工的表面时，被夹住的工件表面应包一层铜皮，以免夹伤工件表面。

图 3－28　三爪卡盘

三爪卡盘
工作原理

3. 四爪卡盘

四爪卡盘的四个卡爪是各自独立运动的，因此工件装夹时必须调整工件夹持部位在主轴上的位置，使工件加工面的回转中心与车床主轴的回转中心重合。四爪卡盘夹紧力大，但找正比较费时，不如三爪自定心卡盘方便，只能用于单件、小批量工件的生产。适于装夹大型或不规则的工件。图 3－29 所示为液压四爪卡盘。

图 3－29　液压四爪卡盘

四爪卡盘
工作原理

4. 弹簧夹头卡盘

弹簧夹头卡盘是一种备用的工件夹持装置，该卡盘用机械力固定需要车削的零件，它的装夹效率高、装夹精度高，方便实现自动夹紧，如图 3－30 所示。但弹簧夹头卡盘所提供的工件尺寸范围没有卡爪卡盘的宽，且夹紧力偏小。

图 3－30　弹簧夹头卡盘

5. 专用卡爪

专用卡爪按零件定位表面的不同，分为硬性卡爪(简称硬爪)与软性卡爪(简称软爪)两种。

(1) 硬爪：是按零件的定位表面外形不同而设计的专用卡爪，常用 20 号钢渗碳淬火制成，硬度达 50～55HRC，适用于以毛坯表面或粗基面定位的零件。图 3－31 所示为液压硬爪。

(2) 软爪：适用于已加工表面作为定位夹紧，可以获得较高的定位加工精度。软爪常用低碳钢、铝合金、铜合金及夹布胶木等软性材料制成，一般安装在两爪卡盘或三爪卡盘上，按零件已加工表面配置定位表面。若零件更换，则只要将软爪按更换零件的表面再次配置即可使用。图 3－32 所示为液压软爪，图 3－33 所示为装夹在修爪器上的软爪，图 3－34 所示为加工薄壁工件用的扇形软爪。

图 3－31　液压硬爪

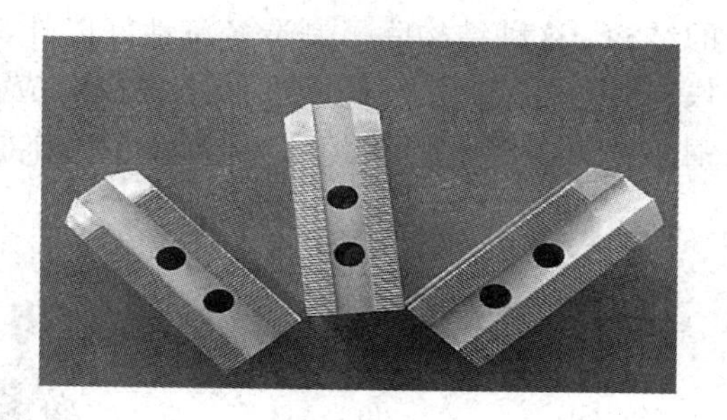

图 3－32　液压软爪

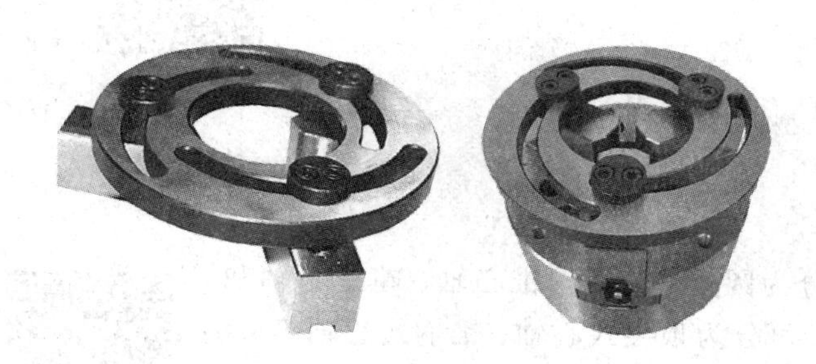

图 3－33　修爪器上的软爪

软爪修爪

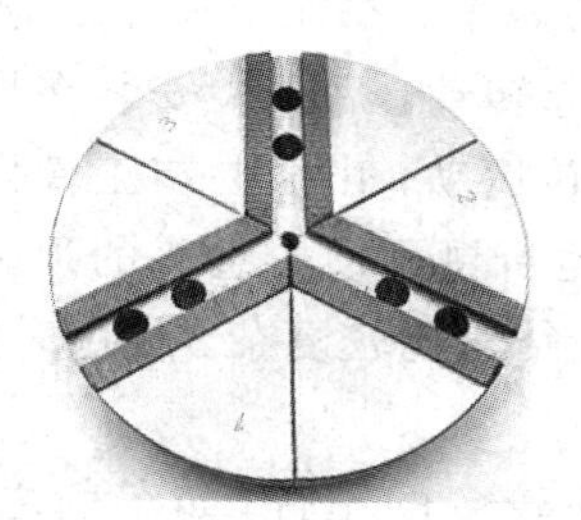

图 3－34　扇形软爪

扇形软爪修爪

二、V 形块夹具

V 型块夹具用于完整外圆柱面和非完整外圆柱面的定位，它是外圆定位最常用的定位元件。图 3-35 所示为几种典型的 V 型块夹具结构。图 3-35(a)所示是标准 V 型块，用于较短精基准外圆面的定位；图 3-35(b)所示的结构用于较长的粗基准外圆面定位；图 3-35(c)所示夹具用于精基准外圆面较长或两段精基准外圆面相距较远或是阶梯轴时的定位，也可做成两个单独的短 V 型块再装配在夹具体上，目的是减短 V 型块的工作面宽度，以利于稳定定位。当定位外圆直径与长度较大时，采用图 3-35(d)所示的铸铁底座镶淬火钢垫块的结构，这种结构除了制造经济性好以外，又便于 V 型块定位工作面磨损后更换或修磨垫块，还可通过更换不同厚度的垫块以适应不同直径外圆的工件定位使结构通用化，也可在钢垫块上镶焊硬质合金，以提高定位工作面的耐磨性。

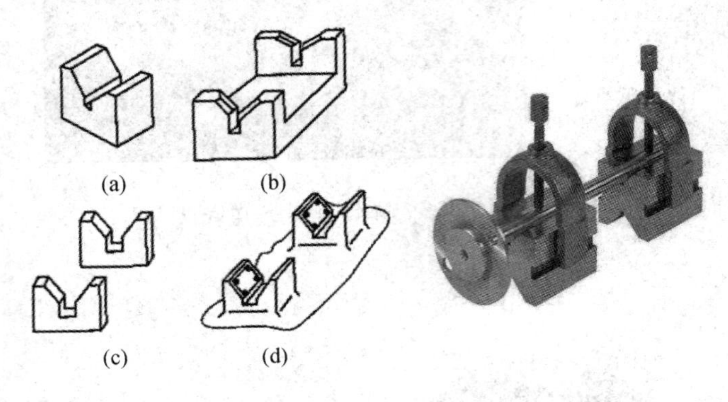

V 型块定位

图 3-35　V 型块夹具

三、心轴式夹具

心轴按其定位表面的不同，可分为圆柱心轴、圆锥心轴、花键心轴和螺纹心轴等；按其连接方式的不同，可分为顶尖式心轴、锥柄式心轴等。

数控车床
通用夹具 2

1. 顶尖

顶尖是直接顶紧在零件的中心孔或内锥孔倒角上使用的，由拨动元件带动来传递扭矩，拨动元件通常采用鸡心夹头、拨盘等，车床上使用的顶尖分为前顶尖和后顶尖两种，前顶尖随同工件一起转动，后顶尖安装在尾座套筒内，有固定式和活动式之分。固定式顶尖与零件有相对旋转运动，由于易与工件发生摩擦，故要求耐磨性良好，一般由高碳钢或合金钢淬火制成，也有镶硬质合金头的顶尖。活动式顶尖随零件一起转动，不易发生摩擦，该顶尖不淬火，但结构比较复杂。使用时应选择运动灵活、同轴度高、刚性好的活顶尖。

对于较长的工件(如长轴、长丝杠等)或工序较多的工件(如车削之后要铣削或磨削等)，或者零件对同轴度要求比较高且需要调头加工的轴类工件，为了保证每次装夹时的安装精度，一般都用双顶尖装夹，如图 3-36 所示。利用双顶尖装夹定位还可以加工偏心工件。

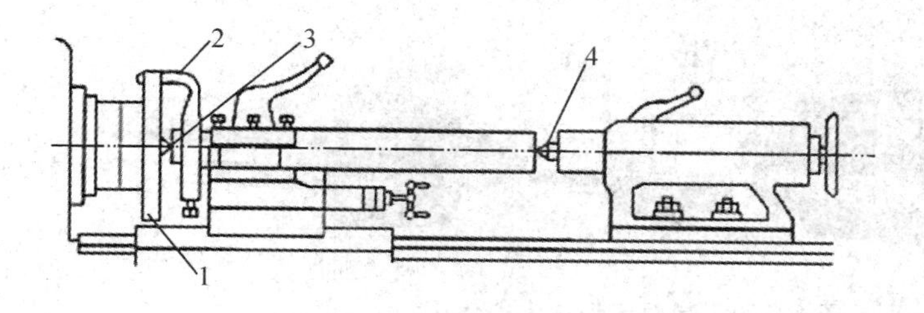

双顶尖装夹

1—拨盘；2—卡箍；3、4—顶尖

图 3-36　双顶尖装夹

图 3-37 所示为一夹一顶装夹，用于质量较大、加工余量较大工件的粗加工。为了防止工件由于切削力的作用而产生轴向位移，一夹一顶装夹必须在卡盘内装一限位支撑，如图 3-37 上图所示，或者利用工件的台阶限位，如图 3-37 下图所示。一夹一顶装夹能够承受较大的轴向切削力，轴向定位准确。

数控车床常使用可以通过编程控制的液压尾座，以适应自动化生产的需要，如图 3-38 所示。

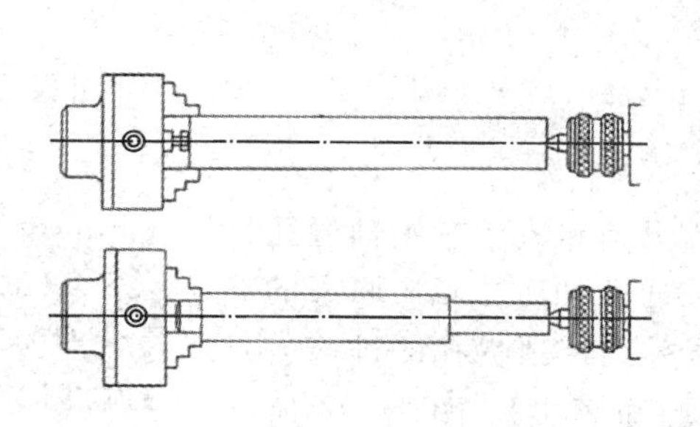

图 3-37　一夹一顶装夹

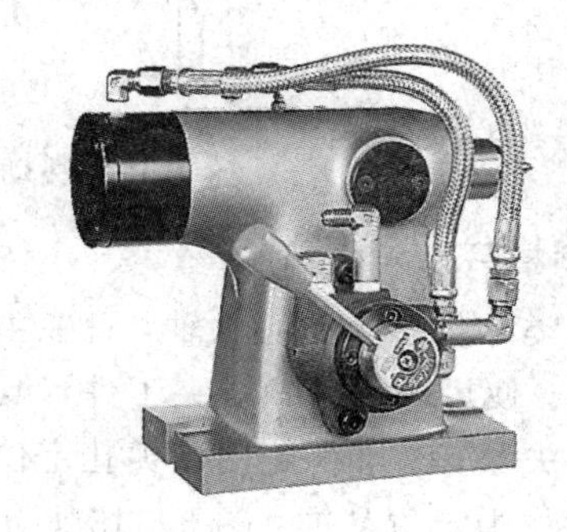

图 3-38　液压尾座

2. 拨动顶尖

(1) 图 3-39 所示为端面拨动顶尖，它利用端面拨爪带动工件旋转，将机床主轴的转矩传递到工件，工件仍以中心孔定心，工件整个外表面的加工可以在一次装夹中全部完成，保证加工的精度。图 3-40 所示为数控车床使用端面拨动顶尖加工零件。

图 3-39　端面拨动顶尖

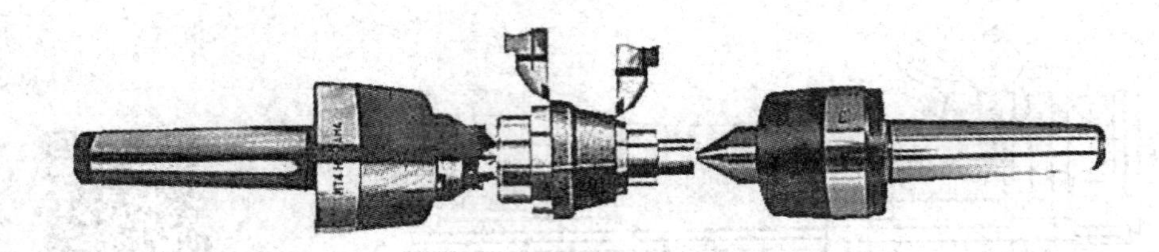

图 3－40　端面拨动顶尖的使用

(2) 图 3－41 所示为数控车床使用内、外拨动顶尖加工零件，内、外拨动顶尖锥面上的锥形齿能嵌入工件，拨动工件旋转。外拨动顶尖用于装夹套类工件，它能在一次装夹中加工外圆；内拨动顶尖用于装夹轴类工件。图 3－42 所示为外拨动顶尖。

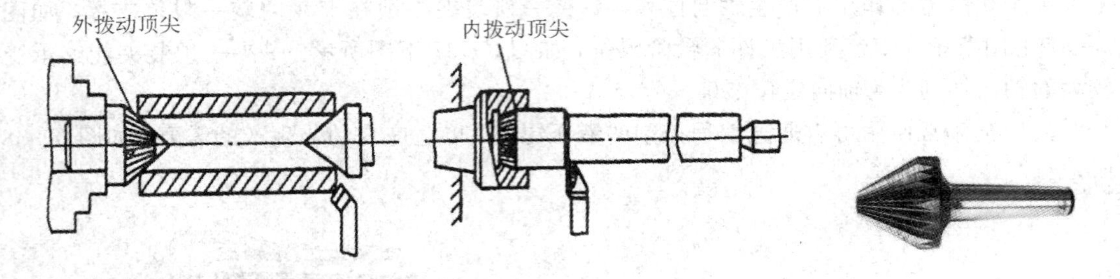

图 3－41　使用内外拨动顶尖加工零件　　图3－42　外拨动顶尖

3. 锥堵与锥套心轴

主轴类零件多为空心大轴，且在主轴两端开有锥孔，在主轴通孔加工之前，使用一夹一顶装夹工件，但在主轴通孔加工之后，原来的顶尖孔消失了，为了仍能用顶尖孔定位，只能采用带顶尖孔的锥堵或锥套心轴作为定位基准。图 3－43 所示为锥堵(伞顶尖)，图 3－44 所示为锥堵和锥套心轴的结构。

锥堵与锥套心轴

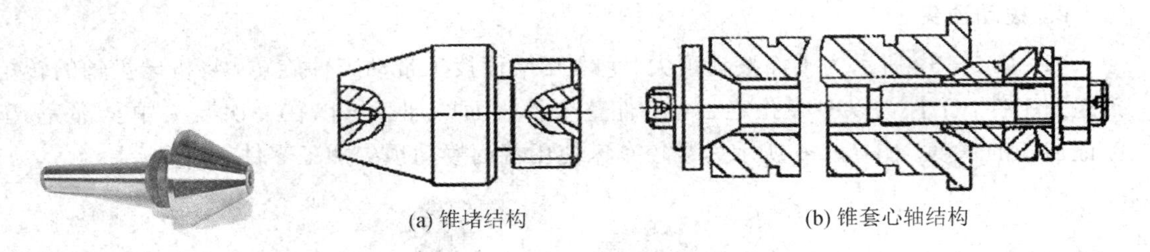

(a) 锥堵结构　　(b) 锥套心轴结构

图 3－43　锥堵(伞顶尖)　　图 3－44　锥堵与锥套心轴

当主轴锥孔的锥度较小(如 CA6140 机床主轴)时，可采用图 3－44(a)所示带中心孔的锥堵，仍以中心孔作为定位基准；当主轴孔的锥度较大(如铣床主轴)时，可采用图 3－44(b)所示带中心孔的锥套心轴，仍以中心孔作为定位基准。必须注意，使用的锥套心轴和锥堵应具有较高的精度，并尽量减少其安装次数。锥堵和锥套心轴上的中心孔既是其本身制造的定位基准，又是主轴外圆精加工的基准，必须保证锥堵或锥套心轴上的锥面与中心孔有较高的同轴度。若为中、小批量工件的生产，工件在锥堵上安装后一般中途不更换；若外圆和锥孔需反复多次互为基准进行加工，则在重装锥堵或锥套心轴时，必须按外圆找正或重新修磨中心孔。

4. 心轴

心轴是一种使用已加工好的内孔作为定位基准的夹具，下面介绍几种典型的心轴。

1）圆柱心轴

圆柱心轴以圆柱内孔为定位基准，能够保证外圆轴线和内孔轴线的同轴度要求。工件以圆柱孔定位常用圆柱心轴和小锥度心轴；对于带有锥孔、螺纹孔、花键孔的工件定位，常用相应的锥度心轴、螺纹心轴和花键心轴。圆柱心轴适用于轴套类、盘套类零件的加工，采用零件已加工好的圆柱孔定位，并用螺母夹紧，心轴用45号钢制成，心轴两端中心孔必须保证同轴度，如图3－45所示。小锥度心轴如图3－46所示，小锥度心轴定位部分带有1∶5000的圆锥面，适用于加工公差较小、同轴度要求较高的零件。小锥度心轴不需要夹紧装置，靠锥度自锁，适用于精加工。

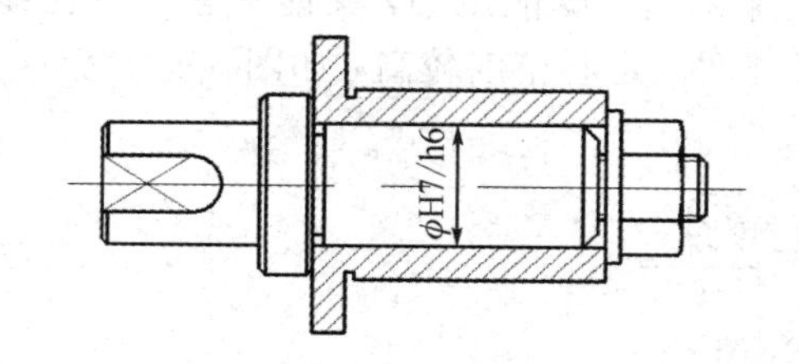

图3－45　工件在圆柱心轴上定位

工件在圆柱心轴上定位

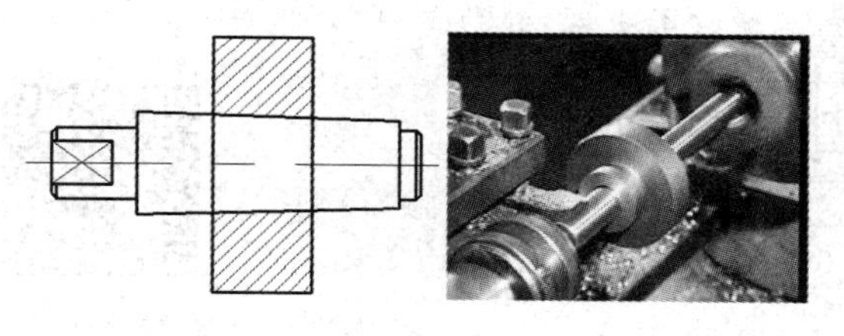

图3－46　小锥度心轴定位

小锥度心轴定位

2）圆锥心轴

如图3－47所示，当工件的内孔为圆锥孔时，可用于工件内孔锥度相同的锥度心轴定位。

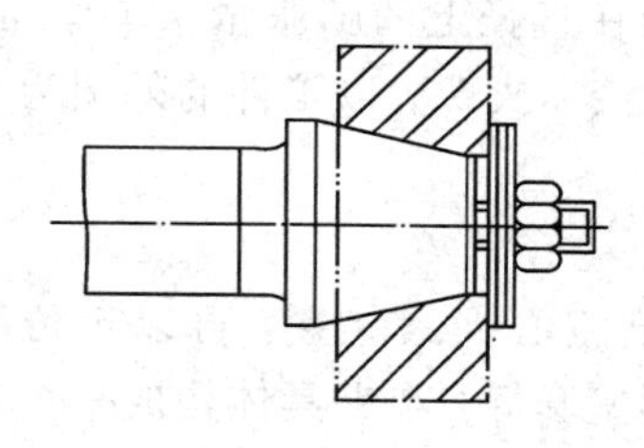

图3－47　圆锥心轴

3）锥柄式心轴

锥柄式心轴的柄部为莫氏圆锥，其锥度与机床主轴锥孔的锥度相同，插入主轴锥孔即可使用。锥柄式心轴对于机床主轴锥孔的精度要求较高。锥柄式心轴适用于加工中小型零件或薄壁零件。图 3-48 所示为加工薄壁零件，工件 2 的光基孔与锥柄式心轴 1 的定位面成功配合，以保证同轴度，并用台阶垫圈和螺母压紧。

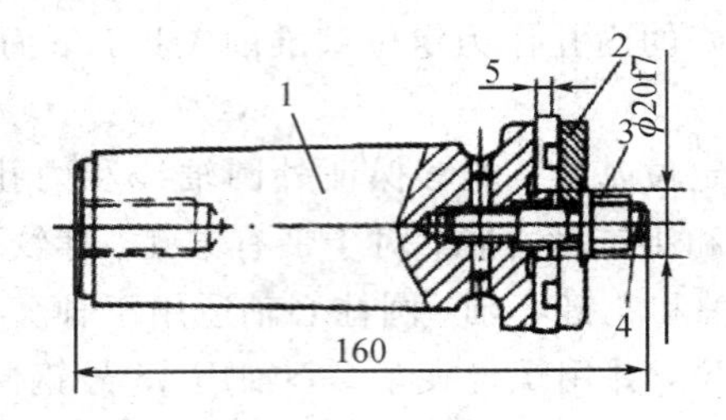

图 3-48　锥柄式心轴

4）弹簧夹头和弹簧心轴

弹簧夹头和弹簧心轴是一种定心夹紧装置，既能定心，又能夹紧。该装置通过弹簧夹头和弹簧心轴在直径上的膨胀量来夹紧工件，定心精度较高，如图 3-49 所示。

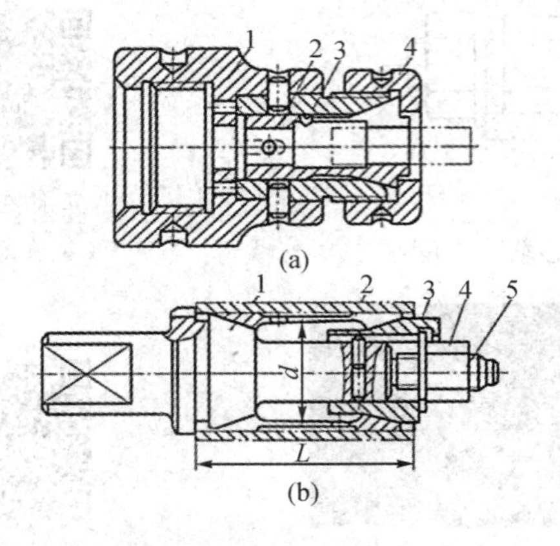

弹簧夹头
与弹簧心轴

1—夹具体；2—筒夹元件；3—锥套；4—螺母；5—心轴

图 3-49　弹簧夹头与弹簧心轴

5）液压夹头和液压心轴

液压夹头和液压心轴是一种高精度定心夹紧装置，可以定位和夹紧工件，通过夹头和心轴在直径上的膨胀量来夹紧工件，定心精度较高。图 3-50 所示为液压夹头，以工件的外圆为定位基准。

图 3-50　液压夹头

6）液性塑料夹具

液性塑料夹具是一种高精度定心夹紧装置，可以定位和夹紧工件，夹具的定位件是一个薄壁套筒，与夹具体构成一个环形槽，内有传递压力用的液性塑料。当对液性塑料施加压力时，塑料即将力传给薄壁套筒，使套筒产生均匀的径向弹性变形，套筒与工件的间隙逐渐减小，直至工件定心夹紧为止。

四、中心架和跟刀架

当工件长度与直径之比大于25（$L/d>25$）时，由于工件本身的刚性变差，所以在车削时，工件受切削力、自重和旋转时离心力的作用，会产生弯曲、振动，严重影响其圆柱度和表面粗糙度，同时在切削过程中，工件受热伸长产生弯曲变形，车削很难进行，严重时会使工件在顶尖间卡住。因此，在双顶尖装夹加工细长轴时，应该使用跟刀架或中心架来支承工件。

1. 用中心架支承车细长轴

一般在车削细长轴时，用中心架来增加工件的刚性，当工件可以进行分段切削时，中心架支承在工件中间，如图3－51所示。在工件装上中心架之前，必须在毛坯中部车出一段支承中心架支承爪的沟槽，其表面粗糙及圆柱误差要小，并在支承爪与工件接触处经常加润滑油。数控车床常用液压中心架，如图3－52所示。

图3－51　用中心架支承车削细长轴

用中心架支承车削细长轴

图3－52　液压中心架加工零件

2. 用跟刀架支承车细长轴

对于不适宜调头车削的细长轴，要用跟刀架支承进行车削，以增加工件的刚性，如图3－53所示。跟刀架固定在床鞍上，跟随车刀移动，可抵消径向切削力，提高车削细长轴的形状精度和表面粗糙度，图3－53左图为两爪跟刀架，比较理想的是三爪跟刀架，如图3－53右图，由三爪和车刀抵住工件，使之上下、左右都不能移动，车削时稳定，不易产生振动。图3－54所示为使用跟刀架加工长轴的滑动丝杆。

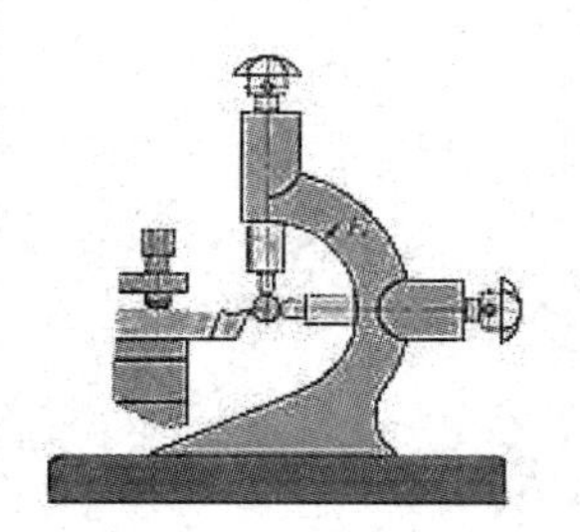

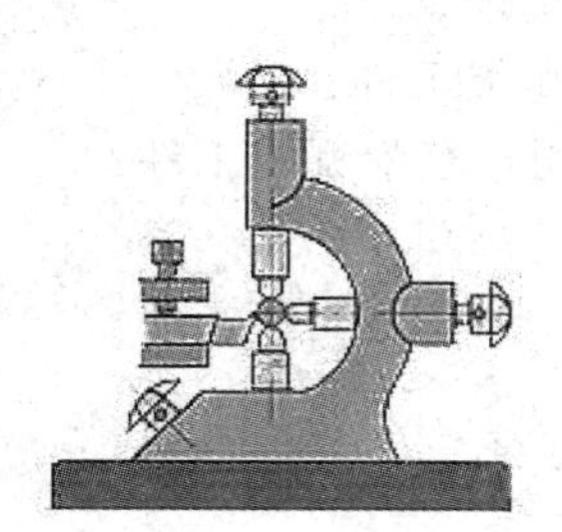

图3－53　跟刀架

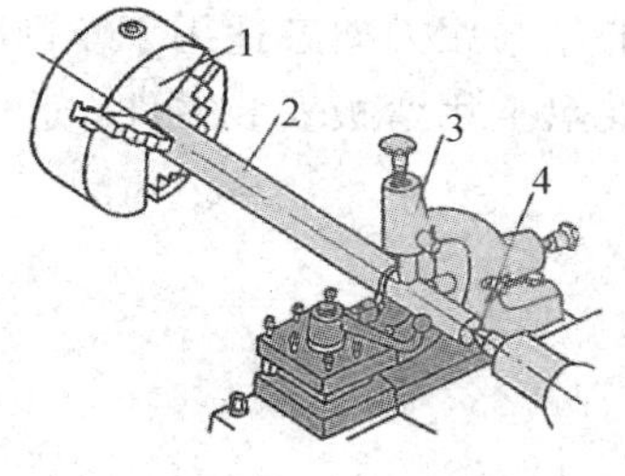

1—三爪卡盘；2—工件；
3—跟刀架；4—顶尖

图3－54　跟刀架支承长轴

跟刀架支承长轴

五、用花盘、弯板及压板、螺栓安装工件

对于形状不规则的工件以及无法使用三爪或四爪卡盘装夹的工件，但由于车削效率高，常用花盘装夹。花盘是安装在车床主轴上的一个大圆盘，其盘面上的许多长槽用以穿放螺栓，工件可用螺栓直接安装在花盘上，也可以把辅助支承角铁（弯板）用螺钉牢固地夹持在花盘上，工件则安装在弯板上，工件在花盘上的位置需经仔细找正。图 3-55 所示为加工一轴承座端面和内孔时，在花盘上装夹的情况，这类夹具多用于加工壳体、多通管接头和复杂的交角表面。为了防止转动时因重心偏向一边而产生振动，在工件的另一边要加平衡铁。

图 3-55　在花盘上用弯板安装零件

在花盘上用
弯板安装零件

思考与练习

3-1　简述数控车床的工艺特征与分类。
3-2　谈谈数控车床的主传动系统。
3-3　谈谈数控车床的进给传动系统。
3-4　车削轴类工件时，常用哪几种装夹方法？各有什么特点？
3-5　双顶尖装夹适用于车削哪类工件？一夹一顶装夹有什么特点？
3-6　圆柱心轴装夹适用于车削哪类工件？
3-7　中心架与跟刀架各适用于车削哪类工件？
3-8　在花盘上用弯板安装零件，适用于车削哪类工件？

项目四 数控车削刀具及孔加工刀具

【知识目标】

- 掌握机夹可转位车刀基础知识
- 熟悉孔加工刀具的使用方法

【技能目标】

- 能够合理选择机夹可转位外圆车刀、内圆车刀、切槽与切断车刀和螺纹车刀
- 能够合理选择孔加工刀具

4.1 机夹可转位车刀基础知识

数控车削刀具是伴随数控车床的出现与要求产生的，是在传统车削刀具的基础上，根据数控车削加工的特点与需求发展而来的。数控车床具有自动化程度高、刀具轨迹和重复性好，能适应曲面车削加工和复杂零件加工等特点。数控加工的特点以及加工经济性的要求使得数控车削刀具在结构上广泛采用机夹可转位刀具，并逐渐形成以机夹可转位刀具为主体的数控车削刀具体系。

机夹可转位刀具能满足耐用，断屑性能稳定，停车换刀时间短等要求。硬质合金机夹可转位车刀是一种把可转位刀片用机械夹固的方法装夹在特制的刀杆上使用的刀具，如图4-1所示。在使用过程中，当切削刃磨钝后，无需刃磨，只要通过刀片的转位，即可用新的切削刃继续切削，只有当可转位上所有的切削刃都磨钝后，才换装新刀片。刀片、刀杆都是机夹可转位车刀的核心结构，机夹车刀的刀片、刀杆均为专业厂家生产，刀片以硬质合金

图4-1 机夹可转位车刀的刀片与刀杆

材料为主，大量采用涂层技术以提高刀具寿命，特殊需要时可选用陶瓷材料、立方氮化硼和聚晶金刚石等材料制成的刀片。数控车削刀具结构以机夹可转位不重磨为主流，对于需要刃磨特殊形状的刀具，也可采用高速工具钢整体刀具形式，焊接刀具、成形刀具逐渐退出数控车削刀具市场。

数控车刀的分类由于切削刀刃形状的简单化而逐渐归整为外圆与端面车刀、内圆车刀、切槽与切断车刀和螺纹车刀四大主要类别，数控车削端面及外圆如图 4-2 所示，数控车削内孔、内螺纹及外槽如图 4-3 所示，数控机夹可转位车刀如图 4-4 所示。

图 4-2 数控车削端面及外圆

数控车削端面及外圆

图 4-3 数控车削内孔、内螺纹及外槽

数控车削内孔、内螺纹及外槽

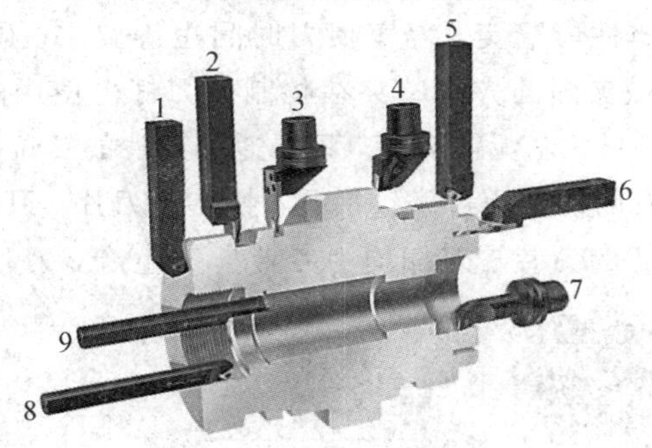

1—外圆车刀；2—单体式外圆切槽刀；3—模块式外圆切槽刀；
4—外圆车刀；5—外螺纹车刀；6—端面切槽刀；7—内圆车刀；
8—内螺纹车刀；9—内圆切槽刀

图 4-4 机夹可转位车刀

机夹可转位车刀

从刀具图中可以看出机夹可转位车刀是装配出来的，即将标准刀片用某种机械夹固锁紧的方式安装在标准刀杆上。数控车削加工时，所用的刀片、刀杆、夹固锁紧方式、断屑槽都可以通过厂商刀具样本选择，所以如何根据加工性质及要求选择合适的刀具，是数控加工工艺首先要解决的问题。

因为数控刀具是以刀具厂商为主导的标准化产品，所以分析数控刀具的选择需要借助一个平台，也就是某刀具厂商的数控刀具样本。本书采用的是德国瓦尔特公司的数控刀具，刀具样本来自瓦尔特公司官网。其他刀具厂商，如山特维克、山高、肯纳、株洲钻石等公司，其刀具选择方法与刀杆、刀片编号规则大同小异，具体可参见各厂商刀具样本。

下面介绍硬质合金机夹可转位车刀的选择。

1. 根据粗精加工性质及加工材料选择机械夹固锁紧方式

机械夹固、锁紧方式

(1) D型刚性锁紧系统：如图4-5所示，适合于钢材(P)、铸铁(K)内外圆粗精加工，适合中短零件的加工，内孔车刀只适合孔径大于25 mm的大孔加工。

(2) S型螺钉锁紧系统：如图4-6所示，适用于钢材(P)、铸铁(K)内

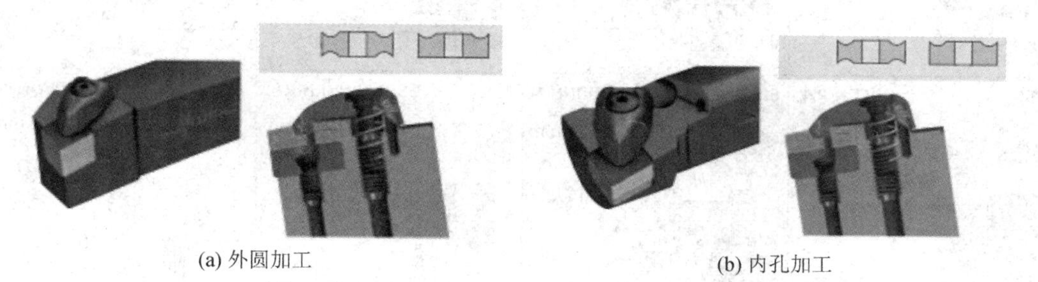

(a) 外圆加工　(b) 内孔加工

图4-5　D型刚性锁紧系统

外圆精加工，适合细长零件的加工，内孔车刀适合孔径大于8.5 mm的内孔加工。

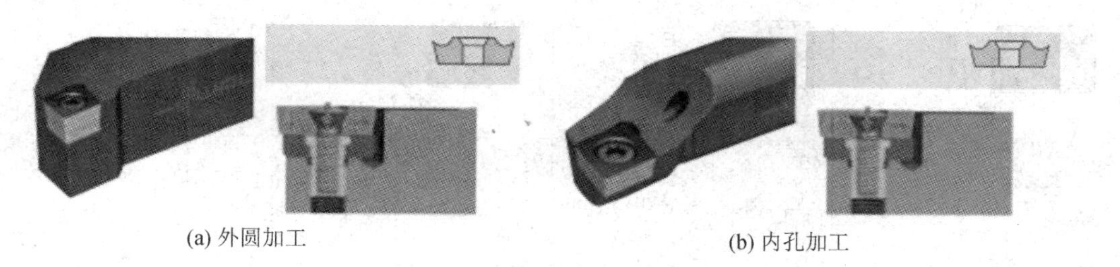

(a) 外圆加工　(b) 内孔加工

图4-6　S型螺钉锁紧系统

M(D)刚性锁紧外圆车刀结构

除了上述两种机械夹固锁紧方式外，还有P型曲杆锁紧系统等，具体参见厂商刀具样本。

2. 根据加工性质选择刀杆

图 4－7 所示为 D 型刚性锁紧系统刀杆(外圆加工)的基本形式，图 4－8 所示为 S 型螺钉锁紧系统刀杆(外圆加工)的基本形式。选择刀杆的主要依据是主偏角和刀尖角两个指标。主偏角对切削的影响是多方面的，可以用来控制刀具切削力与背向力的大小及分配，同时保证刀尖部位具有一定的强度和散热体积。主偏角在 90°附近背向力较小，切削力较大，切削稳定性好，切削震动小，车台阶轴用的都是主偏角大于或等于 90°的刀杆。比如 D 型刚性锁紧系统刀杆(外圆加工)常用第一种刀杆 DCLN，如图 4－9 所示，DCLN 刀杆的主偏角是 95°，刀尖角是 80°，由此得出副偏角为 180°－95°－80°＝5°。

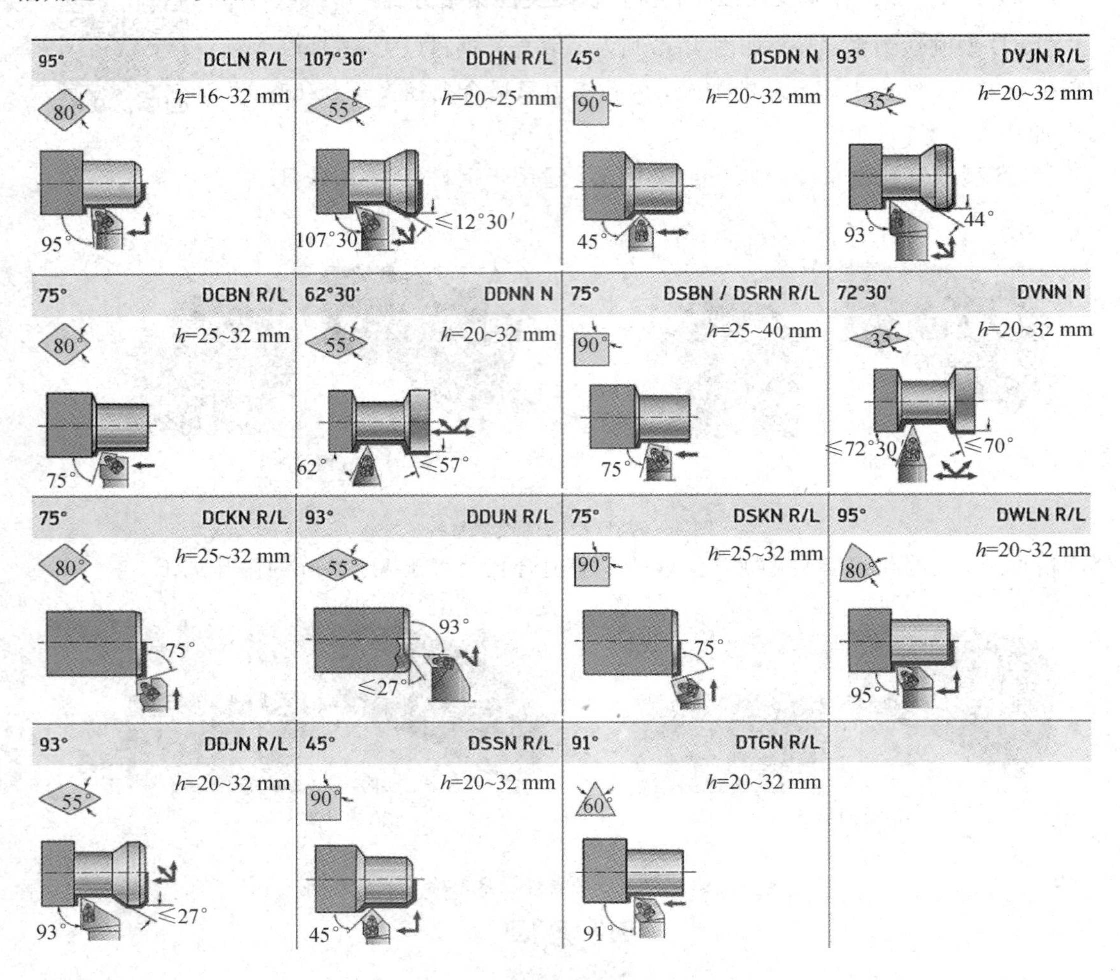

图 4－7　D 型刚性锁紧系统刀杆的基本形式(外圆加工)

常用的刀尖角有 C 型(80°)、W 型(80°)、D 型(55°)、V 型(35°)。C 型刀片搭配刀杆可以形成两种主偏角，W 型刀片刀刃数量最多，经济性最好，D 型、V 型常用于曲面仿形车削。

选择刀杆的时候还需注意副偏角，副偏角的主要作用之一是保证刀具副切削刃在切削过程中不与工件表面发生摩擦、干涉，应让开工件。图 4－10 所示为 DVJN 刀杆，图中虽然没有标出副偏角，但标注了刀具让开工件的角度 44°，也就是刀具与工件轴心线的角度是

44°，这种刀杆的主偏角为 93°、刀尖角为 35°，由此可计算出副偏角为 180°－93°－35°＝52°。如果工件存在锥度、斜度、曲面，则锥度、斜度、曲面的切线与工件轴心线的角度应小于 44°，这样才能用 52°副偏角的 DVJN 刀具加工这种零件，刀具与零件才不会发生干涉。

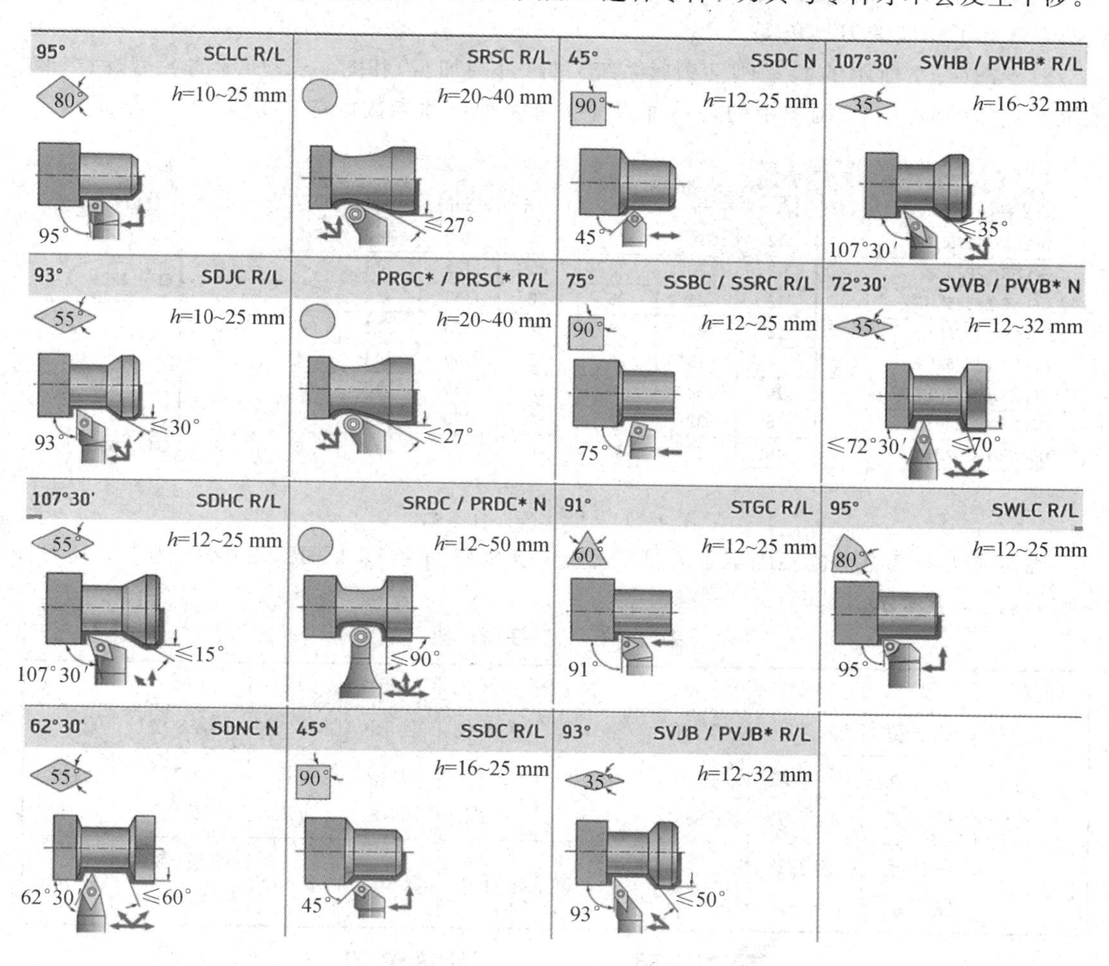

图 4－8　S 型螺钉锁紧系统刀杆的基本形式(外圆加工)

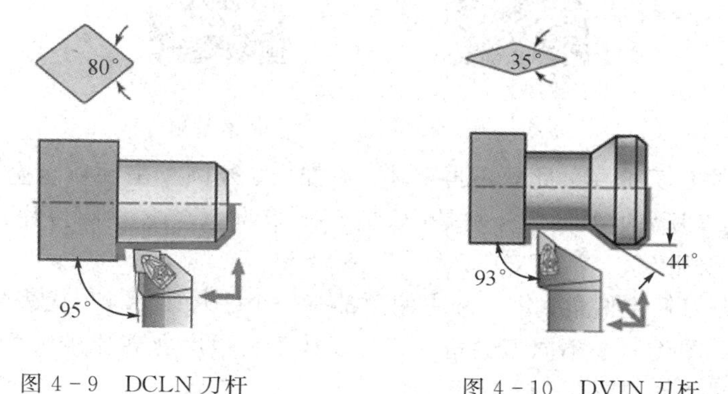

图 4－9　DCLN 刀杆　　　　图 4－10　DVJN 刀杆

可转位机夹刀具的角度与传统刀具的角度可同样理解，但可转位机夹刀具的角度有两套，即刀片有一套角度，刀杆有一套角度，刀片安装在刀杆上后，两套角度叠加综合，形成刀具的加工角度。可转位机夹刀具的角度已经内化到厂商刀具结构及功能中，一旦选择了刀具，就有了相应的刀具角度。

对于图 4－7 所示的 D 型刚性锁紧系统刀杆(外圆加工)和图 4－8 所示的 S 型螺钉锁紧系统刀杆(外圆加工)，两图中的每一种刀杆又有多种尺寸参数可选，如图 4－11 所示。

订货号		h = h1 mm	b mm	f mm	l1 mm	l4 mm	γ	λs	型号
DCLNR/L1616H12	12	16	16	20	100	32,2	-6°	-6°	CN..1204..
DCLNR/L2020K12	12	20	20	25	125	32,1	-6°	-6°	
DCLNR/L2525M12	12	25	25	32	150	32,1	-6°	-6°	
DCLNR/L3225P12	12	32	25	32	170	32,1	-6°	-6°	
DCLNR/L2525M16	16	25	25	32	150	39,1	-6°	-6°	CN..1606..
DCLNR/L3225P16	16	32	25	32	170	39,1	-6°	-6°	
DCLNR/L3232P16	16	32	32	40	170	39,1	-6°	-6°	
DCLNR/L3232P19	19	32	32	40	170	43,5	-6°	-6°	CN..1906..

图 4－11　DCLN 刀杆参数

确定了刀杆参数，也就确定了刀杆的型号，比如订货号 DCLNR2525M12 刀杆，其刀杆参数如表 4－1 所示。

表 4－1　刀 杆 参 数

订货号	D	C	L	N	R	25	25	M	12
刀杆代号	第 1 位	第 2 位	第 3 位	第 4 位	第 5 位	第 6 位	第 7 位	第 8 位	第 9 位
含义	刀片夹固方式	刀片基本形状	刀杆主偏角	刀片后角	刀杆类型	刀杆高度	刀杆宽度	刀杆长度	切削刃长度
含义解释	刚性锁紧系统	C 型刀片，$\varepsilon_r=80°$	$\kappa_r=95°$	$\alpha_{op}=0°$	右手刀	25 mm	25 mm	M 型(刀杆长 150 mm)	12 mm

外圆刀杆
命名规则

内孔刀杆
命名规则

第 1、2 位上文已经介绍，此处不再赘述。数控内、外圆车削硬质合金刀片的常用形状有七种，如图 4－12 所示，刀尖角分别是：C 型 80°、D 型 55°、R 型圆刀片、S 正方型 90°、T 正三边型 60°、V 菱型 35°、W 型 80°。

第 3 位指的是刀杆主偏角，每一种主偏角都有一个字母表示，L 代表主偏角为 95°，具体可查阅图 4－7、图 4－8。不同刀尖角的刀片，其刀尖强度有着比较大的差异，各种刀片形状与刀尖强度的关系如图 4－13 所示。

形状	类型
C　Wiper 修光刃刀片	负型 正型
D　Wiper 修光刃刀片	负型 正型
R	正型
S	负型 正型
S	负型 正型
T	负型 正型
V	负型 正型
W　Wiper 修光刃刀片	负型 正型

图 4-12　7 种数控内外圆车削硬质合金刀片

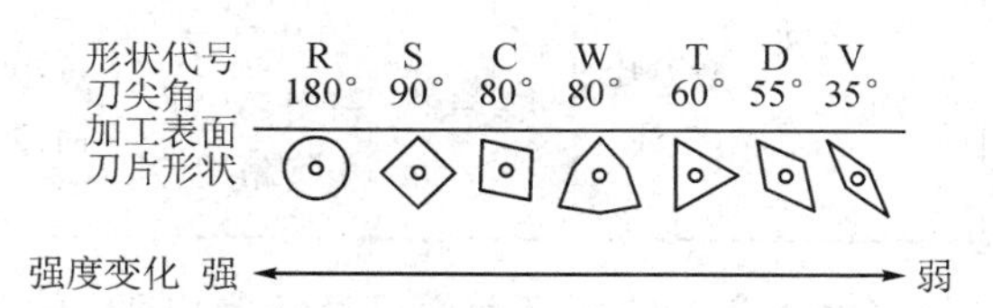

图 4-13　刀片形状与刀尖强度的关系

第 4 位指的是刀片后角，图 4-12 所示的右侧标有“负型/正型”，“负型/正型”指的就是刀片后角，如图 4-14 所示。每种后角都用一个字母表示，负型刀片后角为 0°，也就是图中的 N 型，其余都是正型刀片，常用的后角有 B 型 5°、C 型 7°等。从传统刀具角度而言，后角的作用之一是使刀具后刀面在切削加工过程中不与工件表面发生摩擦、干涉，要避开工件，也就是说，后角不能为 0°，但要注意这里指的是刀片后角，刀具后角是安装出来的，故一定大于 0°。

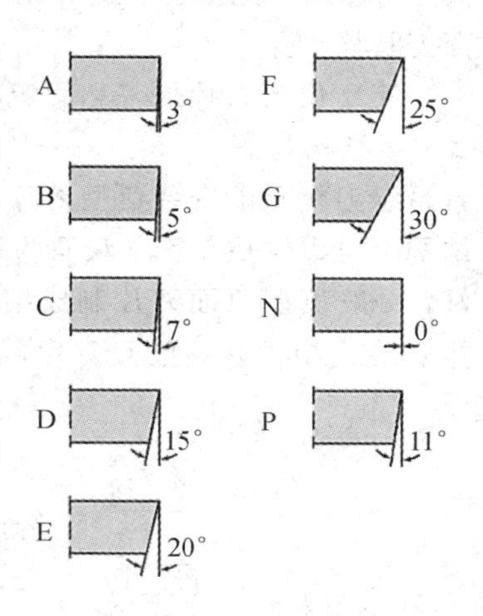

图 4-14　刀片后角

第 5 位是刀杆类型，有右手刀、左手刀之分，分别用字母 R 和 L 表示，实际应用中一般多为 R 右手刀。

第 6～8 位分别代表刀杆的长、宽、高，常用的有矩形刀杆 25×25 的截面。

第 9 位代表切削刃长度。

选定刀杆的同时，刀杆的前角、刃倾角也就定了，如图 4-11 所示，刀杆前角 -6°，刀杆刃倾角 -6°，这种刀杆就是负前角刀杆，也叫负型刀杆，一般 D 型刚性锁紧系统刀杆都是刀杆前角为负值的负前角刀杆。如果刀杆前角为 0°，就是正前角刀杆，也叫正型刀杆，一般 S 型螺钉锁紧系统刀杆都是刀杆前角为 0°的正前角刀杆。结合前面所述的负型刀片、正型刀片，我们知道刀片有正负，刀杆也有正负，而且只有负型刀片和负前角刀杆搭配安装，正型刀片和正前角刀杆搭配安装，才能正确使用数控机夹可转位车刀。如图 4-5、图 4-6 所示，锁紧系统图右上方标明了符合该刀杆的刀片，图 4-5 所示的刀片都是刀片后角为 0°的负型刀片，有单双面两种结构；图 4-6 所示的都是正型刀片，刀片后角为 5°或 7°等，只有单面刀片。

3. 选择刀片

外圆内孔刀片命名规则

选定刀杆的同时，就框定了刀片范围，如图 4－11 的 DCLNR/L2525M12 刀杆，只能选配 C 型(80°)的刀片，刀片基本型号为 CN…1204…，但要进一步选择刀片圆角及断屑槽形式，刀片也有订货号规定，如表 4－2 所示。

表 4－2　刀片型号

订货号	C	N	M	G	12	04	08	－NM4
刀片代号	第 1 位	第 2 位	第 3 位	第 4 位	第 5 位	第 6 位	第 7 位	第 8 位
含义	刀片基本形状	刀片后角	刀片公差	刀片加工和固定特征	切削刃长度	刀片厚度	刀尖圆弧半径	断屑槽形式
含义解释	C 型刀片，$\varepsilon_r=80°$	$\alpha_{op}=0°$	刀片尺寸精度(M 为中等精度)	负型双面刀片	12 mm	4 mm	8 mm	N 表示负片；M 表示中等加工；4 表示切削刃类型

第 1、2 位的含义前面已经解释说明，第 3 位为刀片公差，用于反映刀片制造精度，M 为中等级别，此外还有更高精度的，比如 G 级，也有更低精度的，比如 U 级，具体查阅厂商刀具样本。

第 4 位为刀片加工和固定特征，如图 4－15 所示，也就是刀片安装在刀杆上的结构形式，该结构与图 4－5、图 4－6 所示刀杆的夹固锁紧方式是对应的，也就是说，D 型刚性锁紧系统刀杆只能安装负型刀片(后角为 0°的 N 型刀片)，且因为负型刀片上下对称，所以在结构上可以制成单面、双面两种结构。双面刀片的切削刃数量是单面刀片的 2 倍，经济性好，一般负型双面刀片制成结构 G，负型单面刀片制成结构 M。S 型螺钉锁紧系统刀杆只能安装正型刀片，正型刀片多用结构 T，因为存在刀片正后角，所以只能制成单面刀片。

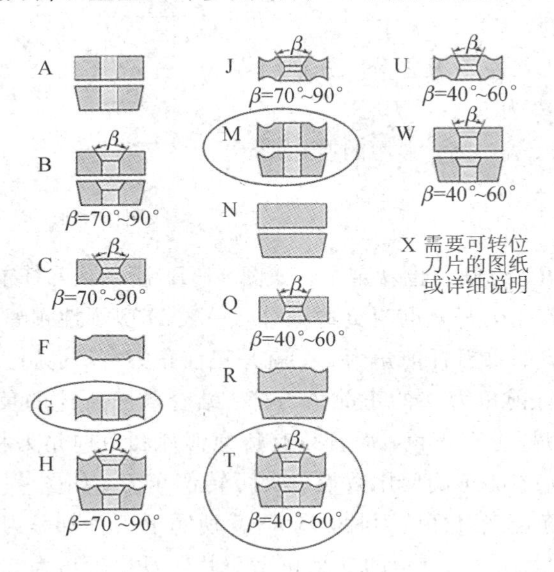

图 4－15　刀片加工和固定特征

机夹车刀刀片安装

图4－5、图4－6既表达了刀杆夹固锁紧方式，又表达了刀片夹固特征，还清楚地表达了刀杆与刀片的搭配关系，即负型刀杆与负型刀片搭配，正型刀杆与正型刀片搭配。正是因为刀杆、刀片的固定搭配关系，与D型刚性锁紧系统刀杆搭配的负型单面刀片，最适合用于粗重加工，负型双面刀片适合用于中等加工、精加工；与S型螺钉锁紧系统刀杆搭配的正型单面刀片，特别适合用于精细加工。

第5位～第7位表示刀片尺寸大小，每一位均用两位数字表示。其中第7位表示刀尖圆弧半径，大的刀尖圆弧半径在工艺系统足够时有利于改善被加工零件的表面粗糙度，并在相同的加工效率时获得数值较小的表面粗糙度值。但刀尖圆弧半径越大，切削带来的震动越大，反过来又影响表面加工质量。一般粗加工要求刀尖坚固，刀尖圆弧半径可取大些，比如0.6～0.8；而精加工要求刀尖锋利，刀尖圆弧半径可取小些，比如0.2～0.4。

刀片订货号第8位为断屑槽形式。如图4－16所示，刀片上的花纹就是断屑槽，断屑槽的主要任务是使车削加工时的切屑形成合适的形状，在合适的长度断开，以便排出切屑。断屑槽不但能断屑，而且含有刀片前角，图4－16所示的19°就是断屑槽前角，也就是刀片前角。刀片断屑槽形式也是选择的结果，如图4－17所示，基本形状N代表负型刀片，P代表正型刀片；断屑区域表示粗精加工；切削刃类型表示刀片的锋利程度与坚固程度，粗加工要求刀片坚固，精加工要求刀片锋利。例如，断屑槽型式NM9－负型刀片，采用中等加工或粗加工，刀片坚固；断屑槽形式NF4－负型刀片，采用精加工，刀片锋利程度中等。

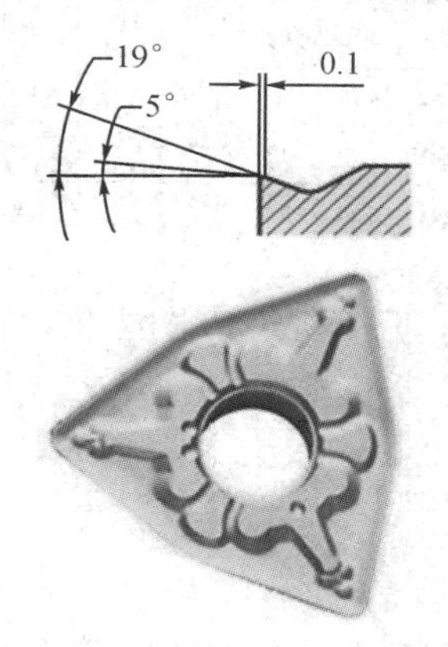

图4－16　NF3断屑槽及前角

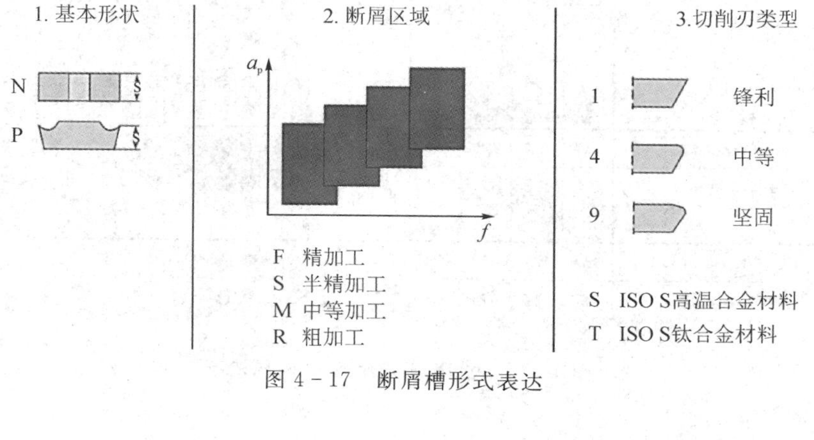

图4－17　断屑槽形式表达

由于不同的加工任务(如粗加工、半精加工、精加工)具有不同的切削深度和进给量，切屑的卷曲和断裂就会不同，因此需要不同的断屑槽型，以实现粗、精加工，也就是说刀片基本型号可以相同，但基本型号相同的刀片可以选择不同的断屑槽型，实现粗、精加工分开。如图 4－18 所示，粗加工可以选择刀片 CNMG120408－NM9，为负型双面刀片，该刀片坚固，刀片尺寸为 120408，适合粗加工、中等加工；如图 4－19 所示，精加工可以选择刀片 CNMG120404－NF3，为负型双面刀片，该刀片较锋利，适合精加工。两者都是 CNMG1204 刀片，由于断屑槽结构不同，因此适合完成不同的加工任务。

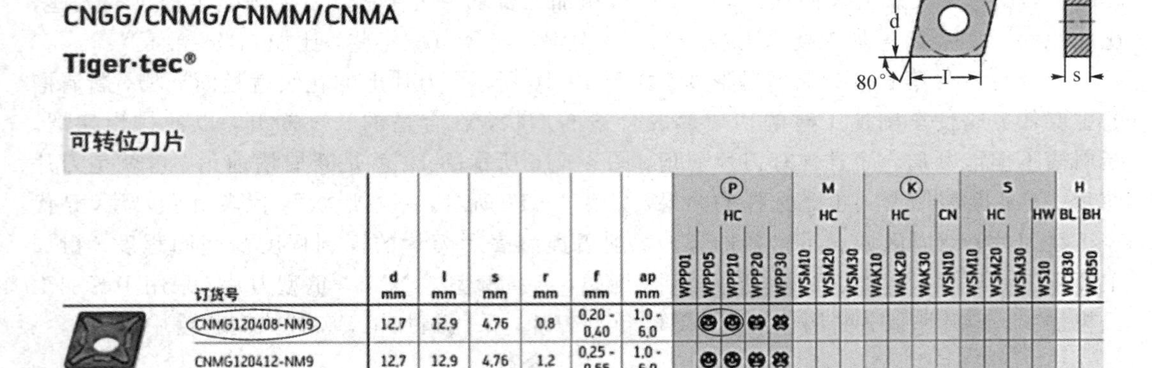

订货号	d mm	l mm	s mm	r mm	f mm	ap mm	WPP01	WPP05	WPP10	WPP20	WPP30	WSM10	WSM20	WSM30	WAK10	WAK20	WAK30	WSN10	WSM10	WSM20	WSM30	WS10	WCB30	WCB50
							Ⓟ HC					M HC			Ⓚ HC			CN	S HC			HW	H BL	BH
CNMG120408-NM9	12,7	12,9	4,76	0,8	0,20 - 0,40	1,0 - 6,0		●	●	●	●													
CNMG120412-NM9	12,7	12,9	4,76	1,2	0,25 - 0,55	1,0 - 6,0		●	●	●	●													
CNMG120416-NM9	12,7	12,9	4,76	1,6	0,35 - 0,65	1,0 - 6,0		●	●	●	●													
CNMG160608-NM9	15,875	16,1	6,35	0,8	0,20 - 0,45	2,0 - 8,0			●	●	●													
CNMG160612-NM9	15,875	16,1	6,35	1,2	0,25 - 0,60	2,0 - 8,0		●	●	●	●													

图 4－18　CNMG 刀片 NM9 断屑槽型

负型

CNGG/CNMG/CNMM/CNMA

Tiger·tec®

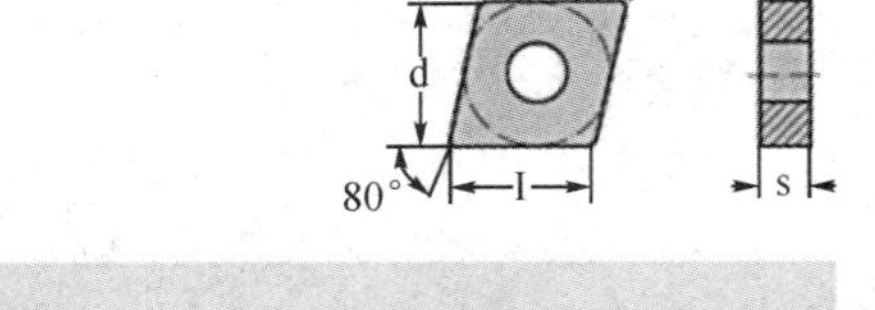

可转位刀片

订货号	d mm	l mm	s mm	r mm	f mm	ap mm	WPP01	WPP05	WPP10	WPP20	WPP30	WSM10	WSM20	WSM30	WAK10	WAK20	WAK30	WSN10	WSM10	WSM20	WSM30	WS10	WCB30	WCB50
							P HC					M HC			K HC			CN	S HC			HW	H BL	BH
CNMG120404-NF	12,7	12,9	4,76	0,4	0,10 - 0,40	0,4 - 2,0	●		●	●			●							●				
CNMG120408-NF	12,7	12,9	4,76	0,8	0,15 - 0,55	0,5 - 3,0	●		●	●			●							●				
Wiper 修光刃刀片																								
CNMG120404-NF3	12,7	12,9	4,76	0,4	0,04 - 0,20	0,1 - 1,5	●		●	●														
CNMG120408-NF3	12,7	12,9	4,76	0,8	0,08 - 0,25	0,2 - 2,0	●		●	●														

图 4－19　CNMG 刀片 NF3 断屑槽型

选择刀片还应选择材料，图 4－18、图 4－19 所示的笑脸是最合适的材料。比如 CNMG120408－NM9 刀片，笑脸显示的材料有 WPP05 或 WPP10，连起来为 CNMG120408－NM9 WPP10；比如 CNMG120404－NF3 刀片，笑脸显示的材料有 WPP01 或 WPP10，连起来为 CNMG120404－NF3 WPP10。注意刀片材料的选择一定要选笑脸，哭脸或黑脸的材料不宜选择。图 4－18、图 4－19 所示的刀片材料字母 P 表示钢材，字母 K 表示铸铁。

至此完成了刀杆、刀片的选择，要注意的是刀杆与刀片是有配合关系的，不能随意选择安装，刀杆、刀片选定后，刀杆、刀片就分别拥有了各自的角度。刀杆上拥有的角度有主偏角、刀尖角、副偏角、刀杆前角、刀杆刃倾角共五个角度；刀片拥有的角度有刀尖角、刀片后角、刀片前角共三个角度，刀杆角度、刀片角度综合叠加，形成了切削加工用的数控刀具角度，具体如表 4－3 所示。要特别注意，前角与后角是通过刀片角度与刀杆角度计算出来的。

表 4－3　刀杆角度、刀片角度、刀具角度

刀杆角度	主偏角 κ_r	副偏角 κ'_r	刀尖角 ε_r	前角 γ_{og}		刃倾角 λ_s
刀尖角度			刀尖角 ε_r	前角 γ_{op}	后角 α_{op}	
刀具角度（安装角度）	主偏角 κ_r	副偏角 κ'_r	刀尖角 ε_r	前角 γ_o $=\gamma_{op}+\gamma_{og}$	后角 α_o $=\alpha_{op}-\gamma_{og}$	刃倾角 λ_s

以刀杆 DCLNR2525M12，刀片 CNMG120404－NF3 WPP10 为例，数控刀具安装角度计算如表 4－4 所示。

表 4－4　刀杆角度、刀片角度、刀具角度计算

刀杆角度	主偏角 κ_r	副偏角 κ'_r	刀尖角 ε_r	前角 γ_{og}		刃倾角 λ_s
	95°	5°	80°	−6°		−6°
刀尖角度			刀尖角 ε_r	前角 γ_{op}	后角 α_{op}	
			80°	19°	0°	
刀具角度（安装角度）	主偏角 κ_r	副偏角 κ'_r	刀尖角 ε_r	前角 γ_o $=\gamma_{op}+\gamma_{og}$	后角 α_o $=\alpha_{op}-\gamma_{og}$	刃倾角 λ_s
	95°	5°	80°	−6°+19° =13°	0°−(−6°) =6°	−6°

可见数控刀具角度已内化到刀杆、刀片产品结构和功能中。

切削振动在数控加工过程是要力求避免或减少的，刀具主偏角、刀尖圆弧半径等参数对加工振动都有影响，其影响程度如表 4－5 所示。

表 4-5　刀片与刀具头部形式对切削振动的影响

影响因素	图解说明	文字说明
主偏角 κ_r	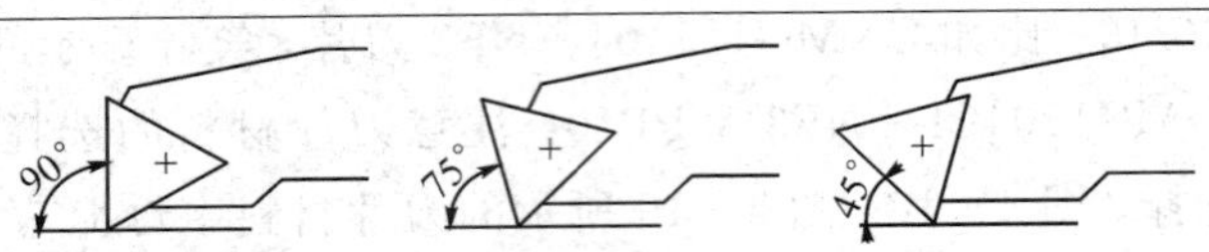 90°　75°　45°	主偏角减小，切削振动增加
刀尖圆角 r	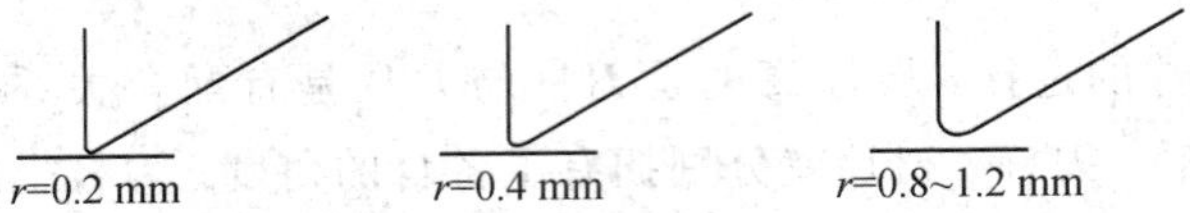 r=0.2 mm　r=0.4 mm　r=0.8~1.2 mm	刀尖圆角增大，切削振动增加
断屑槽与刀片安装角	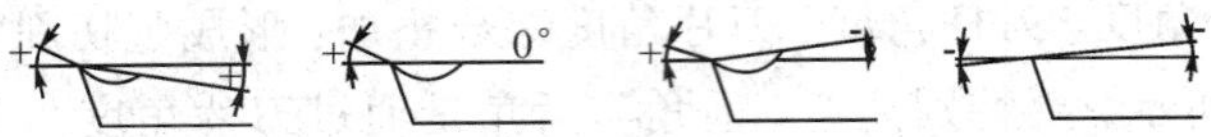 + +　+ 0°　+ -　- +	正刀片前角与刀片安装角振动最小，平刀片、负刀片安装角振动最大
切削刃状态	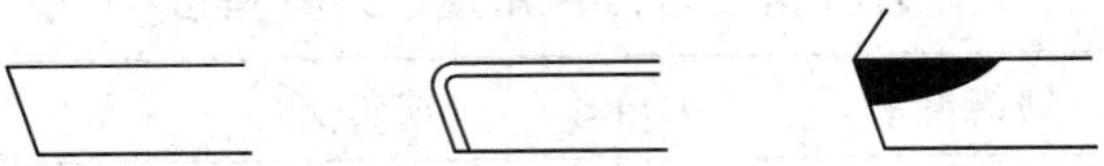 尖锐刀刃　刀刃倒圆　后刀面磨损	尖锐切削刃振动最小，切削刃倒钝或刃磨负倒棱振动增加。同时，刀具磨损严重也会造成振动增加

4.2　孔加工刀具

与外圆表面加工相比，孔加工的条件要差得多，这是因为：(1) 孔加工所用刀具的尺寸受被加工孔尺寸的限制，刚性差，容易产生弯曲变形和振动；(2) 用定尺寸刀具加工孔时，孔加工的尺寸往往直接取决于刀具的相应尺寸，刀具的制造误差和磨损将直接影响孔的加工精度；(3) 加工孔时，切削区在工件内部，排屑及散热条件差，加工精度和表面质量都不易控制。

一、钻孔与扩孔

1. 钻孔

钻孔是在实心材料上加工孔的第一个工序，钻孔加工有两种方式，一种是钻头旋转，例如在钻床、镗床上钻孔；另一种是工件旋转，例如在车床上钻孔。上述两种钻孔方式产生的误差是不相同的，在钻头旋转的钻孔方式中，由于切削刃不对称和钻头刚性不足而使钻头引偏时，被加工孔的中心线会发生偏斜或不直，但孔径基本不变；而在工件旋转的钻孔方式中则相反，钻头引偏会引起孔径变化，而孔中心线仍是直的。常用的钻孔刀具有中心钻、麻花钻、深孔钻等。

1) 中心钻

中心钻主要用于加工中心孔，中心孔用于钻孔时的导向定位，由于中心钻切削部分直径较小，所以打中心孔时，应选取较高的转速，如图 4-20 所示，常用的中心钻有 A 型(不带护锥）和 B 型（带 120°护锥）两种。

2）麻花钻

标准麻花钻的结构如图 4－21 所示，其柄部是钻头的夹持部分，并用来传递扭矩。钻头柄部有直柄与锥柄两种，钻头直径大于 ϕ13 mm 时制成莫氏带扁尾锥柄钻头，扁尾的作用是防止锥柄打滑和用斜铁将锥柄从钻套中取出来。可将直径小于 ϕ13 mm 的钻头制成直柄钻头。

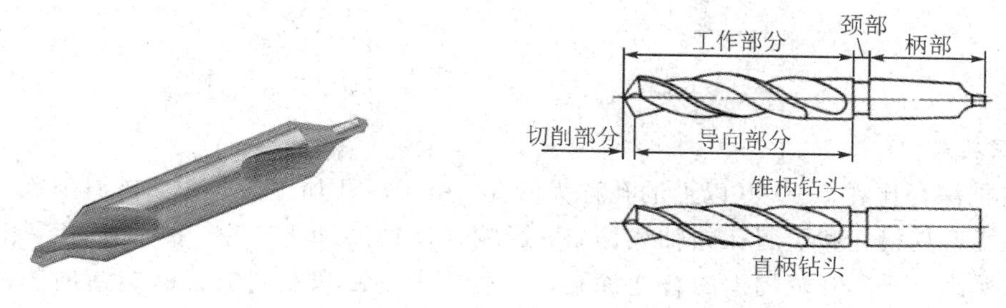

图 4－20　中心钻

图 4－21　麻花钻结构

麻花钻的工作部分包括切削部分和导向部分。切削部分担负着主要切削工作，钻头有两条主切削刃、两条副切削刃和一条横刃。导向部分有两条对称的螺旋槽和刃带，螺旋槽用来形成切削刃和前角，并起排屑和输送冷却液的作用；刃带起导向和修光孔壁的作用。刃带有很小的倒锥，用于减小钻头与孔壁的摩擦。由于麻花钻构造上的限制，钻头的弯曲刚度和扭转刚度均较低，加之定心性不佳，所以钻孔加工的精度较低，一般只能达到 IT13～IT11，表面粗糙度也较差，Ra 值一般为 50～12.5 μm。钻孔主要用于加工质量要求不高的孔，例如螺栓孔、螺纹底孔、油孔等，对于加工精度和表面质量要求较高的孔，则应在后续加工中通过扩孔、铰孔、镗孔或磨孔来完成。

钻孔时的背吃刀量是钻头直径的一半，用高速钢钻头钻钢料孔时的切削速度为 20～40 m/min，钻铸铁时切削速度稍低些，进给采用手动方式。在车床上钻孔时，由于切削液很难深入到切削区，所以在加工过程中应经常退出钻头，以便排屑和冷却钻头，如图 4－22 所示。

图 4－22　车床钻孔

车床钻孔

直柄麻花钻通过钻夹头装夹后再装到机床上，钻夹头的后端是锥柄，将它插入车床尾座套筒的锥孔中来实现钻头和机床的连接，如图 4－23 所示。锥柄麻花钻可以直接或通过过渡套和机床连接，当钻头锥柄的锥度号数和尾座套筒锥孔的锥度号数相同时，可以直接把钻头插入，实现连接；如果它们的锥度号数不同，就必须通过一个过渡套才能连接，如图 4－24 所示。

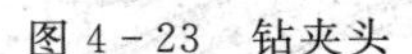
图 4-23　钻夹头

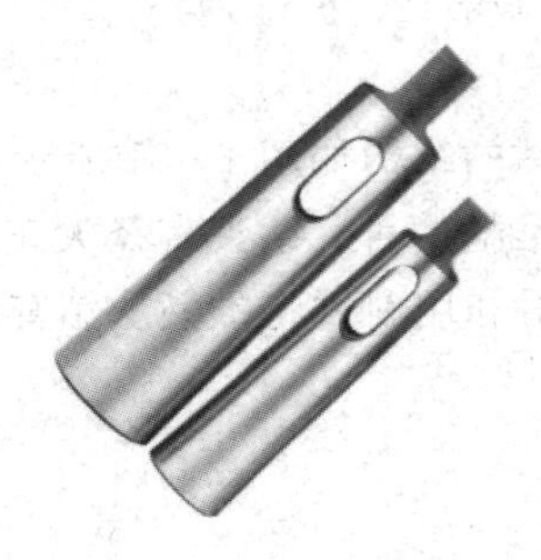
图 4-24　过渡套

3）深孔钻

一般把深径比在 5～100 以上的孔称为深孔，由于深孔加工散热差，排屑困难，钻杆刚性差，易使刀具损坏和引起孔的轴线偏斜，影响加工精度和生产率，故应选用深孔刀具加工。对深径比在 5～20 范围内的普通深孔，可在车床或钻床上用加长麻花钻加工。对深径比在 20 以上的深孔，应在深孔钻床上用深孔钻加工，常用的深孔钻有单刃外排屑深孔钻(枪钻)、错齿内排屑深孔钻、喷吸钻。

2. 扩孔

扩孔是用扩孔钻对已经钻出、铸出或锻出的孔作进一步加工，以扩大孔径并提高孔的加工质量。扩孔加工既可以作为精加工孔前的预加工，也可以作为要求不高的孔的最终加工。图 4-25 所示为整体式扩孔钻的结构，扩孔钻的结构形式有直柄式、锥柄式、套式，扩孔与钻孔相比，具有下列特点：

(1) 扩孔钻齿数多(3～4 个齿)、导向性好，切削比较稳定。

(2) 扩孔钻没有横刃，切削条件好。

(3) 扩孔钻加工余量较小，容屑槽可以做得浅些，钻芯可以做得粗些，刀体强度和刚性较好。扩孔加工的精度一般为 IT10～IT9 级，表面粗糙度 Ra 值为 6.3～3.2 μm。

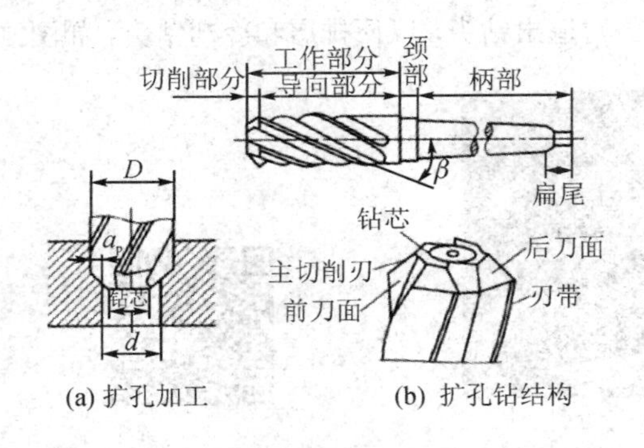

图 4-25　扩孔钻结构

扩孔钻结构

扩孔除了可以加工圆柱孔之外，还可以用各种特殊形状的扩孔钻(亦称锪钻)来加工各种沉头座孔和锪平端面，如图 4-26 所示，其中图 4-26(a)为锪沉头孔，锪钻的前端常带有导向柱，用以加工孔导向；图 4-26(b)为孔口倒角；图 4-26(c)为锪凸台端面。

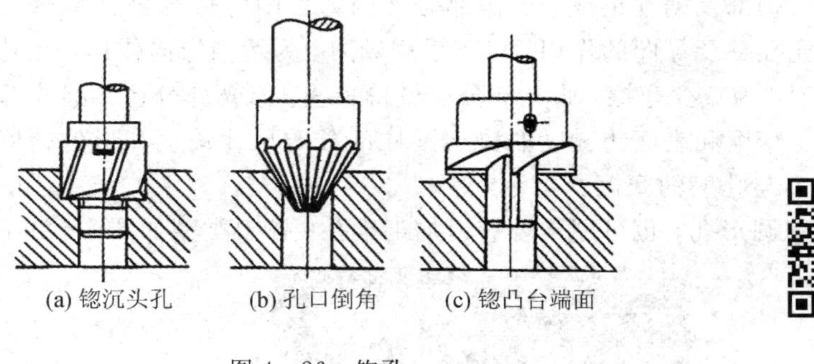

图 4-26　锪孔

锪孔

3. 铰孔

铰刀是对中小直径尺寸的内孔进行半精加工和精加工的常用刀具。铰削余量小，铰刀齿数较多(4～8 齿)，刚性和导向性好，铰刀精度有 H7、H8、H9 等级，铰孔尺寸精度一般为 IT9～IT7 级，表面粗糙度 Ra 值一般为 3.2～0.8 μm。相对于内圆磨削及精镗而言，铰孔生产率高，容易保证孔的精度，但铰孔不能校正孔轴线的位置误差，孔的位置精度应由前工序保证。铰孔不宜加工阶梯孔和盲孔。

铰刀一般分为手用铰刀和机用铰刀两种。手用铰刀柄部为直柄，工作部分较长，导向作用较好，如图 4-27 所示。机用铰刀可分为带柄铰刀(直柄、锥柄)和套式铰刀，如图 4-28 所示，锥柄铰刀直径为 ϕ10～32 mm；直柄铰刀直径为 ϕ6～20 mm，小孔直柄铰刀直径为 ϕ1～6 mm，套式铰刀直径为 ϕ25～80 mm。

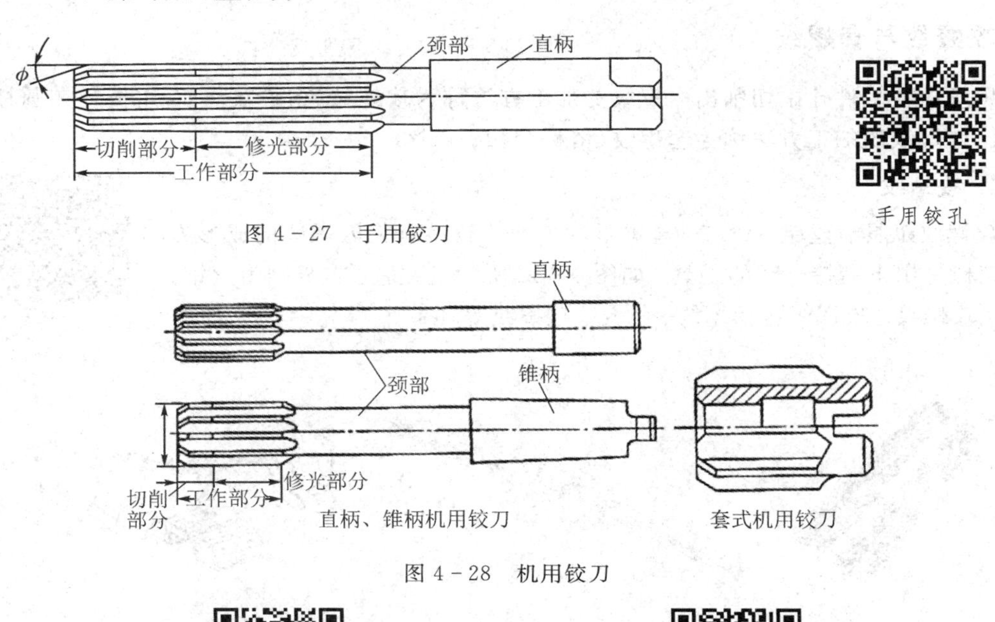

图 4-27　手用铰刀

手用铰孔

图 4-28　机用铰刀

机用铰孔(车床)

机用铰孔(铣床)

铰刀由工作部分、颈部及柄部组成，工作部分又分为切削部分与修光部分，铰刀修光部分起校准孔径、修光孔壁及导向的作用。对于手用铰刀，为增强导向作用，修光部分应做得长些；对于机用铰刀，为减少摩擦，修光部分应做得短些。修光部分包括圆柱部分和倒锥部分，被加工孔的加工精度和表面粗糙度取决于圆柱部分的尺寸精度和形位精度等；倒锥部分的作用是减少铰刀与孔壁的摩擦。

不仅可用铰刀加工圆形孔，也可用锥度铰刀加工锥孔。铰刀类型如图 4－29 所示。

图 4－29　铰刀类型

铰孔通常采用较低的切削速度(高速钢铰刀加工钢和铸铁时，$v_c<5$ m/min)，以避免产生积屑瘤。进给量的取值与被加工孔径有关，孔径越大，进给量取值越大，高速钢铰刀加工钢和铸铁时的进给量常取为 0.2～1 mm/r。一般粗铰余量取为 0.35～0.15 mm，精铰余量取为 0.15～0.05 mm，背吃刀量是铰削余量的一半。

铰刀在车床上的安装有两种方法：一种是将刀柄直接或通过钻夹头(对直柄铰刀)、过渡套筒(对锥柄铰刀)插入车床尾座套筒的锥孔中；二是将铰刀通过浮动套筒插入尾座套筒的锥孔中。

二、攻螺纹与套螺纹

用丝锥在工件孔中切削出内螺纹的加工方法称为攻螺纹(俗称攻丝)；用板牙在圆柱棒上切出外螺纹的加工方法称为套螺纹(俗称套扣、套丝)。

1. 攻螺纹

攻螺纹工具有丝锥、绞杠。丝锥是用来加工较小直径内螺纹的成形刀具；绞杠是用来夹持丝锥的工具，如图 4－30 所示，从左至右分别为丝锥、铰杆、攻螺纹。攻螺纹包括划线、钻孔、攻螺纹等环节。

丝锥、铰杆、攻螺纹

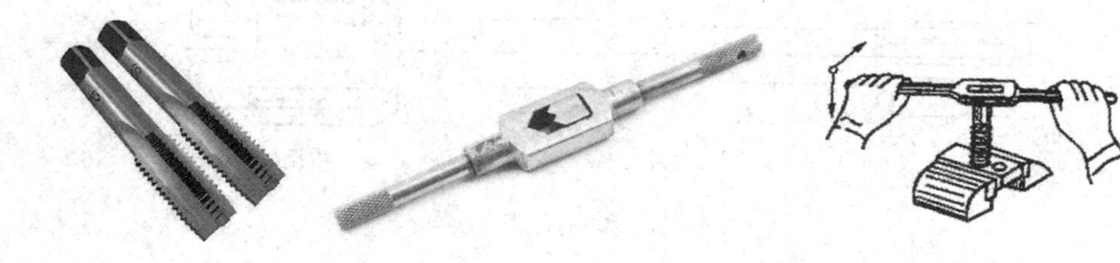

图 4－30　丝锥、铰杆、攻螺纹

1）攻螺纹底孔直径的确定

丝锥在攻螺纹的过程中，切削刃主要用于切削金属，同时还有挤压金属的作用，因而造成金属凸起并向牙尖流动的现象，所以攻螺纹前钻削的孔径(即底孔)应大于螺纹内径，底孔的直径可查手册或按下面的经验公式计算：

脆性材料(铸铁、青铜等)钻孔直径：

$$d_0 = d - (1.05 \sim 1.1) \times p$$

塑性材料(钢、紫铜等)钻孔直径：

$$d_0 = d - p$$

式中：d 为螺纹大径；p 为螺距。

2) 钻孔深度的确定

攻盲孔(不通孔)的螺纹时，由于丝锥不能攻到底，所以孔的深度要大于螺纹的长度，孔深可按如下公式计算：

$$H_{孔深} = 螺纹有效深度 + 0.75 \times 螺纹大径$$

3) 孔口倒角

攻螺纹前要在钻孔的孔口进行倒角，以利于丝锥的定位和切入，倒角的深度应大于螺纹的螺距。

2. 套螺纹

套螺纹

套螺纹工具有板牙、板牙架，板牙是用于加工外螺纹的刀具；板牙架是用来夹持板牙、传递扭矩的工具，如图 4-31 所示。

图 4-31　套螺纹

1) 圆杆直径的确定

与攻螺纹相同，套螺纹有切削作用，也有挤压金属的作用，故套螺纹前必须检查圆杆直径，圆杆直径应稍小于螺纹的公称尺寸，圆杆直径可查表或按经验公式计算。

$$圆杆直径 = d - (0.13 \sim 0.2) \times p$$

式中：d 为螺纹大径；p 为螺距。

2) 圆杆端部的倒角

套螺纹前圆杆端部应倒角，使板牙容易对准工件中心，同时也容易切入，倒角长度应大于一个螺距，斜角为 15°～30°。

思考与练习

4-1　谈谈机夹可转位车刀的特点及机夹可转位车刀的分类。

4-2　企业现有机夹可转位车刀刀杆 SVJBR2525M11，请按表 4-6 要求解释刀杆参数。

表 4-6　刀杆型号

订货号	S	V	J	B	R	25	25	M	11
刀杆代号	第 1 位	第 2 位	第 3 位	第 4 位	第 5 位	第 6 位	第 7 位	第 8 位	第 9 位
含义									
含义解释									

4-3　企业现有机夹可转位车刀刀片 VCMT110304-PM5，请按表 4-7 要求解释刀片参数。

表 4-7　刀片型号

订货号	V	C	M	T	11	03	04	-PM5
刀片代号	第 1 位	第 2 位	第 3 位	第 4 位	第 5 位	第 6 位	第 7 位	第 8 位
含义								
含义解释								

4-4　与外圆表面加工相比，孔加工的特点是什么？

4-5　什么是钻孔加工？钻孔加工的方式有哪些？

项目五　数控车削加工工艺

【知识目标】

- 掌握数控车削加工工艺分析
- 掌握数控车床切削用量选择
- 掌握数控车削加工工序划分
- 掌握数控车削进给路线拟定

【技能目标】

- 能够合理选择数控车削切削用量
- 能够合理划分数控车削加工工序
- 能够合理分析数控车削进给路线

数控车削加工工艺是以普通车削加工工艺为基础，结合数控技术的特点，综合解决数控车削加工过程中面临的工艺问题，其工艺内容有：分析零件图纸，确定工序和工件在数控车床上的装夹方式，确定各表面的加工顺序和刀具的进给路线以及选择刀具、夹具和切削用量等。

5.1　数控车削加工工艺分析

工艺分析是数控车削加工的前期准备工作，工艺制订得合理与否，对程序编制、机床的加工效率和零件的加工精度等都有重要影响。必须认真详细地对零件图、装配图进行工艺分析，确定工件在数控车床上的装夹、刀具、夹具和切削用量的选择等。

1. 结构工艺性分析

零件的结构工艺性是指零件对加工方法的适应性，即所设计的零件结构应便于加工成型。在数控车床上加工零件时，应根据数控车削的特点，认真审视零件结构的合理性。例如图 5－1(a)所示零件，需用三把不同宽度的切槽刀切槽，如无特殊需要，显然是不合理的，

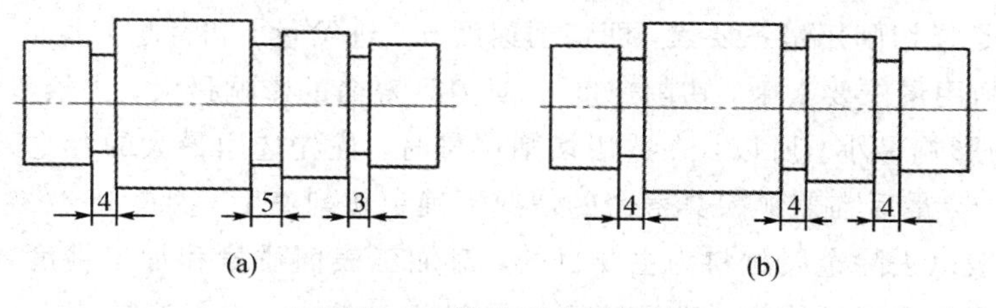

图 5－1　结构工艺性示例

若改成图 5－1(b)所示结构，则只需一把刀即可切出三个槽，这样既减少了刀具数量及少占刀架刀位，又节省了换刀时间。

2. 构成零件轮廓的几何要素

由于设计等各种原因，在图纸上可能出现加工轮廓的数据不充分、尺寸模糊不清及尺寸封闭等缺陷，这些问题都会给编程计算、加工带来困难，甚至产生不必要的误差。如图 5－2(a)所示，标注的各段长度之和不等于其总长尺寸，而且漏掉了倒角尺寸，在图 5－2(b)中，圆锥体的各尺寸已经构成封闭尺寸链。

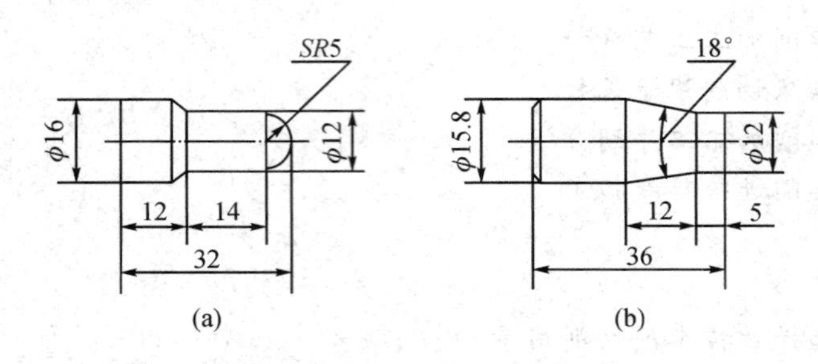

图 5－2　几何要素缺陷示意图

3. 图样技术要求

在确定控制零件尺寸精度的加工工艺时，必须分析零件图样上的公差要求，从而正确选择刀具及确定切削用量等。在尺寸公差要求的分析过程中，还可以同时进行一些编程尺寸的简单换算，如中值尺寸及尺寸链的解算等。在数控编程时，常常对零件要求的尺寸取其最大和最小极限尺寸的平均值(中值)作为编程的尺寸依据。

图样上给定的形状和位置公差是保证零件精度的重要要求，必须按要求确定零件的定位基准和检测基准，从而有效地控制形状和位置误差。表面粗糙度是保证零件表面微观精度的重要要求，也是合理选择机床、刀具及确定切削用量的重要依据。图样上给出的零件毛坯材料及热处理要求，是选择刀具(材料、几何参数及使用寿命)、确定加工工序和切削用量、选择机床的重要依据。零件的加工数量对工件的装夹与定位、刀具的选择、工序的安排及走刀路线的确定等都是重要的参数，生产批量不同，零件加工工艺的安排就不同。

5.2　数控车床切削用量选择

切削用量是指切削用量三要素，即切削速度 v_c、进给量 f 和背吃刀量 a_p。从金属切削原理可知，在切削用量三要素中，切削速度 v_c 对刀具寿命的影响最大，进给量 f 的影响次之，背吃刀量 a_p 的影响最小。所以，在选用切削用量时，优先选用最大的背吃刀量 a_p，其次选用大的进给量 f，最后在兼顾刀具寿命的情况下确定切削速度 v_c。

粗加工一般以去除金属材料为主要目的，对加工表面质量和加工精度要求不高，因此粗加工的背吃刀量要尽可能大，进给速度也可以相对较大，而切削速度一般不高；精加工以保证加工精度和表面粗糙度为目的，因此背吃刀量不宜过大，进给量不能太高，但切削速度可相对较高。切削速度是切削三要素中最重要的切削参数，切削速度受刀具材料的影响较大，数控加工中主要采用硬质合金或涂层硬质合金刀具材料，且多以机夹可转位刀片的形式出现。

一、外圆车削切削用量的确定

1. 主轴转速的确定

光车时的主轴转速应根据零件上被加工部位的直径，并按零件或刀具的材料、加工性质等条件所允许的切削速度来确定。需要注意的是交流变频调速数控车床低速输出力矩小，因而切削速度不能太低。表 5－1 为硬质合金外圆车刀切削速度的参考值。

表 5－1　硬质合金外圆车刀切削速度的参考数值

工件材料	热处理状态	a_p＝0.3～2.0 mm	a_p＝2～6 mm	a_p＝6～10 mm
		f＝0.08～0.30 mm/r	f＝0.3～0.6 mm/r	f＝0.6～1.0 mm/r
		v_c/(m/min)		
低碳钢、易切钢	热轧	140～180	100～120	70～90
中碳钢	调质	100～130	70～90	50～70
合金结构钢	调质	80～110	50～70	40～60
工具钢	退火	90～120	60～80	50～70
灰铸铁	HBS＜190	90～120	60～80	50～70
	HBS＝190～225	80～110	50～70	40～60
高锰钢(Mnl3％)			10～20	
铜、铜合金		200～250	120～180	90～120
铝、铝合金		300～600	200～400	150～200
铸铝合金		100～180	80～150	60～100

确定切削速度后，就可计算主轴转速 n(r/min)，即

$$n=\frac{1000v}{\pi d_w} \qquad (5-1)$$

式中：d_w 为工件加工前直径，单位为 mm。

2. 进给量(或进给速度)的确定

单向进给量包括纵向进给量和横向进给量。粗车时进给量一般取 0.3 ～ 0.8 mm/r，精车时进给量常取 0.1 ～ 0.3 mm/r，切断时进给量常取 0.05 ～ 0.2 mm/r。表 5－2 是硬质合金车刀粗车外圆或端面的进给量参考值，表 5－3 是按表面粗糙度选择进给量的参考值。

表 5-2　硬质合金车刀粗车外圆或端面的进给量参考值

工件材料	刀杆尺寸 $B\times H$ /(mm×mm)	工件直径 d_w/mm	背吃刀量 a_p/mm				
			≤3	>3～5	>5～8	>8～12	>12
			进给量 f/(mm/r)				
碳素结构钢 合金结构钢 耐热钢	16×25	20	0.3～0.4				
		40	0.4～0.5	0.3～0.4			
		60	0.5～0.7	0.4～0.6	0.3～0.5		
		100	0.6～0.9	0.5～0.7	0.5～0.6	0.4～0.5	
		400	0.8～1.2	0.7～1.0	0.6～0.8	0.5～0.6	
	20×30 25×25	20	0.3～0.4				
		40	0.4～0.5	0.3～0.4			
		60	0.5～0.7	0.5～0.7	0.4～0.6		
		100	0.8～1.0	0.7～0.9	0.5～0.7	0.4～0.7	
		400	1.2～1.4	1.0～1.2	0.8～1.0	0.6～0.9	0.4～0.6
铸铁铜合金	16×25	40	0.4～0.5				
		60	0.5～0.8	0.5～0.8	0.4～0.6		
		100	0.8～1.2	0.7～1.0	0.6～0.8	0.5～0.7	
		400	1.0～1.4	1.0～1.2	0.8～1.0	0.6～0.8	
	20×30 25×25	40	0.4～0.5				
		60	0.5～0.9	0.5～0.8	0.4～0.7		
		100	0.9～1.3	0.8～1.2	0.7～1.0	0.5～0.8	
		400	1.2～1.8	1.2～1.6	1.0～1.3	0.9～1.1	0.7～0.9

注：① 加工断续表面及有冲击工件时，表中进给量应乘系数 $k(k=0.75\sim0.85)$；在无外皮加工时，表中进给量应乘系数 $k(k=1.1)$；在加工耐热钢及合金钢时，进给量不大于 1 mm/r。

② 加工淬硬钢时，应减小进给量。当钢的硬度为 44～56HRC 时，应乘系数 $k(k=0.8)$；当钢的硬度为 56～62HRC 时，应乘系数 $k(k=0.5)$。

表 5-3　按表面粗糙度选择进给量的参考值

工件材料	表面粗糙度 Ra/μm	切削速度范围 v_c/(m/min)	刀尖圆弧半径 r/mm		
			0.5	1.0	2.0
			进给量 f/(mm/r)		
铸铁、青钢、铝合金	>5～10	不限	0.25～0.40	0.40～0.50	0.50～0.60
	>2.5～5.0		0.15～0.25	0.25～0.40	0.40～0.60
	>1.25～2.5		0.10～0.15	0.15～0.20	0.20～0.35
碳钢及合金钢	>5～10	<50	0.30～0.50	0.45～0.60	0.55～0.70
		>50	0.40～0.55	0.55～0.65	0.65～0.70
	>2.5～5.0	<50	0.18～0.25	0.25～0.30	0.30～0.40
		>50	0.25～0.30	0.30～0.35	0.30～0.50
	>1.25～2.5	<50	0.10	0.11～0.15	0.15～0.22
		50～100	0.11～0.16	0.16～0.25	0.25～0.35
		>100	0.16～0.20	0.20～0.25	0.25～0.35

注：$r=0.5$ mm，用于刀柄尺寸为 12 mm×12 mm 及以下刀杆；$r=1$ mm，用于刀柄尺寸为 30 mm×30 mm 以下刀杆；$r=2$ mm，用于刀柄尺寸为 30 mm×45 mm 以下刀杆。

如果是内圆车削或端面车削，则切削用量的选择可以在外圆车削用量的基础上略减。

二、车槽切槽切削用量的确定

切槽加工的进给量与刀片宽度有关，表 5-4 所示为进给量推荐值。

表 5-4　切槽加工进给量推荐值

刀片宽度/mm	进给量/(mm/r)			
	切　断	切　槽	车　削	仿　形
2.5	0.05～0.15	0.05～0.15	0.05～0.15	0.05～0.15
3	0.05～0.15	0.05～0.15	0.07～0.15	0.1～0.2
4	0.05～0.2	0.05～0.2	0.07～0.25	0.1～0.2
5	0.07～0.2	0.07～0.22	0.1～0.25	0.15～0.3
6	0.1～0.3	0.07～0.25	0.1～0.3	0.15～0.3

切槽加工的切削速度与刀片材料等有关，表 5-5 所示为切削速度推荐值。

表 5-5　切槽加工切削速度推荐值

工件材料		硬度 HBW	YBG302	YBG202	YBC151	YBC251	YD101	YD201	YC10
P	碳钢	125～170	120～260	150～280	140～280	150～280	—	—	130～280
	低合金钢	180～275	80～175	110～200	100～240	110～200	—	—	90～200
	高合金钢	180～325	80～160	110～190	100～220	110～190	—	—	90～190
	铸钢	160～250	75～140	100～170	80～160	100～170	—	—	80～170
M	铁素体、马氏体	200～300	70～170	100～200	—	100～200	—	—	80～200
	奥氏体	180～300	80～200	110～220	—	110～220	—	—	90～220
K	可锻铸铁	130～230	100～200	130～220	—	—	—	90～160	—
	灰铸铁	180～220	90～170	120～200	—	—	—	80～140	—
	球墨铸铁	160～250	80～150	110～180	—	—	—	60～140	—
N	铝合金	—	—	—	—	—	200～400	—	—

注：该表适用于有切削液的加工，对于内圆切削和端面切削，须将切削速度降低 30%～40%后使用。

三、车螺纹切削用量的确定

1. 螺纹车削的切削速度

螺纹车削的切削速度与刀具材料有关，高速钢刀具一般采用较低的切削速度，最高速度以不出现积屑瘤为原则；而硬质合金刀具可考虑采用较高的切削速度，要求低速不出现积屑瘤，高速不出现刀具切削刃的塑性变形。螺纹数控车削的切削速度必须采用恒转速切削。

切削螺纹时，数控车床的主轴转速将受到螺纹螺距(或导程)的大小、驱动电动机的升

降频率特性、螺纹插补运算速度等多种因素的影响。大多数经济型数控车床的数控系统，推荐切削螺纹时的主轴转速的计算公式为

$$n \leqslant \frac{1200}{p} - k \tag{5-2}$$

式中：p 为工件螺纹的螺距或导程，单位为 mm；k 为保险系数，一般取 80。

2. 螺纹车削的进给速度

螺纹车削进给速度的数值必须严格等于螺纹的导程，螺纹进给速度单位为 mm/r。

3. 螺纹车削的背吃刀量与走刀次数

螺纹车削一般需多刀加工，多采用恒切削面积的进刀方式，其背吃刀量递减。总背吃刀量可按下式计算：$a_p = (0.61 \sim 0.62)p$，总走刀次数可按表 5-6 的推荐值选取。螺纹加工的切削热较大，一般应使用切削液冷却，并保证切削液可靠地喷射至加工区。

表 5-6　常用螺纹切削的进给次数与背吃刀量表

公制螺纹								
螺距/mm		1.0	1.5	2	2.5	3	3.5	4
牙深(半径值)/mm		0.649	0.974	1.299	1.642	1.949	2.273	2.598
切削次数及背吃刀量(直径值)	1 次	0.7	0.8	0.9	1.0	1.2	1.5	1.5
	2 次	0.4	0.6	0.6	0.7	0.7	0.7	0.8
	3 次	0.2	0.4	0.6	0.6	0.6	0.6	0.6
	4 次		0.16	0.4	0.4	0.4	0.6	0.6
	5 次			0.1	0.4	0.4	0.4	0.4
	6 次				0.15	0.4	0.4	0.4
	7 次					0.2	0.2	0.4
	8 次						0.15	0.3
	9 次							0.2

5.3　数控车削进给路线拟定

进给路线是刀具在整个加工工序中相对于工件的运动轨迹，不但包括了工步的内容，而且也反映出工步的顺序。确定进给路线，首先必须保证被加工零件的尺寸精度和表面质量，其次考虑数值计算尽量简单、走刀路线尽量短、效率高等。因精加工的进给路线基本上都是沿其零件轮廓顺序进行的，故确定进给路线的工作重点是确定粗加工及空行程的进给路线。零件加工的进给路线，应综合考虑数控系统的功能、数控车床的加工特点及零件的特点等多方面因素，灵活使用各种进给方法，提高生产效率。

在数控机床上加工的零件，一般按工序集中原则划分工序。对于需要多台不同的数控机床、多道工序才能完成加工的零件，工序划分自然以机床为单位来进行，以一次安装、加工作为一道工序。例如，将位置精度要求较高的表面安排在一次安装下完成，以免多次安

装所产生的安装误差影响位置精度。如图 5－3 所示零件，为毛坯 $\phi60\times65$ 圆棒料，须经三次安装完成加工。

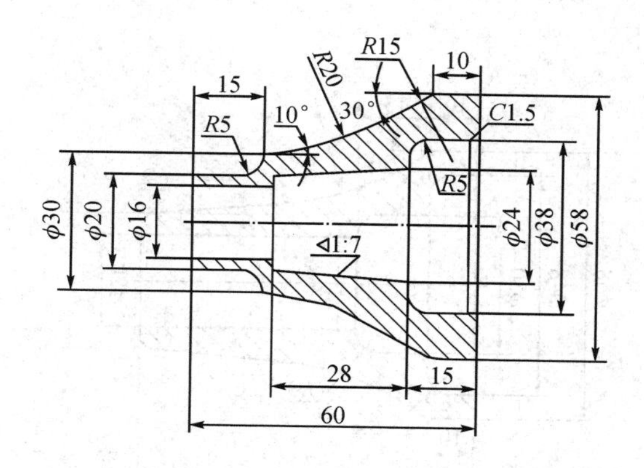

图 5－3　以安装划分工序的零件

工序 1：第 1 次装夹，夹持毛坯，平端面，粗车外圆至 $\phi59$ mm，加工内腔。

图 5－3 工序 1

工序 2：第 2 次装夹，工件掉头装夹 $\phi59$ mm 外圆，平端面，保证总长 60 mm，粗车外轮廓。

图 5－3 工序 2

工序 3：第 3 次装夹，工件以 1∶7 锥孔与心轴配合装夹，精加工外轮廓。

图 5－3 工序 3

粗车将在较短的时间内将工件表面上的大部分加工余量切掉，这样既提高了金属切除率，又满足了精车余量均匀性的要求。若粗车后所留余量的均匀性满足不了精加工的要求，则应安排半精车，以便使精加工的余量小而均匀。精车时，刀具沿着零件的轮廓一次走刀完成，以保证零件的加工精度。对于容易发生加工变形的零件，通常粗加工后需要进行矫形；对于毛坯余量较大或加工精度要求较高的零件，应根据零件的形状、尺寸精度等要求，按粗、精加工分开的原则，先粗加工，再半精加工，最后精加工。以粗、精加工划分工序，可以采用不同的刀具或不同的数控车床加工。下面以车削图 5-4 所示零件为例，说明工序的划分及安装方式的选择。该零件为毛坯 ϕ60 mm 圆钢棒料，批量生产，加工时用一台数控车床。零件加工工序如下：

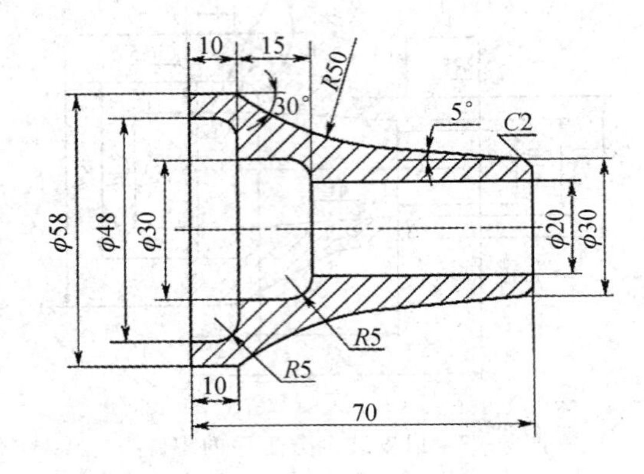

图 5-4　外形、内腔加工

工序 1：粗车。

图 5-4 工序 1

（1）装夹 ϕ60 mm 外圆，伸出长度 80 mm，平端面。

（2）车外形，加工示意图如图 5-5 所示。

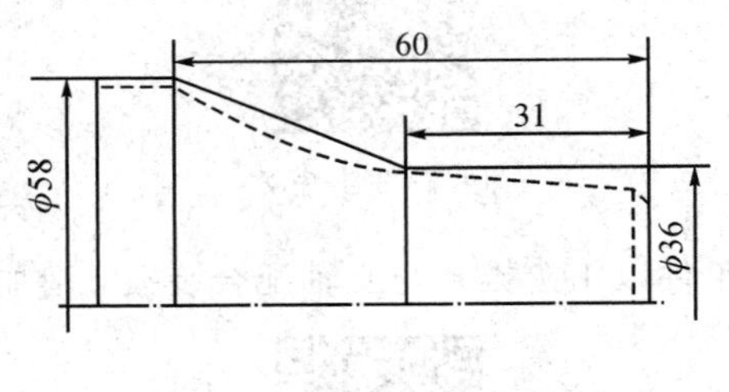

图 5-5　车外形

（3）切断保证总长为 70.5 mm。

工序 2：粗车。

图 5-4 工序 2

掉头装夹 ϕ36 mm 外圆，平端面，保证总长为 70 mm，钻 ϕ18 mm 通孔，加工内腔。

工序 3：精车。

图 5-4 工序 3

工件掉头装夹 ϕ58 mm 外圆、ϕ20 mm 内孔加堵头(一夹一顶)，加工外形。

其中，工序 1、工序 2 为粗加工；工序 3 为精加工。

如图 5-6(a)所示手柄零件，批量生产、加工使用同一台数控车床，该零件加工所用坯料为 ϕ32 mm 的棒料，加工顺序如下：

工序 1：如图 5-6(b)所示，将一批工件全部车出。先车出 ϕ12 mm 和 ϕ20 mm 两圆柱面及 20°圆锥面(粗车掉 R42 mm 圆弧的部分余量)，换刀后按总长要求留下加工余量。

工序 2：调头。如图 5-6(c)所示，用 ϕ12 mm 外圆及 ϕ20 mm 端面装夹工件，先车削包络 SR7 mm 球面的 30°圆锥面，然后对全部圆弧表面进行半精车(留少量的精车余量)，最后换精车刀，将全部圆弧表面一刀精车成型。

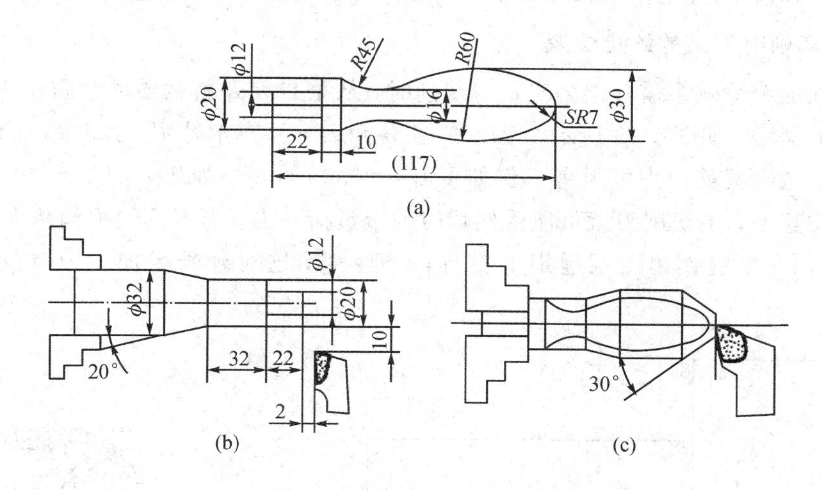

图 5-6 手柄加工工序示意图

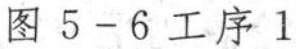

图 5-6 工序 1　　图 5-6 工序 2

现代企业的数控加工，常常以粗、精加工划分出加工阶段，每一阶段又以工件装夹划分出工序，每一道工序又以刀具或加工部位划分出工步。综上所述，在数控加工划分工序时，一定要视零件的结构工艺性、零件的批量、机床的功能、零件数控加工内容的多少、程序的大小、安装次数及本单位生产组织状况等灵活掌握。

一、外圆表面车削加工进给路线分析

1. 对大余量毛坯进行阶梯切削时的加工路线

图 5-7 所示为车削大余量工件的加工路线，切削按 1→5 的顺序进行，每次背吃刀量 a_p 相等，该路线是正确的阶梯切削路线。根据数控加工的特点，还可以放弃常用的阶梯车削法，改用依次从轴向和径向进刀，顺工件毛坯轮廓走刀的路线，如图 5-8 所示。

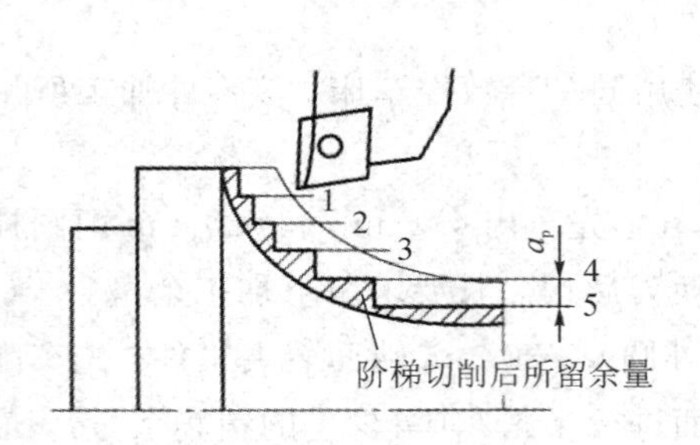

图 5-7　车削大余量毛坯的阶梯路线

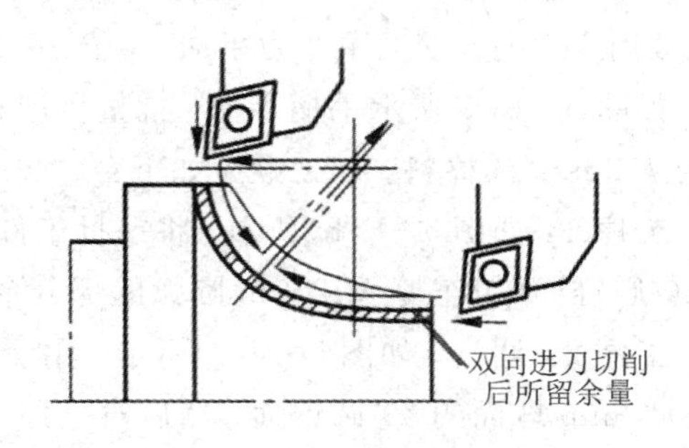

图 5-8　双向进刀走刀路线

2. 分层切削时刀具的终止位置

当某表面的余量较多需分层多次走刀切削时，从第二刀开始就要注意防止走刀到终点时切削深度的猛增。如图 5-9 所示，设以 90°主偏角刀分层车削外圆，合理的安排应是每一刀的切削终点依次提前一小段距离 e(例如可取 e=0.05 mm)。如果 e=0，则每一刀都终止在同一轴向位置上，主切削刃就可能受到瞬时的重负荷冲击。当刀具的主偏角大于 90°，但仍然接近 90°时，也宜作出层层递退的安排，经验表明这对延长粗加工刀具的寿命是有利的。

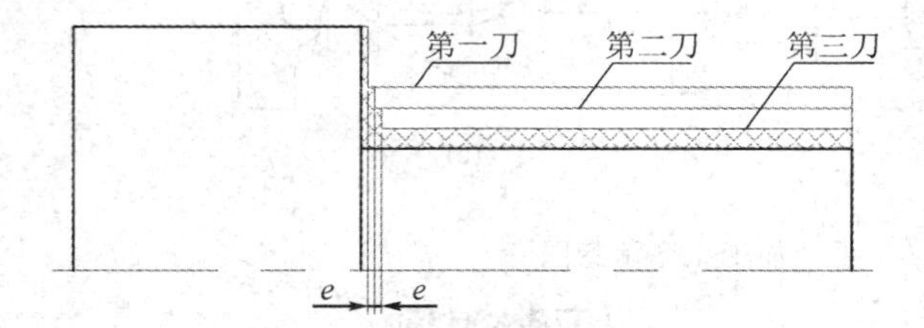

图 5-9　分层切削时刀具的终止位置

分层切削时刀具的终止位置

3. 刀具的引入、切出

在数控机床上进行加工时，特别是精车时，要妥善考虑刀具的引入、切出路线，尽量使刀具沿轮廓的切线方向引入、切出，避免因切削力突然变化而造成弹性变形，致使光滑连接轮廓上产生表面划伤、形状突变或滞留刀痕等疵病。车螺纹时，必须设置升速段 δ_1 和降速段 δ_2(见图 5-10)，这样可避免因车刀升降而影响螺距的稳定。

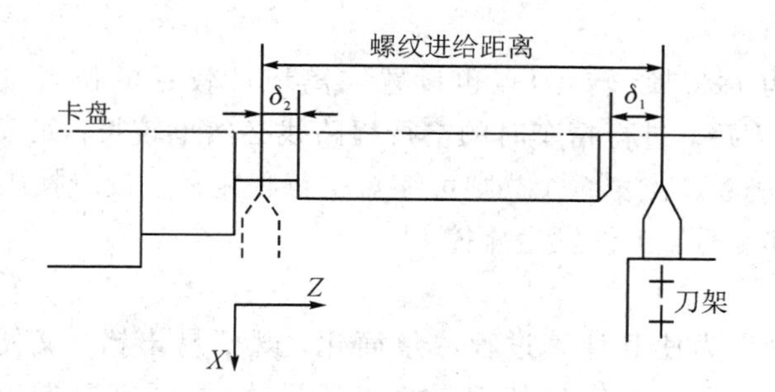

图 5-10　车螺纹时的升速段和降速段

车螺纹时的引入距离和超越距离

4. 确定最短的空行程路线

在保证加工质量的前提下，使加工程序具有最短的进给路线，不仅可以节省整个加工过程的执行时间，还能减少一些不必要的刀具消耗及机床进给机构滑动部件的磨损等。起刀点是在数控机床上加工零件时，刀具相对于零件运动的起始点；进给路线是指刀具从起刀点开始运动，直到返回该点并结束加工程序所经过的路径，包括切削加工的路径及刀具引入、切出等非切削空行程。

1）巧用对刀点

图 5-11(a)所示为采用矩形循环方式进行粗车的一般情况示例，其起刀点 A 的设定是考虑到精车等加工过程中需方便地换刀，故设置在离坯料较远的位置处，同时将起刀点与其对刀点重合在一起，按三刀粗车的走刀路线安排如下：

第一刀为 $A \to B \to C \to D \to A$；

第二刀为 $A \to E \to F \to G \to A$；

第三刀为 $A \to H \to I \to J \to A$。

图 5-11(b)所示，则是巧将起刀点与对刀点分离并设于图示 B 点的位置，仍按相同的切削用量进行三刀粗车，其走刀路线安排如下：

起刀点与对刀点分离的空行程为 $A \to B$；

第一刀为 $B \to C \to D \to E \to B$；

第二刀为 $B \to F \to G \to H \to B$；

第三刀为 $B \to I \to J \to K \to B$。

显然，图 5-11(b)所示的走刀路线短，也可用在其他循环(如螺纹车削)的切削加工中。

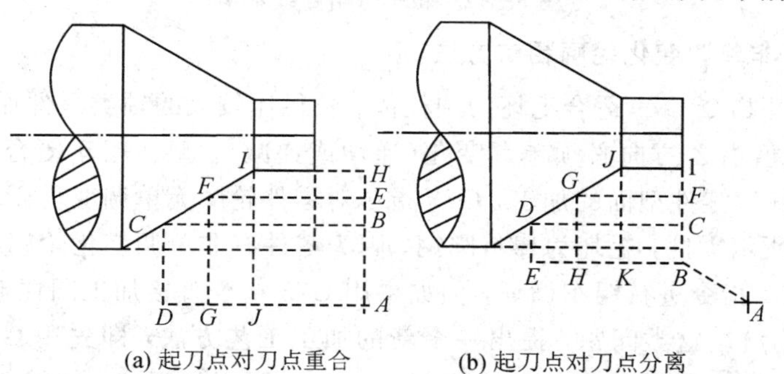

图 5-11　巧用起刀点

2）巧设换刀点

为了考虑换(转)刀的方便和安全，有时将换(转)刀点也设置在离坯件较远的位置处(如图 5－11 中 A 点)，那么，当换第二把刀后，进行精车时的空行程路线必然也较长；如果将第二把刀的换刀点设置在图 5－11(b)中的 B 点位置上，则可缩短空行程距离。设置换刀点必须确保刀架在回转过程中，所有的刀具不与工件发生碰撞。

3）合理安排“回零”路线

在手工编制较复杂轮廓的加工程序时，为使其计算过程尽量简化，既不易出错，又便于校核，编程者(特别是初学者)有时将每一刀加工完后的刀具终点通过执行“回零”(即返回对刀点)指令，使其全都返回到对刀点位置，然后再进行后续程序，这样会增加走刀路线的距离，从而大大降低生产效率。因此，在合理安排“回零”路线时，应使其前一刀终点与后一刀起点间的距离尽量减短，或者为零，满足走刀路线为最短的要求。另外，在选择返回参考点指令时，在不发生加工干涉现象的前提下，宜尽量采用 X、Z 坐标轴同时返回参考点指令，该指令的返回路线是最短的。

5. 确定最短的切削进给路线

缩短切削进给路线，可有效地提高生产效率，降低刀具损耗等。在安排粗加工或半精加工的切削进给路线时，应同时兼顾到被加工零件的刚性及加工的工艺性等要求，不要顾此失彼。

图 5－12 所示为粗车工件时几种不同切削进给路线的安排示例，其中图 5－12(a)表示利用数控系统具有的封闭式复合循环功能，控制车刀沿着工件轮廓进行走刀的路线；图 5－12(b)为利用其程序循环功能安排的“三角形”进给路线；图 5－12(c)为利用其矩形循环功能安排的“矩形”进给路线。对以上三种切削进给路线，经分析和判断后可知矩形循环进给路线的走刀长度总和最小，因此，在同等条件下，其切削所需时间(不含空行程)最短，刀具损耗小。另外，矩形循环加工的程序段格式较简单，这种进给路线的安排，在制订加工方案时应用较多。

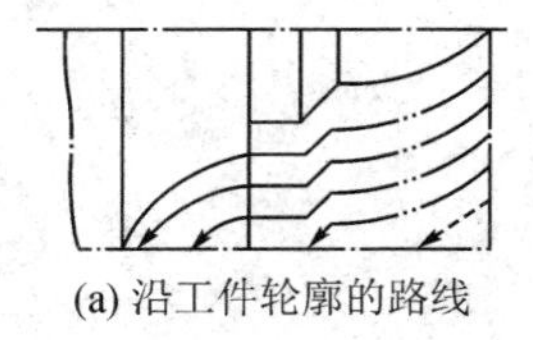
(a) 沿工件轮廓的路线

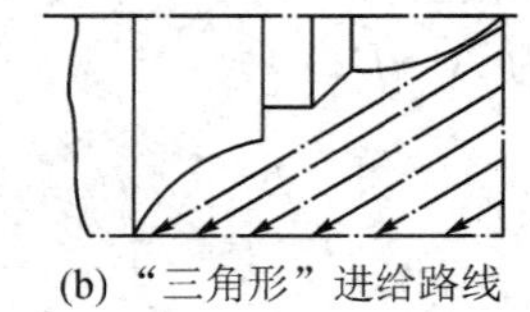
(b) “三角形” 进给路线

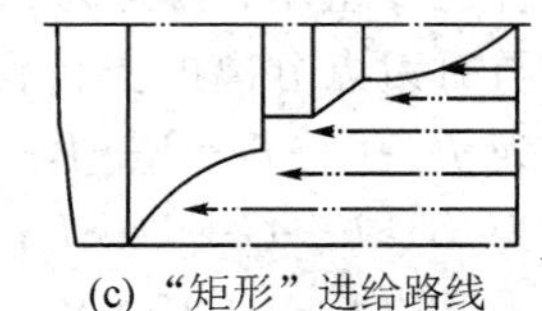
(c) “矩形” 进给路线

图 5－12　粗车进给路线示例

6. 圆钢毛坯非单调变化轮廓粗车方法

粗车复合循环指令 G71 适合毛坯为圆柱体、长径比较大的轴类零件加工，但 G71 指令中的零件 X 轴数值沿 Z 方向必须单调变化(递增或递减)。型面粗车复合循环指令 G73 适合毛坯为铸、锻件等零件型面的加工，G73 指令对零件轮廓无单调变化要求。

如图 5－13 所示零件，毛坯为棒料圆钢，因为零件有非单调变化轮廓结构($R20$ 圆弧)，所以无法使用 G71 指令进行粗车循环，但如果用 G73 指令直接加工圆柱毛坯，则加工时空刀多，效率低。为解决这类问题，提出一个新的加工工艺方法，即先用 G71 指令忽略非单调变化部分进行加工，然后用 G73 指令专门加工非单调变化部分。如图 5－14 所示加工工艺路线，先忽略圆弧部分结构，假设其不存在，用 G71 指令按单调轮廓进行粗加工，然后再用 G73 指令专门加工 $R20$ 圆弧部分。这种工艺方法，即使是圆柱毛坯，其空刀现象也明显减少，使切削进给路线最短，提高了加工效率。

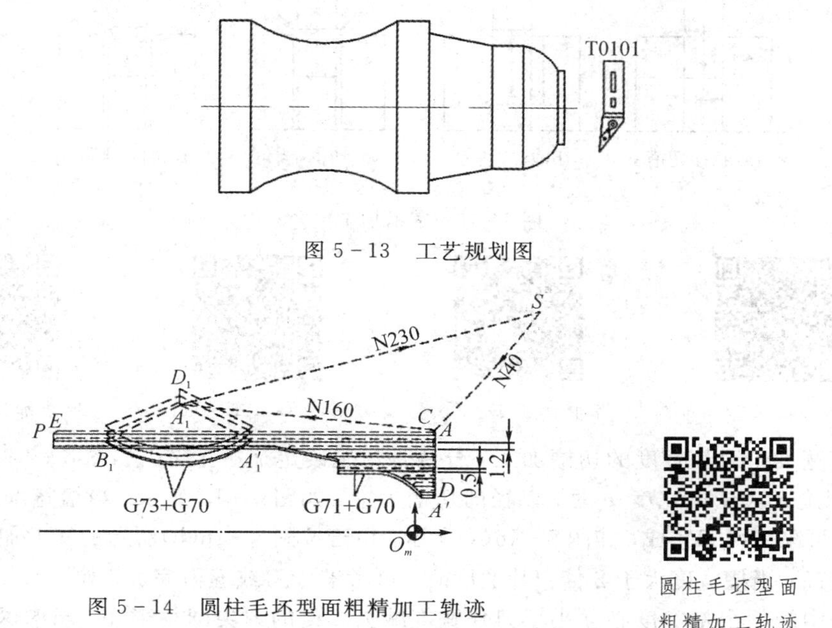

图 5-13　工艺规划图

图 5-14　圆柱毛坯型面粗精加工轨迹

7. 精加工进给路线

(1) 完工轮廓的连续切削进给路线。在安排一刀或多刀进行的精加工进给路线时，其零件的完工轮廓应由最后一刀连续加工而成，并且加工刀具的进、退刀位置要考虑妥当，尽量不要在连续的轮廓中安排切入和切出或换刀及停顿，以免因切削力突然变化而破坏工艺系统的平衡状态，致使光滑连接轮廓上产生表面划伤、形状突变或滞留刀痕等缺陷。

(2) 各部位精度要求不一致的精加工进给路线。若各部位精度相差不是很大，则应以最严格的精度为准，连续走刀加工所有部位；若各部位精度相差很大，则将精度接近的表面安排在同一把刀的走刀路线内加工，并先加工精度较低的部位，再单独安排精度高部位的走刀路线。

二、车槽切槽加工进给路线分析

1. 切外槽加工进给路线分析

(1) 窄槽加工：指槽宽等于刀片宽度的切槽加工，如图 5-15 所示。槽宽由刀具宽度保证，因此应选择较高精度的切槽刀片，如果有修光刃则效果更好。当切槽深度 h 小于槽宽 w 的 1.5 倍时，可考虑一刀直接切入成形，如图 5-15(a)所示，为保证槽底直径的加工精度，切至槽底后，暂停 1～2 s(一般不超过 3 圈)再退刀；若槽深大于槽宽的 1.5 倍，则建议采用啄式切入，如图 5-15(b)所示。为了避免切槽过程中由于排屑不畅，使刀具前部压力过大而出现扎刀和折断刀具的现象，应采用分次进刀的方式，即刀具在切入工件一定深度后，应停止进刀并退回一段距离，达到排屑和断屑的目的。若槽口有倒角或倒圆角，则建议在同一个加工程序中完成，如图 5-15(c)、(d)所示。

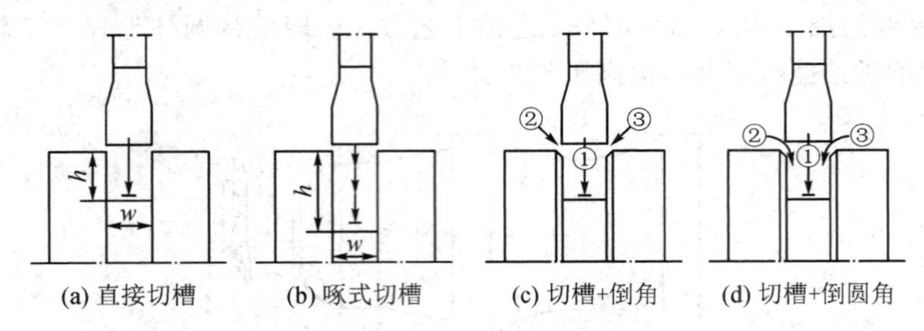

图 5-15　窄槽加工工艺

窄槽加工工艺(a)

窄槽加工工艺(b)

窄槽加工工艺(c)

窄槽加工工艺(d)

(2) 槽宽大于刀片宽度的切槽加工：分两种情况确定加工工艺，如图 5-16 所示。

当槽深度 h 大于槽宽度 w 时，以径向切槽为主，如图 5-16 所示。当槽宽度小于 2 倍刀片宽度时，可采用两刀完成，如图 5-16(a)所示，但若按图 5-16(b)所示的三刀加工，则槽的宽度精度较高；当槽宽度大于 2 倍刀片宽度时，可考虑三刀或五刀完成，如图 5-16(c)、(d)所示，注意中间的余量宽度必须小于刀片宽度减去 2 倍的刀尖圆角半径。当槽深度较大时，优先选用径向分层加工，如图 5-16(e)所示，分两层加工，必要时可多分几层，也可考虑图 5-16(f)所示的方法，采用啄式切削，分三刀切槽。若后续不再安排精车工艺，则两侧壁切槽的退刀尽可能按进给速度退刀，不要快速退回，且切至槽底时增加暂停动作，如图 5-16(c)所示。若槽宽的精度要求较高，或槽底转角有大于刀尖圆角半径结构或倒角结构，则可留适当的加工余量，并按图 5-18 的工艺进行精车处理。

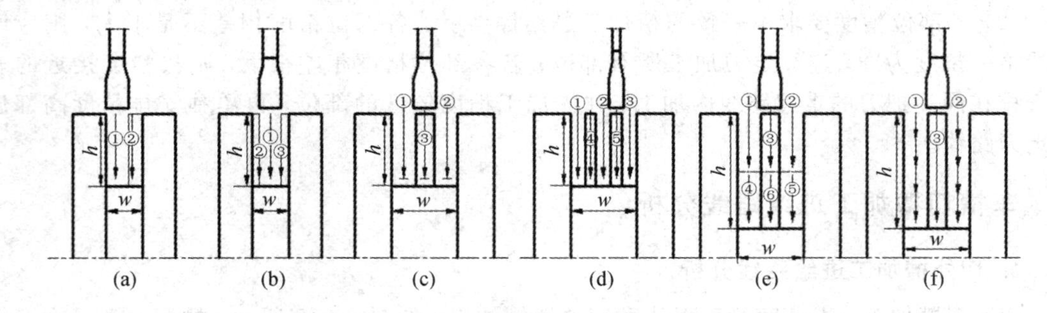

图 5-16　切宽槽加工工艺($h>w$)

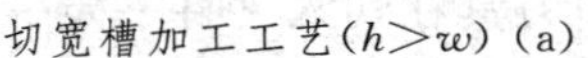
切宽槽加工工艺($h>w$)(a)

切宽槽加工工艺($h>w$)(b)

切宽槽加工工艺($h>w$)(c)

切宽槽加工工艺($h>w$)(d)

切宽槽加工工艺($h>w$)(e)

切宽槽加工工艺($h>w$)(f)

当槽宽度 w 大于槽深度 h 时，通常采用车削加工，粗车采用轴向车削加工效率较高，如图 5－17 所示，然后安排一道精车加工工序。由于切槽刀车削刀具有一定的弯曲变形，因此，在下刀和两端的转换点要做适当的技术处理。

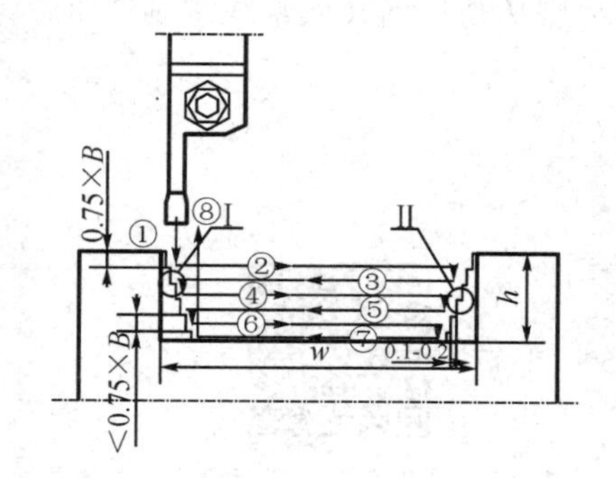

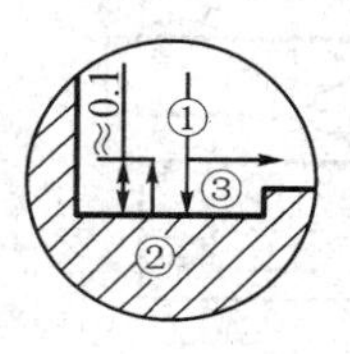

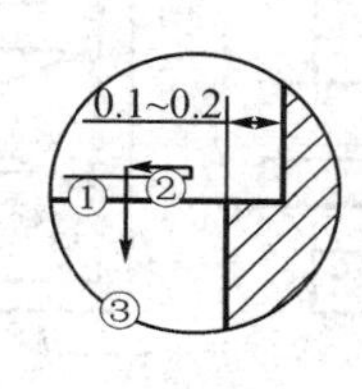

切宽槽加工工艺($h>w$)

图 5－17　切宽槽加工工艺($w>h$)

宽槽加工一般安排一道精车工序才能获得较好的加工质量，其切削工艺处理如图 5－18所示。第 1 步，径向切削至槽底，刀片左侧与槽左侧壁的距离小于刀片宽度；第 2 步，端面刃径向切削至第 1 步的位置，但径向进给深度比槽深浅，缩短了刀具弯曲时的略微伸长量；第 3 步，轴向车削槽底至槽右侧面不足刀片宽度的位置；第 4 步，径向车削槽右侧面及底部的转角位置，这一刀，径向切削至槽底位置。注意，轴向车削时的伸长量通过试切后测量获得，通过刀具补偿实现伸长量的修正。

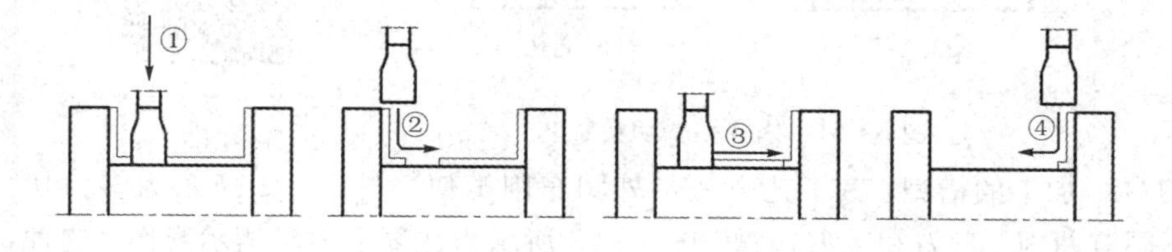

图 5－18　宽槽精车工艺

宽槽精车加工

以上工艺中，第 1 步是必需的，否则，转角处可能出现欠切现象。

2. 内槽切削进给路线分析

与外圆切槽类似，内槽切削也有窄槽的径向切入为主和宽槽的轴向车削为主，如图 5－19所示，两端头的处理也要考虑刀具的变形问题。如图 5－19(b)所示，动作②车削至左端时留一点端面余量，端头的动作③是斜向退刀再轴向移动至尺寸，然后径向车削至底部，斜向退刀，再动作④轴向退刀。内孔切槽与外孔切槽的不同之处是如何有效排除切屑，主要区别在不通孔与通孔加工时的差异。

内孔切槽加工工艺(a)

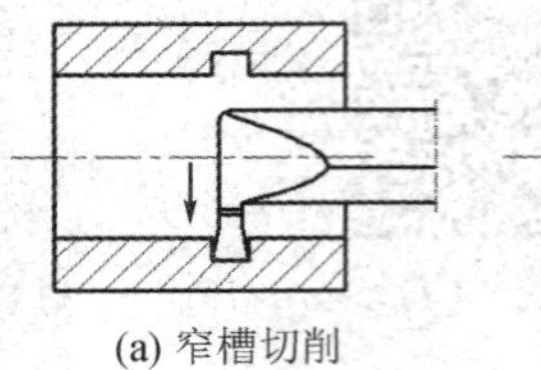

(a) 窄槽切削

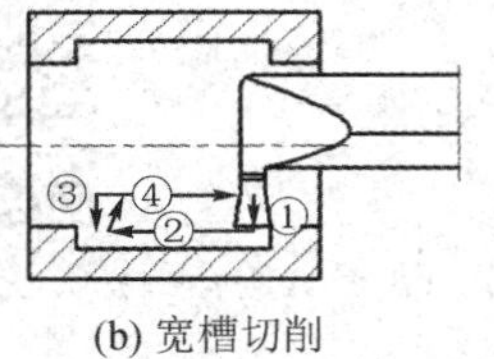

(b) 宽槽切削

内孔切槽加工工艺(b)

图 5－19　内孔切槽加工工艺

图 5－20 所示为不通孔车削工艺方法示意图，先从孔底处下刀，然后转为向孔口方向轴向车削，这样便于排屑，最后径向车削两端。若是通孔，则从孔口向孔底轴线车削，如图 5－19 所示。

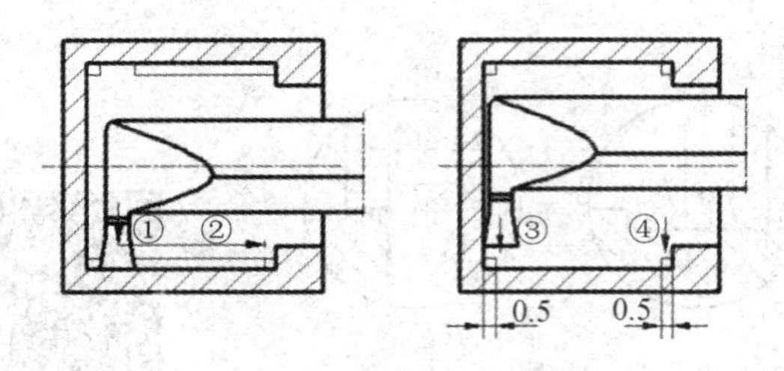

不通孔车削工艺示意

图 5－20　不通孔车削工艺示意

图 5－21 所示为内孔多槽切槽工艺，盲孔从孔底往外逐槽切削，而通孔则从孔口向内逐渐切槽。

内孔多槽切槽工艺(a)

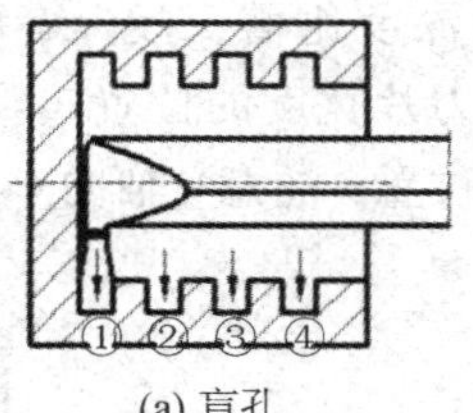

(a) 盲孔

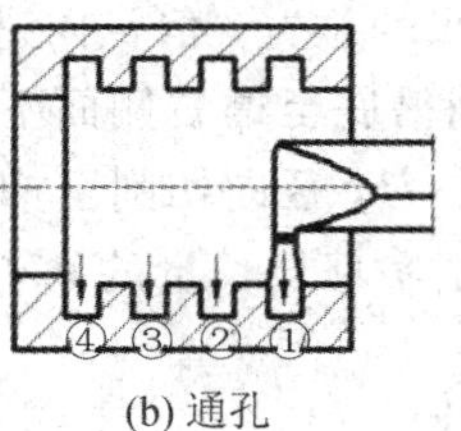

(b) 通孔

内孔多槽切槽工艺(b)

图 5－21　内孔多槽切槽工艺

对于需要多刀(粗)加工的槽型，其工艺方法与外圆车削类似，图 5－22 所示为多刀切槽，根据槽宽的不同有两刀、三刀和五刀切槽。图 5－23 所示为往复多刀车槽示意图，这种车削工艺的优点是刀片左、右侧磨损均匀，刀具寿命最大化。

两刀和三刀切槽

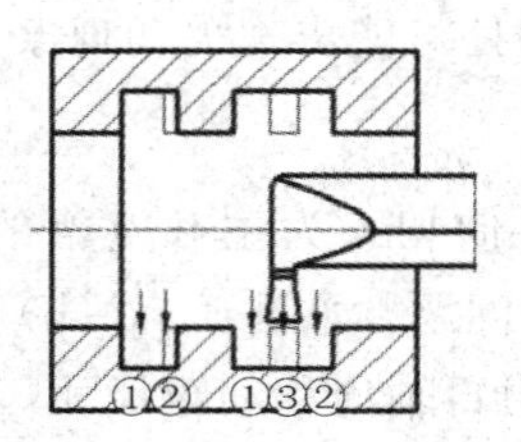

图 5－22　两刀和三刀切槽

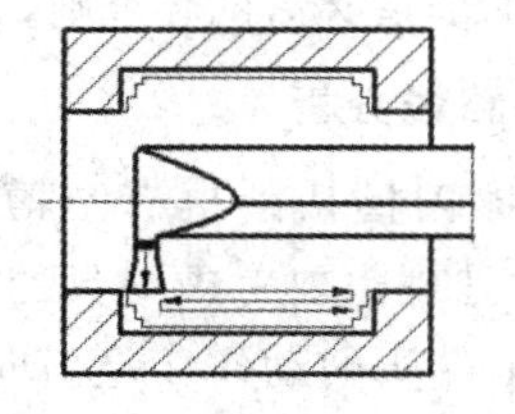

图 5－23　往复多刀车槽

往复多刀车槽

三、车螺纹加工进给路线分析

螺纹数控加工属于成形加工，切削刃较长，易出现啃刀与扎刀现象，一般需多刀切削完成。为保证导程(或螺距)准确，必须有合适的切入与切出长度。螺纹加工的牙型及牙型角由刀具保证，刀具的形状与正确安装直接影响螺纹牙型的质量。螺纹加工时的进给量与主轴转速必须保持严格的传动比，加工时禁止使用恒线速度控制。螺纹切削加工的切削速度一般不高，以不出现积屑瘤或刀具塑性损坏为原则，如图 5 - 24 所示。

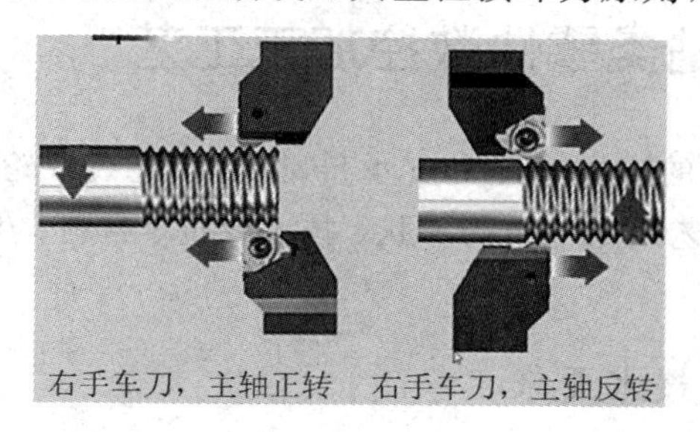

图 5 - 24　车螺纹

车螺纹

在数控车床上车螺纹时，沿螺距方向的进给应和车床主轴的转速保持严格的比例关系，因此应避免在进给机构升速或降速的过程中切削。进刀过程包括升速段和降速段，如图 5 - 10 所示，δ_1 一般为 2～5 mm，δ_2 一般为 1～2 mm，这样在切削螺纹时，能保证在升速后使刀具接触工件，刀具离开工件后再降速。

螺纹加工必须多刀切削，其进刀方式有以下几种，如图 5 - 25 所示。

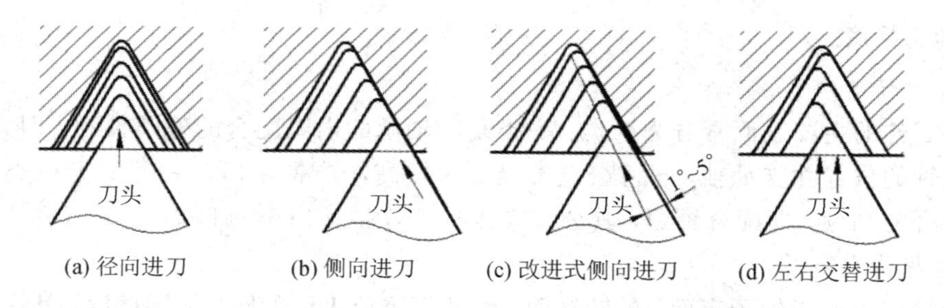

图 5 - 25　进刀方式

1) 径向进刀

图 5 - 25(a)所示为基础的径向进刀进给方式，该进刀方式编程简单，左、右切削刃后刀面磨损均匀，牙型与刀头的吻合度高；但切屑控制困难，可能产生振动，刀尖处负荷大且温度高。径向进刀方式适合于小螺距(导程)螺纹的加工以及螺纹的精加工。

2) 侧向进刀

图 5 - 25(b)所示属较为基础的侧向进刀方式，该进刀方式有专用的复合固定循环指令编程，可降低切削力，便于控制切屑排出；但由于使用纯单侧刃切削，使得左、右切削刃磨损不均匀，右侧后刀面磨损大。侧向进刀适合于稍大螺距(导程)螺纹的粗加工。

3) 改进式侧向进刀

图 5 - 25(c)所示为改进式侧向进刀。由于进刀方向略微变化，使得右侧切削刃也参与

切削，在一定程度上抑制了右侧后刀面的磨损，减小了切削热，改善了侧向进刀的不足。

4）*左右交替进刀*

图 5－25(d)所示为左右交替进刀方式。该进刀方式的特点是左、右切削刃磨损均匀，能延长刀具寿命，方便控制切屑排出；不足之处是编程稍显复杂。左右交替进刀适用于大牙型、大螺距螺纹的加工，甚至可用于梯形螺纹的加工，在编程能力许可的情况下推荐使用。

课题一　轴类零件数控加工工艺

轴类零件是机器的主要零件，它的主要功能是支承传动件(齿轮、带轮、离合器等)和传递运动、扭矩。轴类零件的加工工艺因零件结构形状、技术要求、材料、生产批量等因素的不同而有较大差异。

一、一般轴类零件的结构特点与技术要求

一般轴类零件按其结构特点的不同可分为光轴、阶梯轴、空心轴和异形轴(包括曲轴、半轴、凸轮轴、偏心轴、十字轴和花键轴等)四类；若按轴的长度和直径的比例来分，又可分为刚性轴($L/d\leqslant 12$)和挠性轴($L/d\geqslant 12$)两类。轴类零件属于旋转体零件，零件的长度大于直径，通常由外圆柱面、圆锥面、螺、纹、花键、键槽、横向孔、沟槽等表面构成。车削和磨削是轴类零件表面加工最基本的方法。一般轴类零件的技术要求包括加工精度和表面粗糙度。

1. 加工精度

1）*尺寸精度*

轴类零件的主要表面常分为两类：一类是与轴承的内圈配合的外圆轴颈，即支承轴颈，用于确定轴的位置并支承轴，尺寸公差等级要求较高，通常为 IT5～IT7；另一类为与各类传动件配合的轴颈，即配合轴颈，其公差等级稍低，常为 IT6～IT9。

2）*形状精度*

形状精度主要指轴颈表面、外圆锥面、锥孔等重要表面的圆度、圆柱度，其误差一般应限制在尺寸公差范围内。对于精密轴，需在图样上另行规定其几何形状精度。

3）*相互位置精度*

相互位置精度包括内、外表面及重要轴面的同轴度、圆的径向跳动、重要端面对轴心线的垂直度、端面间的平行度等。保证配合轴颈(装配传动件的轴颈)相对支承轴颈(装配轴承的轴颈)的同轴度或跳动量，是轴类零件位置精度的普遍要求，它会影响传动件(齿轮等)的传动精度。普通精度轴的配合轴颈对支承轴颈的径向圆跳动，一般规定为 0.01～0.03 mm，高精度轴为 0.001～0.005 mm。

2. 表面粗糙度

轴的加工表面都有表面粗糙度要求，一般根据加工的可能性和经济性来确定。一般支承轴颈的表面粗糙度 Ra 常为 0.2～1.6 μm，传动件配合轴颈的表面粗糙度 Ra 为 0.8～3.2 μm。

二、一般轴类零件加工工艺分析和定位基准选择

1. 一般轴类零件加工工艺分析

对精度要求较高的零件，其粗、精加工应分开，以保证零件的质量。轴类零件加工一般可分为三个阶段：粗车(粗车外圆、钻中心孔等)、半精车(半精车各处外圆、台阶和修研中心孔及次要表面等)以及粗、精磨(粗、精磨各处外圆)。各阶段划分大致以热处理为界，正火前为毛坯准备，调质工序前为粗加工，表面淬火后为精加工，而调质与表面淬火之间为半精加工。

2. 轴类零件次要表面加工安排

轴类零件的花键、键槽、螺纹横向小孔等次要表面的加工通常安排在外圆精车或粗磨之后、精磨外圆之前进行。如果在精车前加工出键槽，则精加工时因断续切削而产生振动，不但影响加工质量，而且容易损坏刀具，同时也难以控制键槽深度。但这些加工也不应放到主要表面精磨之后，以免因加工键槽而破坏已经磨好的外圆表面。主轴上螺纹加工质量对主轴部件的装配精度有很大的影响，应安排在最终热处理(局部淬火)之后，以避免淬火产生的变形，而且车螺纹与精磨外圆使用的基准应相同，以得到较高的同轴度。

3. 深孔加工工序的安排

主轴类零件有深孔，深孔加工工序安排在调质和外圆半精车之后，其主要有三个原因：第一，调质处理变形较大，深孔加工会产生较大的弯曲变形，而且会因主轴调质的转动不平衡而引起振动；第二，深孔加工安排在外圆半精车后，以便获得一个较精确的轴颈作为定位基准，使主轴壁厚均匀；第三，避免深孔加工时的切削力、切削热破坏外圆的精度。

4. 一般轴类零件的定位基准选择

机械加工工序安排时，首先要为后续工序加工出定位基准，即基准先行。在轴类零件加工中，一般先加工出两中心孔，作为后续工序的定位基准。因为轴类零件各外圆表面、螺纹表面的同轴度及端面对轴线的垂直度是相互位置精度的主要项目，而这些表面的设计基准一般都是轴的中心线，采用两中心孔定位符合基准重合原则。此外，由于多数工序都采用中心孔作为定位基面，所以能最大限度地加工出多个外圆和端面，这也符合基准统一原则。当加工中主要采用中心孔作为定位基准时，由于要在多道工序中使用，因此其精度就显得十分重要，尤其是精加工时，中心孔经过多次使用后可能磨损或拉毛，或者因热处理和内应力而使表面产生氧化皮或发生变形，故在各个加工阶段(特别是热处理后)必须修研中心孔，甚至重新钻中心孔。

下列情况不能用两中心孔作为定位基准：

(1) 粗加工外圆时，为提高工件刚度，采用轴外圆表面为定位基面，或以外圆和中心孔一同作为定位基面，即一夹一顶。

(2) 当轴为通孔零件时，在加工过程中，作为定位基面的中心孔因钻出通孔而消失，为了在通孔加工后还能用中心孔作为定位基面，工艺上常采用以下三种方法：

① 当中心通孔直径较小时，可直接在孔口倒出宽度不大于 2 mm 的 60°内锥面来代替中心孔，即用倒角锥面代替中心孔。

② 当轴有圆柱孔时，可采用锥堵，锥度为 1∶500；当轴孔锥度较小时，锥堵锥度与工件两端定位孔锥度相同。

③ 若轴孔为锥度孔，则当轴通孔的锥度较大时，可采用带锥堵的心轴，简称锥堵心轴。

所使用的锥堵或锥堵心轴应具有较高的精度，并尽量减少其安装次数。一般情况下，装上锥堵后不应中途更换或拆卸，若必须拆下并重装锥堵，则必须按重要外圆找正或重新修磨中心孔。

三、一般轴类零件的材料及热处理

1. 一般轴类零件的材料

1）一般轴类零件材料

一般轴类零件常用 45 钢，精度较高的轴可选用 40Cr、轴承钢 GCr15、弹簧钢 65Mn，也可选用球墨铸铁。对高速、重载的轴，可选用 20CrMnTi、20Mn2B、20Cr 等渗碳钢或 38CrMoAl 氮化钢。

2）一般轴类零件毛坯

一般轴类零件毛坯常用圆棒料和锻件，大型轴或结构复杂的轴（如曲轴）采用铸件。毛坯经过加热锻造后，可使金属内部纤维组织沿表面均匀分布，以获得较高的抗拉强度、抗弯强度及抗扭强度，所以除光轴、直径相差不大的阶梯轴可使用热轧棒料或冷拉棒料外，一般比较重要的轴大都采用锻件，这样既可改善材料的力学性能，又能节约材料、减少机械加工量。

2. 一般轴类零件的热处理

（1）小尺寸的碳钢轴选用型材调质后加工。

（2）对于尺寸较大的轴用锻造毛坯，应先正火或退火，粗加工后再调质处理，以改善切削加工性能。

（3）对于要求淬火的轴，须在半精加工后进行淬火，然后精加工（磨削）；表面淬火一般安排在精加工之前，这样可以纠正因淬火引起的局部变形。

（4）对于精度要求高的轴，在局部淬火或粗磨之后，还需进行低温时效处理。

任务 1　拉钉零件数控加工工艺

一、工艺准备

1. 阅读分析图样

图 5－26 所示为数控刀柄上的拉钉零件工作图，图 5－27 所示为拉钉零件三维图，零件的结构特点是圆柱面、小圆锥面、槽、螺纹，材料为 42CrMo 合金钢，棒料毛坯 ϕ42 mm×120 mm，中小批量生产，所用机床为 CKD6150A 数控车床，数控系统为 FANUC 0i Mate－TD，刀架为四工位刀架。

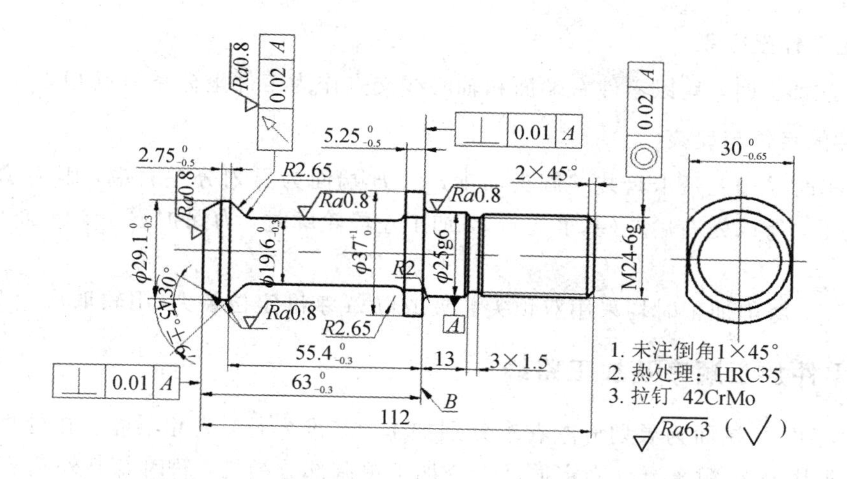

图 5-26　拉钉零件工作图

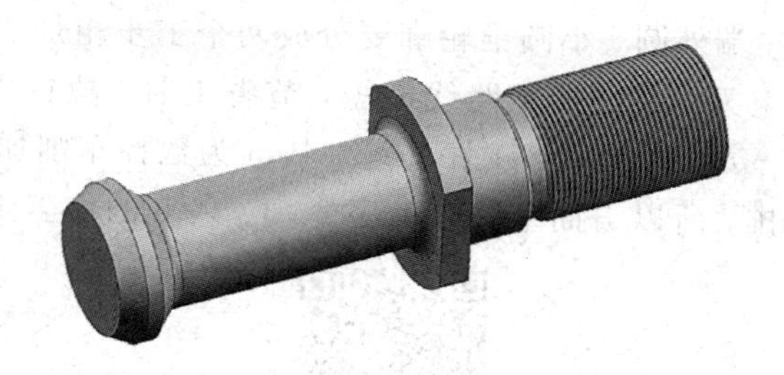

图 5-27　拉钉零件三维图

对拉钉零件的加工精度、表面粗糙度、几何公差、热处理技术要求分析如下：

(1) 外圆 ϕ25g6 轴心线为基准 A，表面粗糙度 Ra 为 0.8 μm，ϕ25g6 外圆左端面对 ϕ25g6 轴心线垂直度公差为 0.01 mm。

(2) 30°、45°小圆锥，$\phi 29.1_{-0.3}^{0}$外圆，$\phi 19.6_{-0.3}^{0}$外圆表面粗糙度 Ra 均为 0.8 μm，其中 45°小圆锥对 ϕ25g6 轴心线跳动公差为 0.02 mm，零件左端面对 ϕ25g6 轴心线垂直度公差为 0.01 mm。

(3) M24-6g 螺纹对 ϕ25g6 轴心线同轴度公差为 0.02 mm，表面粗糙度 Ra 为 6.3 μm。

2. 制订各主要部位加工方法

(1) 外圆 ϕ25g6 可以通过粗精车、粗精磨的加工方法满足精度、粗糙度要求。磨削时靠 ϕ25g6 左端面即可保证垂直度公差要求。

(2) 30°、45°小圆锥，$\phi 29.1_{-0.3}^{0}$外圆，$\phi 19.6_{-0.3}^{0}$外圆表面，零件左端面可以通过粗精车、粗精磨的加工方法满足精度、粗糙度要求。精加工时采用双顶尖装夹或以 A 基准定位装夹(用软爪)即可满足 45°小圆锥对 ϕ25g6 轴心线跳动公差要求，满足零件左端面对 ϕ25g6 轴心线垂直度公差要求。

(3) M24-6g 螺纹与 ϕ25g6 外圆在同一次装夹中加工出来，即可满足精度、粗糙度、对 ϕ25g6 轴心线同轴度公差要求。

3. 确定工件坐标系

数控车削加工时，均以零件右端面和轴心线交点作为工件坐标系原点 O。

4. 工件的定位与装夹

(1) 粗车时采用三爪卡盘装夹调头加工，以 B 端面为界划分左右端，因为 ϕ25g6 外圆轴心线为基准，所以先右后左(基准先行)，加工左段轮廓时，为保护 ϕ25g6 已加工外圆，最好用软爪。

(2) 精车、磨削加工时均采用双顶尖装夹或以 A 基准定位装夹(用软爪)。

二、拉钉零件加工顺序及加工路线

以拉钉零件 B 端面为界划分左右端分别加工，基准先行，先粗后精。在处理左段轮廓加工时，应先用 G71 粗车复合固定循环指令加工单调部分结构，暂时忽略外圆 $\phi19.6_{-0.3}^{\ 0}$ 及 45°小圆锥部分结构，然后用 G73 型面粗车复合固定循环指令专门加工外圆 $\phi19.6_{-0.3}^{\ 0}$ 及 45°小圆锥部分结构，所以左端外圆、小圆锥轮廓要分成两个工步粗加工。这样安排加工顺序、加工路线的好处是减少空刀，保证加工路线最短，节省工时。拉钉零件数控加工工艺规划如表 5－7 所示。从表 5－7 可以看出，工序 2、3、4、5 为数控车削加工，工序集中。因为数控加工的重点是工步安排，所以下面来分析工序 2、3、4、5 的加工工步。

拉钉零件数
控加工工艺

1. 工序 2 工步分析

工序 2 主要是加工右端面、打中心孔及粗车外圆，用三爪卡盘装夹毛坯左端，加工工步如下：

工步 1：车端面；

工步 2：打中心孔；

工步 3：粗车外圆。

车端面用 G01 基本编程指令由外向内加工(注意车端面不允许倒拉)；打中心孔手动操作。因为外圆加工余量较大，所以粗车外圆用 G71 圆柱面复合固定循环指令加工。根据工件材料、加工性质、材料硬度和加工精度、质量要求，合理选择调整切削参数。工序 2 加工工序卡如表 5－8 所示。

拉钉—工序 2

表 5-7　拉钉零件数控加工工艺规划

<table>
<tr><td colspan="3" rowspan="2">×××学院</td><td colspan="2" rowspan="2">数控加工工艺过程卡片</td><td>产品型号</td><td>7:24 刀柄</td><td>零件图号</td><td colspan="6">BT40-011</td></tr>
<tr><td>产品名称</td><td>BT40 铣刀刀柄</td><td>零件名称</td><td>BT40-45°拉钉</td><td>共</td><td>1</td><td>页</td><td>第 1</td><td>页</td></tr>
<tr><td colspan="2">材料牌号</td><td>42CrMo</td><td>毛坯种类</td><td>圆钢</td><td>毛坯外形尺寸</td><td>$\phi42\times120$</td><td>每毛坯件数</td><td>1</td><td>每台件数</td><td>1</td><td colspan="4">备注</td></tr>
</table>

<table>
<tr><td rowspan="2">工序号</td><td rowspan="2">工序名称</td><td rowspan="2">程序号</td><td rowspan="2">工 序 内 容</td><td rowspan="2">车间</td><td rowspan="2">工段</td><td rowspan="2">设备</td><td rowspan="2">工 艺 装 备</td><td colspan="2">工时/min</td></tr>
<tr><td>准终</td><td>单件</td></tr>
<tr><td>1</td><td>下料</td><td></td><td>下料 $\phi42\times120$</td><td>下料</td><td>下料</td><td>GY4043</td><td>带锯机，0～300 mm 钢直尺</td><td></td><td></td></tr>
<tr><td>2</td><td>粗车</td><td>O1002</td><td>夹左端，车右端面，打中心孔 $B3.15$，车右端两段外圆，其中 M24-6g 螺纹段外圆留余量 1.6 mm，$\phi25g6$ 外圆留余量 2.5 mm，倒角 $2\times45°$</td><td>数控</td><td>数车</td><td>CKD6150A</td><td>外圆车刀（刀杆 DCLNR2525M12，刀片 CNMG120408-NM9 WPP10），中心钻 $B3.15$</td><td></td><td></td></tr>
<tr><td>3</td><td>粗车</td><td>O1003</td><td>调头夹 $\phi25g6$ 外圆段，粗车左端面留余量 1 mm，打中心孔 $B3.15$；粗车左端 30°小圆锥、$\phi29.1_{-0.3}^{0}$ 外圆、$\phi37_{0}^{+1}$ 外圆（单调部分结构），其中粗车 $\phi37_{0}^{+1}$ 外圆至尺寸，其他留余量 2 mm；车外圆 $\phi19.6_{-0.3}^{0}$ 及 45°小圆锥部分，均留余量 2 mm</td><td>数控</td><td>数车</td><td>CKD6150A</td><td>外圆车刀（刀杆 DCLNR2525M12，刀片 CNMG120408-NM9 WPP10），G73 用外圆车刀（刀杆 SVJBR2525M11，刀片 VCMT110304-PM5 WPP10），中心钻 $B3.15$</td><td></td><td></td></tr>
<tr><td>4</td><td>精车</td><td>O1004</td><td>双顶尖装夹，精车 M24-6g 螺纹段外圆至尺寸 $\phi23.76$ mm，精车 $\phi25g6$ 外圆，留磨量 0.9 mm，切槽、倒角至尺寸，车螺纹 M24-6g 至尺寸</td><td>数控</td><td>数车</td><td>CKD6150A</td><td>外圆车刀（刀杆 DCLNR2525M12，刀片 CNMG120404-NF3 WPP01），外螺纹车刀（刀杆 NTS-SER2525-16，刀片 NTS-ER-161.00ISO WXP20），切槽车刀（刀杆 G1011.2525R-3T21GX24，刀片 GX24-2E300R6-CE4 WPP23）</td><td></td><td></td></tr>
<tr><td>5</td><td>精车</td><td>O1005</td><td>软爪夹 $\phi25g6$ 外圆，精车左端面留磨量 0.3 mm，精车左端外圆、小锥度等结构，均留磨量 0.9 mm</td><td>数控</td><td>数车</td><td>CKD6150A</td><td>外圆车刀（刀杆 DCLNR2525M12，刀片 CNMG120404-NF3 WPP01），外圆车刀（刀杆 SVJBR2525M11，刀片 VCMT110302-PF4 WPP01）</td><td></td><td></td></tr>
<tr><td>6</td><td>铣</td><td></td><td>铣 $\phi37_{0}^{+1}$ 段外圆缺口至尺寸 $30_{-0.65}^{0}$，去毛刺</td><td>数控</td><td>数铣</td><td>XD-40A</td><td>三面刃铣刀，锉刀</td><td></td><td></td></tr>
<tr><td>7</td><td>热处理</td><td></td><td>淬火，硬度 35HRC</td><td>热</td><td>淬火</td><td>淬火机床</td><td></td><td></td><td></td></tr>
<tr><td>8</td><td>钳</td><td></td><td>修研中心孔</td><td>数控</td><td>数车</td><td>CKD6150A</td><td>金刚石研磨头</td><td></td><td></td></tr>
<tr><td>9</td><td>磨</td><td></td><td>粗精磨 $\phi25g6$ 至尺寸，靠端面，粗精磨左端外圆、小锥度等结构至尺寸，粗精磨左端面至尺寸</td><td>数控</td><td>数控磨床</td><td>MKS1620</td><td>砂轮</td><td></td><td></td></tr>
<tr><td>10</td><td>检验</td><td></td><td>清洗检验，油封入库</td><td>检验</td><td>检验</td><td>检验台</td><td>游标卡尺、螺纹量规、百分表等</td><td></td><td></td></tr>
</table>

<table>
<tr><td></td><td></td><td></td><td></td><td></td><td></td><td></td><td></td><td></td><td></td><td rowspan="2">设计(日期)</td><td rowspan="2">校对(日期)</td><td rowspan="2">审 核(日期)</td><td rowspan="2">标准化(日期)</td><td rowspan="2">会签(日期)</td></tr>
<tr><td></td><td></td><td></td><td></td><td></td><td></td><td></td><td></td><td></td><td></td></tr>
<tr><td>标记</td><td>处数</td><td>更改文件号</td><td>签字</td><td>日期</td><td>标记</td><td>处数</td><td>更改文件号</td><td>签字</td><td>日期</td><td></td><td></td><td></td><td></td><td></td></tr>
</table>

表 5-8　工序 2 加工工序卡

×××学院	数控加工工序卡片	产品型号	7:24 刀柄	零件图号	BT40-011	程序号	01002
		产品名称	BT40 铣刀刀柄	零件名称	BT40-45°拉钉	共 1 页	第 1 页

车间	工序号	工序名称	材料牌号
数控	2	粗车	42CrMo
毛坯种类	毛坯外形尺寸	每毛坯可制件数	每台件数
圆钢	ϕ42×120	1	1
设备名称	设备型号	设备编号	同时加工件数
数控车床	CKD6150A	WZWJ-001	1

夹具编号	夹具名称	切削液	
WZJJ0001	三爪卡盘	乳化液	
工位器具编号	工位器具名称	工序工时/min	
		准终	单件

工步3　工步1　4　C2　O　Z　ϕ27.5h8　ϕ25.6　B3.15　工步2　R4.5　13　48.5　X

工步号	工步内容	刀具号	工艺装备	刀补量 半径	刀补量 长度	主轴转速 /(r/min)	进给量 /(mm/r)	背吃刀量 /mm	工时/min 机动	工时/min 辅助
1	车右端面	T01	外圆车刀(刀杆 DCLNR2525M12，刀片 CNMG120408-NM9 WPP10)			900	0.15	2		
2	打中心孔 *B*3.15		中心钻 *B*3.15			1200				
3	车右端两段外圆，其中 M24-6g 螺纹段外圆留余量 1.6 mm，ϕ25g6 外圆留余量 2.5 mm，倒角 2×45°	T01	外圆车刀(刀杆 DCLNR2525M12，刀片 CNMG120408-NM9 WPP10)			1100	0.4	2		

										设计(日 期)	校对(日期)	审核(日期)	标准化(日期)	会签(日期)
标记	处数	更改文件号	签字	日期	标记	处数	更改文件号	签字	日期					

工序 2 主要是加工端面、打中心孔及粗车外圆，车外圆。端面用同一把外圆车刀，外圆刀片用粗加工断屑槽型，打中心孔用中心钻。工序 2 加工刀具卡见表 5－9。

表 5－9　工序 2 加工刀具卡

工序	刀号	刀杆名称与规格	刀片名称与规格	加工部位	备注
2 粗车	T01	外圆刀杆 DCLNR2525M12	CNMG120408－NM9 WPP10	车外圆、端面	
程序号		中心钻 B3.15		打中心孔	
O1002	刀具 简图	T01 80° 95°			

2. 工序 3 工步分析

拉钉工序 3 分析

工序 3 主要是掉头加工左端面、打中心孔及粗车外圆，三爪卡盘定位装夹 ϕ25g6 外圆段。

工步 1：车端面；

工步 2：打中心孔；

工步 3：粗车外圆单调部分；

工步 4：槽车削 $\phi 19.6_{-0.3}^{\ 0}$ 等结构。

车端面用 G01 基本编程指令由外向内加工(注意车端面不允许倒拉)；打中心孔手动操作。因为外圆加工余量较大，工步 3 粗车外圆用 G71 圆柱面复合固定循环指令加工单调部分结构。工步 4 同样因为加工余量较大，采用 G73 型面复合固定循环指令槽车削加工 $\phi 19.6_{-0.3}^{\ 0}$ 等结构。工序 3 加工工步图如图 5－28 所示。

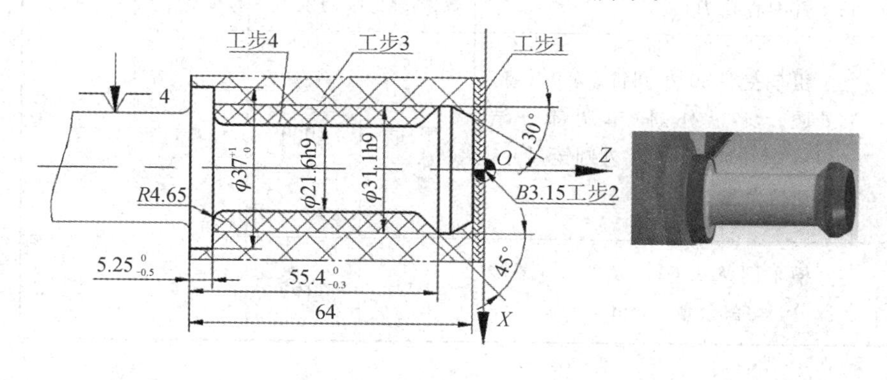

图 5－28　工序 3 加工工步图

拉钉—工序 3

工序 3 车外圆端面用同一把外圆车刀，但采用 G73 型面复合固定循环指令槽车削加工 $\phi19.6_{-0.3}^{0}$ 等结构时，因为考虑到刀具不能与工件摩擦、干涉，所以对刀具的副偏角有要求，经作图计算，刀具副偏角必须大于 45°才能让开工件，所以工步 4 要另选一把外圆车刀。打中心孔用中心钻。工序 3 加工刀具卡见表 5－10。

表 5－10　工序 3 加工刀具卡

工序	刀号	刀杆名称与规格	刀片名称与规格	加工部位	备　注
3 粗车	T01	外圆刀杆 DCLNR2525M12	CNMG120408－NM9 WPP10	车外圆、端面	T02 刀具副偏角为 52°，而工件锥度为 45°，刀具与工件不会发生摩擦
	T02	G73 用刀：外圆刀杆 SVJBR2525M11	VCMT110304－PM5 WPP10	槽车削 $\phi19.6_{-0.3}^{0}$ 外圆等	
程序号		中心钻 $B3.15$		打中心孔	
O1003					

根据工件材料、加工性质、材料硬度和加工精度、质量要求，合理选择切削参数，具体加工参数见表 5－11。

表 5－11　工序 3 加工工步卡

工序	装夹	工步	工步内容	刀具号	转速 /(r/min)	进给速度 /(mm/r)	背吃刀量 /mm
3 粗车	三爪 卡盘	1	粗车左端面留余量 1 mm	T01	900	0.15	2
		2	打中心孔 $B3.15$		1200		
		3	粗车左端 30°小圆锥、$\phi29.1_{-0.3}^{0}$ 外圆、$\phi37_{0}^{+1}$ 外圆（单调部分结构），其中粗车 $\phi37_{0}^{+1}$ 外圆至尺寸，其他留余量 2 mm	T01	1000	0.4	2
		4	槽车削 $\phi19.6_{-0.3}^{0}$ 及 45°小圆锥部分，均留余量 2 mm	T02	1100	0.4	2

3. 工序 4 工步分析

工序 4 是双顶尖装夹精车右端外轮廓。

工步 1：精车螺纹部分外圆、精车基准外圆；

工步 2：切槽并倒角；

工步 3：车螺纹。

因为精车加工余量不大，所以精车外圆可采用外圆精加工循环指令 G70 或基本编程指令加工；切槽用 G75 切槽复合循环指令加工；车螺纹用 G76 螺纹加工复合固定循环指令。工序 4 加工工步图如图 5－29 所示。

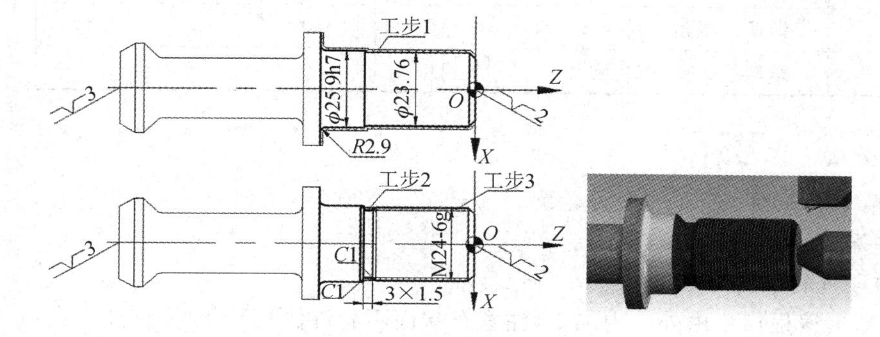

图 5－29　工序 4 加工工步图

接钉—工序 4

车外圆用外圆车刀，但要用精加工断屑槽刀片；车螺纹用螺纹车刀，切槽用切槽刀。工序 4 加工刀具卡见表 5－12。

表 5－12　工序 4 加工刀具卡

工序	刀号	刀杆名称与规格	刀片名称与规格	加工部位	备注
4 精车	T01	外圆刀杆 DCLNR2525M12	CNMG120404－NF3 WPP01	车外圆	
	T02	外螺纹刀杆 NTS－SER2525－16	NTS－ER－16 1.00ISO WXP20	车外螺纹	
程序号	T03	切槽刀杆 G1011.2525R－3T21GX24	GX24－2E300R6－CE4 WPP23	切槽	
O1004	刀具 简图	T01 80° 95°	T02	T03	

根据工件材料、加工性质、材料硬度和加工精度、质量要求，合理选择切削参数，具体加工参数见表 5-13。

表 5-13　工序 4 加工工步卡

工序	装夹	工步	工步内容	刀具号	转速 /(r/min)	进给速度 /(mm/r)	背吃刀量 /mm
4 精车	双顶尖	1	精车 M24-6g 螺纹段外圆至尺寸 ϕ23.76 mm，精车 ϕ25g6 外圆，留磨量 0.9 mm	T01	1200	0.2	0.8
		2	切槽并倒角至尺寸	T03	350	0.1	1.5
		3	车螺纹 M24-6g 至尺寸	T02	350	2	

4. 工序 5 工步分析

工序 5 主要是精车左端面、精车左段外轮廓。

工步 1：精车左端面；

工步 2：精车左段外轮廓。

车端面用 G01 基本编程指令由外向内加工(注意车端面不允许倒拉)。因为精加工余量不大，所以精车左段外轮廓用外圆精加工循环指令 G70 或基本编程指令加工即可。工序 5 加工工步图如图 5-30 所示。

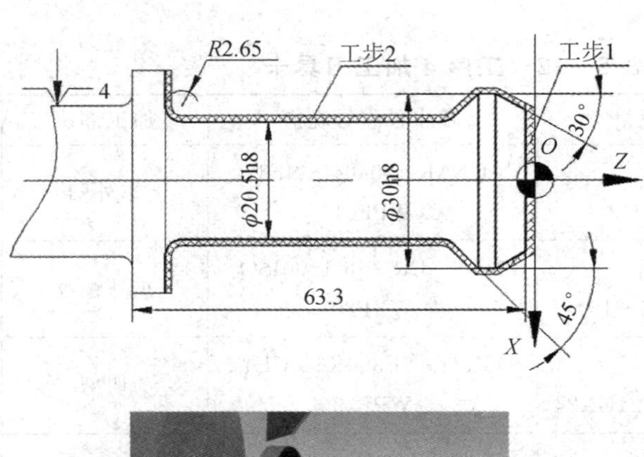

拉钉—工序 5

图 5-30　工序 5 加工工步图

精车端面用外圆车刀 T01，精车外轮廓用外圆车刀 T02，但都要选用精加工断屑槽刀片，且精车外轮廓时考虑到刀具不能与工件发生摩擦、干涉，所以对刀具的副偏角有要求，经作图计算，刀具副偏角必须大于 45°才能让开工件。工序 5 加工刀具卡见表 5-14。

表 5－14 工序 5 加工刀具卡

工序	刀号	刀杆名称与规格	刀片名称与规格	加工部位	备 注
5 精车	T01	外圆刀杆 DCLNR2525M12	CNMG120404－NF3 WPP01	车端面	T02 刀具副偏角为 52°，而工件锥度为 45°，刀具与工件不会发生摩擦
	T02	外圆刀杆 SVJBR2525M11	VCMT110302－PF4 WPP01	精车左端外圆、小锥度等结构	
程序号		T01	T02		
O1005		80° 95°	35° 93° ≤50°		

根据工件材料、加工性质、材料硬度和加工精度、质量要求，合理选择切削参数，具体加工参数见表 5－15。

表 5－15 工序 5 加工工步卡

工序	装夹	工步	工步内容	刀具号	转速 /(r/min)	进给速度 /(mm/r)	背吃刀量 /mm
5 精车	软爪	1	精车左端面，留磨量 0.3 mm	T01	1000	0.15	0.7
		2	精车左端外圆、小锥度等结构，均留磨量 0.9 mm	T02	1200	0.2	0.55

任务 2 镗刀杆零件数控加工工艺

一、工艺准备

1. 阅读分析图样

图 5－31 所示为镗刀杆零件工作图，图 5－32 所示为镗刀杆零件三维图。零件的结构特点是内外圆柱面、圆锥面、槽、螺纹，材料为 45 钢，锻造毛坯，中小批量生产，所用机床为 CKD6150A 数控车床，数控系统为 FANUC 0i Mate－TD，所用刀架为四工位刀架。

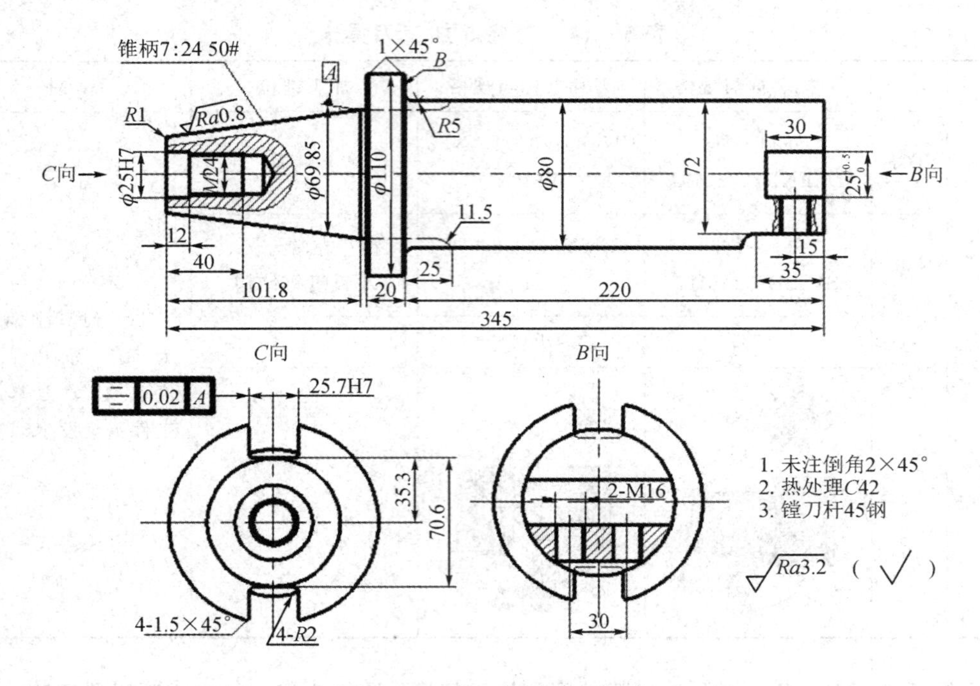

图 5-31　镗刀杆零件工作图

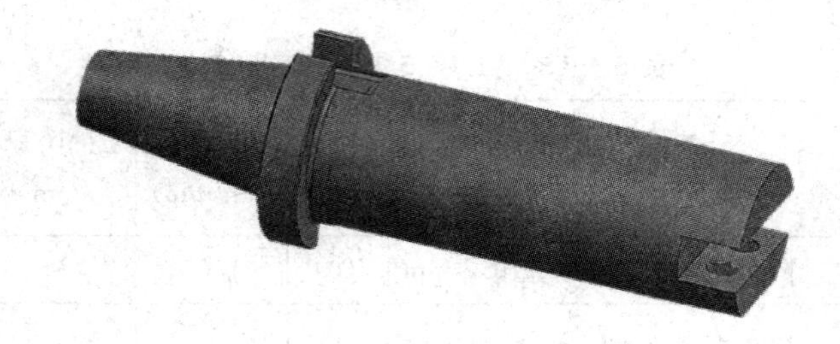

图 5-32　镗刀杆零件三维图

对镗刀杆零件的加工精度、表面粗糙度、几何公差、热处理等技术要求分析如下：

(1) 7∶24 圆锥大端轴心线为基准 A，表面粗糙度 Ra 为 0.8 μm。

(2) 内孔 ϕ25H7、内螺纹 M24 的表面粗糙度 Ra 均为 3.2 μm。

(3) ϕ110 外圆上的 25.7H7 通槽表面粗糙度 Ra 均为 3.2 μm，对基准 A 的对称度公差为 0.02 mm。

(4) ϕ80 外圆表面粗糙度 Ra 为 3.2 μm。

(5) $25^{+0.5}_{0}$ 槽表面粗糙度 Ra 为 3.2 μm。

2. 制订各主要部位加工方法

(1) 7∶24 圆锥精度较高，作为基准，可用 G73G70 型面复合固定循环指令粗精车，最后粗精磨即可保证圆锥精度、表面粗糙度要求。

(2) 内孔 ϕ25H7 用基本编程指令粗精车即可保证内孔加工精度要求。

(3) 25.7H7 槽可通过粗精铣，最后磨削保证槽精度要求，因为磨削时可将槽与基准 A 一次装夹加工出来，可以保证对称度公差要求。

(4) $\phi80$ 外圆用 G71G70 圆柱面复合固定循环指令粗精车即可。

(5) $25^{+0.5}_{0}$ 槽在淬火后用线切割加工。

3. 确定工件坐标系

数控车削加工时，均以零件右端面和轴心线交点作为工件坐标系原点 O。

4. 工件的定位与装夹

工件加工时使用通用夹具，包括三爪卡盘、中心架、顶尖，精加工时使用软爪。

二、镗刀杆零件加工顺序及加工路线

镗刀杆零件以 B 端面为界划分左右端，并分别粗精车，按安装次数划分工序，基准先行，先右后左，先粗后精，先外后内，镗刀杆零件数控加工工艺规划如表 5－16 所示。从表 5－16 可以看出，工序 3、4 为数控车削加工，且工序集中。因为数控加工的重点是工步安排，所以接下来分析工序 3、4 的加工工步。

镗刀杆零件
数控加工工艺

1. 工序 3 工步分析

工序 3 主要加工右端面、打中心孔及粗车外圆，用三爪卡盘装夹毛坯左端。

工步 1：车中心架止口；

工步 2：车端面；

工步 3：打中心孔；

工步 4：粗精车外圆。

车端面用 G01 基本编程指令由外向内加工(注意车端面不允许倒拉)；打中心孔手动操作。因为外圆加工余量较大，粗精车外圆用 G71G70 圆柱面复合固定循环指令加工。根据工件材料、加工性质、材料硬度和加工精度、质量要求，合理选择切削参数。工序 3 加工工序卡如表 5－17 所示。

镗刀杆—工序 3
—车端面打中心孔

镗刀杆—工
序 3—车外圆

表 5-16 镗刀杆数控加工工艺规划

×××学院		数控加工工艺过程卡片		产品型号	7:24ZTTD	零件图号	ZTTD-009		
				产品名称	整体式镗刀	零件名称	7:24 镗刀杆	共 1 页	第 1 页
材料牌号	45 钢	毛坯种类	锻造	毛坯外形尺寸		每毛坯件数 1	每台件数 1	备注	
工序号	工序名称	程序号	工序内容	车间	工段	设备	工艺装备	工时/min 准终	工时/min 单件
1	锻造		锻造	锻压	模锻	MP-630	模锻锤		
2	热处理		正火	热	正火	正火炉			
3	车	O2003	夹左端，车中心架止口；一夹一中心架，车右端面，打中心孔 A2.5；一夹一顶，粗精车右端外圆 ϕ80 至尺寸，保证 ϕ80 外圆长 220 mm，倒角1×45°	数控	数车	CKD6150A	外圆车刀（刀杆 DCLNR2525M12，刀片 CNMG120408-NM9 WPP10），中心钻 A2.5		
4	车	O2004	调头软爪夹外圆 ϕ80，车左端面定总长 345 mm，粗精车 7:24 锥度外圆，留磨量 0.9 mm，粗精车外圆 ϕ69.85 及 ϕ110 至尺寸，保证倒角 1×45°；钻底孔 ϕ22.5，攻内螺纹 M24 至尺寸，粗精车 ϕ25H7 内孔至尺寸	数控	数车	CKD6150A	外圆车刀（刀杆 DCLNR2525M12，刀片 CNMG120408-NM9 WPP10），外圆车刀（刀杆 DCLNR2525M12，刀片 CNMG120404-NF3 WPP01），内圆车刀（刀杆 A20S-SCLCR09，刀片 CCMT09T302-PM5 WPP10），内圆车刀（刀杆 A20S-SCLCR09，刀片 CCMT09T302-PF4 WPP01），M24 螺纹丝锥，钻头 ϕ22.5		
5	粗精铣		粗精铣 ϕ110 外圆两端 25.7H7 槽，留磨量 0.3 mm，去毛刺	数控	数铣	XD-40A	立铣刀，锉刀		
6	钻		钻攻 2-M16 螺纹至尺寸	数控	数钻	ZK2103	ϕ14 钻头，M16 丝锥		
7	热处理		淬火，硬度为 42HRC	热	淬火	淬火机床			
8	磨		粗精磨 7:24 锥度外圆至尺寸，磨 25.7H7 槽至尺寸	数控	数控磨床	MKS1620	砂轮		
9	线切割		线切割右端面槽 $25^{+0.5}_{0}$ 缺口至尺寸	数控	线切割	DK7732	钼丝		
10	检验		清洗检验，油封入库	检验	检验	检验台	游标卡尺、螺纹量规、百分表等		

										设计（日期）	校对（日期）	审核（日期）	标准化（日期）	会签（日期）
标记	处数	更改文件号	签字	日期	标记	处数	更改文件号	签字	日期					

表 5－17　工序 3 加工工序卡

×××学院	数控加工工序卡片	产品型号	7:24ZTTD	零件图号	ZTTD－009	程序号	02003
		产品名称	整体式镗刀	零件名称	7:24 镗刀杆	共 1 页	第 1 页

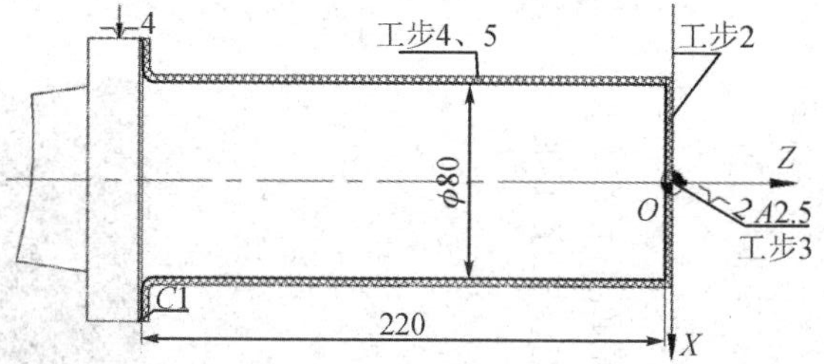

车间	工序号	工序名称	材料牌号
数控	3	车	45 钢
毛坯种类	毛坯外形尺寸	每毛坯可制件数	每台件数
锻造		1	1
设备名称	设备型号	设备编号	同时加工件数
数控车床	CKD6150A	WZWJ－001	1

夹具编号	夹具名称	切削液	
WZJJ0001、WZJJ0002、WZJJ0003	三爪卡盘、中心架、顶尖	乳化液	
工位器具编号	工位器具名称	工序工时/min	
		准终	单件

工步号	工 步 内 容	刀具号	工 艺 装 备	刀补量 半径	刀补量 长度	主轴转速 /(r/min)	进给量 /(mm/r)	背吃刀量 /mm	工时/min 机动	工时/min 辅助
1	三爪卡盘装夹，车中心架止口	T01	外圆车刀(刀杆 DCLNR2525M12，刀片 CNMG120408－NM9 WPP10)			500	0.4	2		
2	一夹一托，车右端面	T01	外圆车刀(刀杆 DCLNR2525M12，刀片 CNMG120408－NM9 WPP10)			500	0.15	2		
3	一夹一托，打中心孔 $A2.5$		中心钻 $A2.5$			1300				
4	一夹一顶，粗车右端外圆 $\phi80$ 及 B 端面，外圆留余量 0.8 mm，端面留余量 0.3 mm	T01	外圆车刀(刀杆 DCLNR2525M12，刀片 CNMG120408－NM9 WPP10)			500	0.4	2		
5	一夹一顶，精车右端外圆 $\phi80$ 及 B 端面至尺寸，保证 $\phi80$ 外圆长 220 mm，倒角 1×45°	T01	外圆车刀(刀杆 DCLNR2525M12，刀片 CNMG120408－NM9 WPP10)			600	0.2	0.4		

标记	处数	更改文件号	签字	日期	标记	处数	更改文件号	签字	日期	设计(日 期)	校对(日期)	审核(日期)	标准化(日期)	会签(日期)

工序 3 车外圆、端面用同一把外圆车刀，刀片选用粗加工断屑槽型，打中心孔用中心钻。工序 3 加工刀具卡见表 5 - 18。

表 5 - 18　工序 3 加工刀具卡

工序	刀具号	刀杆名称与规格	刀片名称与规格	加工部位	备注
3 车	T01	外圆刀杆 DCLNR2525M12	CNMG120408 - NM9 WPP10	车外圆、端面	
程序号		中心钻 $A2.5$		打中心孔	
O2003	刀具 简图	T01 80° 95°			

2. 工序 4 工步分析

工序 4 主要加工左端面、粗精车圆锥、粗精车内外圆、车内螺纹，用软爪装夹 $\phi80$ 外圆。

工步 1：车端面；

工步 2、3：粗精车锥度外圆、粗精车 $\phi110$ 外圆；

工步 4：钻孔；

工步 5：粗精车内孔；

工步 6：车内螺纹。

车端面用 G01 基本编程指令由外向内加工(注意车端面不允许倒拉)，因为外圆、圆锥加工余量较大，用 G73G70 型面复合固定循环指令加工。工序 4 加工工步图如图 5 - 33 所示。

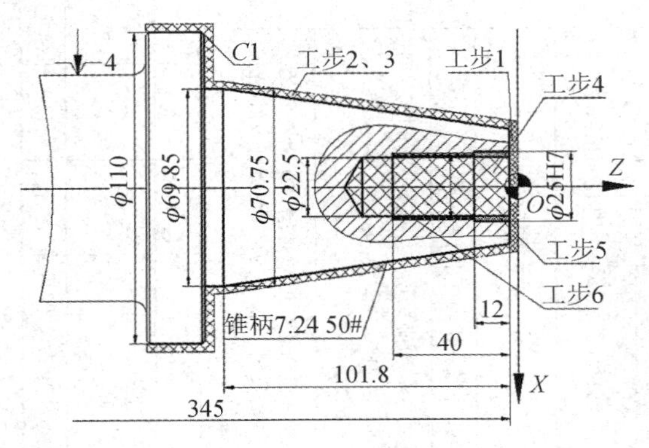

镗刀杆—工序 4

图 5 - 33　工序 4 加工工步图

工序 4 车外圆、端面用同一把外圆车刀，车内孔用内孔车刀，粗车刀片用粗加工断屑槽型，精车刀片用精加工断屑槽型，车内螺纹用内螺纹车刀。工序 4 加工刀具卡见表 5-19。

表 5-19　工序 4 加工刀具卡

工序	刀具号	刀杆名称与规格	刀片名称与规格	加工部位	备注
4 车	T01	外圆刀杆 DCLNR2525M12	CNMG120408-NM9 WPP10	车外圆、端面	
	T02	外圆刀杆 DCLNR2525M12	CNMG120404-NF3 WPP01	精车外圆	
	T03	内圆刀杆 A20S—SCLCR09	CCMT09T302-PM5 WPP10	粗车内孔	
	T04	内圆刀杆 A20S—SCLCR09	CCMT09T302-PF4 WPP01	精车内孔	
		M24 丝锥		攻内螺纹	
程序号		钻头 ϕ22.5		钻底孔	
O2004	刀具简图	T01、T02 80° 95°	T03、T04 80° 95°		

根据工件材料、加工性质、材料硬度和加工精度、质量要求，合理选择切削参数，具体加工参数见表 5-20。

表 5-20　工序 4 加工工步卡

工序	装夹	工步	工 步 内 容	刀具号	转速 /(r/min)	进给速度 /(mm/r)	背吃刀量 /mm
4 车	软爪	1	车左端面定总长 345 mm	T01	1000	0.15	2
		2	粗车 7:24 锥度外圆，留余量 1.7 mm；粗车外圆 ϕ69.85 及 ϕ110，留余量 0.8 mm	T01	700	0.4	2
		3	精车 7:24 锥度外圆，留磨量 0.9 mm；精车外圆 ϕ69.85 及 ϕ110 至尺寸，倒角 1×45°	T02	800	0.2	0.4
		4	钻底孔 ϕ22.5		300		
		5	攻内螺纹 M24 至尺寸		350	2	
		6	粗车 ϕ25H7 内孔，留余量 0.6 mm	T03	900	0.3	0.95
		7	精车 ϕ25H7 内孔至尺寸	T04	1100	0.15	0.3

课题二　盘套类零件数控加工工艺

一、套类零件的结构特点与技术要求

套类零件按结构特点分为有支承回转体的各种轴承圈和轴套，夹具上的钻套和导向套，内燃机上的汽缸套，液压系统中的液压缸、电液伺服阀的阀套、电主轴内的冷却套等，主要起支承和导向作用。套类零件各主要表面在机器中所起的作用不同，其技术要求差别较大。套类零件的结构与尺寸随用途不同而异。套类零件的技术要求、结构一般都具有以下特点：

(1) 外圆直径 d 一般小于长度 L，即 $L/d>1$。

(2) 内孔与外圆直径之差较小，零件壁薄，易变形。

(3) 内外圆回转面的同轴度要求较高。

1. 内孔的技术要求

内孔是套类零件起支承或导向作用最主要的表面，通常与运动着的轴、刀具或活塞相配合。内孔直径尺寸公差等级一般为IT7，精密轴承套为IT6；内孔形状公差应控制在孔径公差以内，较精密的套筒应控制在孔径公差的1/3～1/2，甚至更小；对于长套筒，除了有圆度要求外，还应对孔的圆柱度有要求。为了满足套类零件的使用要求，内孔表面粗糙度 Ra 为0.16～2.5 μm，某些精密套类零件要求更高，Ra 可达0.04 μm。

2. 外圆的技术要求

套类零件外圆表面与箱体孔常选用过盈或过渡配合，起支承作用，其直径尺寸公差等级为IT6～IT7；形状公差应控制在外径公差以内；表面粗糙度 Ra 为0.63～5 μm。

3. 各主要表面间的位置精度

1) 内外圆之间的同轴度

若套筒是装入机器上的孔之后再进行最终加工的，则对套筒内外圆的同轴度要求较低；若套筒是在装入机器前进行最终加工的，则同轴度要求较高，公差一般为0.005～0.02 mm。

2) 孔轴线与端面的垂直度

套筒端面如果在工作中承受轴向载荷，或是作为定位基准和装配基准，则端面与孔轴线有较高的垂直度或轴向圆跳动要求，公差一般为0.005～0.02 mm。

二、套类零件加工工艺分析和定位基准选择

套筒类零件机械加工的主要工艺问题是保证内外圆的相互位置精度，即保证内外圆表面的同轴度以及轴线和端面的垂直度，防止变形。套筒按结构形状的不同，大体上可分为短套筒与长套筒两类，它们在机械加工中对工件的装夹方法有很大差异。对于短套筒(如钻套)，通常可在一次装夹中完成内、外圆表面及端面加工(车或磨)，工艺过程较为简单，精度容易达到。如图5-34所示的“一刀活”，“一刀活”在精加工时进行，加工表面包括基准面，特别是有相互位置精度要求的表面。

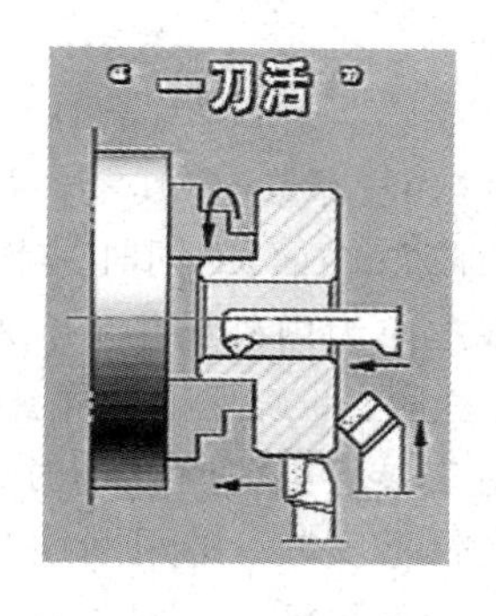

一刀活

图 5-34　一刀活

1. 套类零件加工工艺分析

套类零件加工的主要工序为内孔与外圆表面的粗、精加工，尤以孔的粗、精加工最为重要，通常采用的加工方法有钻孔、扩孔、铰孔、镗孔、磨孔、拉孔及研磨孔等，其中，钻孔、扩孔、镗孔一般作为孔的粗加工与半精加工，铰孔、磨孔、拉孔及研磨孔作为孔的精加工。

（1）对于孔径较小的孔，大多采用钻—扩—铰的方案。

（2）对于孔径较大的孔，大多采用钻孔后镗孔及进一步精加工的方案。

（3）对于淬火钢或精度要求较高的套筒类零件，则需采用磨孔的方案。

2. 薄套类零件加工工艺分析

1）保证套筒表面位置精度的方法

套筒零件内、外表面轴线的同轴度以及端面与孔轴线的垂直度要求较高，若能在一次装夹中完成内、外表面及端面的加工，则可获得很高的位置精度，但这种方法的工序比较集中，对于尺寸较大，尤其是长径比大的套筒零件，无法一次装夹完成全部加工，故只能将套筒零件的内、外表面加工分在几次装夹中进行。一般选择外圆表面作为粗基准，以一个外圆表面定位加工出其他的外圆表面、内孔及端面，然后先终加工孔，以内孔为精基准最终加工外圆(内、外圆互为基准)，这种方法所用夹具(心轴)的结构简单、定心精度高，可获得较高的位置精度。另一种方法是先终加工外圆，然后以外圆为精基准加工孔，采用这种方法时，工件装夹迅速、可靠，但夹具较内孔定位方法复杂，加工精度略差些。

2）装夹工件引起的变形

在装夹零件的过程中，零件的形状、结构、受力的大小及作用点都可能对零件的形状精度产生影响。薄壁零件车削时的变形是多方面的，装夹工件时的夹紧力、切削工件时的切削力、工件阻碍刀具切削时产生的弹性变形和塑性变形，使切削区温度升高而产生热变形。薄套类零件的内、外圆直径差很小，强度较低，如果在卡盘上夹紧时用力过大，就会使薄壁零件产生变形，造成零件的圆度、圆柱度、同轴度超差。一般通过控制夹紧力的大小来控制零件的变形，粗车时夹紧力要大一些，精车、磨削时夹紧力要小一点。一般情况下，零件是利用径向力夹紧的，比如在自定心卡盘上直接装夹，零件只受到卡爪夹紧力，受力不均衡，因此加工后零件的变形部位也在直径方向。如果在加工薄壁零件时采用开缝套筒或扇形软卡爪来装夹工件，则会增大零件的装夹接触面，减小每一点的夹紧力，零件的变形程度较小。如果转移夹紧力的作用点，由径向夹紧改为轴向夹紧，则有利于承载夹紧力，而防止零件变形。

3）套类零件定位基准选择

套类零件基准的选择标准：一是以端面为主（如支承块），其零件加工中的主要定位基准为平面；二是以内孔为主，往往在以孔为定位基准（径向）的同时，辅以端面的配合；三是以外圆为主的定位基准。套类零件的主要定位基准应为内外圆中心，外圆表面与内孔中心有较高的同轴度要求，加工中常互为基准，并反复加工，以保证图样要求。

零件以外圆定位时，可直接采用自定心卡盘安装。当壁厚较小时，直接采用自定心卡盘装夹会引起工件变形，所以可通过轴向夹紧、软爪安装、采用刚性开口环夹紧或适当增大卡爪面积等方面解决。当外圆轴向尺寸较小时，可与已加工过的端面组合定位，如采用反爪安装；工件较长时，可采用“一夹一托”法安装。

零件以内孔定位时，可采用心轴安装（圆柱心轴、可胀式心轴）。当零件的内、外圆同轴度要求较高时，可采用小锥度心轴和液塑心轴安装；当工件较长时，可在两端孔口各加工出一小段60°锥面，用两个圆锥对顶定位；当零件的尺寸较小时，尽量在一次安装中加工出较多表面，既减小装夹次数及装夹误差，又容易获得较高的位置精度。

三、套类零件的材料及热处理

套类零件毛坯材料的选择主要取决于零件的功能要求、结构特点及使用时的工作条件。套类零件一般用钢、铸铁、青铜或黄铜和粉末冶金等材料制成。对于一些强度和硬度要求较高的套筒（如镗床主轴套筒、伺服阀套），可选用优质合金钢（38CrMoAlA、18CrNiWA）。

套类零件的毛坯制造方式与毛坯结构尺寸、材料和生产批量的大小等因素有关。孔径较大（一般直径大于20 mm）时，常采用型材（如无缝钢管）、带孔的锻件或铸件；孔径较小（一般直径小于20 mm）时，一般选择热轧或冷拉棒料，也可采用实心铸件；大批量生产时，可采用冷挤压、粉末冶金等先进工艺，不仅节约原材料，而且可提高生产率及毛坯质量精度。

套筒类零件的功能要求和结构特点决定了套筒类零件的热处理方法。热处理方法主要有调质、高温时效、表面淬火、渗碳淬火及渗氮等。

四、盘类零件的结构特点与技术要求

盘类零件主要包括支承传动轴的各种轴承、夹具上的导向套、汽缸套、液压系统中的液压缸、内燃机的汽缸套、法兰盘以及透盖等。各种盘类零件结构和尺寸有较大的差异，其共同特点是零件结构不太复杂，主要为同轴度要求较高的内外旋转表面；薄壁件多，容易变形；盘类零件一般长度比较短，直径比较大。

盘类零件常采用钢、铸铁、青铜或黄铜制成，孔径小的盘一般选择热轧或冷拔棒料，根据不同材料，可选择实心铸件；孔径较大时，可作预孔。若生产批量较大，则可选择冷挤压等先进毛坯制造工艺，既提高生产率，又节约材料。

盘类零件加工工艺分析、定位基准的选择等均与套类零件数控加工方法类似，这里不再赘述。

任务3　锥套球体零件数控加工工艺

一、工艺准备

1. 阅读分析图样

图 5－35 所示为锥套球体零件工作图，图 5－36 所示为锥套球体零件三维图。锥套零件是圆锥孔、圆球、圆柱内外表面相结合的工件，材料为 45 热轧圆钢，棒料毛坯为 $\phi52\times105$ mm，中、小批量生产，所用机床为 CKD6150A 数控车床，数控系统为 FANUC 0i Mate－TD，刀架为四工位刀架。

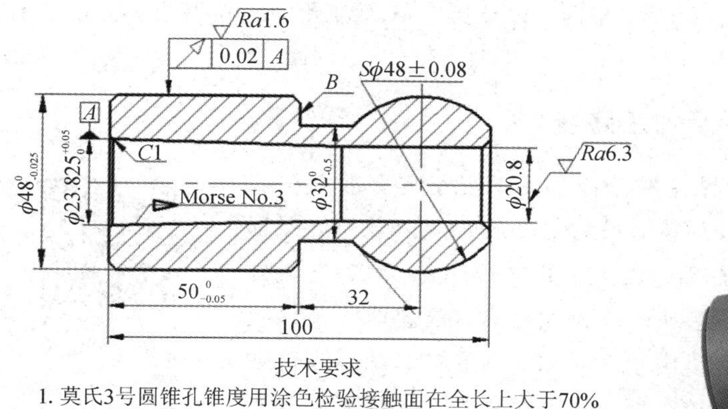

图 5－35　锥套球体零件工作图

图 5－36　锥套球体零件三维图

对锥套球体零件的加工精度、表面粗糙度、几何公差、热处理等技术要求分析如下：

(1) 莫氏 3 号圆锥孔大端轴线为基准 A，圆锥大端直径 $\phi23.825^{+0.05}_{0}$ mm。锥度用涂色检验，接触面在全长上大于 70%，表面粗糙度 Ra 为 3.2 μm。

(2) 外圆柱面 $\phi48^{0}_{-0.025}$ mm，其长度 $50^{0}_{-0.05}$ mm，对基准 A 的径向圆跳动公差不大于 0.02 mm，表面粗糙度 Ra 为 1.6 μm。

(3) 圆球直径为 $\phi48\pm0.08$ mm，表面粗糙度 Ra 为 3.2 μm。

2. 制订各主要部位加工方法

(1) 由于莫氏 3 号圆锥孔的精度较高，且为基准，所以可用 G71G70 圆柱面粗精车复合固定循环指令加工，以保证精度要求，并保证锥度接触面在全长上大于 70%。为保证圆锥孔小端与 $\phi20.8$ mm 内孔光滑接刀，应在一次装夹中车削两孔。

(2) 由于外圆 $\phi48^{0}_{-0.025}$ mm 对基准 A 有几何公差要求，又是中小批量生产，故使用圆锥心轴装夹在两顶尖之间进行加工，由此即可满足径向圆跳动公差要求。

（3）圆球直径为 $S\phi48\pm0.08$ mm，尺寸精度要求较高，因为是圆钢棒料毛坯，直接使用G73型面复合固定循环指令加工时，空刀较多，浪费工时，故先使用适合圆钢棒料毛坯的G71外圆粗车复合固定循环指令，加工单调递增/递减轮廓，即粗车右半球及圆柱；然后使用G73型面复合固定循环指令粗车左半球及槽，这样安排可有效减少空刀，提高效率；最后上心轴用基本指令编程或用外圆精加工循环指令G70精车球体轮廓即可。

3. 确定工件坐标系

数控车削加工时，均以零件右端面和轴心线交点作为工件坐标系原点 O。

4. 工件的定位与装夹

（1）加工零件左端外圆及内孔内锥孔时，以右端毛坯外圆为基准，用三爪卡盘装夹。

（2）加工零件右端圆球及槽时，以 $\phi49h8$ 外圆为基准，用软爪装夹。

（3）精车外圆 $\phi48_{-0.025}^{\ 0}$ mm、球体、槽时，以莫氏3号圆锥孔为定位基准，上锥度心轴装夹在两顶尖之间。

二、锥套球体零件加工顺序及加工路线

锥套球体零件以 B 端面为界左右分段加工，按安装次数划分工序，先面后孔，先粗后精，先外后内，最后上心轴加工外轮廓，保证精度及几何公差要求。应先粗加工左段，后粗加工右段，因为右段外轮廓是圆球，不方便用三爪卡盘装夹，故先左后右。锥套球体零件数控加工工艺规划如表5-21所示。由于表5-21中的锥套球体零件数控加工工艺的工序2、3、4为数控车削，且工序集中，故接下来分析工序2、3的加工工步。

锥套球体零件
数控加工工艺

1. 工序2工步分析

工序2主要粗加工左端外圆，以及粗精加工内孔内锥孔，用三爪卡盘装夹毛坯右端，按照先外后内的原则。

工步1：车左端面；

工步2：车外圆、倒角；

工步3：钻孔；

工步4：粗车内孔内锥孔、倒角；

工步5：精车内孔内锥孔、倒角。

其中，车端面可直接使用基本指令G01编程加工；车外圆及内轮廓由于加工余量较大，可采用G71G70圆柱面复合固定循环指令粗精加工。外圆 $\phi48_{-0.025}^{\ 0}$ mm精度较高，需要预留磨削精加工余量，内轮廓可直接加工至尺寸要求。根据工件材料、加工性质、材料硬度和加工精度、质量要求，合理选择切削参数。工序2加工工序卡如表5-22所示。

锥套球体—工序2

表 5-21 锥套球体零件数控加工工艺规划

×××学院			数控加工工艺过程卡片	产品型号	SDZ-GFT800	零件图号	SDZ-GFT800-089		
				产品名称	拖挂式灌缝机	零件名称	锥套球体	共 1 页	第 1 页
材料牌号	45 钢	毛坯种类	圆钢	毛坯外形尺寸	$\phi 52\times105$	每毛坯件数	1	每台件数 1	备注
工序号	工序名称	程序号	工序内容	车间	工段	设备	工艺装备	工时/min 准终	工时/min 单件
1	下料		下料 $\phi 52\times105$	下料	下料	GY4043	带锯机，0～300 mm 钢直尺		
2	车	O3002	夹右端，车左端面，粗车外圆至 $\phi 49h8$，长度保证大于 60 mm，倒角 C2；钻通孔 $\phi 19$，粗精车锥孔及 $\phi 20.8$ 内孔至尺寸，倒角 C1	数控	数车	CKD6150A	外圆车刀（刀杆 DCLNR2525M12，刀片 CNMG120408-NM9 WPP10），内圆车刀（刀杆 A16R-SCLCR09，刀片 CCMT09T304-PM5 WPP10），内圆车刀（刀杆 A16R-SCLCR09，刀片 CCMT09T302-PF4 WPP01），$\phi 19$ 钻头		
3	粗车	O3003	调头，软爪夹 $\phi 49h8$ 外圆段，车右端面定总长 100 mm，内孔倒角 C2；粗车右半球至 $S\phi 49$ 及外圆 $\phi 49h8$（光滑接刀）；粗车左半球至 $S\phi 49$，粗车槽至 $\phi 33$ mm	数控	数车	CKD6150A	外圆车刀（刀杆 DCLNR2525M12，刀片 CNMG120408-NM9 WPP10），G73 用外圆车刀（刀杆 SVJBR2525M16，刀片 VCMT160404-PM5 WPP10），内圆车刀（刀杆 A16R-SCLCR09，刀片 CCMT09T304-PF4 WPP01）		
4	精车	O3004	上锥度心轴，精车球体及槽至尺寸，精车外圆 $\phi 48_{-0.025}^{0}$，留磨量 0.3 mm	数控	数车	CKD6150A	外圆车刀（刀杆 SVJBR2525M16，刀片 VCMT160402-PF4 WPP01）		
5	磨		上心轴，磨外圆 $\phi 48_{-0.025}^{0}$ 至尺寸	数控	数控磨床	MKS1620	砂轮		
6	检验		清洗检验，油封入库	检验	检验	检验台	游标卡尺、莫氏量规、内径量表、百分表等		

										设计(日期)	校对(日期)	审核(日期)	标准化(日期)	会签(日期)
标记	处数	更改文件号	签字	日期	标记	处数	更改文件号	签字	日期					

表 5－22　工序 2 加工工序卡

×××学院	数控加工工序卡片	产品型号	SDZ－GFT800	零件图号	SDZ－GFT800－089	程序号	O3002
		产品名称	拖挂式灌缝机	零件名称	锥套球体	共 1 页	第 1 页

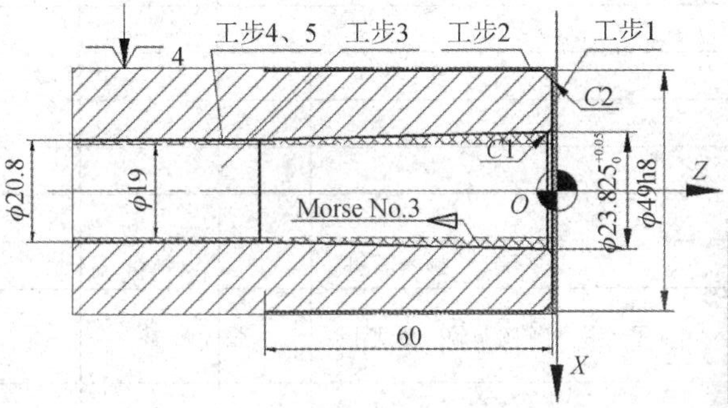

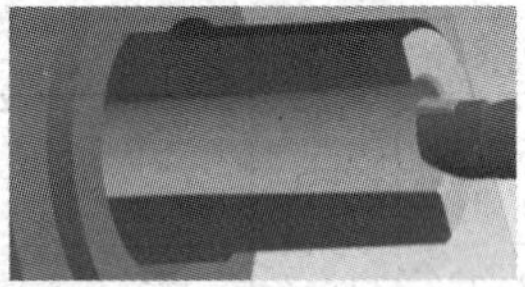

车间	工序号	工序名称	材料牌号
数控	2	车	45 钢
毛坯种类	毛坯外形尺寸	每毛坯可制件数	每台件数
圆钢	$\phi52\times105$	1	1
设备名称	设备型号	设备编号	同时加工件数
数控车床	CKD6150A	WZWJ－001	1

夹具编号	夹具名称	切削液	
WZJJ0001	三爪卡盘	乳化液	
工位器具编号	工位器具名称	工序工时/min	
		准终	单件

工步号	工步内容	刀具号	工艺装备	刀补量 半径	刀补量 长度	主轴转速 /(r/min)	进给量 /(mm/r)	背吃刀量 /mm	工时/min 机动	工时/min 辅助
1	车左端面	T01	外圆车刀(刀杆 DCLNR2525M12，刀片 CNMG120408－NM9 WPP10)			650	0.15	2.5		
2	粗车外圆至 ϕ49h8，长度保证大于 60 mm，倒角 $C2$	T01	外圆车刀(刀杆 DCLNR2525M12，刀片 CNMG120408－NM9 WPP10)			650	0.4	1.5		
3	钻通孔 ϕ19		钻头 ϕ19			300				
4	粗车锥孔及 ϕ20.8 内孔，留余量 0.6 mm，倒角 $C1$	T02	内圆车刀(刀杆 A16R－SCLCR09，刀片 CCMT09T304－PM5 WPP10)			900	0.3	0.6		
5	精车锥孔及 ϕ20.8 内孔至尺寸	T03	内圆车刀(刀杆 A16R－SCLCR09，刀片 CCMT09T302－PF4 WPP01)			1100	0.15	0.3		

										设计(日 期)	校对(日期)	审核(日期)	标准化(日期)	会签(日期)
标记	处数	更改文件号	签字	日期	标记	处数	更改文件号	签字	日期					

工序 2 中车外圆、端面时用同一把外圆车刀，内孔粗、精加工时分别选用粗、精刀片，粗、精刀片的主要区别是断屑槽型不同。工序 2 加工刀具卡见表 5－23。

锥套球体零件工序 2 工步及刀具分析

表 5－23　工序 2 加工刀具卡

工序	刀号	刀杆名称与规格	刀片名称与规格	加工部位	备注
2 车	T01	外圆刀杆 DCLNR2525M12	CNMG120408－NM9 WPP10	车外圆、端面	
	T02	内圆刀杆 A16R－SCLCR09	CCMT09T304－PM5 WPP10	粗车内孔、锥孔	
	T03	内圆刀杆 A16R－SCLCR09	CCMT09T302－PF4 WPP01	精车内孔、锥孔	
程序号		ϕ19 钻头		钻通孔	
O3002	刀具简图	T01 80° 95°	T02 80° 95° T03		

2. 工序 3 工步分析

工序 3 主要加工右端外轮廓，用软爪定位装夹 ϕ49h8 外圆段。

工步 1：车右端面；

工步 2：倒角；

工步 3：粗车右半球及外圆；

工步 4：粗车左半球及槽。

其中，车端面、倒角可直接使用基本指令 G01 编程加工，粗车右半球及外圆用 G71 圆柱面粗车复合固定循环指令加工，粗车左半球及槽用 G73 型面粗车复合固定循环指令加工，这样安排加工顺序、加工路线的好处是减少空刀，保证加工路线最短，节省工时。工序 3 加工工步图如图 5－37 所示。

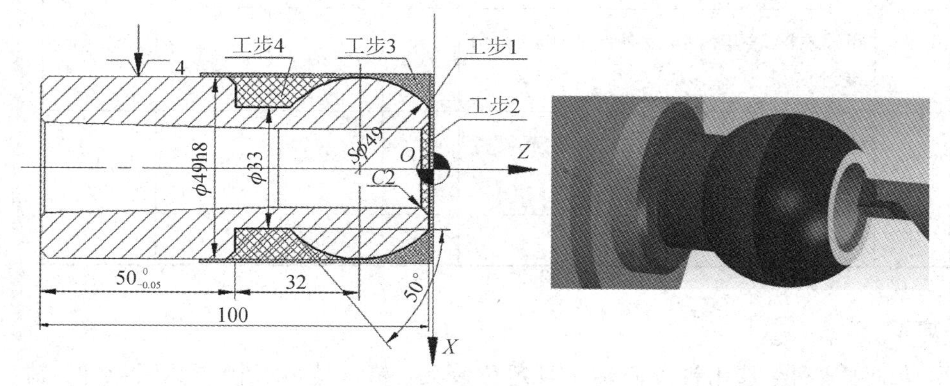

图 5－37　工序 3 加工工步图

锥套球体—工序 3

工序 3 车端面、外圆及右半球外轮廓使用外圆车刀 T01，但车削左半球及槽时，选用刀具时要考虑刀具的副偏角与工件的摩擦、干涉问题。经作图计算，刀具副偏角应大于 50°，所以选用 T02 车刀，内孔倒角选用内圆车刀。工序 3 加工刀具卡见表 5－24。

表 5－24　工序 3 加工刀具卡

<table>
<tr><th>工序</th><th>刀具号</th><th>刀杆名称与规格</th><th>刀片名称与规格</th><th>加工部位</th><th>备　注</th></tr>
<tr><td rowspan="3">3
粗车</td><td>T01</td><td>外圆刀杆
DCLNR2525M12</td><td>CNMG120408－NM9
WPP10</td><td>车外圆、端面、
右半球</td><td rowspan="5">T02 刀具副偏角为 52°，而球体切线与轴心线夹角为 50°，刀具与工件不会发生摩擦</td></tr>
<tr><td>T02</td><td>G73 用刀：外圆刀杆
SVJBR2525M16</td><td>VCMT160404－PM5
WPP10</td><td>粗车左半球
及槽</td></tr>
<tr><td>T03</td><td>内圆刀杆
A16R－SCLCR09</td><td>CCMT09T304－PF4
WPP01</td><td>内孔倒角</td></tr>
<tr><td>程序号</td><td rowspan="2">刀具
简图</td><td rowspan="2">T01
80°
95°</td><td rowspan="2">T02
35°
93°
≤50°</td><td rowspan="2">T03
80°
95°</td></tr>
<tr><td>O3003</td></tr>
</table>

根据工件材料、加工性质、材料硬度和加工精度、质量要求，合理选择切削参数，具体加工参数见表 5－25。

表 5－25　工序 3 加工工步卡

工序	装夹	工步	工步内容	刀具号	转速 /(r/min)	进给速度 /(mm/r)	背吃刀量 /mm
3 粗车	软爪	1	车右端面定总长 100 mm	T01	650	0.15	2.5
		2	粗车右半球至 $S\phi49$ 及外圆 $\phi49h8$(光滑接刀)	T02	650	0.4	1.5
		3	粗车左半球至 $S\phi49$，粗车槽至尺寸 $\phi33$ mm	T02	650	0.2	1
		4	内孔倒角 $C2$	T03	1000	0.05	2

3. 工序 4 加工

工序 4 主要精加工零件，选用锥度心轴夹具定位装夹，精车球体及槽至图纸尺寸，精车外圆 $\phi48_{-0.025}^{\ 0}$ mm，留磨量 0.3 mm。工序 4 加工完成后的零件如图 5－38 所示。

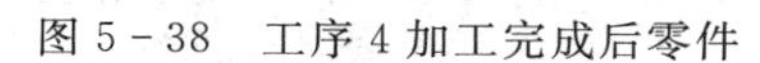
图 5-38　工序 4 加工完成后零件

锥套球体—工序 4

三、零件精度检验

1. 莫氏 3 号锥度的检验

用莫氏 3 号标准塞规涂色检验，检测后，判断其接触面是否在全长上大于 70%。

2. 莫氏 3 号圆锥孔最大圆锥直径 $\phi23.825^{+0.05}_{0}$ mm 的检验

可将一个直径 $D_0=\phi22$ mm 的钢球放入圆锥孔内，用游标深度卡尺量出钢球露出端面的高度 h，则圆锥孔的最大圆锥直径可用公式计算出来。

3. 球体直径 $S\phi48\pm0.08$ mm 的检验

可用规格为 25～50 mm 的外径千分尺变换几个方向来测量其尺寸。

4. 外圆 $\phi48^{0}_{-0.025}$ mm 的检验

用规格为 25～50 mm 的一级外径千分尺沿 $\phi48^{0}_{-0.025}$ mm 轴线方向测量若干个截面，对每个截面应在相互垂直的两个部位上各测一次，千分尺读数在 47.975～48 mm 范围内为合格。

5. 长度尺寸 $50^{0}_{-0.05}$ mm 的检验

用外径千分尺测量若干个圆周方向，每个方向的千分尺读数值在 49.95～50 mm 范围内即为合格。

6. 外圆 $\phi48^{0}_{-0.025}$ mm 对圆锥孔轴线的径向圆跳动误差的检验

以莫氏 3 号圆锥孔为测量基准，套锥度心轴(在接触面不少于 70%的条件下)，装夹于测量架两顶尖间。用指示表测量，使指示表测量头与工件外圆接触，在工件回转一周过程中，指示表指针最大值与最小值之差即为单个测量截面上的径向圆跳动。按此方法测量若干截面，所测得的径向圆跳动值不大于 0.02 mm 即为合格。

任务 4　刀柄套零件数控加工工艺

一、工艺准备

1. 阅读分析图样

图 5-39 所示为刀柄套零件工作图，图 5-40 所示为刀柄套零件三维图。零件的结构

特点是内外圆柱面、7∶24 内圆锥面、槽、螺纹孔，材料为 40Cr 合金钢，锻造毛坯，中小批量生产，所用机床为 CKD6150A 数控车床，数控系统为 FANUC 0i Mate - TD，所用刀架为四工位刀架。

（1）以 7∶24 内圆锥大端 ϕ69.85 轴心线为基准 A，表面粗糙度 Ra 为 0.8 μm。

（2）ϕ80g6 外圆、ϕ29.1H8 内孔、ϕ28H8 内孔对 A 基准的同轴度为 0.012 mm（直径方向），ϕ80g6 外圆、ϕ28H8 内孔表面粗糙度 Ra 均为 0.8 μm，ϕ29.1H8 内孔表面粗糙度 Ra 为 1.6 μm，ϕ80g6 外圆台阶端面表面粗糙度 Ra 为 1.6 μm，对基准 A 垂直度公差为 0.01 mm。

（3）ϕ102 外圆上的 25.4M6 槽表面粗糙度 Ra 均为 1.6 μm，对基准 A 的对称度公差为 0.03 mm；ϕ102 外圆大端右端面为测量平面，表面粗糙度 Ra 为 3.2 μm。

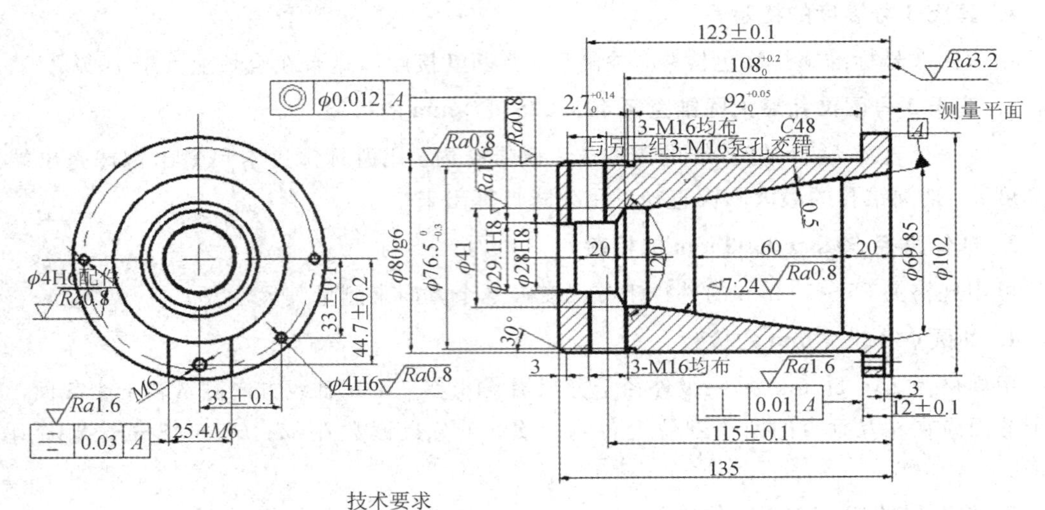

技术要求

1. ϕ4H6配作孔有25件位于左侧细实线位置
2. 热处理：------局部C48，发蓝
3. 锥度7:24用量规检查，接触面不小于80%
4. ϕ69.85为基本尺寸，应位于基准平面两侧为0.2的范围内
5. 未注倒角1×45°
6. 刀柄套，40Cr

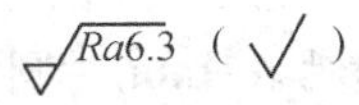

图 5 - 39　刀柄套零件工作图

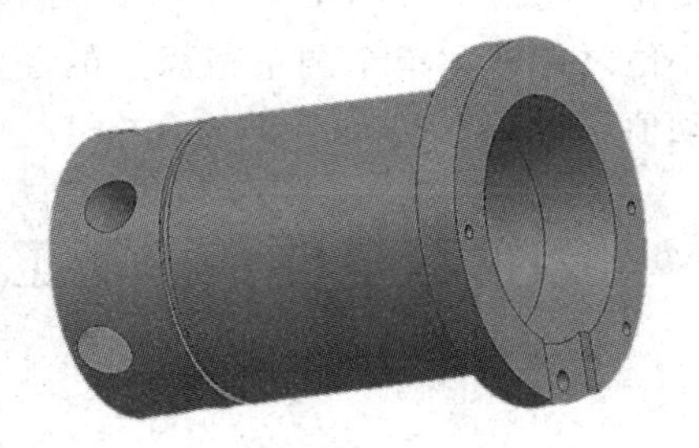

图 5 - 40　刀柄套零件三维图

2. 制订各主要部位加工方法

(1) 7∶24 内圆锥通过粗精车、粗精磨即可保证加工精度、表面粗糙度。

(2) ϕ80g6 外圆、ϕ29.1H8 内孔、ϕ28H8 内孔通过粗精车、粗精磨即可保证加工精度、表面粗糙度，上锥度心轴精加工外圆 ϕ80g6，可以保证同轴度公差。磨削 ϕ80g6 外圆时靠端面，即可保证 ϕ80g6 外圆台阶端面对基准 A 的垂直度公差。

(3) ϕ102 外圆上的端槽 25.4M6 通过粗精铣，最后磨削来保证加工精度、表面粗糙度，因为用基准 A 定位磨削槽，可以保证槽的对称度公差。

3. 确定工件坐标系

数控车削加工时，均以零件右端面和轴心线交点作为工件坐标系原点 O。

4. 工件的定位与装夹

刀柄套零件粗加工时使用三爪卡盘，精加工时使用软爪及锥度心轴。

二、刀柄套零件加工顺序及加工路线

刀柄套零件以零件大小端为界划分左右，分别车削，按安装次数划分工序，基准先行，先粗后精，先外后内，先小端后大端。刀柄套零件数控加工工艺规划如表 5－26 所示。从表 5－26 可以看出，工序 3、4、5、6 为数控车削加工，工序集中。因为数控加工的重点是工步安排，故接下来分析工序 3、4 的加工工步。

刀柄套零件
数控加工工艺

1. 工序 3 工步分析

工序 3 主要加工端面及粗车外圆，用三爪卡盘装夹毛坯大端，工件坐标系原点在工件右端面与轴心线交点 O 处。加工工步如下：

工步 1：车端面；

工步 2：粗车外圆。

其中，车端面可直接使用基本指令 G01 编程加工；粗车外圆因为加工余量较大，所以可采用 G71G70 粗精加工。因外圆精度较高，故需要安排进一步精加工，留磨削精加工余量。根据工件材料、加工性质、材料硬度和加工精度、质量要求，合理选择切削参数。工序 3 加工工序卡如表 5－27 所示。

刀柄套—工序 3

表 5-26 刀柄套零件数控加工工艺规划

×××学院	数控加工工艺过程卡片	产品型号	7:24ZTTD	零件图号	ZTTD-015				
		产品名称	整体式镗刀	零件名称	7:24 刀柄套	共 1 页	第 1 页		
材料牌号	42Cr	毛坯种类	锻造	毛坯外形尺寸		每毛坯件数	1	每台件数	1	备注

工序号	工序名称	程序号	工序内容	车间	工段	设备	工艺装备	工时/min 准终	工时/min 单件
1	锻造		锻造	锻压	模锻	MP-630	模锻锤		
2	热处理		正火	热	正火	正火炉			
3	粗车	O4003	夹大端，粗车小端面，粗车 ϕ80g6 外圆，留余量 2.5 mm，保证长度 123.6 mm，倒角	数控	数车	CKD6150A	外圆车刀（刀杆 DCLNR2525M12，刀片 CNMG120408-NM9 WPP10）		
4	粗车	O4004	调头夹小端，粗车大端面至尺寸 135.4 mm，粗精车外圆 ϕ102 至尺寸；粗车各段内孔、7:24 内锥孔，其中 ϕ41 内孔及 120°内锥留余量 1.6 mm，其余各段均留余量 2.5 mm（锥槽暂不车出）；车 60 mm长度锥槽至尺寸（两把刀光滑接刀）	数控	数车	CKD6150A	外圆车刀（刀杆 DCLNR2525M12，刀片 CNMG120408-NM9 WPP10），内孔车刀（刀杆 A20S-SCLCR09，刀片 CCMT09T304-PM5 WPP10），锥槽车刀（刀杆 A25T-SDUCR11，刀片 DCMT11T302-PF4 WPP01），锥槽车刀（刀杆 A32TSDUCR11-X，刀片 DCMT11T302-PF4 WPP01），钻头 ϕ23		
5	精车	O4005	夹小端，精车大端面至尺寸 135 mm，精车各段内孔及 7:24 内锥孔，其中精车 ϕ41 内孔及 120°内锥至尺寸，其余各段均留磨量 0.9 mm	数控	数车	CKD6150A	外圆车刀（刀杆 DCLNR2525M12，刀片 CNMG120404-NF3 WPP01），内孔车刀（刀杆 A20S-SCLCR09，刀片 CCMT09T302-PF4 WPP01）		
6	精车	O4006	上锥度心轴，精车 ϕ80g6 外圆，留磨量 0.9 mm，保证长度 123.2 mm，倒角 3×30°，切槽至尺寸	数控	数车	CKD6150A	外圆车刀（刀杆 DCLNR2525M12，刀片 CNMG120404-NF3 WPP01），切槽车刀（刀杆 G1011.2525R-2T15GX16，刀片 GX16-1E200N020-UF4 WPP23）		
7	车	O4007	钻攻径向两组螺纹 3-M16 至尺寸	数控	数车	HTC2550	钻头 ϕ13，扩孔钻 ϕ15，丝锥 M16（配置 C 轴数控车床）		
8	铣		粗精铣大端面缺口 25.4M6，留磨量 0.3 mm，去毛刺	数控	数铣	XD-40A	立铣刀，锉刀		
9	热处理		按图示位置局部淬火，硬度为 48HRC	热	淬火	淬火炉			
10	磨		粗精磨 ϕ28H8、ϕ29.1H8 内孔及 7:24 内锥孔至尺寸	数控	内圆磨床	MK2110	砂轮		
11	磨		粗精磨外圆 ϕ80g6 至尺寸，靠端面，磨 25.4M6 槽至尺寸	数控	数控磨床	MKS1620	砂轮		
12	钻		钻铰 ϕ4H6 至尺寸，钻攻螺纹 M6 至尺寸，去毛刺	数控	数钻	ZK2103	ϕ3.9 钻头，ϕ4H6 铰刀，ϕ5 钻头，M6 丝锥，锉刀		
13	热处理		发蓝	表面处理	发蓝		电炉，钢制方槽，发蓝液		
14	检验		清洗检验，油封入库	检验	检验	检验台	游标卡尺、7:24 锥度量规、内径量表、百分表等		

										设计（日期）	校对（日期）	审 核（日期）	标准化（日期）	会签（日期）
标记	处数	更改文件号	签字	日期	标记	处数	更改文件号	签字	日期					

表 5－27　工序 3 加工工序卡

×××学院	数控加工工序卡片	产品型号	7:24ZTTD	零件图号	ZTTD－015	程序号	O4003
		产品名称	整体式镗刀	零件名称	7:24 刀柄套	共 1 页	第 1 页

车间	工序号	工序名称	材料牌号
数控	3	粗车	40Cr
毛坯种类	毛坯外形尺寸	每毛坯可制件数	每台件数
锻造		1	1
设备名称	设备型号	设备编号	同时加工件数
数控车床	CKD6150A	WZWJ－001	1

夹具编号	夹具名称	切削液	
WZJJ0001	三爪卡盘	乳化液	
工位器具编号	工位器具名称	工序工时/min	
		准终	单件

工步号	工步内容	刀具号	工艺装备	刀补量		主轴转速/(r/min)	进给量/(mm/r)	背吃刀量/mm	工时/min	
				半径	长度				机动	辅助
1	粗车小端面	T01	外圆车刀(刀杆 DCLNR2525M12，刀片 CNMG120408－NM9 WPP10)			550	0.15	2		
2	粗车 ϕ80g6 外圆，留余量 2.5 mm，保证长度 123.6 mm，倒角	T01	外圆车刀(刀杆 DCLNR2525M12，刀片 CNMG120408－NM9 WPP10)			550	0.4	2		

										设计(日期)	校对(日期)	审核(日期)	标准化(日期)	会签(日期)
标记	处数	更改文件号	签字	日期	标记	处数	更改文件号	签字	日期					

工序 3 车外圆、端面时用同一把外圆车刀，外圆刀片用粗加工断屑槽型。工序 3 加工刀具卡见表 5-28。

表 5-28　工序 3 加工刀具卡

工序	刀号	刀杆名称与规格	刀片名称与规格	加工部位	备注
3	T01	外圆刀杆 DCLNR2525M12	CNMG120408-NM9 WPP10	车外圆、端面	
程序号	刀具简图	T01 80° 95°			
O4003					

2. 工序 4 工步分析

工序 4 主要加工端面、车外圆、加工内孔及 7∶24 内锥孔，用三爪卡盘装夹 $\phi80g6$ 外圆段，工件坐标系原点在工件右端面与轴心线交点 O 处。

工步 1：车端面；

工步 2：粗车外圆；

工步 3：精车外圆；

工步 4：粗车内孔及 7∶24 内锥孔；

工步 5：车锥槽。

其中，车端面可直接使用基本指令 G01 编程加工；粗车外圆、内孔、内锥孔因为加工余量较大，故可采用 G73G70 或 G71G70 粗精加工固定循环指令。工序 4 加工工步图如图 5-41 所示。

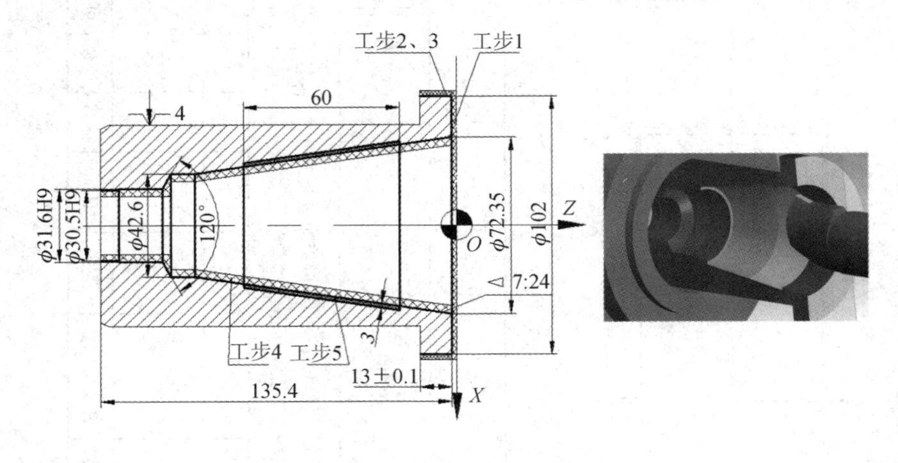

图 5-41　工序 4 加工工步图

刀柄套—工序 4

工序 4 车外圆、端面时用同一把外圆车刀，粗车刀片用粗加工断屑槽型，车锥槽刀用精加工断屑槽型。工序 4 加工刀具卡见表 5 - 29。

表 5 - 29　工序 4 加工刀具卡

工序	刀具号	刀杆名称与规格	刀片名称与规格	加工部位	备　注
4 粗车	T01	外圆刀杆 DCLNR2525M12	CNMG120408 - NM9 WPP10	车外圆、端面	
	T02	内孔刀杆 A20S - SCLCR09	CCMT09T304 - PM5 WPP10	车内孔	
	T03	车锥槽刀杆 A25T - SDUCR11	DCMT11T302 - PF4 WPP01	车锥槽	
	T04	车锥槽刀杆 A32TSDUCR11 - X	DCMT11T302 - PF4 WPP01	车锥槽	
程序号 O4004	刀具 简图	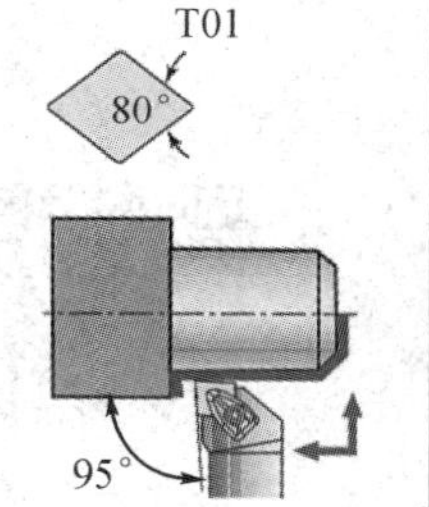 T01 80° 95°	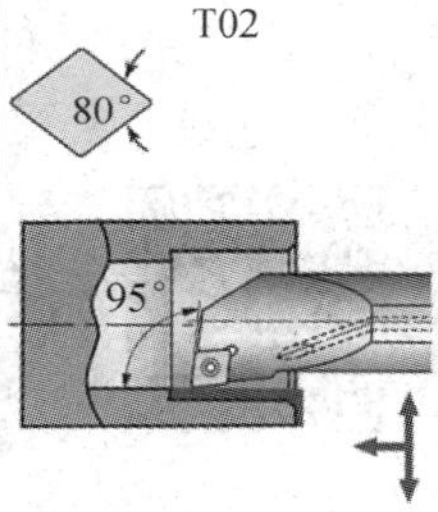 T02 80° 95°	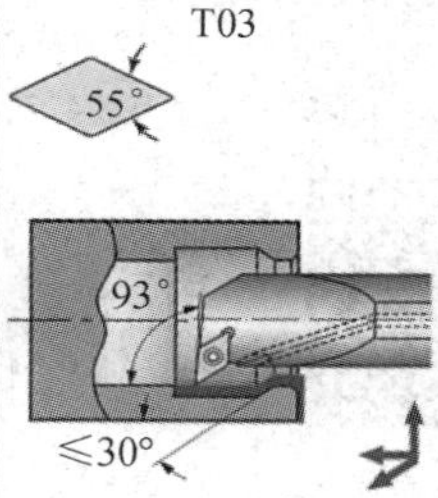 T03 55° 93° ≤30°	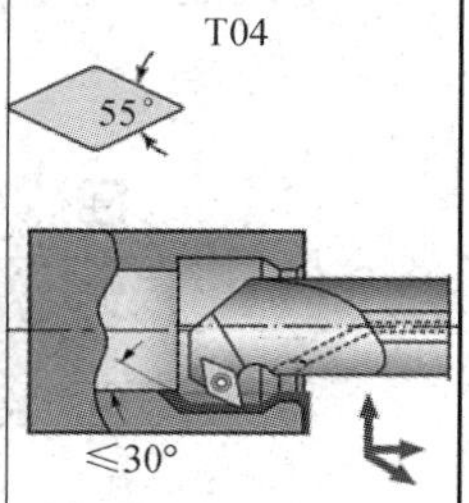 T04 55° ≤30°

根据工件材料、加工性质、材料硬度和加工精度、质量要求，合理选择切削参数，具体加工参数见表 5 - 30。

表 5 - 30　工序 4 加工工步卡

工序	装夹	工步	工 步 内 容	刀具号	转速 /(r/min)	进给速度 /(mm/r)	背吃刀量 /mm
4 粗车	三爪 卡盘	1	粗车大端面至尺寸 135.4 mm	T01	400	0.15	2
		2	粗车大端外圆 ϕ102，留余量 0.8 mm	T01	400	0.4	2
		3	精车大端外圆 ϕ102 至尺寸	T01	500	0.2	0.8
		4	粗车各段内孔及 7∶24 内锥孔，其中 ϕ41 内孔及 120°内锥留余量 1.6 mm，其余各段均留余量 2.5 mm(锥槽暂不车出)	T02	600	0.3	2
		5	车 60 mm 长度锥槽至尺寸(两把刀光滑接刀)	T03	300	0.1	3
				T04	300	0.1	3

3. 工序 5、工序 6、工序 7 加工

工序 5 主要精加工零件内孔，用三爪卡盘夹住工件小端，精车大端面至尺寸 135 mm，精车各段内孔及 7∶24 内锥孔，其中精车 ϕ41 内孔及 120°内锥至图纸尺寸，其余各段内孔均留磨量 0.9 mm。工序 5 加工完成后零件如图 5－42(a)所示。

工序 6 是精加工，选用锥度心轴定位装夹，精车 ϕ80G6 外圆，留磨量 0.9 mm，保证长度 123.2 mm，工件右端倒角 3×30°至图纸尺寸，ϕ80G6 外圆表面切槽至图纸尺寸。工序 6 加工完成后零件如图 5－42(b)所示。

工序 7 是钻攻两组径向螺纹 3－M16 至图纸尺寸，必须选用配置 C 轴的数控车床。工序 7 加工完成后零件如图 5－42(c)所示。

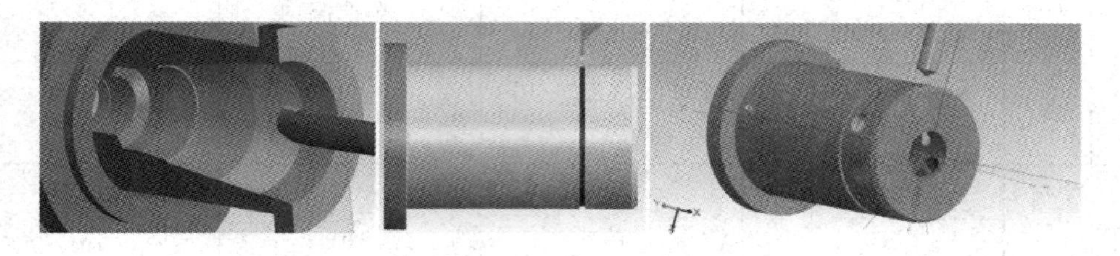

图 5－42　工序 5、工序 6、工序 7 加工完成后零件

刀柄套—工序 4、5

刀柄套—工序 6

刀柄套—工序 7

思考与练习

5－1　简述数控车削加工工序划分的方法及特点。

5－2　请认真阅读图 5－3 所示零件，当批量生产该零件时，请按照工件安装分序法划分工序，填入表 5－31。

表 5－31　工　序　表

工序	夹具	装夹位置	加工内容	备注
1				
2				
3				
4				

5－3　请认真阅读图 5－4 所示零件，当批量生产该零件时，请按照粗精加工分序法划分工序，填入表 5－32。

表 5-32　工　序　表

工序	夹具	装夹位置	加工内容	备注
1				
2				
3				
4				

5-4　请认真阅读图 5-6 所示零件，当批量生产该零件时，请划分零件加工工序，填入表 5-33。

表 5-33　工　序　表

工序	夹具	装夹位置	加工内容	备注
1				
2				

5-5　宽槽加工一般安排一道精车工序才能获得较好的加工质量，其切削工艺处理如图 5-18 所示，请解释图 5-18 的工艺处理。

5-6　如图 5-19(b)所示，内孔切宽槽以轴向车削为主，切宽槽两端头的处理也要考虑刀具的变形问题，请解释图 5-19(b)的工艺处理。

5-7　编写图 5-43 所示的顶尖零件的数控加工工艺规程，生产类型属批量生产，材料 45 钢。

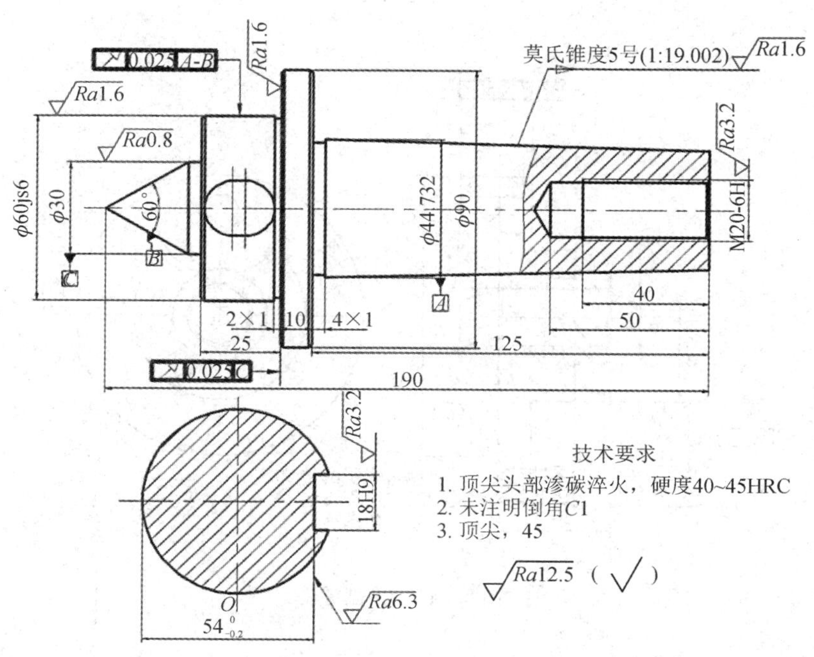

图 5-43　顶尖零件

5－8　编写图 5－44 所示的丝杆零件的数控加工工艺规程，生产类型属批量生产，材料 40Cr。

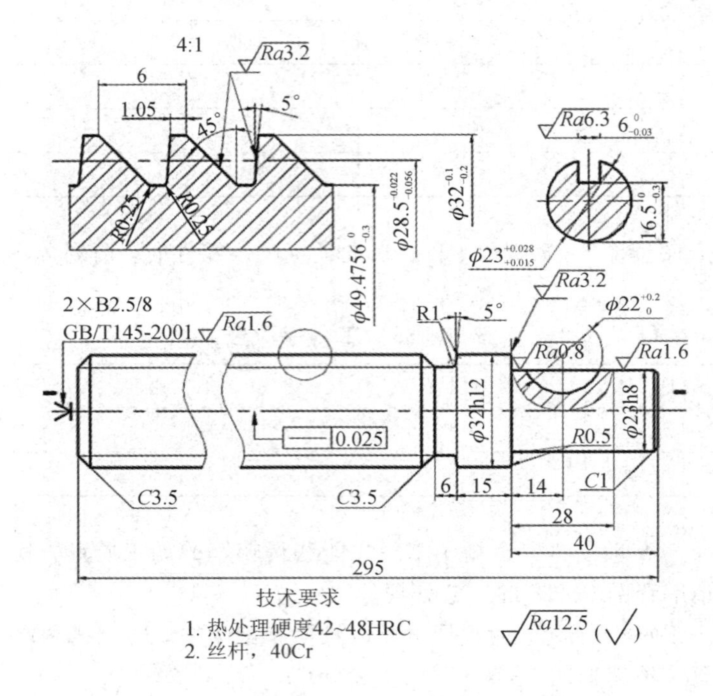

图 5－44　丝杆零件

5－9　编写图 5－45 所示的拨盘零件的数控加工工艺规程，生产类型属批量生产，材料 45 钢。

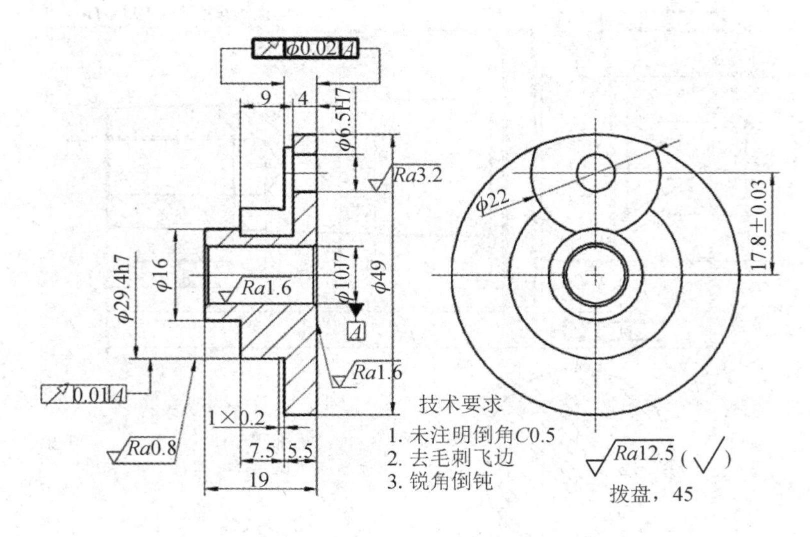

图 5－45　拨盘零件

5－10　编写图 5－46 所示的调节盘零件的数控加工工艺规程，生产类型属批量生产，材料 45 钢。

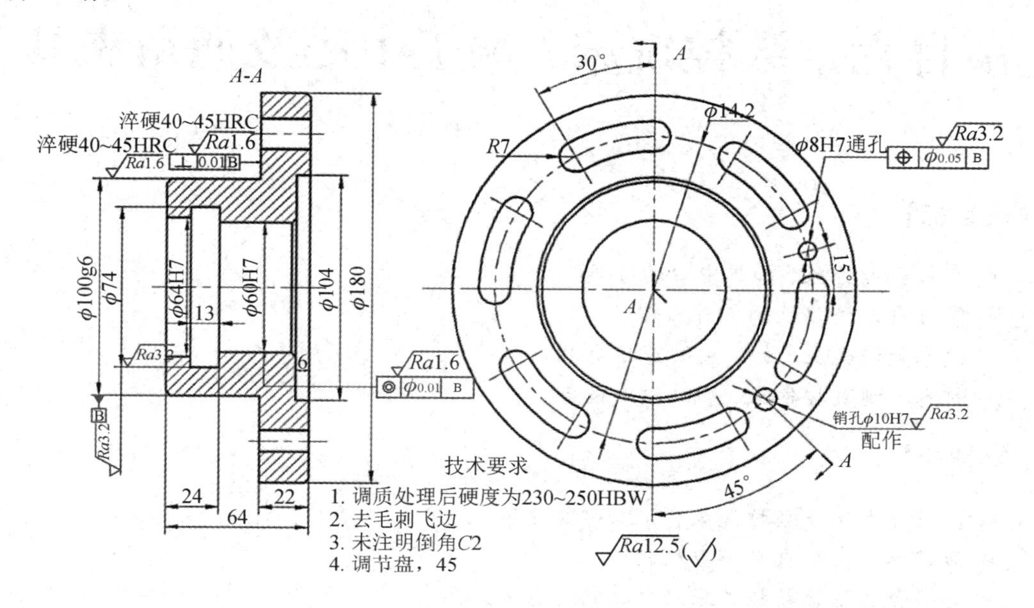

图 5－46　调节盘零件

5－11　简述一般轴类零件定位基准的选择方法。

5－12　简述一般套类零件定位基准的选择方法。

项目六　数控铣床、加工中心及通用夹具

【知识目标】

- 掌握数控铣床、加工中心的分类
- 掌握自动换刀机构工作原理
- 熟悉数控铣床、加工中心通用夹具
- 熟悉典型数控铣床、加工中心设备

【技能目标】

- 能够合理选择数控铣床、加工中心设备
- 能够熟练使用自动换刀机构
- 能够合理选择数控铣床、加工中心通用夹具

数控铣床是一种加工功能很强的数控机床，用途十分广泛，不仅可以加工各种平面、沟槽、螺旋槽、成形表面和孔，而且还能加工各种平面曲线和空间曲线等复杂型面，适合于各种模具、凸轮、板类及箱体类零件的加工。目前，迅速发展起来的加工中心、柔性加工单元等都是在数控铣床、数控镗床的基础上产生的，两者都离不开铣削。

6.1　数控铣床、加工中心的分类

一、数控铣床的分类

数控铣床工作前，要预先根据被加工零件的要求，确定零件加工工艺过程、工艺参数，并按一定的规则形成数控系统能理解的数控加工程序，即把被加工零件的几何信息和工艺信息数字化，按规定的代码和格式编制成数控加工程序，然后用适当的方式将此加工程序输入到数控铣床的数控装置中，最后启动机床运行数控加工程序。在运行数控加工程序的过程中，数控装置会根据数控加工程序的内容，发出各种控制命令，如启动主轴电动机、打开冷却液，并进行刀具轨迹计算，同时向特殊的执行单元发出数字位移脉冲并进行进给速度控制，直到程序运行结束，零件加工完毕为止。

数控铣床及加工中心的分类

数控铣床主要用于加工平面和曲面轮廓的零件，还可以加工复杂型面的零件，如凸轮、样板、模具、螺旋槽等，同时也可以对零件进行钻、扩、铰、锪和镗孔的加工，但因数控铣床不具备自动换刀功能，所以不能完成复杂孔的加工。

数控铣床按主轴的布局形式分为立式数控铣床、卧式数控铣床和立卧两用式数控铣床。

1. 立式数控铣床

立式数控铣床的主轴和工作台垂直，主要用于加工水平面内的型面，如图 6－1 所示。一般规格较小的升降台数控铣床，其工作台宽度多在 400 mm 以下，采用工作台移动、升降，主轴不动的方式，可达到普通立式升降台铣床的效果；中型立式数控铣床一般采用纵向和横向工作台移动方式，主轴沿垂向溜板上下运动；规格较大的数控铣床，如工作台宽度在 500 mm 以上，往往采用龙门架移动式，其主轴可以在龙门架的横向和垂向溜板上运动，而龙门架则沿床身作纵向运动，该类数控铣床的功能已逐渐向加工中心靠近，进而演变成柔性加工单元。

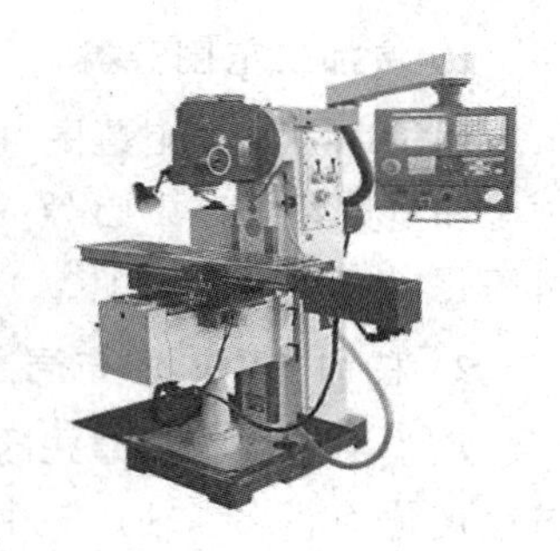

图 6－1　立式数控铣床

图 6－2　卧式数控铣床

2. 卧式数控铣床

卧式数控铣床的主轴轴线平行于水平面，为了扩大加工范围、扩充功能，常采用增加数控转盘或万能数控转盘来实现 4、5 坐标加工，可以省去很多专用夹具或专用角度成形铣刀，适合加工箱体类零件及在一次安装中改变工位的零件，如图 6－2所示。

3. 立卧两用式数控铣床

立卧两用式数控铣床的主轴方向可以更换或作 90°旋转，在一台机床上既能进行立式加工，又能进行卧式加工，如图 6－3所示。主轴方向的更换方法有手动和自动两种，可以配上数控万能主轴头，主轴头可以任意转换方向，柔性极好，适合加工复杂的箱体类零件。

另外，数控铣床按照体积来分，可以分为小型数控铣床、中型数控铣床和大型数控铣床；按控制坐标的联动轴数分，可分为两轴半控制数控铣床、三轴控制数控铣床和多轴控制数控铣床。

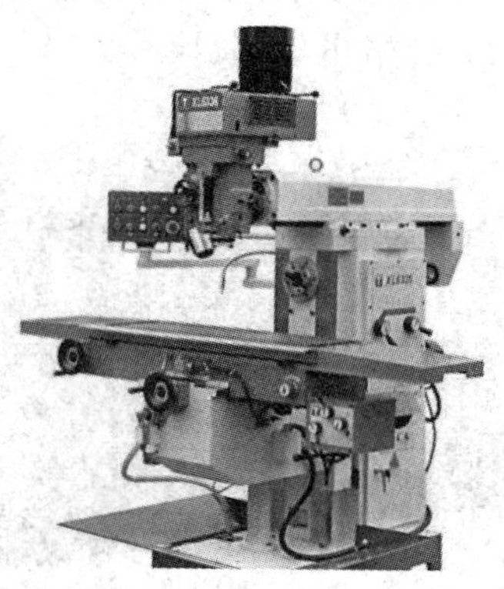

图 6－3　立卧两用式数控铣床

二、加工中心的分类

加工中心是在数控铣床的基础上发展起来的，它和数控铣床有很多相似之处，但主要区别在于增加刀库和自动换刀装置，是一种备有刀库并能自动更换刀具，对工件进行多工序加工的数控机床。通过在刀库上安装不同用途的刀具，加工中心可在一次装夹中实现零件的铣、钻、镗、铰、攻螺纹等多工序加工。随着工业的发展，加工中心将逐渐取代数控铣床，成为一种主要的加工机床。

1. 按加工范围分类

加工中心按加工范围可分为车削加工中心、钻削加工中心、镗铣加工中心、磨削加工中心和电火花加工中心等，一般镗铣加工中心简称加工中心，其余种类的加工中心名称不可简化。

2. 按加工中心的布局方式分类

加工中心按布局方式的不同，可分为立式加工中心、卧式加工中心、龙门式加工中心、万能加工中心和虚轴加工中心。

1）立式加工中心

立式加工中心是指主轴轴心线设置为垂直状态的加工中心，其结构形式多为固定立柱式，工作台为长方形，无分度回转功能，具有三个直线运动坐标（沿 X、Y、Z 轴方向）。立式加工中心适合加工盘类零件，如在工作台上安装一个水平轴的数控回转台，就可用于加工螺旋线类零件。立式加工中心外形如图 6-4 所示。

2）卧式加工中心

卧式加工中心如图 6-5 所示，它是指主轴轴线设置为水平状态的加工中心，通常都带有可进行分度回转运动的正方形分度工作台。卧式加工中心一般具有 3～5 个运动坐标，常见的是三个直线运动坐标（沿 X、Y、Z 轴方向）和一个回转运动坐标（回转工作台），它能够使工件在一次装夹后就完成除安装面和顶面以外的其余四个面的加工，最适合箱体类工件的加工。卧式加工中心与立式加工中心相比，结构复杂，占地面积大，重量大，价格也较高。

图 6-4 立式加工中心

加工中心坐标系

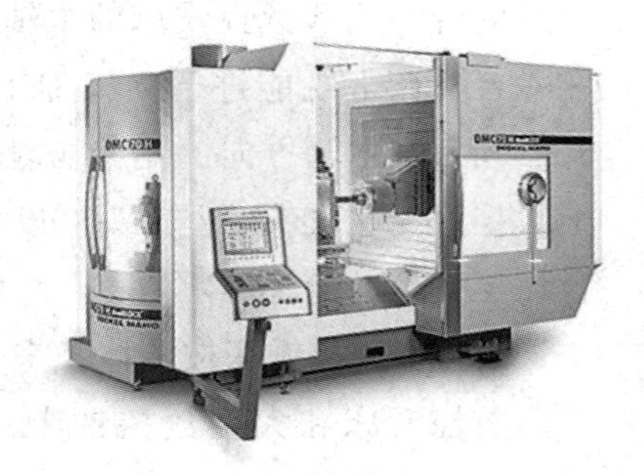

图 6-5 卧式加工中心

3）龙门式加工中心

龙门式加工中心如图 6-6 所示，其形状与龙门铣床相似，主轴多设置为垂直状态，它带有自动换刀装置及可更换的主轴头附件，数控装置的软件功能也较齐全，能够一机多用。龙门式加工中心的布局具有结构刚性好的特点，容易实现热对称性设计，尤其适用于加工大型或形状复杂的工件，如航天工业及大型汽轮机上的某些零件。

4）万能加工中心（复合加工中心）

万能加工中心具有立式和卧式加工中心的功能，工件一次装夹后就能完成除安装面外的所有侧面和顶面（五个面）的加工，也称为五面加工中心、复合加工中心，如图 6－7 所示。由于万能加工中心结构复杂、占地面积大、造价高，因此它的使用数量和生产数量远不如其他类型的加工中心。

图 6－6　龙门式加工中心

图 6－7　万能加工中心

5）虚轴加工中心

虚轴加工中心是最近出现的一种全新概念的机床，它和传统的机床相比，在机床的结构、本质上有了巨大的飞跃，它的出现被认为是机床发展史上的一次重大变革。

3. 按数控系统功能分类

加工中心根据数控系统控制功能的不同，可分为三轴二联动、三轴三联动、四轴三联动、五轴四联动、六轴五联动等类型，三轴、四轴是指加工中心具有的运动坐标数，联动是指控制系统可以同时控制运动的坐标数，同时可控轴数越多，加工中心的加工和适应能力越强，一般的加工中心为三轴联动，三轴以上则为高档加工中心，价格昂贵。

五轴联动数控机床（5 Axis Machining）是在原有三轴联动加工中心的基础上发展而来的，根据 ISO 规定，在描述数控机床的运动时，采用右手直角坐标系，其中平行于主轴的坐标轴定义为 Z 轴，绕 X、Y、Z 轴的旋转坐标分别为 A、B、C。各坐标轴的运动可由工作台实现，也可以由刀具的运动来实现，但方向均以刀具相对于工件的运动方向来定义。通常五轴联动是指 Z、Y、Z、A、B、C 中任意五个坐标的线性插补运动，换言之，指 X、Y、Z 三个移动轴加任意两个旋转轴。五轴联动数控机床依据联动轴摆动机构的不同，机床在结构上有五种布局。

1）工作台摇篮式

基于传统三轴加工中心的基础，加上摇篮式工作台，数控机床变成 3＋2 式的五轴联动加工中心，如图 6－8、图 6－9 所示。联动轴为 X、Y、Z、A、C，Y 轴方向 B 轴不旋转。

2）立式主轴双摆头

立式主轴双摆头数控机床在摆头中间一般有一个带有松拉刀结构的电主轴，所以双摆头自身的尺寸不容易做小，加上双摆头活动范围的需要，所以双摆头结构的五轴联动机床的加工范围不宜太小，而是越大越好，一般为龙门式或动梁龙门式，联动轴为 X、Y、Z、A、C，Y 轴方向 B 轴不旋转。

图 6-8　五轴联动加工中心

五轴联动加工中心

图 6-9　摇篮式工作台

3）卧式主轴双摆头

基于卧式加工中心结构的双摆头五轴联动数控机床，联动轴为 X、Y、Z、B、C，X 轴方向 A 轴不旋转。

4）工作台摆动式

在直驱电机成熟后，五轴联动的结构也有了很大的改善，整个工作台可以进行双摆动，故称为工作台摆动式数控机床。目前 C 轴直驱能达到一定转速，达到车削的效果。联动轴为 X、Y、Z、B、C，X 轴方向 A 轴不旋转。

5）工作台主轴摆动

依据摆动机构的演变，工作台和主轴分别摆动，构成工作台主轴摆动数控机床，联动轴为 X、Y、Z、A、C，Y 轴方向 B 轴不旋转。

4. 按工作台的数量和功能分类

加工中心按工作台的数量和功能分，可分为单工作台加工中心、双工作台加工中心和多工作台加工中心。多工作台加工中心有两个以上可更换的工作台，通过运送轨道可把加工完的工件连同工作台（托盘）一起移出加工部位，然后把装有待加工工件的工作台（托盘）送到加工部位，如图 6-10 所示。

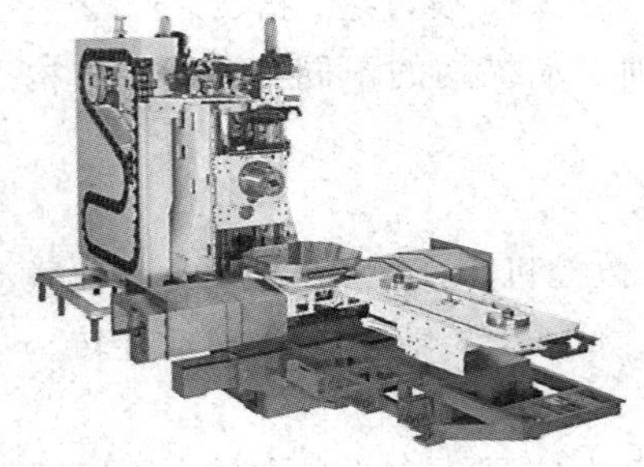

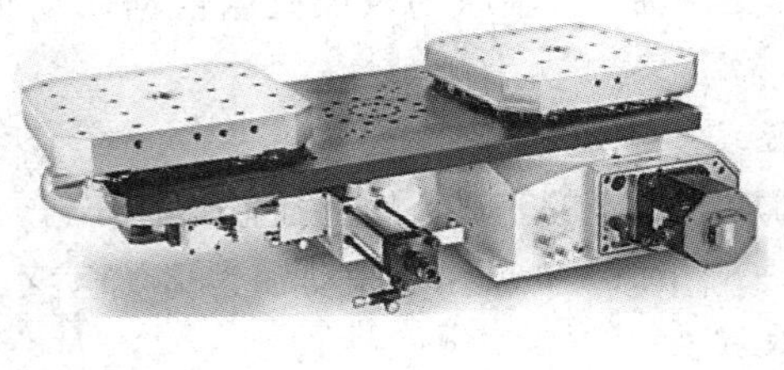

可更换工作台加工中心

图 6-10　可更换工作台加工中心

6.2　自动换刀机构

一、自动换刀装置的分类

加工中心自动换刀装置根据其组成结构可分为转塔式自动换刀装置、无机械手式自动换刀装置和有机械手式自动换刀装置，其中转塔式自动换刀装置不带刀库，后两种带刀库。

自动换刀机构

1. 不带刀库的自动换刀装置

转塔式自动换刀装置又分回转刀架式和转塔头式两种，回转刀架式换刀装置适用于各种数控车床和车削中心机床；转塔头式换刀装置多用于数控钻、镗、铣床。小型立式加工中心一般采用转塔刀库形式，它主要以孔加工为主，ZH5120 型立式钻削加工中心就是转塔刀库式加工中心。

1）回转刀架式换刀

回转刀架式换刀是一种简单的自动换刀装置，该装置在回转刀架各刀座安装或夹持各种不同用途的刀具，通过回转刀架的转位实现换刀，回转刀架可在回转轴的径向和轴向安装刀具，一般用于数控车床和车削中心机床，如图 6-11 所示。

图 6-11　回转刀架数控车床

回转刀架数控车床

2）转塔头式换刀

使用转塔头式换刀的数控机床的转塔刀架上装有主轴头，转塔转动时更换主轴头实现自动换刀，在转塔各个主轴头上，预先装有各工序所需的旋转刀具，常用于数控钻镗铣床。图 6-12 所示为转塔头式数控机床，其可绕水平轴转位的转塔自动换刀装置上装有八把刀具，但只有处于最下端“工作位置”上的主轴与主传动连通并转动，待该工步加工完毕，转塔按照指令转过一个或几个位置，待完成自动换刀后，再进入下一步加工。

2. 带有刀库的自动换刀装置

1）无机械手式自动换刀装置

无机械手加工中心的换刀是通过刀库和主轴箱的配合动作来完成的，一般是把刀库放在主轴箱可以运动到的位置，或者将整个刀库或某一刀位移动到主轴箱可以到达的位置，刀库中刀具存放的位置方向与主轴装刀方向一致。换刀时，由主轴和刀库的相对运动进行

图 6-12 转塔头式数控机床

转塔头式数控机床

换刀动作，利用主轴取走或放回刀具。采用 BT-40 号以下刀柄的小型加工中心多为这种无机械手换刀，XH714 型立式加工中心就是这一类型。图 6-13 所示为加工中心无机械手式自动换刀装置的换刀过程。

步骤一：主轴头移动到换刀点；

步骤二：刀库移动到换刀点，此时主轴头上的刀柄及刀具被放回到刀库的对应位置；

步骤三：主轴头升高(或刀库下降)，刀柄及刀具留在刀库中；

步骤四：刀库回转，新刀刀柄及刀具对准主轴头的位置；

步骤五：主轴头下降(或刀库上升)，刀柄及刀具被主轴抓取；

步骤六：刀库移动并离开换刀点，换刀动作完成。

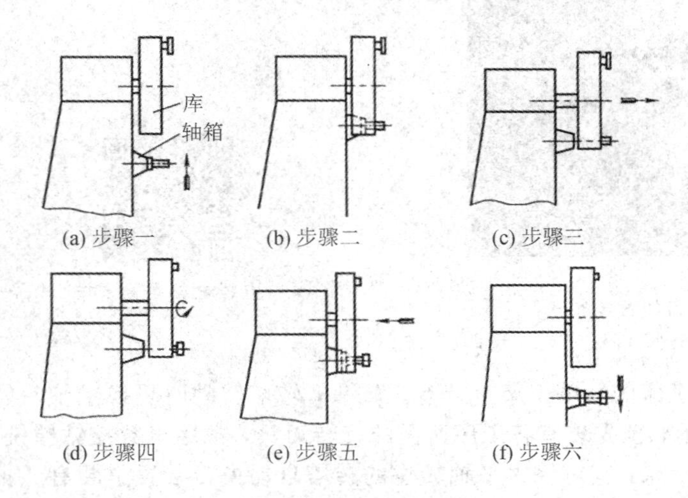

图 6-13 无机械手式自动换刀装置的换刀过程

斗笠式刀库换刀过程

2) 有机械手式自动换刀装置

加工中心的换刀装置(AutomaticTool Changer)是由刀库和机械手组成的，并由机械手来完成换刀工作，这是加工中心最普遍采用的形式。其刀库的配置、位置及数量的选用要比无机械手的换刀装置灵活得多，它可以根据不同的要求，配置不同形式的机械手，可以是单臂的、双臂的，甚至可以配置一个主机械手和一个辅助机械手的形式，它能够配备多至数百把刀具的刀库。该装置的换刀时间可缩短到几秒甚至零点几秒，因此目前大多数加工中心都装配了有机械手式自动换刀装置，由于刀库位置和机械手换刀动作的不同，其自动换刀装置的结构形式也多种多样。

二、刀库

1. 刀库的类型

刀库的形式和容量主要是为了满足机床的工艺范围。

1）直线刀库

直线刀库如图 6－14 所示，刀具在刀库中直线排列，结构简单，存放刀具数量有限(一般为 8～12 把)，多用于数控雕铣机及各种小型数控机床。

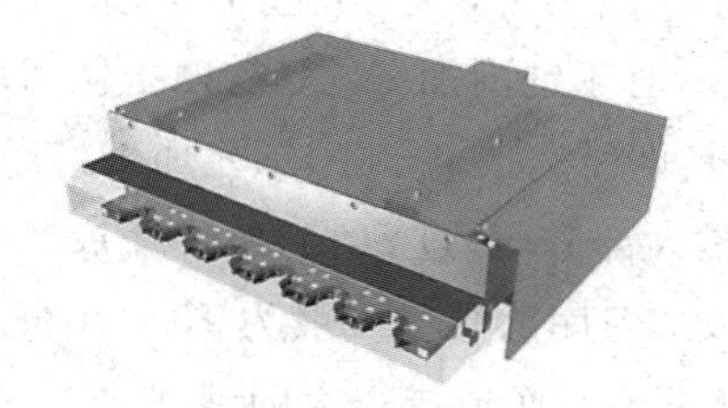

图 6－14 直线刀库

直线刀库

2）圆盘刀库

圆盘刀库如图 6－15 所示，其存刀量少则 6～8 把，多则 50～60 把，并且有多种形式。

图 6－15 圆盘刀库

圆盘刀库

3）链式刀库

链式刀库也是较常使用的一种形式，见图 6－16，这种刀库的刀座固定在链节上。

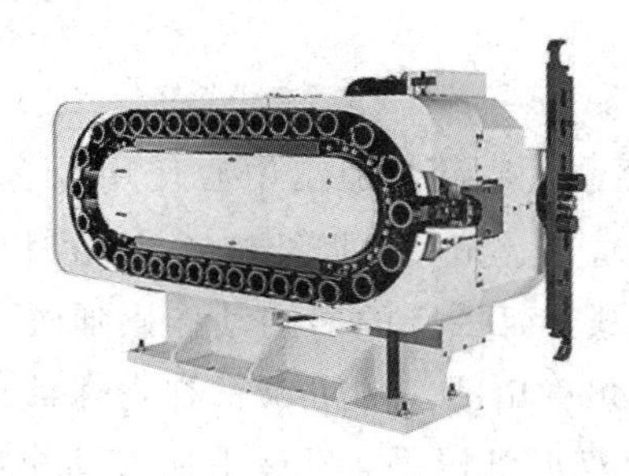

图 6－16 链式刀库

链式刀库

4）其他刀库

刀库的形式还有很多，值得一提的是格子箱式刀库，如图 6－17 所示，其刀库容量较大，可使整箱刀库与机外交换。

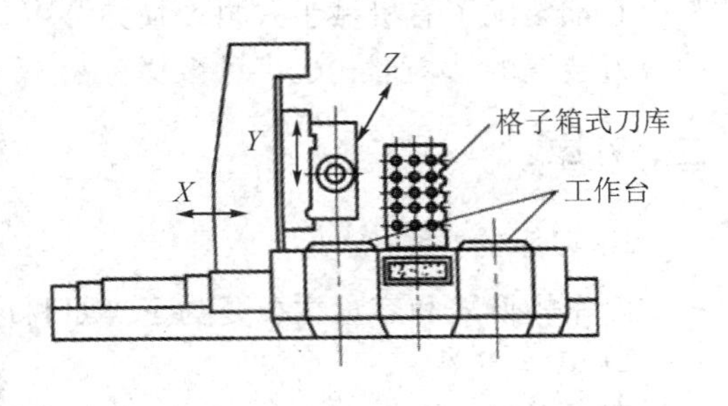

图 6－17　格子箱式刀库

2．刀库的容量

刀库的容量并不是越大越好，太大反而会增加刀库的尺寸和占地面积，使选刀时间增长。根据广泛的工业统计，应依照该机床大多数工件加工时需要的刀具数量来确定刀库数量。对于钻削加工，用 10 把刀具就能完成 80％的工件加工，用 20 把刀具就能完成 90％的工件加工；对于铣削加工，只需四把铣刀就可以完成 90％的铣削工艺；对于车削加工，只需 10 把刀具即可完成 90％的工艺加工。若是从完成被加工工件的全部工序进行统计，则得到的结果是大部分(超过 80％)工件完成其全部加工只需 40 把左右刀具就足够了，因此从使用角度出发，刀库的容量一般为 10～40 把，盲目地加大刀库容量，会使刀库的利用率降低，结构过于复杂，而造成很大的浪费。

3．刀库的选刀方式

根据数控装置发出的换刀指令，刀具交换装置从刀库中将所需的刀具转换到取刀位置，称为自动选刀，自动选择刀具通常又有顺序选择和任意选择两种方式。

顺序选择刀具是在加工之前，将加工零件所需刀具按照工艺要求依次插入刀库的刀套中，顺序不能错，加工时按顺序调刀，加工不同的工件时必须重新调整刀库中的刀具顺序，不仅操作繁琐，而且由于刀具的尺寸误差也容易造成加工精度不稳定。顺序选择刀具的优点是刀库的驱动和控制都比较简单，因此这种方式适合于加工批量较大，工件品种数量较少的中、小型自动换刀机床。

三、机械手

1．机械手的形式与种类

在自动换刀数控机床中，机械手的形式多种多样，常见的有图 6－18 所示的几种形式。

2．单臂双爪式机械手

单臂双爪式机械手也称扁担式机械手，它是目前加工中心使用较多的一种机械手，这种机械手的拔刀、插刀动作大都由液压缸来完成，根据结构要求，可以采取液压缸动、活塞固定或活塞动、液压缸固定的结构形式；而手臂的回转动作则通过活塞运动带动齿条齿轮传动来实现；机械手臂的不同回转角度由活塞的可调行程来保证。JCS－018 加工中心机床使用的换刀机械手为回转式单臂双爪机械手，机械手抓刀动作如图 6－19 及图 6－20 所示。

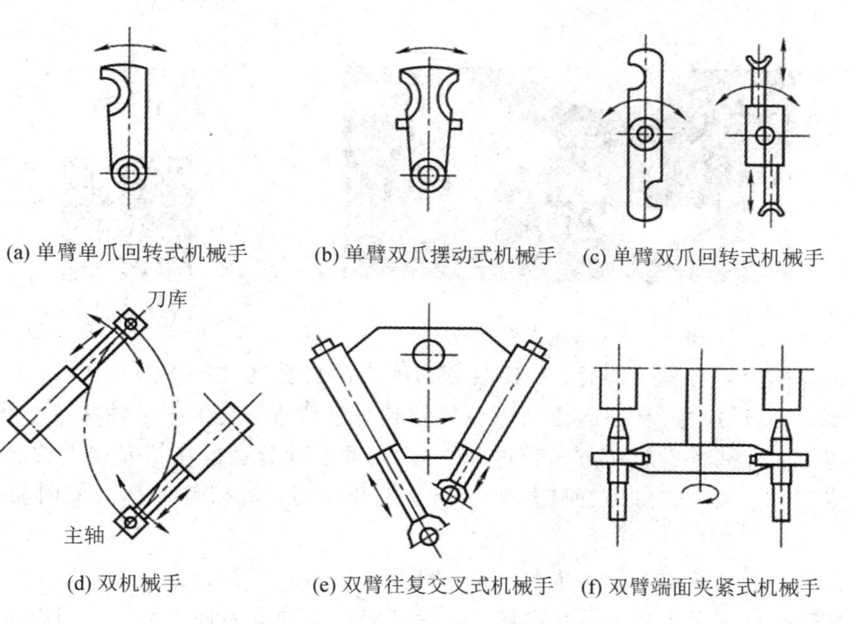

(a) 单臂单爪回转式机械手　(b) 单臂双爪摆动式机械手　(c) 单臂双爪回转式机械手

(d) 双机械手　(e) 双臂往复交叉式机械手　(f) 双臂端面夹紧式机械手

图 6-18　常见的机械手形式

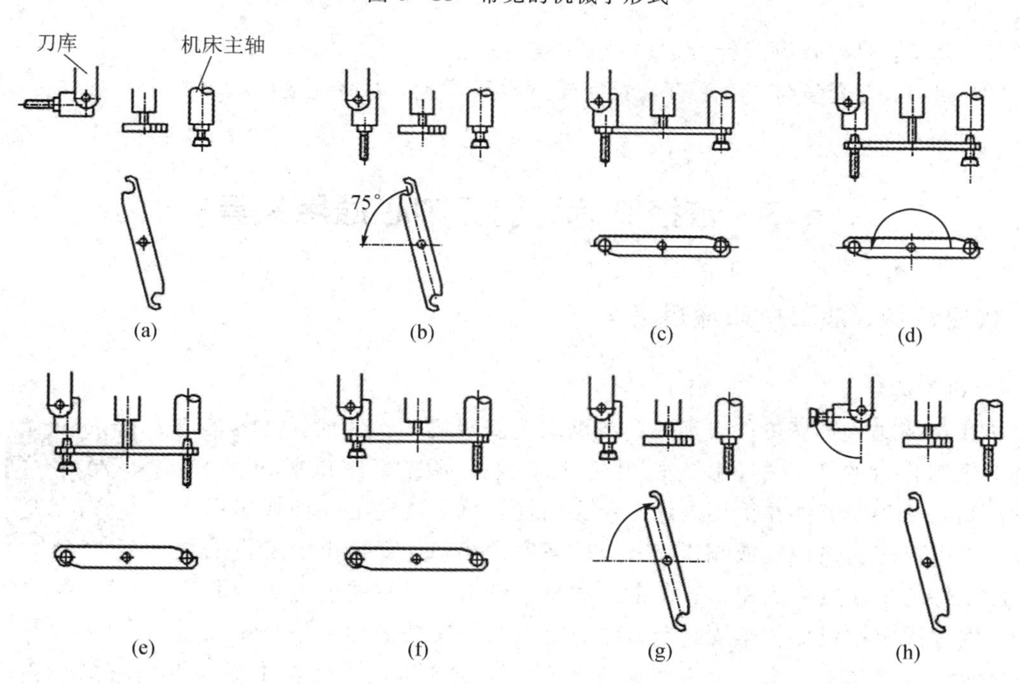

图 6-19　换刀过程分解动作

单臂双爪式机械手

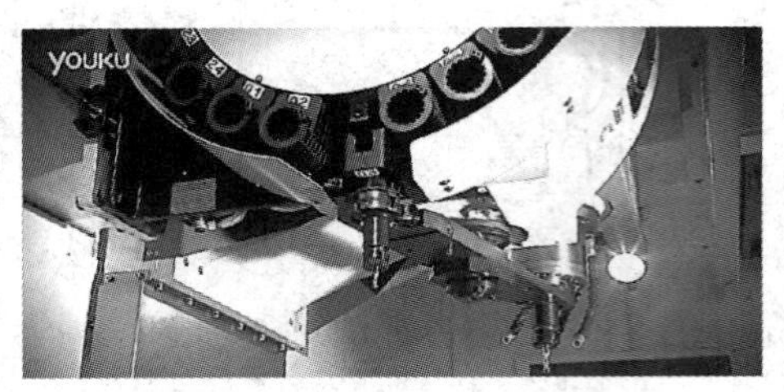

机械手换刀动作

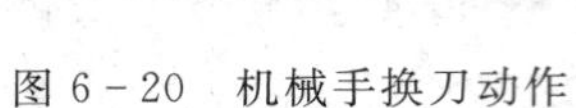

图 6-20　机械手换刀动作

(1) 刀库转位：刀具识别后，刀库将新刀所在的刀套转位到换刀位置；

(2) 倒刀：新刀与刀套一起由水平位置转到垂直位置，与机床主轴保持平行；

(3) 握刀：机械臂逆时针方向转过 75°，机械臂手腕分别握住新刀和主轴上的旧刀；

(4) 拔刀：主轴打刀缸顶开碟形弹簧组，松开旧刀，机械臂下移的同时将新刀和旧刀拔出；

(5) 换刀：机械臂逆时针方向转 180°，将新、旧刀具交换位置；

(6) 装刀：机械手上移，同时将新、旧刀具装入主轴及刀库刀套，打刀缸退回，新刀被夹紧；

(7) 复位：机械臂顺时针方向转过 75°复位；

(8) 回刀：刀套复位，由垂直位置回转到水平位置，刀库转动继续寻找下一把要更换的刀具。

6.3　数控铣床、加工中心通用夹具

一、数控铣床、加工中心通用夹具

1. 机用虎钳

数控铣床、加工中心通用夹具

机用虎钳结构如图 6-21 所示。在机床上安装机用虎钳时，需将其定位键对准工作台的 T 形槽，找正机用虎钳的方向，调整两钳口平行度，然后紧固机用虎钳。工件在机用虎钳上装夹时应注意：装夹毛坯面或表面有硬皮时，钳口应加垫铜皮或铜钳口；选择高度适当、宽度稍小于工件的垫铁，使工件的余量层高出钳口；在粗铣和半精铣时，应使铣削力指向固定钳口，因为固定钳口比较牢固。当工件的定位面和夹持面为非平行平面或圆柱面时，可采用更换钳口的方式装夹工件。为保证机用虎钳在工作台上的正确位置，必要时用百分表找正固定钳口面，使其与工作台运动方向平行或垂直。夹紧时，应使工件紧密地靠在平行垫铁上，工件高出钳口或伸出钳口两端距离不能太多，以防铣削时产生振动。

2. 压板

对大型、中型和形状比较复杂的零件，一般采用压板将工件紧固在数控铣床、加工中心工作台的台面上，如图 6-22 所示。压板装夹工件时所用工具比较简单，主要是压板、垫

铁、T形螺栓及螺母。为满足不同形状零件的装夹需要，压板的形状种类也较多，在搭装压板时应注意搭装稳定和夹紧力的三要素。

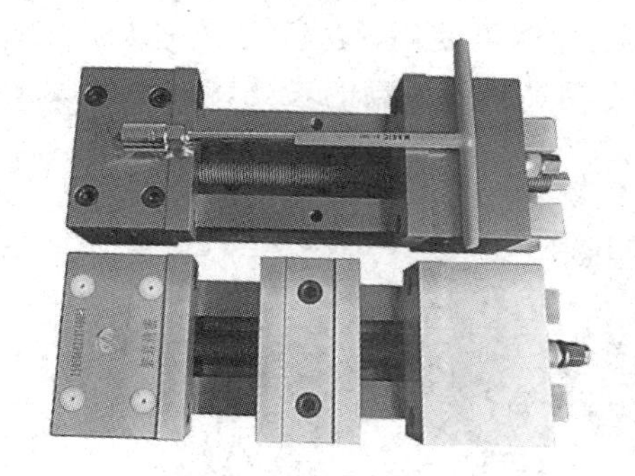

机用虎钳

图6-21　机用虎钳

用压板装夹工件

图6-22　用压板装夹工件

3. 万能分度头

万能分度头如图6-23所示。通常将万能分度头作为机床附件，其主要作用是作为工件圆周等分分度或不等分分度。许多机械零件(如花键等)在铣削时，需要利用分度头进行圆周等分。万能分度头可把工件轴线装夹成水平、垂直或倾斜的位置，以便用两坐标加工斜面。

万能分度头

图6-23　万能分度头

4. 通用可调夹具

在多品种、小批量零件的生产中，由于产品的持续生产周期短，夹具更换比较频繁，因此，为了减少夹具设计和制造的劳动量、缩短生产准备时间，要求一个夹具不仅只适用于一种工件，而且能适应结构形状相似的若干种类的工件，即对于不同尺寸或种类的工件，只需要调整或更换个别定位元件或夹紧元件即可使用，这种夹具称为通用可调夹具，它既具有通用夹具使用范围大的优点，又有专用夹具效率高的长处，如图 6－24 所示。

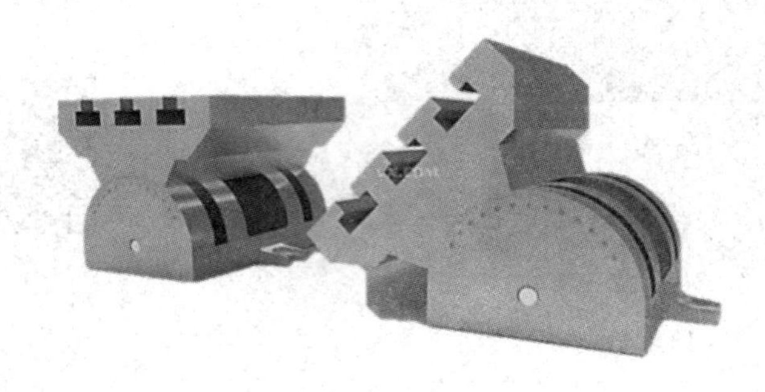

图 6－24　通用可调夹具

5. 数控回转工作台

数控回转工作台用于在加工中心一次装夹工件后顺序加工工件的多个表面，以完成多工位加工，如图 6－25 所示。数控铣床、加工中心除了要求机床有沿 X、Y、Z 三个坐标轴的直线运动之外，还要求工作台在圆周方向有进给运动和分度运动，构成加工中心第四轴，这些运动通常用回转工作台实现。数控回转工作台的主要功能有两个：一是实现工作台的进给分度运动，即在非切削时，装有工件的工作台在整个圆周(360°范围内)进行分度旋转；二是实现工作台圆周方向的进给运动，即在进行切削时，与 X、Y、Z 三个坐标轴进行联动，从而加工复杂的空间曲面。

图 6－25　数控回转工作台

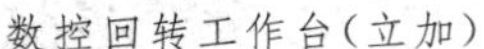

数控回转工作台(立加)

数控回转工作台(卧加)

数控回转工作台内部结构具有数控进给驱动机构的许多特点，使工作台进行圆周进给，并使工作台进行分度。开环系统中的数控转台由传动系统、间隙消除装置和蜗轮夹紧装置等组成。图 6－26(a)所示装置可进行四面加工；图 6－26(b)、(c)所示装置可进行圆柱凸轮的空间成形面和平面凸轮加工；图 6－26(d)所示为可倾式工作台，可用于加工在表面上呈不同角度分布的孔，可进行五个方向的加工。

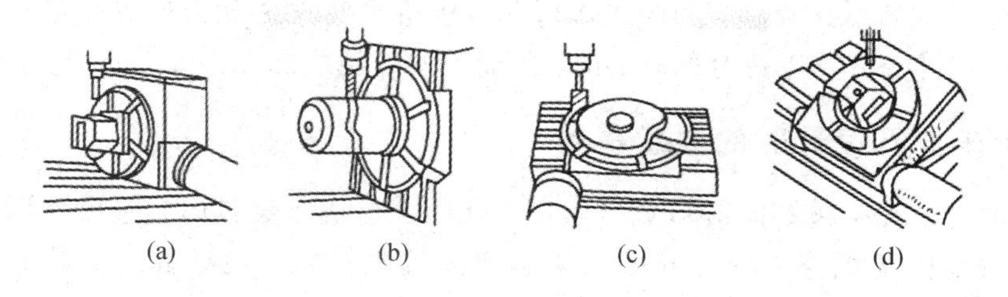

图 6-26　数控回转工作台

6. 数控分度工作台

数控分度工作台只能完成分度运动，而不能实现圆周进给运动，即在需要分度时，按照数控系统的指令，将工作台及其工件回转规定的角度，以改变工件相对于主轴的位置，完成工件各个表面的加工。分度工作台按其定位不同，可分为鼠牙盘式和定位销式两种类型，其中鼠牙盘式分度工作台的分度角度较细，分度精度较高。图 6-27 所示为数控气动鼠牙盘式分度工作台，端齿盘(鼠牙盘)为分度元件，靠气动转位分度，可完成以 5°为基数的整倍垂直(或水平)回转坐标的分度。

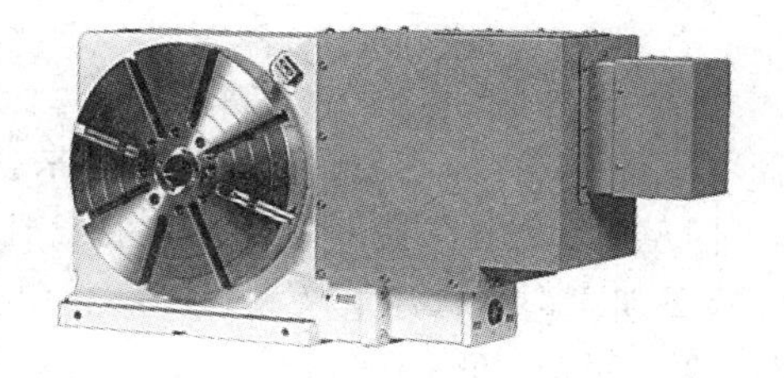

图 6-27　数控分度工作台

7. 数控可交换工作台

数控加工中心工作台自动交换装置主要有两大类型，一类是回转交换式，交换空间小，多为单机时使用，如图 6-28 所示；另一类是移动交换式，工作台沿导(滑)轨移至工作位置进行交换，多用于立式加工中工位多、内容多的情况。数控加工中心工作台自动交换装置使其携带工件在工位及机床之间转换，从而有效减小定位误差及装夹时间，达到提高加工精度及生产效率的目的。

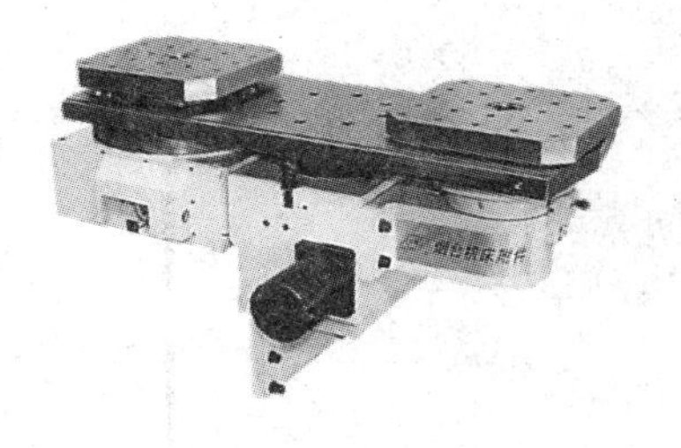

图 6-28　数控可交换工作台

数控可交换工作台

数控可交换工作台结构上分转台和交换台两部分，其中转台部分工作时可按主机控制指令，完成交换托盘和主轴的定位刹紧以及与主机相协调的各种分度运动；交换台部分能使两个托盘自动实行工位交换，回转工作台配合主机可实现托盘交换及托盘刹紧松开的全自动化，完成工件等分和不等分的孔、槽、曲面等的高精度加工。

二、数控机床夹具设计时的注意事项

（1）数控机床有机床坐标系和坐标原点，设计数控机床夹具时，应按坐标图上规定的定位和夹紧表面以及机床坐标的起始点来确定夹具坐标原点的位置，夹具上应设置原点（对刀点），如图 6－29 所示。

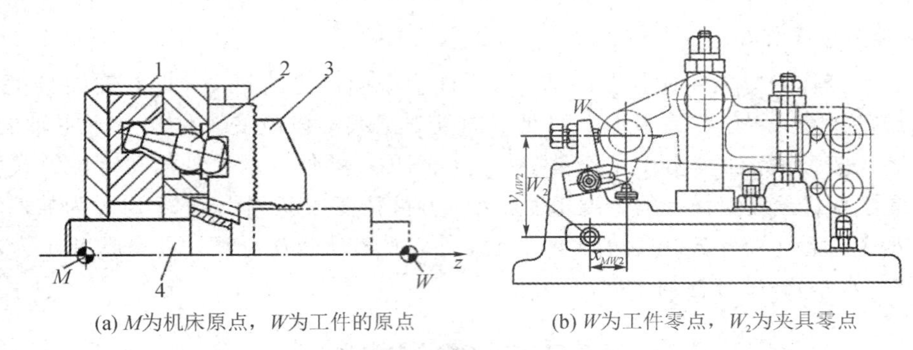

(a) M为机床原点，W为工件的原点　　(b) W为工件零点，W_2为夹具零点

图 6－29　数控机床夹具

（2）数控机床夹具无需设计对刀、导向装置。数控加工本来就要求对刀，从确定程序原点在机床坐标系中的位置，对刀点可以设在零件上、夹具上或机床上，对刀时应使对刀点与刀位点重合，而且数控机床在加工时，机床、夹具、刀具和工件始终保持严格的坐标关系。孔加工时，先用中心钻点窝，起到引正作用。

（3）数控机床应尽量选用液压气动夹具、可调夹具、拼装夹具和组合夹具。液压夹具就是用液压元件代替机械零件实现对工件自动定位、支承与夹紧的夹具。液压夹具能保证工件在规定的位置上准确地定位和牢固地夹紧，能自动控制压板的压紧和抬起，能通过浮动支撑减少加工中的振动和变形。液压夹具既能在粗加工时承受大的切削力，也能保证在精密加工时的准确定位，还能完成手动夹具无法完成的支撑、夹紧和快速释放。液压夹具如图 6－30 所示。

图 6－30　液压四轴夹具

6.4　典型数控铣床、加工中心设备

一、立式数控铣床

典型数控铣床、加工中心设备

XD系列立式数控铣床是大连机床集团公司引进先进技术生产的新一代数控机床，该机床广泛应用于箱体零件、精密零件及小型板类、盘类、壳体类等多品种零件的中小批量加工，零件一次装夹后可自动完成铣、镗、钻、扩、铰、攻丝等多工序加工，如图6-31所示。XD-40A立式数控铣床技术参数如表6-1所示。

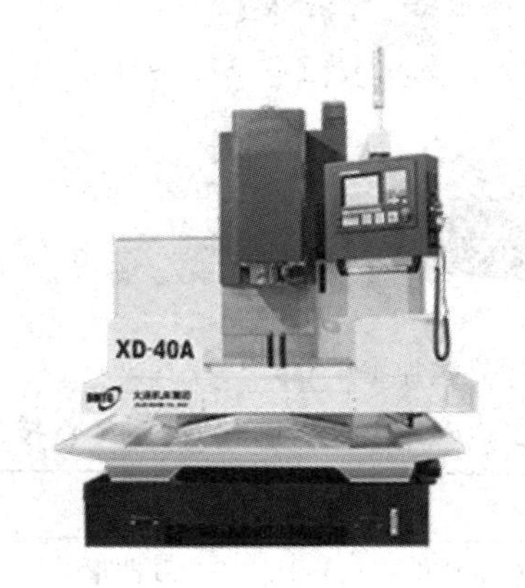

图6-31　立式数控铣床

表6-1　XD-40A立式数控铣床技术参数

参　数		参　数	
1. 工作台尺寸	800 mm×420 mm	8. 主轴端面至工作台上平面距离/mm	140～680
2. 工作台最大承重/kg	500	9. 主轴转速/(r/m)	60～8000
3. 工作台T型槽(槽数×槽宽×槽距)	3 mm×18 mm×125 mm	10. 刀柄形式	BT40
4. 行程（$X\times Y\times Z$）	620 mm×440 mm×540 mm	11. 拉钉	BT40-45°
5. 快速移动速度（$X/Y/Z$）/(m/min)	24/24/20	12. 气源压力/MPa	0.6
6. X、Y、Z切削速度/(mm/min)	0～10 000	13. 机床重量/kg	4000
7. 主轴中心线到立柱正面距离/mm	511	14. 机床轮廓尺寸（$L\times W\times H$）	2310 mm×2040 mm×2317 mm

二、立式加工中心

VDL 系列立式加工中心是大连机床(DMTG)开发生产的具有国内、国际先进水平的立式加工中心，该机床广泛适用于汽车、模具、机械制造等行业的箱体零件、壳体零件、盘类零件、异形零件的加工，零件经一次装夹可自动完成四个面的铣、镗、钻、扩、铰、攻丝的多工序加工，如图 6-32 所示。VDL600A 立式加工中心的技术参数如表 6-2 所示。

图 6-32　立式加工中心

加工中心结构 1

表 6-2　VDL600A 立式加工中心技术参数

参数		参数	
1. 工作台尺寸	800 mm×420 mm	10. 刀柄形式	BT40
2. 工作台最大承重/kg	500	11. 拉钉	BT40-45°
3. 工作台 T 型槽(槽数×槽宽×槽距)	3 mm×18 mm ×125 mm	12. 刀库容量	斗笠式 16 把
4. 行程(X、Y、Z)	620 mm×440 mm ×540 mm	13. 换刀时间(刀-刀)/s	6～8
5. 快速移动速度(X/Y/Z)/(m/min)	24/24/20	14. 最大刀具重量/kg	7
6. X、Y、Z 切削速度/(mm/min)	0～10 000	15. 最大刀具直径/mm	ϕ100/ϕ130(邻空)
7. 主轴中心线到立柱正面距离/mm	550	16. 气源压力/MPa	0.6～0.8
8. 主轴端面至工作台上平面距离/mm	150～670	17. 机床重量/kg	4600
9. 主轴转速/(r/m)	8000	18. 机床轮廓尺寸(L×W×H)	2412 mm×2451 mm ×2483 mm

三、卧式加工中心

HDA 系列卧式加工中心是大连机床集团公司引进先进技术生产的新一代数控机床，特别适合汽车、模具、机械制造等行业的箱体零件、壳体零件、盘类零件、异形零件的加工，零件一次装夹后可自动完成四个面的铣、镗、钻、扩、铰、攻丝等多工序加工，如图 6-33 所示。HDA50 卧式加工中心的技术参数如表 6-3 所示。

图 6-33　卧式加工中心

加工中心结构 2

表 6-3　HDA50 卧式加工中心的技术参数

参　数		参　数	
1. 工作台尺寸/mm	550×550	9. 刀库容量/把	24
2. 工作台最大承重/kg	800	10. 换刀时间/s	4(刀-刀)
3. 工作台分度	1°×360°	11. 最大刀具重量/kg	8
4. 行程（*X*、*Y*、*Z*）	700 mm×650 mm×700 mm	12. 最大刀具直径/mm	ϕ75
5. 快速移动速度(*X*/*Y*/*Z*)(m/min)	20/20/18	13. 最大刀具长度/mm	300
6. 主轴转速/(r/m)	6000	14. 机床重量/kg	8500
7. 刀柄形式	BT40	15. 机床占地面积	3300 mm×3700 mm
8. 数控系统	FANUC-0i-MD		

思考与练习

6-1　谈谈加工中心无机械手式自动换刀装置的换刀过程。

6-2　谈谈加工中心单臂双爪式机械手自动换刀过程。

6-3　谈谈机用虎钳装夹的工作特点。

6-4　数控机床夹具设计的特点是什么？

项目七　数控铣床、加工中心刀具

【知识目标】

- 掌握面铣削刀具的结构分析与选用
- 掌握立式铣刀的结构分析与选用
- 掌握圆盘形槽铣刀的结构分析与选用
- 掌握螺纹铣削刀具的结构分析与选用
- 掌握镗孔加工刀具的结构分析与选用

【技能目标】

- 能够合理选择面铣刀、立铣刀、圆盘槽铣刀、螺纹铣刀、镗刀及相应的刀柄
- 能够合理选择数控刀具的切削三要素

传统的普通铣削加工，其机床主轴位置(即刀具)一般固定不动，通过工作台、机床夹具或机床附件等改变工件与刀具的相对位置进行加工；现代数控铣削加工则是工件在机床工作台的位置基本固定，通过各坐标轴的联动运动控制刀具与工件的相对位置，实现加工。普通铣削主要以工件变换不同位置适应固定的刀具进行加工，数控铣削是联合运动的刀具通过变换不同位置适应固定的工件进行加工，其各进给轴为数控系统控制、多轴联动驱动刀具，实现较为复杂的曲线运动，完成各种复杂表面的加工，随着机床联动坐标轴数量的增加，其加工复杂曲面的适应性增强。正是这样一种变化使铣削加工工艺发生了较大的变化，如工序相对集中，加工过程自动化程度较高，夹具与机床附件的应用更为简化，在数控加工过程中，人们将更多地关注切削刀具的运动。

7.1　数控铣削刀具基础

一、数控铣削加工方式

1. 端面铣削方式

用面铣刀铣削平面是端面铣削的典型示例，依据铣刀与工件加工面的相对位置(或称吃刀关系)不同，分为两种铣削方式，即对称铣削和不对称铣削，如图 7－1 所示，其中不对称铣削又细分为不对称顺铣与不对称逆铣。

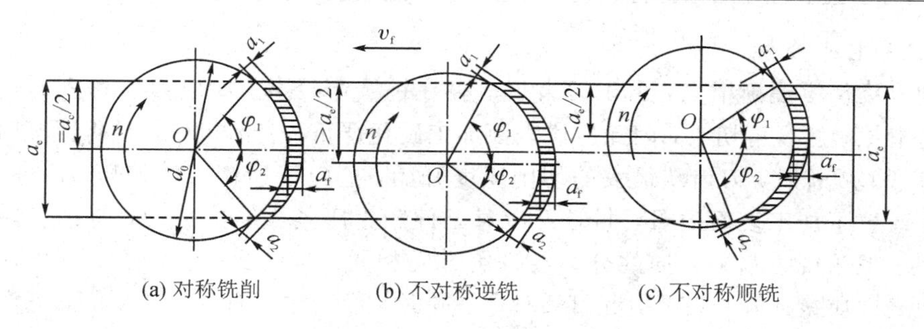

对称与不对称铣削

图 7－1　对称与不对称铣削

1）端面铣削方式定义

（1）对称铣削：铣刀的中心线通过铣削宽度 a_e 的对称线，切入量 a_1 与切出量 a_2 相等，如图 7－1(a)所示。

（2）不对称铣削：铣刀的中心线偏离铣削宽度 a_e 的对称线，按其偏离位置的不同可细分为不对称逆铣和不对称顺铣，切入量 a_1 与切出量 a_2 不相等，如图 7－1(b)、(c)所示。

2）端面铣削的特点

（1）对称铣削时，铣刀每个刀齿的切入与切出厚度 h_D（切入厚度与切入量成正比）相等，但工件受到的横向力最大，引起的冲击振动较大，对加工不利，实际应用不多。

（2）不对称逆铣时，铣刀的切入段相当于逆铣，铣削过程平稳，整个切削过程逆铣所占的比例较大，广泛用于普通碳钢和高强度低合金钢的加工。

（3）不对称顺铣时，铣刀的切出段相当于顺铣，整个切削过程顺铣所占的比例较大，加工表面切削变形小，切削不锈钢和耐热钢等效果较好。该铣削方式可能出现铣削方向的切削分力与进给运动方向同向的问题，虽然数控机床进给丝杠间隙基本为零，但仍然会对铣削进给运动的平稳性造成一定影响，因此其铣削平稳性略低于不对称逆铣。

2. 圆周铣削方式

圆周铣削是基于铣刀圆柱面上的切削刃进行切削的，典型的圆柱铣刀圆周铣削相当于主偏角 $\kappa_r = 90°$ 时的端铣切削。立式铣刀铣削沟槽可看成是对称铣削，而铣侧面则可看成是不对称铣削。实际上圆周铣削的切削刃往往较长，并存在较大的螺旋角(相当于刃倾角)。

1）逆铣与顺铣的定义

在圆周铣削过程中，当铣刀刀齿的旋转运动与工件的进给运动方向相反时称为逆铣，反之，则称为顺铣，如图 7－2 所示。

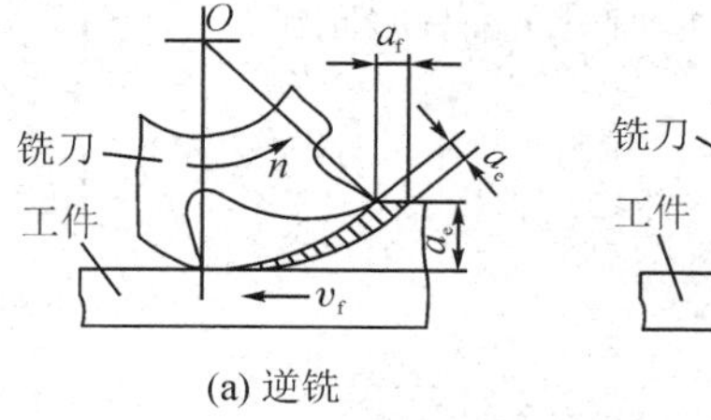

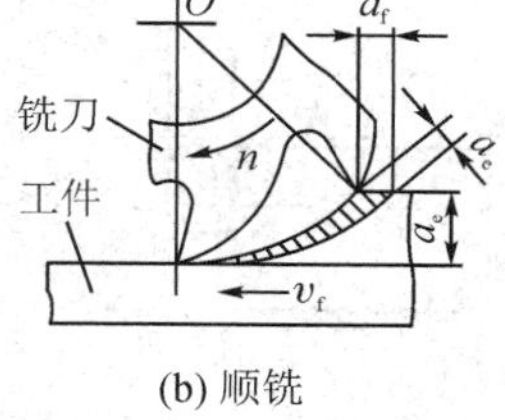

逆铣与顺铣

图 7－2　逆铣与顺铣圆周铣削

2）逆铣与顺铣的特点分析

逆铣时，切削厚度从零逐渐增大，由于刀齿刃口存在钝圆半径 r_n，所以刀齿切入的过程实质上是挤压、滑擦，然后再切入，因此造成表面加工硬化严重，表面粗糙，周期性振动加大，刀具磨损剧烈。顺铣时，刀齿从最大的切削厚度开始，避免了逆铣时的挤压、滑擦，提高了刀具寿命，改善了加工表面质量，同时刀齿对工件产生压紧方向的分力，有助于减小工件的上下振动。但顺铣时水平方向的分力与进给方向相同，若丝杠存在间隙，则可能出现工件窜动，使表面质量下降，甚至引起打刀现象。同时，若工件表面存在硬皮等，则对刀具也是不利的。

一般情况下，逆铣用于粗铣加工，精铣加工一般选择顺铣方式。数控机床进给传动滚珠丝杠的预紧技术，使丝杠间隙几乎为零，顺铣时的工件窜动现象不易出现，故数控铣削的粗铣与半精铣加工，对逆铣与顺铣方式的要求并不明显，数控铣削过程中的顺铣与逆铣的使用限制变得弱化，但从加工表面质量看，精铣加工仍然建议采用顺铣方式。

在数控铣床主轴正向旋转，刀具右旋转刀时，顺铣正好符合左刀补（即 G41），逆铣正好符合右刀补（即 G42）。所以一般情况下，精铣用 G41 建立刀具半径补偿，粗铣用 G42 建立刀具半径补偿。

3. 数控铣削加工的铣削方式

以上端面铣削与圆周铣削是两种基础的铣削方式，主要用于平面铣削与轮廓铣削。数控铣削过程不同于普通铣削以平面铣削为主的特点，数控机床一般具有三轴联动功能，铣削运动的轨迹可方便地通过编程实现，因此有其自身特点。数控铣削的特点是刀具的运动轨迹可以通过编程实现，因此其铣削方式比普通铣削更为丰富多样，如插铣、斜坡铣削、螺旋铣削、摆线铣削及其组合应用和专用的铣削方式，即曲面型腔与型芯铣削和螺纹铣削等。

1）铣削加工基本方式

铣削加工基本方式主要有平面铣削、铣槽、侧铣、仿形铣削，如图 7－3 所示。

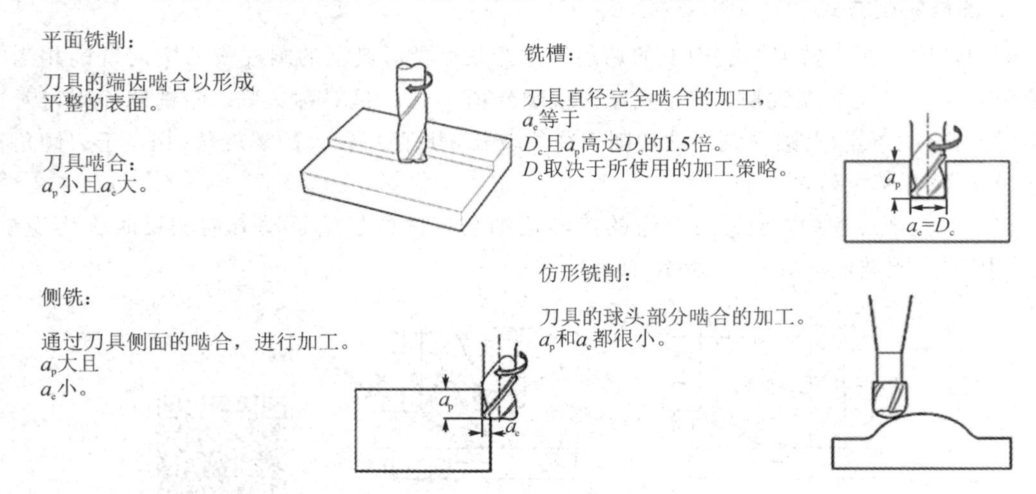

图 7－3　铣削加工基本方式

2）先进铣削加工方法

先进铣削加工方法主要有斜坡铣、螺纹插补铣、摆线铣削、推拉式仿形铣削、插铣、等高线铣削、钻削铣，如图 7－4 所示。

斜坡铣：

以某个角度在Z轴方向进行型腔铣削。

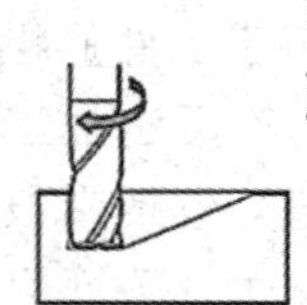

螺旋插补铣：

在Z轴斜坡铣的同时，刀具作圆周运动进行型腔铣削。

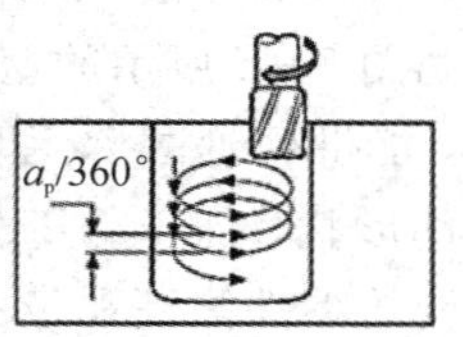

摆线铣削：

在X或Y轴作部分圆周运动，通过使用侧铣来开槽。
(把铣槽变成侧铣)。

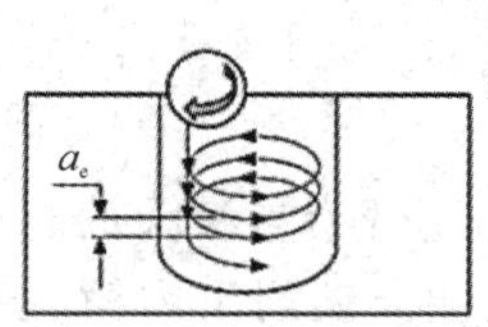

推拉式仿形铣削：

通过沿着型面的轮廓作上下仿形运动来加工一个3D型面。

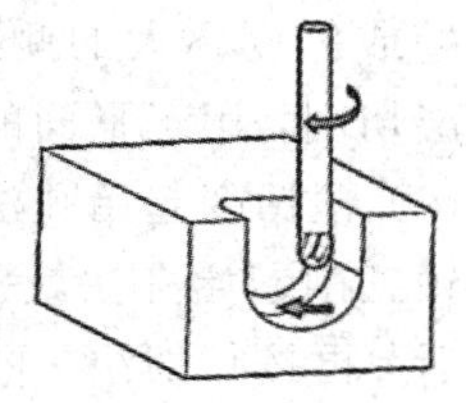

插铣：

使用Z轴钻削开出一条深槽。

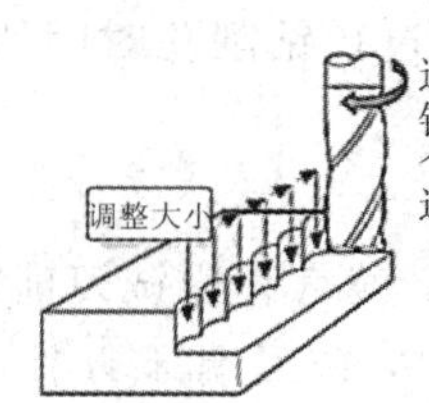

等高线铣削：

通过在 Z 轴进行少量的钻削或斜坡铣加工出一个表面，然后沿X与Y轴运动进行型腔铣削。

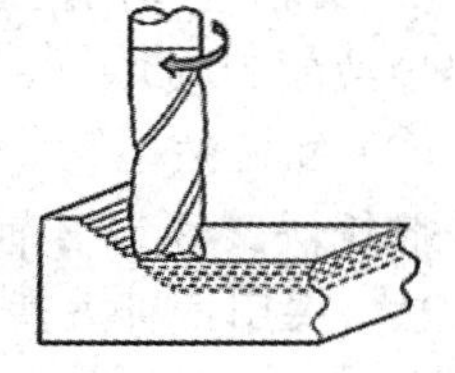

钻削铣：

沿Z轴运动来加工一个孔。

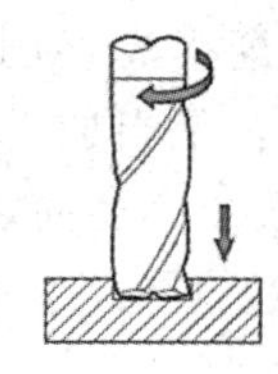

图 7－4　先进铣削加工方法

3）铣削加工策略

铣削加工主要有普通加工、高速加工、高性能加工、高进给加工、微加工。

高速加工是加工时设置较小的径向切削深度、高的切削速度与高的进给速度的加工策略，可以达到很高的材料切除率和较低的 Ra 值。高速加工切削速度高、切削力低、传递到刀具和工件上的热量少、毛刺的形成少、工件的尺寸精度高。

高性能加工能够达到非常高的金属切除率，加工时切削宽度是刀具直径的 1 倍，且切削深度是刀具直径的 1～1.5 倍(取决于工件材料)。高性能加工的刀具排屑槽上设置有专门开发的容屑结构，刀尖用 45°小平面或刀尖圆弧进行保护。

高进给加工由整个刀具直径满刃切削，切削深度小，进给速度高，可以达到高的金属切除率与好的表面粗糙度。高进给加工作为高速加工之前的预加工是非常好的，也可用于深型腔加工。

微加工是指加工时刀具直径较小，刀具直径范围从 ϕ0.1 到 ϕ2.0 mm，切削长度短。

4）内槽(型腔)起始切削的加工方法

如图 7－5 所示的型腔零件，型腔铣主要用于工件的粗加工，能够快速去除毛坯余量，可加工出平面铣无法加工的零件形状，加工的工件侧壁可垂直或不垂直，包括带拔模角度的零件侧壁和带曲面的零件等，型腔底面或顶面可为平面或曲面，如模具的型芯和型腔等。型腔铣也可以用于直壁或斜度不大的侧壁的精加工，通过限定高度值，只作一层切削，用于平面的精加工以及清角加工等。

图 7－5　型腔零件

（1）预钻削起始孔法。

预钻削起始孔法就是在实体材料上先钻出比铣刀直径大的起始孔，铣刀先沿着起始孔下刀后，再按行切法、环切法或行切＋环切法侧向铣削出内槽(型腔)的方法。实际一般不采用这种方法，因为钻头的钻尖凹坑会残留在内槽(型腔)内，需采用另外的铣削方法铣去该钻尖凹坑，且增加一把钻头；另外，铣刀通过预钻削孔时因切削力突然变化产生振动，常常会导致铣刀损坏。

（2）插铣法。

插铣法又称为 Z 轴铣削法或轴向铣削法，就是利用铣刀前端面进行垂直下刀切削的加工方法。采用这种方法开始切削内槽(型腔)时，铣刀端部切削刃必须有一刃过铣刀中心(端面刃主要用来加工与侧面相垂直的底平面)，且开始切削时，切削进给速度要慢一些，待铣刀切削进工件表面后，再逐渐提高切削进给速度，否则开始切削内槽(型腔)时，容易损坏铣刀。适合采用插铣法的场合是当加工任务要求刀具轴向长度较大时（如铣削大凹腔成深槽），由于采用插铣法可有效减小径向切削力，因此与侧铣法相比具有更高的加工稳定性，如图 7－6 所示。

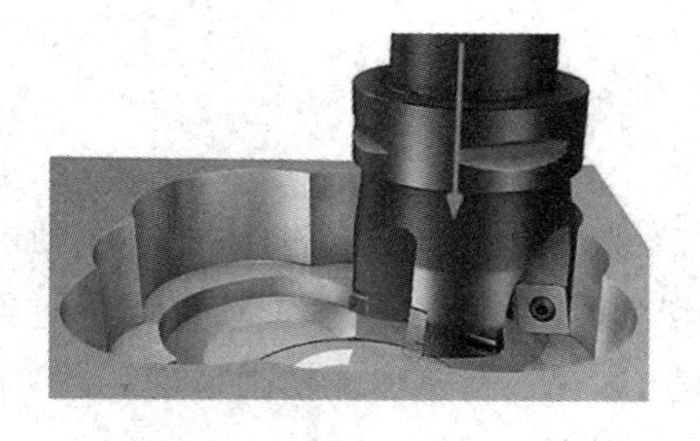

插铣法

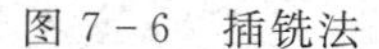

图 7－6　插铣法

（3）坡走铣法。

坡走铣法是开始切削内槽(型腔)的最佳方法之一，该方法是采用 X、Y、Z 三轴联动线性坡走下刀切削加工，以达到全部轴向深度，如图 7－7 所示。

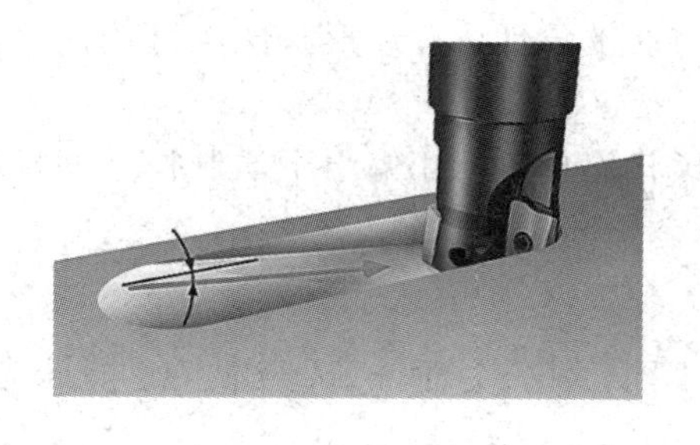

图 7-7　坡走铣法

坡走铣法

(4) 螺旋插补铣法。

螺旋插补铣法是开始切削内槽(型腔)的最佳方法，该方法采用 X、Y、Z 三轴联动以螺旋插补形式下刀进行切削内槽(型腔)，如图 7-8 所示。螺旋插补铣法切削的内槽(型腔)表面粗糙度 Ra 值较小，表面光滑，切削力较小，刀具耐用度较高，只要求很小的开始切削空间。

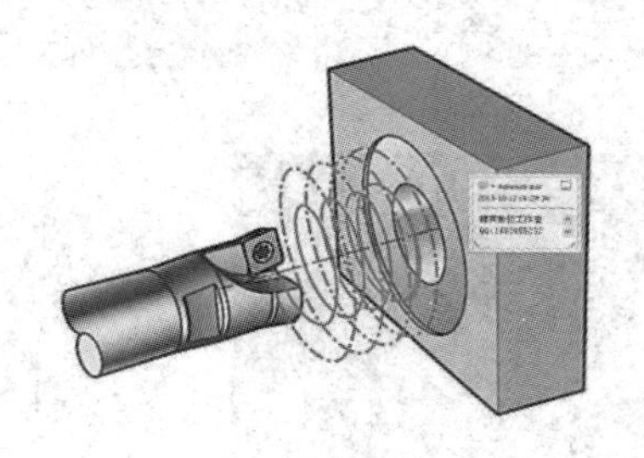

图 7-8　螺旋插补铣法

螺旋插补铣

二、数控铣削加工刀具的种类与特点

1. 按刀齿结构与齿背加工方法不同分

数控铣削加工刀具按刀齿结构与齿背加工方法的不同，可分为尖齿铣刀与铲背铣刀，后者主要用于成形铣刀的设计与加工，在数控加工中应用不多。

2. 按结构形式不同分

数控铣削加工刀具按结构形式的不同，可分为整体式铣刀、机夹可转位式铣刀和焊接式铣刀。

(1) 整体式铣刀一般用于尺寸较小，切削刃复杂的立铣刀和钻头等刀具制作，其材料以高速工具钢(如 W6Mo5Cr4V2)为主，也有采用整体硬质合金材料的，常通过工作部分的涂层处理来提高刀具的寿命，如图 7-9(a)所示。

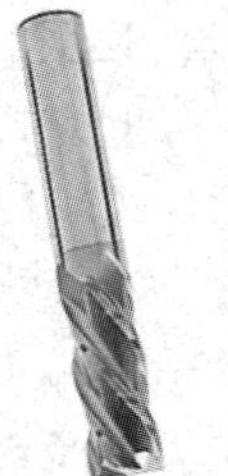

(a) 整体式

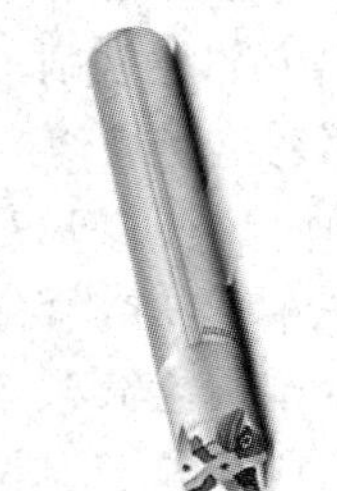

(b) 机夹可转位式

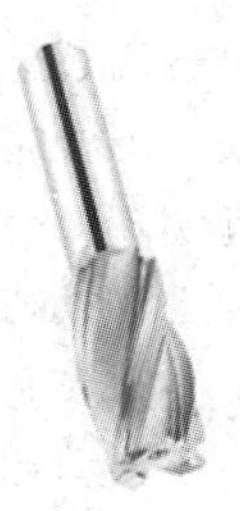

(c) 焊接式

图 7-9　铣刀的结构形式

(2) 数控铣削加工广泛地采用机夹可转位铣刀，机夹可转位刀具的工作部分(刀片)通过机械夹固的方式固定在刀体上，刀片一般具有多个切削刃，可以转位使用；刀片材料以硬质合金居多，一般通过涂层处理提高刀具寿命。考虑到硬质合金的加工特性，刀片形状应尽可能简单，必要时可以用多个刀片模拟出复杂的切削刃，如图7-9(b)所示。

(3) 焊接式铣刀主要用于切削刃形状简单，尺寸偏小不便制作夹固机构的铣刀，在数控加工中应用不多，如图7-9(c)所示。

3. 按加工工艺不同分

数控铣削加工刀具按加工工艺的不同，可分为面铣刀、立铣刀、模具铣刀、三面刃槽铣刀(见图7-10)以及特殊用途的铣刀，如螺纹铣刀等。

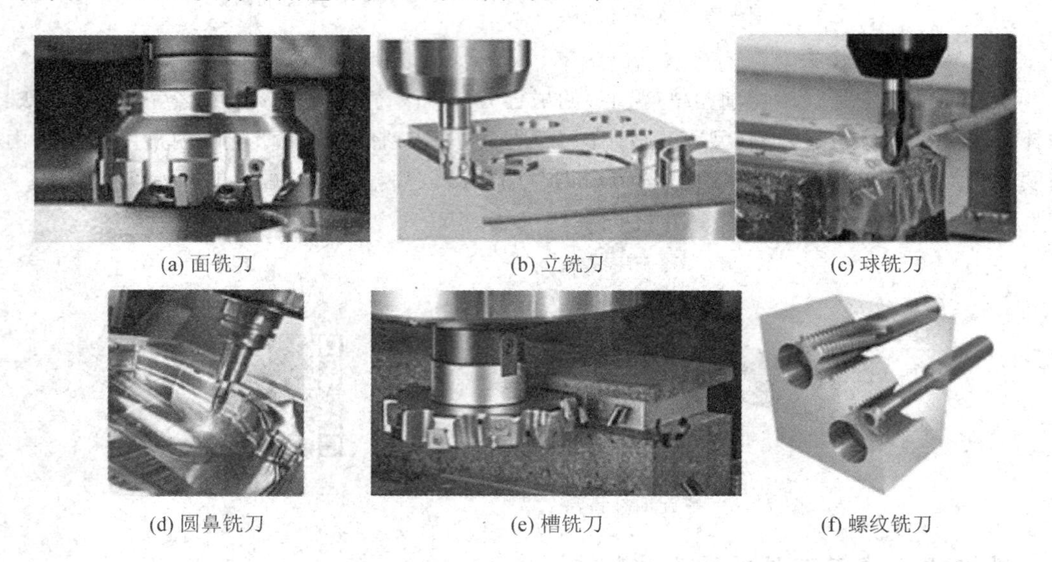

(a) 面铣刀　(b) 立铣刀　(c) 球铣刀

(d) 圆鼻铣刀　(e) 槽铣刀　(f) 螺纹铣刀

图7-10　常用铣刀分类

这里的面铣刀特指端面铣削刀具，如图7-10(a)所示。对于数控面铣刀平面铣削，其不对称铣削方式的选择可以通过编程合理规划。在普通铣刀品种中，圆柱铣刀也可以铣削平面，但由于刀具装夹等方面的原因，标准的圆柱铣刀在数控加工中并不多见，但基于这种铣削形式的刀具还是存在的，如图7-10(b)中的立铣刀圆柱刃铣削。

立铣刀可泛指以圆柱面切削刃为主进行切削加工的铣刀，狭义地说特指平底圆柱立铣刀，其可进行阶梯面、侧面和沟槽等的加工。数控铣削加工刀具轨迹的可编程控制，使得刀具的切入、切出方式和下刀与提刀方式变得丰富多样，端面切削刃延伸至中心的立式铣刀出现后逐渐成为数控铣削刀具类型的专用铣刀。对于圆柱平端面立铣刀，其工作平面的切入、切出通常采用切线切入切出方式，本身就较为平稳，逆铣与顺铣方式可方便地通过编程实现。而轴向的直接下刀方式以刀具的端面切削刃为主，其切削变形较为复杂，一般不宜太深。若工件上未钻预孔，则多采用斜坡下刀或螺旋下刀的方式，这时的切削加工实际上是以圆周铣削为主并包含适量端面切削的铣削方式。

模具铣刀应该属于立铣刀的范畴，但其应用广泛，现特指用于加工曲面的立式铣刀类型，有球头立铣刀(简称球头铣刀、球刀)和圆倒角立铣刀(又称圆鼻铣刀)，如图7-10(c)、(d)所示，这类铣刀还有圆锥球头铣刀和圆锥平底铣刀等，其中球头铣刀和圆鼻铣刀在数控加工中应用广泛。对于圆角铣刀和球头立式铣刀，一般主要用于曲面的半精铣与精铣加工，其背吃刀量一般(轴线切削深度)不大于圆角半径，因此其属于端铣的不对称铣削方式。由于球头铣刀的顶点是一个切削速度为零的点，因此尽量避免用于加工，只有五轴联动数控机床才可完全回避该点的切削加工。

数控铣削中用到的槽铣刀主要为三面刃铣刀，锯片铣刀的使用也较为常见，如图7-10(e)所示。三面刃铣刀主要用于采用圆周铣削方式的铣槽，其可较好地保证槽宽与侧面表面粗糙度，而锯片铣刀主要用于切断，其加工槽的宽度尺寸精度和侧面的表面粗糙度均不佳，两者选用的差异性主要在于对加工槽宽及侧面是否有尺寸与表面粗糙度要求。

对于螺纹铣削加工，虽然属于成形铣削加工，但也可将其简化为圆周铣削，如图7-10(f)所示。

4. 按铣刀刀具材料不同分

数控铣刀按刀具或刀片的材料不同可分为高速工具钢刀具、硬质合金刀具、陶瓷刀具、立方氮化硼刀具、金刚石刀具、涂层材料刀具(涂层高速工具钢刀具、涂层硬质合金刀具)。

三、铣削刀具与数控机床的连接技术——刀柄

选择数控铣削刀具的同时必须考虑刀具在数控机床上的安装，作为数控机床来说，其主轴刀具安装段的结构与参数是固定的，而刀具夹持部分却是随着刀具结构形式的不同而丰富多变的。数控铣刀与数控铣床或加工中心的主轴连接内容和专业化程度等远高于普通铣床，选择数控铣刀必须关注所使用的数控铣床、加工中心主轴结构与换刀要求，刀柄和拉钉等必须严格按机床要求选取，刀柄系列的数量配备应考虑经济性，必要时考虑较为完整的工具系统。

在数控铣床和加工中心的机床上，刀具均是通过刀柄与主轴相连的，刀柄可看作是数控铣刀与机床主轴之间的一个过渡部件，它一头连着机床主轴，一头连着刀具，实现各种铣削刀具在机床主轴上的夹持安装。对于某一具体的数控铣床，其主轴锥孔与装刀参数是固定的，因此刀柄与机床的连接参数与结果也就固定。图7-11所示为7∶24锥孔主轴与相应刀柄的锥柄部分连接方式示意图，拉爪通过拉杆与拉爪座相连，外力(如液压缸推力)向左推刀柄压缩碟簧松刀，拉爪在弹簧的作用下张开松脱拉钉，可手动或自动取出刀具(与锥柄安装为一体)，如图7-11(b)所示；反之，将刀具装入主轴，然后去除外力，拉杆通过碟簧力向右紧刀，拉爪收缩抓紧拉钉并拉紧，直至锥柄与主轴的锥孔紧密贴合，完成装刀，如图7-11(a)所示。注意，刀柄的夹紧力实际上来自碟簧，因此，即使断电，刀具也不会脱落。

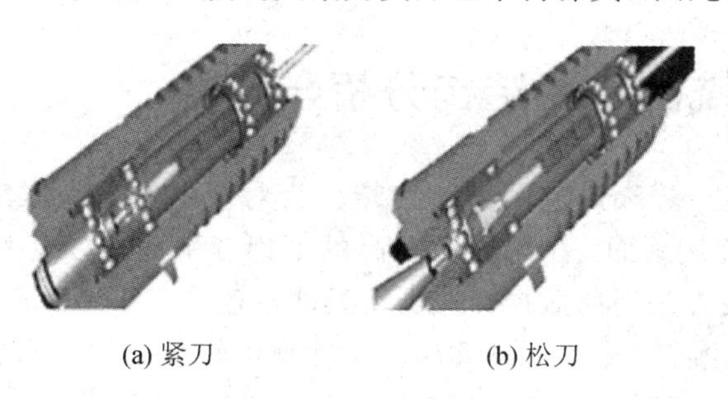

(a) 紧刀　　(b) 松刀

图7-11　7∶24刀柄与主轴连接示意图

铣刀刀柄

1. 弹簧夹头刀柄

作为刀柄而言，一旦机床确定了，其锥柄部分（包括锥柄与拉钉的类型与参数）也就确定了，刀柄变化活跃的部分主要是与刀具相连的部分。图 7－12 所示为某弹性夹头式刀柄结构原理图，其锥柄部分为 BT 型刀柄，端头有一个螺钉孔，用于安装一个拉钉；刀具夹持部分是一个弹性夹头结构，其中弹性夹头的中间孔是一个圆柱孔，用于夹持各种直柄立铣刀。一个这种形式的弹性夹头刀柄往往配有孔径不等的多个弹性夹头，以适应不同规格的直柄立铣刀或钻头的夹持。

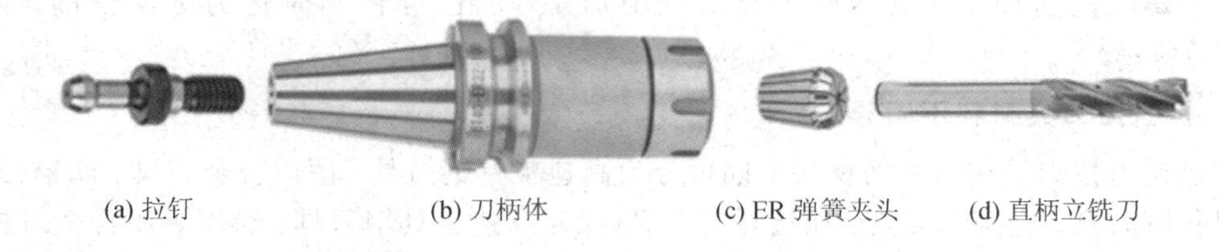

(a) 拉钉　(b) 刀柄体　(c) ER 弹簧夹头　(d) 直柄立铣刀

图 7－12　弹性夹头刀柄

2. 其他形式刀柄

其他形式的刀柄如图 7－13 所示。

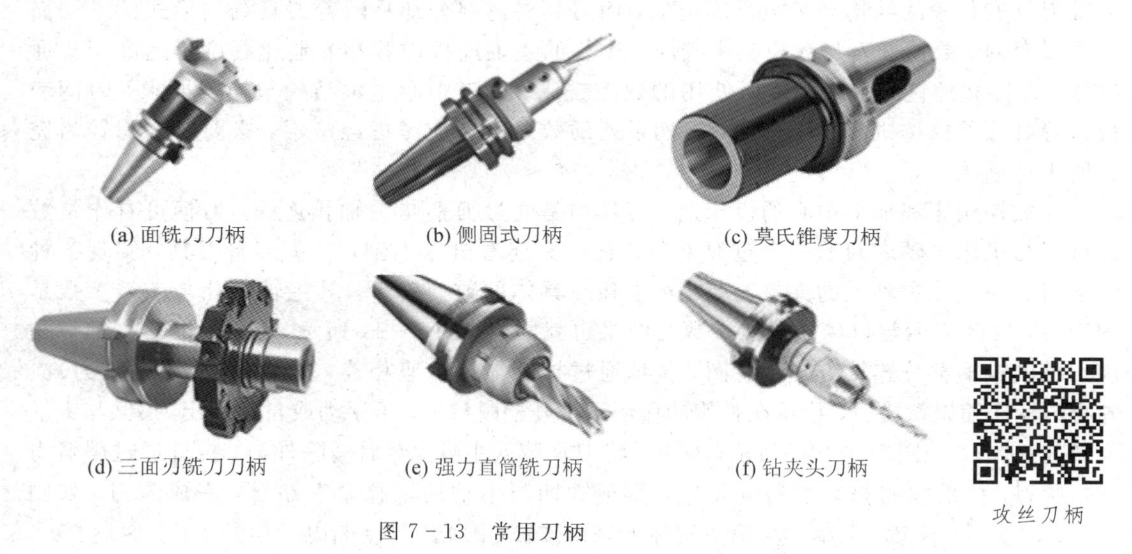

(a) 面铣刀刀柄　(b) 侧固式刀柄　(c) 莫氏锥度刀柄

(d) 三面刃铣刀刀柄　(e) 强力直筒铣刀刀柄　(f) 钻夹头刀柄

图 7－13　常用刀柄

7.2　面铣削刀具结构分析与选用

面铣刀是以端面铣削方式为主，以大区域平面几何特征为对象的铣削加工刀具，其平面区域主要为无特定边界要求的连续平面，也可以是等高的不连续平面或以这些平面为主的阶梯平面等。机夹可转位式面铣刀是当前数控面铣削刀具的主流产品，如图 7－14 所示，其刀片具有可转位、不重磨、可更换、专业化生产等特点，标准可转位面铣刀直径为 ϕ16～ϕ630 mm。粗铣时，铣刀直径要小些，因为粗铣切削力大，选小直径铣刀可减小切削扭矩；精铣时，铣刀直径要大些，尽量包容工件整个加工宽度，以提高加工精度和效率，并减小相邻两次进给之间的接刀痕迹。

图 7-14　机夹可转位式面铣刀

机夹可转位式面铣刀

1. 面铣刀基本参数

根据工件的材料、刀具材料及加工性质的不同来确定面铣刀几何参数。由于铣削时有冲击，故前角数值一般比车刀略小，尤其是硬质合金面铣刀，前角要更小些，铣削强度和硬度高的材料可选用负前角。铣刀的磨损主要发生在后刀面上，因此适当加大后角，可减少铣刀磨损，常取 a_o 为 5°～12°，工件材料软取大值，工件材料硬则取小值，粗齿铣刀取小值，细齿铣刀取大值。铣削时冲击力大，为了保护刀尖，硬质合金面铣刀的刃倾角常取 $\lambda_s=-5°\sim-15°$，只有在铣削强度低的材料时取 $\lambda_s=5°$。主偏角 κ_r 在 45°～90° 范围内选取，铣削铸铁常用 45°，铣削一般钢材常用 75°，铣削带凸肩的平面或薄壁零件时要选用 90° 主偏角。

面铣刀的基本参数包括主规格参数(切削直径 D) 以及附属的基本参数，如主偏角 κ_r、最大背吃刀量 a_p 和齿数 z 等，如图 7-15 所示。

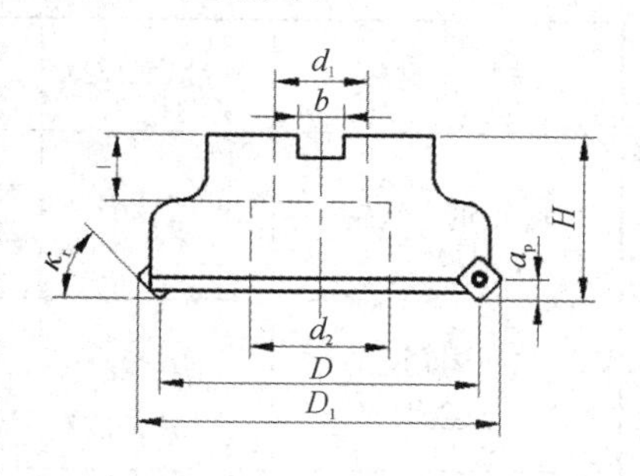

图 7-15　面铣刀参数示例

面铣刀直径 D 与数控加工工艺及编程也有极大的关系，一般直径 D 与端面铣削参数侧吃刀量 a_e 保持 1.2～1.6 倍的关系时切削效果最佳，选用的面铣刀尽量包括工件的整个加工宽度，以提高加工精度和效率，减小相邻两次进给之间的接刀痕迹和保证铣刀的耐用度。也就是说，数控编程面铣削时，刀具轨迹的行距一般取刀具直径的 65%～85%。

齿数 z 直接决定了面铣刀刀齿排列的疏密程度，其对容屑槽的大小、切削效率的高低、切削加工的平稳性和切削用量的计算等均有影响。齿数与齿距存在一定的对应关系，根据齿距的不同，常将刀齿分为粗齿、中齿和细齿(也可称为疏齿、密齿和超密齿等)。粗齿刀具由于齿数少，切削振动会增加，故有时将刀齿设计为不等距结构，以减小振动。

2. 面铣刀的安装与连接

这里讨论套式面铣刀与机床主轴的安装与连接同题，所谓面铣刀的安装，是指如何将面铣刀准确可靠地与主轴紧固连接，并确保其在切削力等外力的作用下仍然能够进行切削加工。

(1) 基于套式面铣刀刀柄的安装与连接：面铣刀刀柄一般采用圆柱与端面定位，端键传递动力，螺钉夹紧的方式，根据刀具的大小，可分为中心单个螺钉夹紧与端面四个螺钉夹紧两种方式。图 7-16 所示的刀柄适合于国标中的 A 型与 B 型面铣刀的安装夹紧，其刀具直径一般在 125 mm 以下。安装时，将面铣刀的圆柱孔装入刀柄的圆柱定位面内，并使传动键槽与端面传动键对齐嵌入接触至定位，然后旋入并拧紧中心夹紧螺钉即可。对于尺寸较大的 C 型面铣刀及安装结构直径在 160 mm、200 mm 和 250 mm 规格的面铣刀，则是在端面开设四个夹紧螺钉孔，用来代替中心螺钉夹紧刀具。

面铣刀安装

图 7－16　面铣刀中心螺钉夹紧装配结构

(2) 基于机床主轴的安装与连接：对于直径较大的面铣刀安装（$D = 160 \sim 500$ mm 的 C 型面铣刀），一般采取面铣刀直接安装在主轴上的方式。

3. 面铣刀切削用量的确定

切削用量的选择是一个复杂的问题，影响因素较多，如机床功率、刀片材料、工件材料，甚至各人的使用经验，建议参照所选刀具制造商推荐的数据初步确定，然后再根据加工现场的具体情况进行修整。表 7－1 列举了 45°主偏角面铣刀的切削用量推荐参数。

表 7－1　45°主偏角面铣刀铣削推荐的切削参数

被加工材料	硬度(HBC)	切削速度 v_c/(m/min)	每齿进给量 f_z/(mm/z)		
			精加工	半精加工	粗加工
低碳钢、软钢	≤180	270(220～350)	0.15	0.2	0.3
		270(220～360)	0.15	0.2	0.3
		230(170～350)	0.15	0.2	0.3
高碳钢、合金钢	180～280	240(180～350)	0.15	0.2	0.3
		240(180～350)	0.15	0.2	0.3
		220(150～330)	0.15	0.2	0.3
合金工具钢	280～350	220(150～300)	0.15	0.2	0.3
		220(170～340)	0.15	0.2	0.3
		190(130～300)	0.15	0.2	0.3
不锈钢	≤270	150(120～240)	0.15	0.2 (0.1～0.3)	
		160(110～270)	0.15	0.2 (0.1～0.3)	
		140(100～250)	0.15	0.2 (0.1～0.3)	
铸铁	180～250	210(120～300)	0.15	0.2	0.3
		240(180～300)	0.15	0.2	0.3
铝合金		300	0.25 (0.1～0.4)		
		300			
高温合金	≤400	50(2000)	0.1	0.15 (0.1～0.3)	
		40(20～50)	0.1	0.15 (0.1～0.3)	

注：表中所列的进给量可在±50%范围内调整，表中的刀片材料为涂层硬质合金。

7.3　立铣刀结构分析与选用

立铣刀在数控加工中极为活跃，几乎可适应于各种规则几何特征以及复杂曲面的加工，数控加工刀具轨迹可灵活编程实现，可加工二维轮廓、三维型芯与型腔表面等，能够适应复杂轨迹的加工要求。图 7－17 所示为常见的立铣刀数控加工方式，在加工过程中，通常圆周切削刃与端面切削刃均需参与切削。

图 7－17　数控铣削常见加工方式

立式铣刀结构分析与选用

一、立铣刀的种类与结构

1. 立铣刀的种类

立式铣刀从刀齿结构而言，几乎均属于尖齿铣刀，按结构形式不同，立铣刀也可分为整体式、机夹可转位式和焊接式三类，如图 7－9 所示；按刀头几何特征的不同，立铣刀可分为圆柱(平底)立铣刀、圆角(平底)立铣刀和球头立铣刀等；若按立铣刀切削刃多少的不同，还可分为粗齿、中齿和细齿立铣刀，分别应用于粗铣、半精铣和精铣加工，还有一些突出特点的立铣刀，如键槽铣刀、插铣立铣刀、倒角立铣刀、雕刻立铣刀等。

2. 整体式立铣刀的结构分析

整体式立铣刀按其作用不同可分为切削部分、颈部和柄部，如图 7－18 所示。

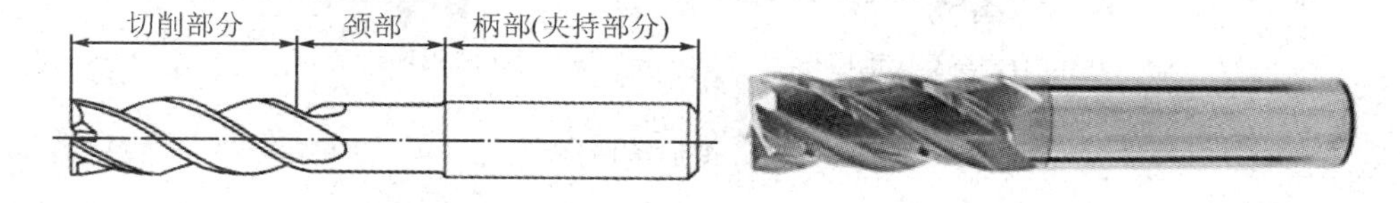

图 7－18　整体式立铣刀的结构组成

(1) 切削部分：切削部分是立铣刀的主要部分，主要根据加工特征与切削原理等进行设计，可细分为端头与圆周两部分。端头部分结构按轮廓形状的不同可分为平底、圆角头(又称圆弧头、牛鼻等)、球头三种常见形式以及倒角头等，如图 7－19 所示，对应的铣刀分别称为圆柱平底立铣刀、圆角头立铣刀(又称圆角立铣刀或牛鼻立铣刀)、球头立铣刀、圆锥立铣刀、圆锥球头立铣刀等。

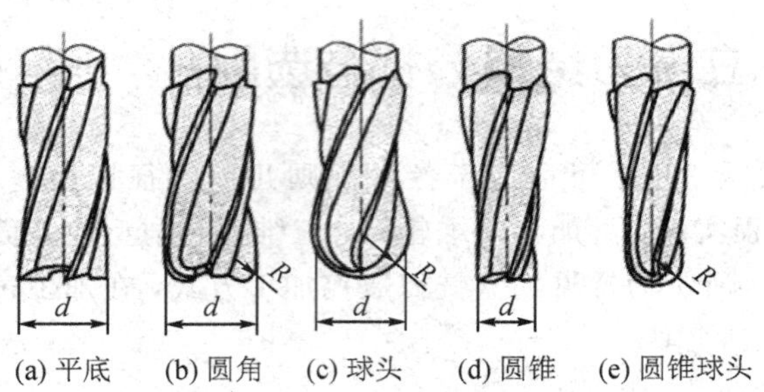

圆角立铣刀

图 7-19　立铣刀切削部分结构形式

(2) 柄部：柄部是立铣刀的夹持部分，它不仅要实现可靠的刀具夹紧，传递一定的转矩和动力，而是必须要有必要的定位精度，使刀具轴线与机床主轴旋转轴线的误差尽可能小。根据几何特征的不同，柄部主要分为圆柱直柄和锥柄两大类。

① 圆柱直柄(简称直柄)：是中小型立式铣刀最常用的结构形式之一，包括普通直柄、削平直柄、斜削平直柄和螺纹柄四种形式，如图 7-20 所示。

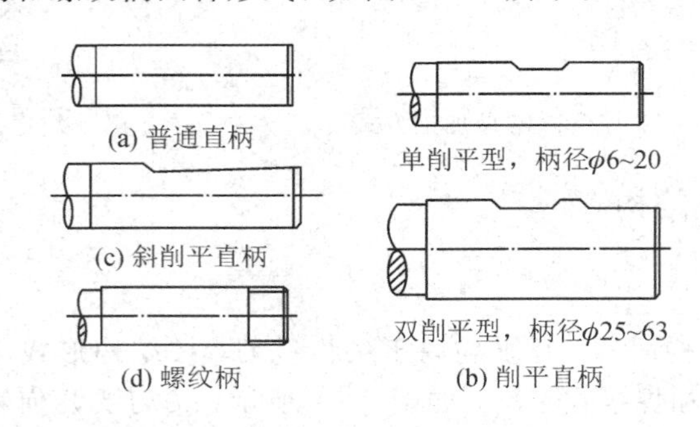

图 7-20　立铣刀柄部结构形式

② 锥柄：包括莫氏锥柄与 7∶24 锥柄两种，如图 7-21 所示。

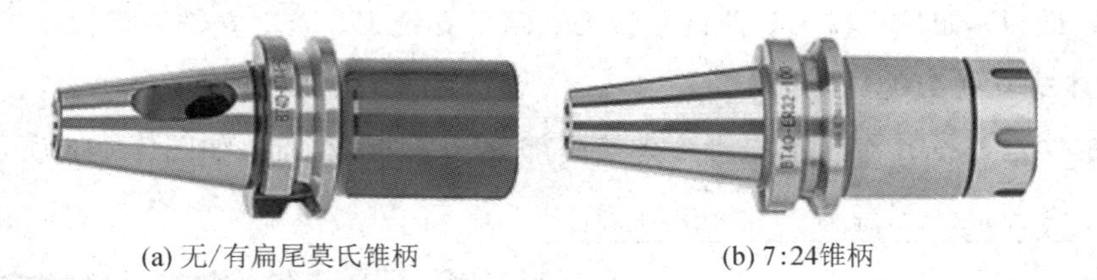

图 7-21　锥柄结构形式

3. 键槽铣刀

键槽铣刀，顾名思义是专为圆柱形工件的圆柱面上键槽加工而设计的铣刀，这种铣刀具有轮廓铣削功能的同时，有较强的垂直下刀功能，但轴向铣削深度不大，因此其端面刃要过中心，如图 7-22 所示。键槽铣刀刀柄结构形式与立铣刀刀柄结构形式相同。

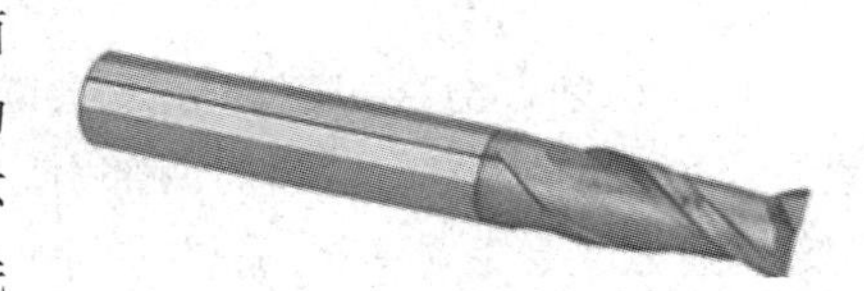

图 7-22　键槽铣刀

二、立铣刀的安装与连接

立铣刀的柄部主要有普通直柄、削平型直柄、莫氏锥柄三种，刀柄 7:24 锥柄是直接与机床主轴相连安装的，该锥柄的使用必须与机床主轴的锥柄规格相适应。图 7 - 23 所示为数控机床常用的弹簧夹头刀柄，主要用于尺寸不大的普通直柄立铣刀，刀柄都配有相应的拉钉，刀柄体的柄部必须与数控机床主轴相适应，弹簧夹头为系列套件，以中间孔为主参数系列化。

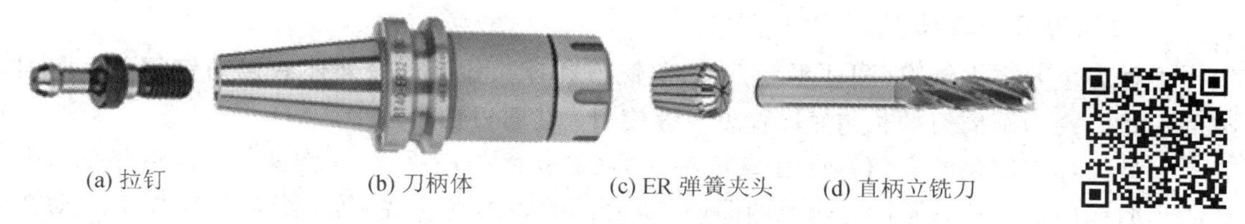

图 7 - 23　弹簧夹头刀柄安装刀具原理

图 7 - 24 所示为强力铣削夹头的刀柄，也是用于直柄铣刀的装夹刀柄，只是它的夹持力更大，且适应的刀具直径范围比弹簧夹头刀柄要大，可更好地适应机夹式直柄立铣刀的装夹。

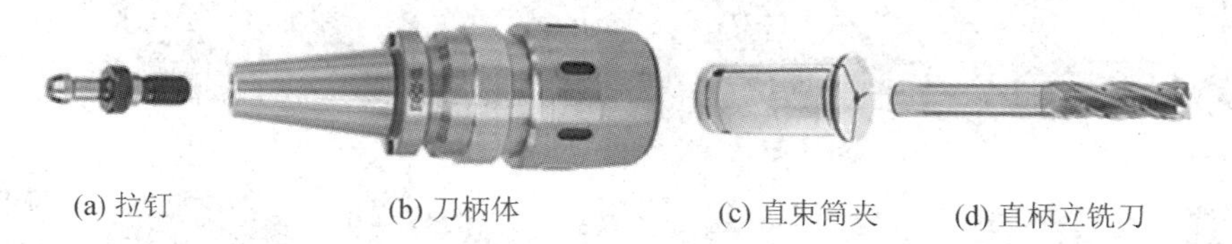

图 7 - 24　强力铣削夹头刀柄

图 7 - 25 所示为削平型立铣刀的侧固式刀柄(也称削平型刀柄)，分 A 型、B 型两种，分别用于单削平和双削平柄部的立铣刀。

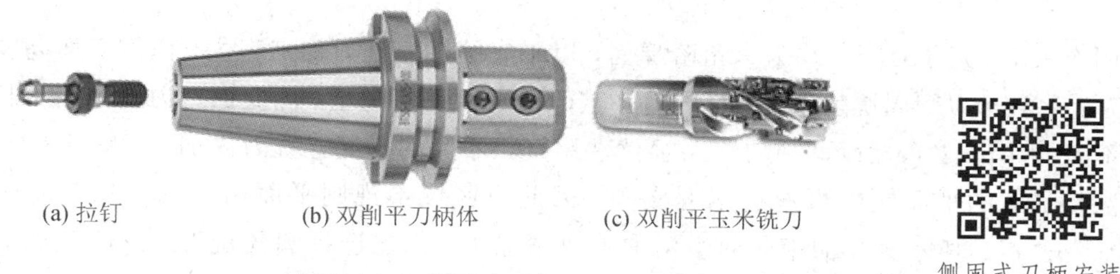

图 7 - 25　侧固式刀柄

图 7 - 26 所示为莫氏圆锥孔刀柄，主要用于莫氏圆锥柄刀具的安装，刀柄与刀具的莫氏圆锥号必须匹配。

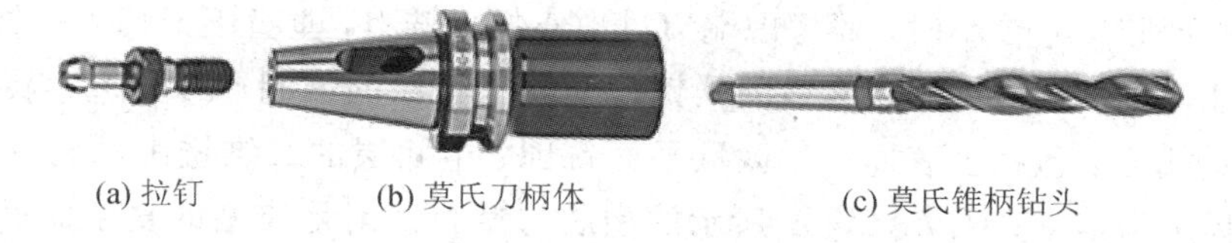

图 7 - 26　莫氏圆锥孔刀柄

三、立铣刀的选择与切削用量

立铣刀的圆周切削刃与端面切削刃决定了其铣削功能多于面铣刀，端面刃过中心的立铣刀增强了其垂直下刀切削的能力，数控机床运动轨迹可编程的特点，丰富了立铣刀的加工能力，常出现横向进给与轴向进给合成运动的加工，如斜坡切削、螺旋切削和Z型切削。立铣刀刀具的直径一般较面铣刀小得多，其切削用量选择有其自身需要考量的问题，如立铣刀易折断是面铣刀不可能出现的问题。

1. 立铣刀刀具的形式

立铣刀主要有立铣刀(圆柱平底)、圆角铣刀和球头铣刀，另外还有倒角铣刀等；切削刃的形式表现为圆周刃的长与短、直刃与螺旋刃、端面刃是否过中心等。

立铣刀加工部位的几何特征有直角阶梯面(侧立面与底平面)、沟槽、小区域平面、平缓的小曲率曲面、曲率大且变化大的曲面(如模具的型芯与型腔)等。配合数控加工运动轨迹可编程的特点，其几何特征可方便地扩展为型芯与型腔底、顶平面、二维内轮廓曲面、二维外轮廓曲面、复杂沟槽、模具的型芯与型腔曲面(典型多变的曲面)等，如图7-27所示。

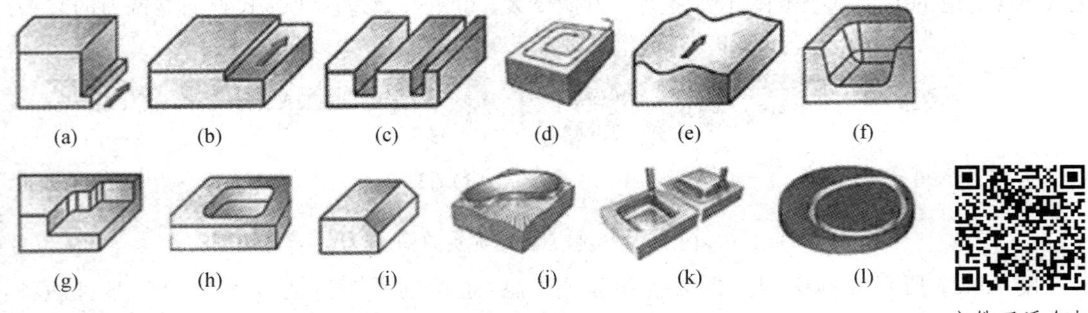

图7-27 立铣刀适合加工的几何特征

立铣刀适合加工的几何特征

图7-27(a)、(b)所示均为直角阶梯面，以平底圆柱立铣刀加工为主，但侧立面高度不同，图7-27(a)以圆周铣削为主，而图7-27(b)以平面铣削为主，侧立面对刀具圆周刃长度要求不大；图7-27(c)所示沟槽加工，显然选用直径不大的平底立铣刀先加工；图7-27(d)说明数控加工的平面铣削可通过编程实现，因此小区域不规则平面用立铣刀加工有时更好；图7-27(e)所示为小曲率曲面半精加工或精加工，优先选择圆角铣刀，以避免球头铣刀刀心速度为零切削的情况；如图7-27(f)所示，曲率大且变化大时的精铣加工一般选择球头铣刀；图7-27(g)所示的轮廓铣削是阶梯面铣削的延伸，一般选择平底立铣刀；图7-27(h)所示为二维内轮廓铣削，显然选择的是平底圆柱立铣刀，但要考虑下刀工艺与刀具的选择，型腔尺寸较小时，要考虑端刃过中心的立铣刀，垂直下刀切入；图7-27(i)所示为倒角加工，显然选用主偏角合适的立铣刀有利于程序的编制；图7-27(j)所示为二维轮廓与曲面的组合，包括上表面的小区域平面铣削、中间层的二维铣削和轮廓外的曲面铣削，刀具选择更为丰富；图7-27(k)所示的型芯与型腔铣削是典型的复杂曲面铣削，一般用平底立铣刀粗铣、圆角立铣刀半精铣、球头立铣刀精铣；图7-27(l)所示为闭式凸轮槽

加工，最后一刀的精铣必须使用刀具直径等于槽宽的平底立铣刀，才能更好地模拟凸轮的工作原理，达到使用目的。

2. 根据加工性质选择刀具

一般而言，平底的圆柱立铣刀以圆周切削刃切削为主，切削性能最好；圆角铣刀由于最大背吃刀量相对较小，且因弧刃切削的金属变形量相对较大与复杂，故切削性能次之，但其适宜小切深、大进给的高速铣削；球头铣刀由于可能出现顶点切削速度等于零的问题，且越靠近刀心，切削速度越小，切削性能越差，因此其切削性能最差，但复杂曲面的精铣加工离不开球头铣刀，因此从加工性质而言，有以下几点选择建议：

（1）二维铣削、小区域平面和沟槽等一般选择平底立铣刀。虽然数控铣床的传动丝杆为预紧无间隙设计，传统铣削顺铣打刀的现象不易出现，但从表面加工质量的角度看，仍然建议粗铣时用逆铣，精铣时用顺铣的加工方式。

（2）三维曲面的曲率不大时，使用立铣刀分层粗铣，去除材料，圆角铣刀半精铣和精铣完成加工。

（3）三维曲面的曲率大且变化大时，使用立铣刀分层粗铣，去除材料，圆角铣刀半精铣，留下小且尽可能均匀的精铣余量，球头铣刀精铣加工。

3. 切削用量的选择

1）背吃刀量 a_p 的选择

背吃刀量一般不超过刀具直径的 1.0～1.5 倍，球头和圆角铣刀的背吃刀量不宜超过球头(或画角的)半径，建议采用球头(或圆角的)半径的一半或更小进行小切深、大进给的高速铣削加工。当然，二维铣削侧立壁面的精铣加工还应该考虑在深度方向上一刀铣出。

2）侧吃刀量 a_e 的选择

对于粗铣加工，一般用平底圆柱立铣刀，其侧吃刀量一般取刀具直径的 50%～75%，尽可能高效地去除工件材料，精铣加工不受此限制。球头铣刀则按最小残留面积高度为值依据进行选择。

3）进给速度的选择

数控铣削加工编程所需的进给量是进给速度，而刀具选择时是以每齿进给量为依据的，因此必须掌握其换算关系式。粗铣时，必须确保每齿承受的载荷不至于造成刀齿崩裂，同时，必须确保切除量不至于阻塞容屑槽。精铣时则以表面质量符合要求为前提，适当增大螺旋角有利于提高加工质量。

4）切削速度的选择

在保证刀具寿命的前提下，尽可能选择较大的切削速度。切削速度的选择与刀具材料有密切的关系，硬质合金材料的切削速度一般比高速工具钢高 4～5 倍，如高速工具钢立铣刀的切削速度一般为 15～30 m/min，而硬质合金材料的立铣刀可达 130～140 m/min。

5）立铣刀切削用量的推荐值

表 7-2 所示为三刃整体式平底立铣刀的切削用量推荐表。

表 7-2　三刃整体式平底立铣刀切削用量推荐表

工件材料	硬度 (HBW)	切削速度 v_c/(m/min)	进给量 f_z/(mm/z)	背吃刀量 a_p/mm	侧吃刀量 a_e/mm
低碳钢、易切钢	125～220	120～135	0.007×d	1.00×d	0.30×d
结构钢、碳钢、低合金钢、铁素体和马氏体不锈钢	140～220	110～120	0.007×d	1.00×d	0.20×d
工具钢、调质钢、高合金钢、马氏体不锈钢	220～350	100～110	0.007×d	1.00×d	0.10×d
易切削或中等加工难度的奥氏体和双相不锈钢	180～200	95～105	0.007×d	1.00×d	0.20×d
难加工的奥氏体与双相不锈钢	200～250	72～80	0.007×d	1.00×d	0.10×d
中等硬度铸铁、灰铸铁、低合金铸铁、球墨铸铁	＜300	100～110	0.007×d	1.00×d	0.30×d
难加工的高合金铸铁、球墨铸铁	＜300	54～60	0.007×d	1.00×d	0.15×d
ω(Si)＜12%的铝合金	＜130	max	0.021×d	1.00×d	0.40×d
ω(Si)＞12%的铝合金	＜180	270～300	0.019×d	1.00×d	0.30×d
有色金属、铜合金	＜180	360～400	0.014×d	1.00×d	0.40×d
低碳钢、易切钢	125～220	112～125	0.005×d	0.50×d	
结构钢、碳钢、低合金钢、铁素体和马氏体不锈钢	140～220	90～100	0.005×d	0.40×d	
工具钢、调质钢、高合金钢、马氏体不锈钢	220～350	80～90	0.005×d	0.30×d	
易切削或中等加工难度的奥氏体和双相不锈钢	180～200	76～85	0.005×d	0.35×d	
难加工的奥氏体与双相不锈钢	200～250	58～65	0.005×d	0.20×d	
中等硬度特铁、灰铸铁、低合金铸铁、球墨铸铁	＜300	80～90	0.005×d	0.40×d	
难加工的高合金铸铁、球墨铸铁	＜300	50～55	0.005×d	0.20×d	
ω(Si)＜12%的铝合金	＜130		0.015×d	0.40×d	
ω(Si)＞12%的铝合金	＜180	135～150	0.014×d	0.20×d	
有色金属、铜合金	＜180	225～250	0.010×d	0.50×d	

注：(1) 冷却条件为乳化液。

(2) 表中符号"d"为刀具直径。

7.4　圆盘型槽铣刀结构分析与选用

槽是机械零件中常见的几何特征，虽然立铣刀也能铣削槽型，但当槽较窄、较深时，立铣刀刚性不好会导致生产率低、加工精度差等问题。圆盘型槽铣刀简称槽铣刀，主要用于加工不同断面(常见为矩形)的槽几何体，一般将以切割为主的锯片铣刀归在其中。图 7-28 所示为圆盘型槽铣刀的加工。

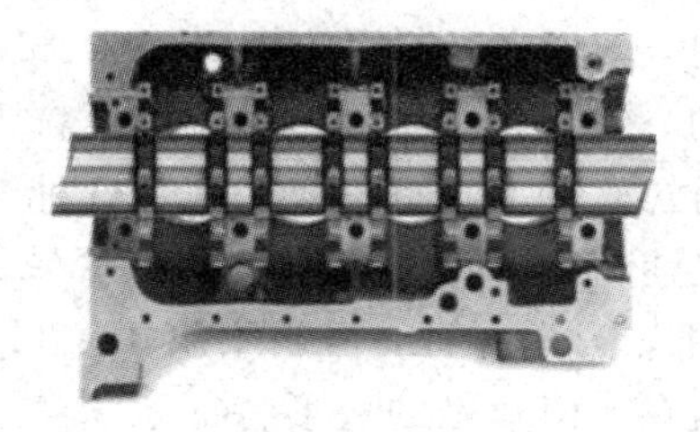

图 7-28　圆盘型槽铣刀加工

圆盘型槽铣刀具形式与加工特征

槽铣刀按切削刃数不同可分为锯片铣刀、尖齿槽铣刀(单位刃铣刀)、两面刃铣刀和三面刃铣刀。锯片铣刀的功能是切割或切断，一般仅设计一个圆周切削刃，该铣刀对切割槽的两侧面及槽宽没有要求，槽两侧立面的表面质量较差。三面刃铣刀是典型的槽铣刀，包括圆周切削刃与两侧的端面切削刃，由于其刚性远优于立铣刀，所以加工出的槽宽的尺寸精度和表面质量均较好。单位刃铣刀和两面刃铣刀为三面刃铣刀的变种。

图 7-29 所示为三面刃铣刀，其圆周面与两端面的三条切削刃均专门刃磨有后角，使得刃口锋利，切削质量好。三面刃铣刀可分为直齿三面刃铣刀和错齿三面刃铣刀，后者的圆周刃相当于有了刃倾角，而两侧的切削刃又相当于有了前角，因此其切削刃的锋利性好于直齿三面刃铣刀。三面刃铣刀不仅可以铣削沟槽，还可以铣削阶梯面甚至平面。

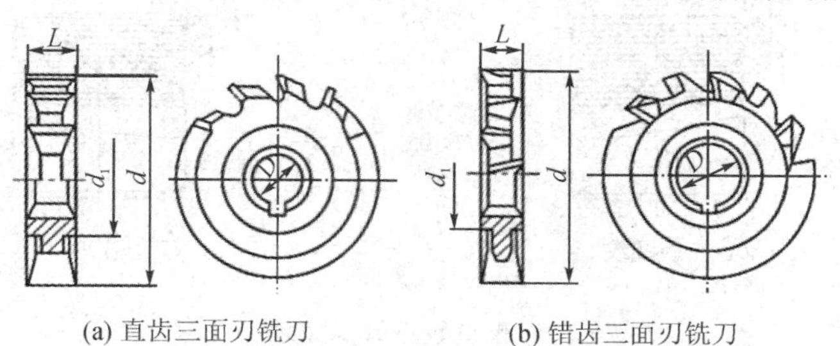

(a) 直齿三面刃铣刀　　(b) 错齿三面刃铣刀

图 7-29　三面刃铣刀

数控加工中主要使用机夹式和整体式槽铣刀，整体式圆盘式铣刀的刀具材料多为高速工具钢 W6Mo5Cr4V2，硬度为 63～66HRC，机夹式槽铣刀的材料是硬质合金。

圆盘型槽铣刀的安装孔连接主要有三种形式：键槽孔式、端键套式和直柄式，后两种前面已经介绍，键槽孔式槽铣刀的安装如图 7-30 所示，垫圈的数量和厚度可根据铣刀厚度选择。

图 7-30　键槽孔式铣刀的安装

7.5　螺纹铣削刀具结构分析与选用

螺纹是机械工程中常见的几何特征之一，螺纹的加工工艺较多，如基于塑性变形的滚丝与搓丝，基于切削加工的车削、铣削、攻螺纹与套丝、螺纹磨削、螺纹研磨等，螺纹数控铣削是基于数控机床三轴联动，控制螺纹刀具按螺旋线运动，从而铣削出螺纹的一种加工方法。现代企业螺纹铣削加工已经非常普遍，螺纹铣削加工的好处是效率高、毛刺少，按照螺纹公称尺寸及螺距选择相应的螺纹铣刀即可，刀柄多为削平刀柄 BT40 - SLA。螺纹铣刀有装夹可转位刀片的铣刀及整体硬质合金铣刀，硬质合金机夹可转位螺纹铣刀通过刀片的更换，使螺纹铣刀能自如地在外螺纹加工及内螺纹加工之间转换，满足各种螺纹标准的加工需求，这类螺纹铣刀通常带有内冷却通孔以使得冷却液高效直达切削区域。螺纹数控铣削加工仍属于成形铣削加工，其牙型断面尺寸靠刀具保证，但它不属于定尺寸刀具加工，其螺纹直径是依靠数控程序控制刀具运动实现的，但丝锥的成形特征意味着丝锥只能用于特定直径及螺距的螺纹加工。

1. 螺纹数控铣削的基本原理

螺纹数控编程的基本指令是螺旋插补指令，其加工原理是刀具的旋转运动为主运动(相当于自转)，刀具旋转的同时还绕工件的轴线做螺旋进给运动(相当于公转)，进而将螺纹铣出，如图 7 - 31 所示。

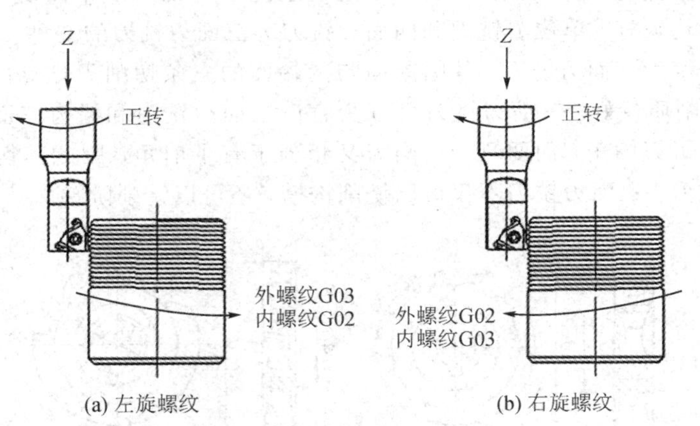

图 7 - 31　螺纹数控铣削原理示意图

显然，图中主轴转速的大小和方向都不变，通过合理地选择螺旋运动的旋向和轴向移动距离与方向即可加工出相应的螺纹。

2. 螺纹铣削刀具的种类与结构

螺纹铣刀按照结构形式的不同有整体式与机夹式之分；按照铣刀上螺纹等效牙数的不同有单牙与多牙之分；按照牙型的不同可分为普通米制螺纹、梯形螺纹、管螺纹铣刀等；按功能不同可分为单一螺纹铣削铣刀、铣削倒角复合铣刀和钻铣螺纹复合铣刀等。

1）*整体式螺纹铣刀*

整体式螺纹铣刀主要用于直径较小的内螺纹加工，应用较多的是多牙型螺纹铣刀，但也可见单牙螺纹铣刀。图 7－32 所示为整体式多牙螺纹铣刀，这种铣刀的结构类似于丝锥，但其与丝锥完全不同，丝锥的切削牙尖(相当于刀尖)是按螺旋线分布的，而螺纹铣刀的牙尖则是在轴线法平面中按圆形分布的。普通的整体螺纹铣刀有螺旋槽与直槽两种，螺旋槽切削性能更好，因此应用较多，而直槽较简单。内冷却型整体螺纹铣刀有轴向型和径向型两种，轴向型适合不通孔铣削，切削液将切屑强制反向排除；径向型适合通孔铣削，切屑直接被切削液前向冲出。多牙螺纹铣刀牙型的螺距是固定的，因此仅能适用于相同螺距螺纹的铣削，铣削螺纹质量较好。

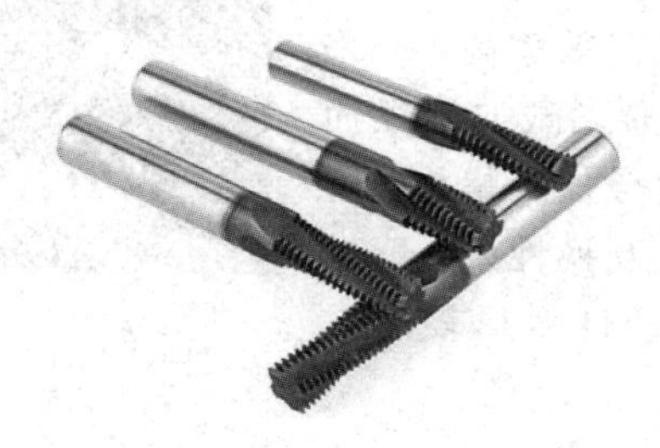

图 7－32　整体式多牙螺纹铣刀

整体式多牙螺纹铣刀

2）机夹式螺纹铣刀

螺纹铣削的牙型属成形铣削，机夹式螺纹铣刀必须通过合适的刀片实现成形铣削，主要参数为牙型和螺距，若采用单牙铣削则只考虑牙型参数。图 7－33 所示为单牙机夹式螺纹铣刀，这类铣刀刀片基本是基于车刀刀片设计的，主要采用螺纹夹紧刀片，且刀片均具有可转位功能，单牙机夹式螺纹铣刀有平装刀片与立装刀片两种结构形式。平装刀片机夹螺纹铣刀的外形与内螺纹车刀非常相似，仅柄部改为削平型直柄。

图 7－33　单牙机夹式螺纹铣刀

单牙单齿机夹式螺纹铣刀

3. 螺纹铣刀应用注意事项

使用螺纹铣刀必须熟悉数控加工与编程知识，选择时须注意以下几个方面：

(1) 螺纹铣削属成形铣削，应正确选择牙型。同时，部分螺纹(如米制螺纹)的内、外螺纹牙型存在差异，因此还须注意内、外牙型的螺纹铣刀或刀片的选择。

(2) 单牙螺纹铣刀铣削螺纹时，螺纹直径、螺距和螺纹长度等均是靠程序保证的，且其螺纹是逐圈铣出的，加工效率较低，但刀具结构简单，通用性好，适合于单件、小批量生产，增加齿数可适当提高加工效率。

(3) 使用多牙螺纹铣刀铣削螺纹时，若铣刀工作长度足够，则一般仅需走一整圈螺旋线即可铣出全部螺纹，数控程序仅须保证螺纹直径即可，这种刀具的加工效率极高，但通用性差，因为螺纹的牙型与螺距均是由刀具保证的。

螺纹铣削具有出色的普适性，仅需一把多齿螺纹铣刀就能在不同孔径上加工出具有相同螺距的螺纹。带有通用牙型的单头螺纹铣刀还能用于加工具有不同标准的螺纹，比如

ISO公制螺纹及美制螺纹。螺纹铣削还能有效解决如刀具折弯，磨损，被加工材料的“弹性”问题，攻丝过程的主要难点是排屑，长切屑会堵塞丝锥的排屑槽，可能导致丝锥在孔中折断，或许会进一步导致零件报废，而在螺纹铣削加工中，能毫无困难地实现高效排屑。大多数丝锥不适用于加工淬硬材料，但整体硬质合金螺纹铣刀却适用于淬硬材料的螺纹加工。螺纹加工还可以用螺纹旋风铣，旋风铣是与精密车床配套的高速铣削螺纹装置，用装在高速旋转刀盘上的硬质合金成型刀，从工件上铣削出螺纹的螺纹加工方法。螺纹旋风铣因其铣削速度快(可达到400 m/min)，加工效率高，并采用压缩空气进行排屑冷却，加工过程中切削飞溅如旋风而得名，如图7-34所示。螺纹旋风铣非常适合加工蜗杆、丝杆等螺纹产品，一刀成型，不需要退刀槽，互换性好；不过旋风铣削会使小径工件产生较大变形(大径件变形较小)，但可通过丝杆校正解决。

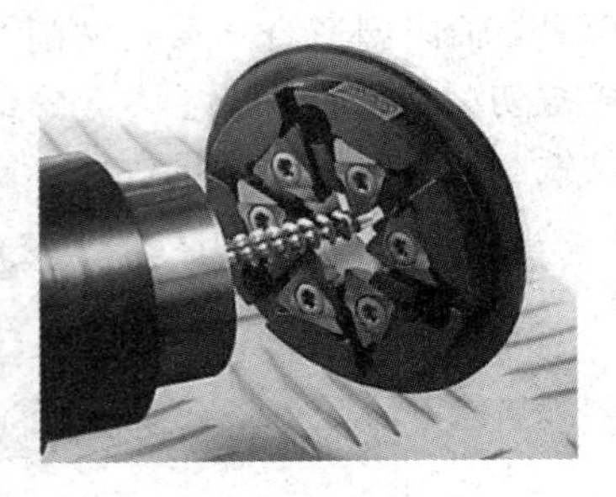

图7-34 螺纹旋风铣

旋风铣在加工过程中需要完成五个加工运动：

① 刀盘带动硬质合金成型刀高速旋转(主运动)；

② 车床主轴带动工件慢速旋转(辅助运动)；

③ 螺纹旋风铣根据工件螺距或导程沿工件轴向运动(进给运动)；

④ 螺纹旋风铣在车床中拖板带动下进行径向运动(切削运动)；

⑤ 螺纹旋风铣在一定角度范围内调整螺旋升角的自由度(旋转运动)。

7.6 镗孔加工刀具结构分析与选用

镗削加工是对已存在的孔进行扩大加工，获得所需尺寸精度、形位公差以及表面粗糙度要求孔的工艺过程，这里已存在的孔称为预孔，可以通过钻削等切削加工获得，也可以通过锻造、铸造等非切削加工获得。镗削加工使用的刀具称为镗孔加工刀具，简称为镗刀。由于镗铣类机床的镗削加工工件是静止的，孔的位置由机床控制，因此镗刀非常适合于非回转体类零件(如箱体等)的孔及孔系加工。

镗削加工是指在对镗铣类机床上的孔进行加工，镗刀与机床主轴相连，并做旋转主运动，同时沿轴线做直线进给运动，实现镗削加工。镗刀有单刃、双刃和三刃等形式，镗孔后的径向尺寸由镗刀控制。在实际生产中，通常将内孔车削加工称为镗孔加工，但实际上所指的镗孔加工仅为单刃刀具，且运动为工件旋转。镗刀加工的刀具进给运动除了必需的轴向运动外，还可实现径向运动及其合成运动，以实现内孔的轮廓车削加工，其刀具结构形式较为简单。

7.6.1 镗孔加工刀具的种类与结构

1. 孔扩大加工方法分析

在数控加工中，扩大孔的加工方法有前述的螺旋铣削加工和铰孔加工以及镗孔加工等，如图7-35所示。图7-35(a)所示为螺旋铣削，其适应性强，无须准备专用镗刀，粗、精镗均可应用，但其加工时的径向切削力大，加工精度受刀具和机床刚性的影响，特别是切削余量的影响较大，加工精度的控制较精镗稍难，加工效率也不高；图 7 - 35(b)所示为铰削加工，其加工效率高，但切削余量不宜太大，主要用于尺寸不大的孔精加工，加工过程无法提高孔的位置精度误差，且属定尺寸刀具加工，刀具的适应性差，镗削加工相对灵活；图 7 - 35(c)所示为单刃镗刀镗孔，其刀杆较粗，刀尖径向位置精密可调，径向切削力较小且均匀，镗孔的尺寸和形位精度以及表面粗糙度好，多用于精镗孔加工；而图 7 - 35(d)所示为多刃镗孔加工，切削力径向平衡性较好，切削效率较高，多用于孔的粗镗加工，其切屑控制优于传统扩孔钻，适合自动化加工，数控加工中多用其替代传统扩孔钻扩孔加工。

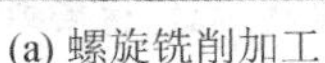
(a) 螺旋铣削加工

(b) 铰削加工

(c) 单刃精镗加工

(d) 两刃粗镗加工

扩大孔的加工方法分析（钻孔、铰孔、镗孔）

图 7 - 35　扩大孔的加工方法

2. 镗孔刀具种类与结构分析

镗刀按加工性质的不同分为粗镗镗刀与精镗镗刀；按切削刃数不同分为单刃镗刀、双刃镗刀和多刃镗刀；按加工孔特征不同分为通孔镗刀、不通孔镗刀、阶梯镗刀和背镗镗刀；按结构形式的不同可分为整体式与模块化镗刀(系统)。

1) *双刃和多刃粗镗镗刀结构形式分析*

粗镗加工主要是高效去除材料，为后续精镗加工做准备，其加工特点是预孔形式变化大，可以是钻孔加工的预孔，也可以是铸造或锻造的预孔。粗镗加工切削余量大，甚至不均匀，其结果是切削力较大且不均匀，双刃和多刃粗镗镗刀径向尺寸必须可调但调节精度要求稍低，图 7 - 36 所示为双刃粗镗刀。

2) *单刃精镗刀*

孔精镗加工的主要目标是获得所需的精度和表面粗糙度，其加工余量较小(≤0.5～1.0 mm)，采用单切削刃切削，尺寸精密调整(直径最小增量达 0.002 mm)，必要时(高速加工)增加动平衡块等，图 7 - 37 所示为精镗刀。

图 7 - 36　双刃粗镗刀

双刃粗镗刀

图 7 - 37　精镗刀

镗孔刀具知识

3）模块化与整体式镗刀结构分析

镗刀的结构变化较多，但都离不开与机床主轴的连接，从系列化的角度而言，模块化结构体系可以较好地满足实际需要，图 7－38 所示为模块化镗刀装配结构示意图。图 7－39 所示为整体式镗刀装配结构示意图，图 7－39(a)所示为直角式整体单刃粗镗刀，镗杆与锥柄为一整体；图 7－39(b)所示为倾斜式整体单刃粗镗刀，该镗刀可用于不通孔镗削。

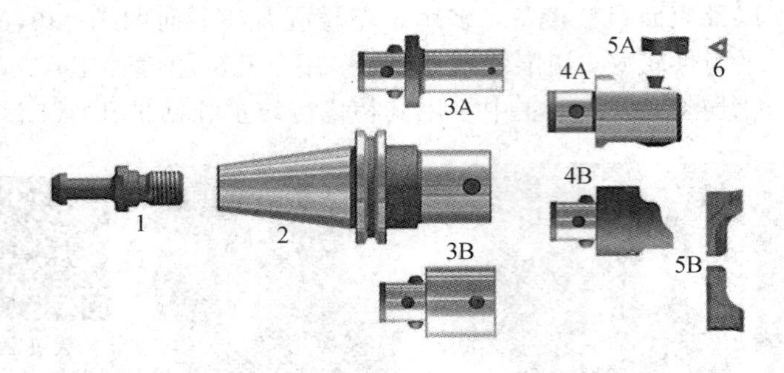

1—拉钉；2—刀柄体；3A—变径杆；3B—延长杆；4A—精镗头；4B—双刃粗镗头；5A—精镗刀夹；5B—双刃粗镗刀夹；6—刀片

图 7－38　模块化镗刀装配结构

模块化镗刀的结构原理

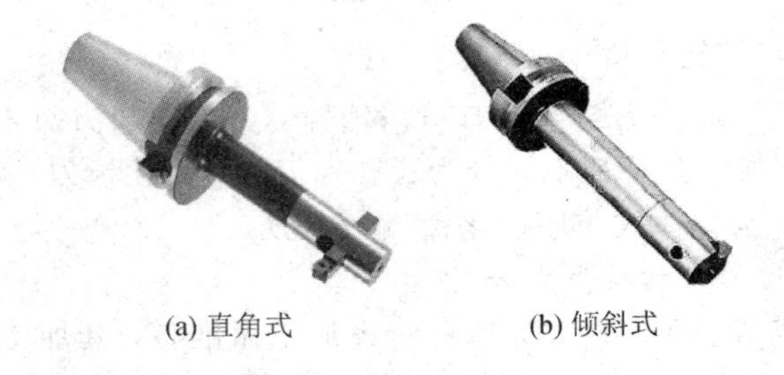

(a) 直角式　　(b) 倾斜式

图 7－39　整体式镗刀装配结构

7.6.2　镗孔加工刀具的选择与切削用量

1. 镗孔加工刀具的选择与应用

1）粗镗镗刀是扩孔加工的首选刀具

粗镗镗刀扩孔加工优于整体式扩孔钻与机夹式浅孔钻，粗镗刀具有整体式扩孔钻的切削刃功用，且为机夹可转位刀片，切屑控制优于整体式扩孔钻，广泛用于数控扩孔加工。粗镗镗刀多为两刃或三刃，其典型的镗削方式有对称镗削、阶梯镗削，其中阶梯镗削可以是等高不等径、等径不等高和不等高不等径的镗削方式；对称镗削适合于预孔加工余量相对均匀的扩孔加工(如切削加工)；而阶梯镗削加工更适合于预孔加工余量不均匀的扩孔加工，如锻造、铸造和切割等方式加工的孔。

2）精镗工艺与铰孔工艺分析

精镗孔加工一般为单刃切削，径向切削力小，且镗杆较粗，其加工过程中不仅可以提高孔的加工精度，同时也能提高孔的位置精度，如垂直度、直线度等；而铰孔加工仅能提高孔的尺寸精度，无法修正预孔的形位误差，因此孔的精加工尽可能选用精镗工艺。孔径较小，不便镗孔时选用铰孔工艺，但铰孔工艺的加工效率优于精镗加工。

3）刀片及主偏角选择

正前角刀片切削力较小，刀片多为螺钉夹紧，应用广泛，但切削力较大（如大尺寸镗刀），对于切削力不稳定的粗加工，可考虑选择负前角刀片，采用上压式压板夹紧等。镗刀形式中，不圆的刀片及其安装方式提供了几种主偏角选择形式，90°主偏角较为通用，适合于一般工序、阶梯镗削和阶梯孔加工等；小于90°的主偏角（如75°、60°、84°等）刀尖强度较好，可用于断续切削、夹砂、硬皮、堆叠等粗镗削加工，但仅能用于通孔镗削；大于90°的主偏角（如92°、95°等）多用于不通孔镗削、精镗加工，配合修光刃可提高表面加工质量。

4）圆孔铣削与镗孔加工工艺分析

数控机床可以方便地通过编程控制刀具整圆或螺旋铣削加工铣削整圆，圆弧铣削不须单独配备镗刀，使用灵活，不足之处是效率略低，且因为铣削加工圆柱切削刃较长，径向切削力较大，因此加工精度不如精镗加工。

2. 切削用量的选择

镗孔加工类似于内孔加工，精镗加工与内孔车削非常相似，其切削用量的选择可以借鉴内孔车削。另外，机夹刀片的材料、形状与断屑槽型等也常有自身适宜的切削用量，这里仅就镗孔加工切削用量选择的规律进行分析。

1）精镗加工

与内孔车削基本相同，精镗加工的背吃刀量不宜太大，一般控制在0.1～0.3 mm，选择进给量时要考虑残留面积高度，以表面粗糙度满足要求为原则，高的切削速度有利于降低表面粗糙度值，但要考虑切屑的控制。为减小径向切削分力对加工精度的影响，刀尖圆角不宜太大，推荐选用半径为0.2 mm的刀尖圆角。

2）粗镗加工

以去除材料为目的，开始的切削速度应降低50%，以便确保正确排屑。最大切削深度不应超过切削刃长度的50%。选择多刃粗镗孔加工时，进给量可取刀片允许进给量的倍数，但选择切削速度时须确保机床功率满足要求。

7.7 角 度 头

角度头主要用于加工中心、龙门镗铣床、立车等机床上，是唯一一种可以不需要二次装夹就能完成工件侧面加工的机床附件，相当于给机床增加了一根轴，在大型工件不易翻转或高精度要求的工况下，比第四轴更实用。为机床安装角度头后，刀具旋转中心线可以与主轴旋转中心线组成角度加工工件，其中轻型角度头安装在刀库中，可以在刀库和机床主轴之间自动换刀；中型及重型角度头具有较大的刚性和扭矩，适用于重切削加工，一般通过法兰或自动换头等机构刚性连接。

一、角度头分类

（1）轻型90度标准角度头：主轴为BT50或BT40，输出为ER40、ER32、ER25、ER20等，如图7-40所示。

(2) 加工中心专用重切削角度头：主轴为BT50或BT40，输出为BT40。

(3) 龙门机床专用重型角度头：主轴为BT50，输出BT50。

(4) 万向角度头：该角度头刀具的旋转中心线与机床主轴旋转中心线所成角度可调，可调角度范围一般为－90°～＋90°，也有可调角度超过180°的，如图7-41所示。

角度头机械结构

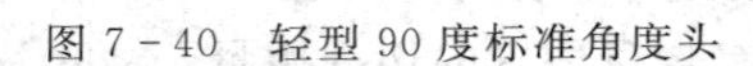

图7-40　轻型90度标准角度头

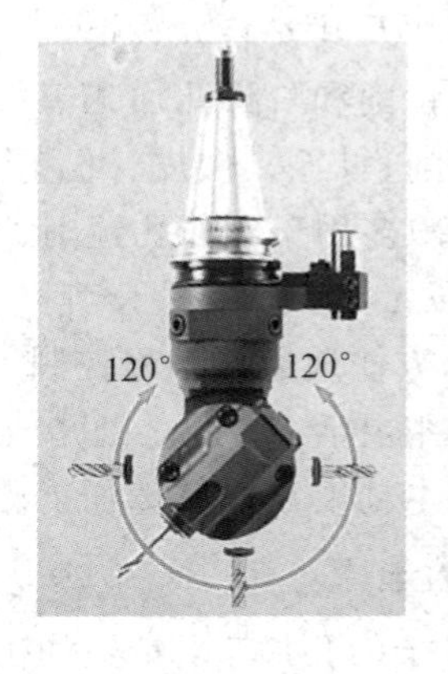

用角度头加工

图7-41　万向角度头

二、角度头应用场合

角度头适用于以下场合：

(1) 管道内壁或狭小空间深腔内孔及孔内壁切槽钻孔等；

(2) 精密工件或大型工件实现一次装夹，立卧转换五面加工；

(3) 相对基准面，进行任意角度的加工；或加工保持在一个特殊角度进行仿形铣削，如球头端铣加工；

(4) 对小圆孔、小型腔的孔中孔，进行钻孔、攻牙、铣槽加工；

(5) 加工中心无法加工的斜孔、斜槽等，如油缸、箱壳内部孔；

(6) 圆形工件外围需要加工一圈孔时，配合第四轴实现自动化加工。

思考与练习

7-1　什么是顺铣？什么是逆铣？各有何特点？

7-2　简述数控刀柄的作用。

7-3　面铣刀的基本参数是什么？

7-4　立铣刀柄部主要有哪三种？弹簧夹头刀柄主要用于什么场合？

7-5　如何根据加工性质选择立铣刀？

7-6　螺纹数控铣削的基本原理是什么？

7-7　选择螺纹铣刀应注意些什么？

7-8　圆孔铣削与镗孔加工工艺的区别是什么？

7-9　简述角度头的作用、分类、应用场合。

项目八　数控铣床、加工中心加工工艺

【知识目标】

- 掌握数控铣床、加工中心加工工艺分析
- 掌握平面结构数控铣、加工中心工艺
- 掌握内槽(型腔)起始切削的加工方法
- 熟悉孔系零件数控加工工艺
- 熟悉异形类零件数控加工工艺
- 熟悉箱体类零件数控加工工艺

【技能目标】

- 能够合理分析数控铣、加工中心加工工艺
- 能够合理编制中等复杂程度零件的机械制造工艺卡、工序卡

8.1　数控铣床、加工中心加工工艺分析

一、数控铣床、加工中心零件图样分析

数控铣床、加工中心零件图样的工艺分析包括分析零件图样的技术要求，检查零件图的完整性和正确性，分析零件结构和零件毛坯的工艺性。

1. 分析零件图样的技术要求

零件图样的技术要求，对加工机床的选择和工艺方案的确定有重要影响。分析图样时主要考虑以下几个方面：各加工表面的尺寸精度要求、各加工表面的几何形状精度要求、各加工表面之间的相互位置精度要求、各加工表面粗糙度要求以及表面质量方面的要求、热处理要求及其他技术要求。

2. 检查零件图的完整性和正确性

构成零件轮廓几何要素(点、线、面)的条件(如相切、相交、垂直、平行和同心等)，是数控编程的重要依据。手工编程时，要根据这些条件计算每一个节点的坐标；自动编程时，则要根据这些条件对构成零件的所有几何元素进行定义，无论哪一条不明确，编程都无法进行。因此，在分析零件图样时，务必要分析几何元素的给定条件是否充分，有无产生矛盾的多余尺寸或影响工序安排的封闭尺寸，尺寸、公差和技术要求是否标注齐全等，发现问

题及时与设计人员协商解决。

3. 分析零件的结构工艺性

1）零件的结构工艺性

零件的结构工艺性是指所设计的零件在满足使用要求的前提下，机械制造的可行性和经济性。零件良好的结构工艺性，可以使加工变得容易，并节省工时和材料；而较差的零件结构工艺性，会使加工变得困难，浪费工时和材料，有时甚至无法加工。因此，零件各加工部位的结构工艺性应符合数控加工的特点。表 8－1 中列出了部分零件的孔加工工艺性对比实例。

表 8－1　零件的孔加工工艺性对比实例

序号	A 工艺性差的结构	B 工艺性好的结构	说　明
1	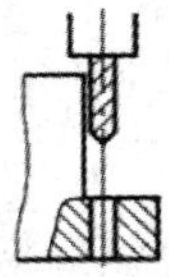	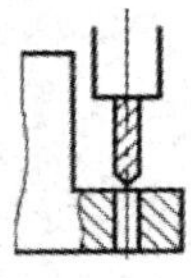	A 结构不便引进刀具，难以实现孔的加工
2	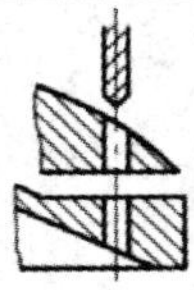	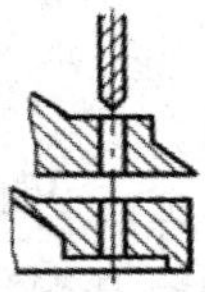	B 结构可避免钻头钻入和钻出时因工件表面倾斜而造成引偏或折断
3	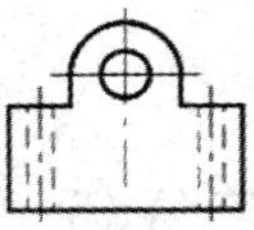	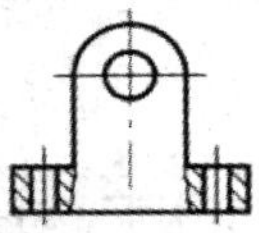	B 结构节省材料，减少了质量，还避免了深孔加工
4	 M17	 M16	A 结构不能采用标准丝锥攻螺纹
5	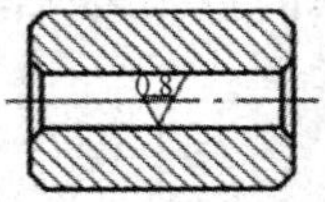 0.8	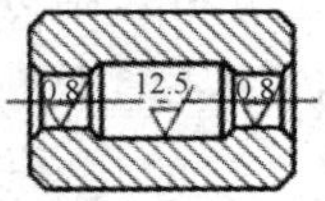 0.8　12.5　0.8	B 结构减少配合孔的接触面积
6	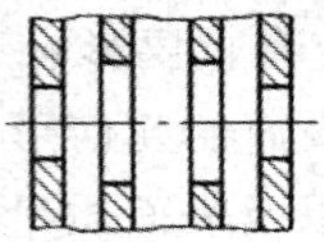	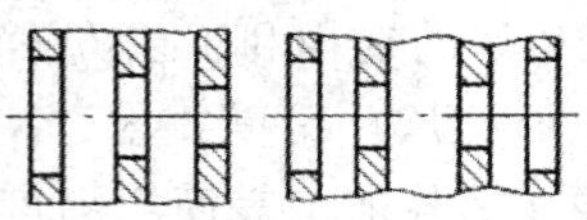	B 结构孔径从一个方向递减或从两个方向递减，便于加工
7	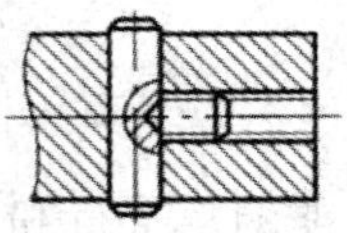	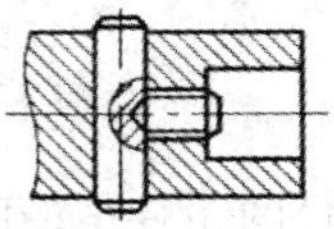	B 结构可减少深孔的螺纹加工
8	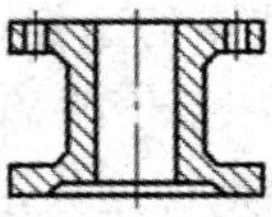	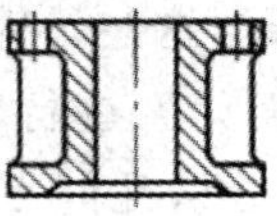	B 结构刚度好

2）分析零件的变形情况，保证获得要求的加工精度

“铣工怕铣薄”，其含义为过薄的底板或肋板，在加工时由于产生的切削拉力及薄板的弹力极易产生切削面的振动，使薄板厚度尺寸公差难以保证，表面粗糙度也将恶化或变坏，影响加工质量，而且当变形较大时，将使加工不能继续下去。根据实际加工经验，当面积较大的薄板厚度小于 3 mm 时，应在工艺上充分重视这一问题，采取预防措施，比如充分利用数控机床的循环功能，减少每次进刀的切削深度或切削速度，从而减小切削力，控制零件在加工过程中的变形。

3）尽量统一零件轮廓内圆弧的有关尺寸

(1) 轮廓内圆弧半径 R 常常限制刀具的直径：内槽（内型腔）圆角的大小决定刀具直径的大小，所以内槽（内型腔）圆角半径不应太小。图 8-1(b)与图 8-1(a)相比，转角圆弧半径大，可以采用较大直径的立铣刀来加工。加工平面时，减少进给次数，可提高表面加工质量，因而工艺性好。通常 $R<0.2H$ 时，可以判断零件该部位的工艺性不好。

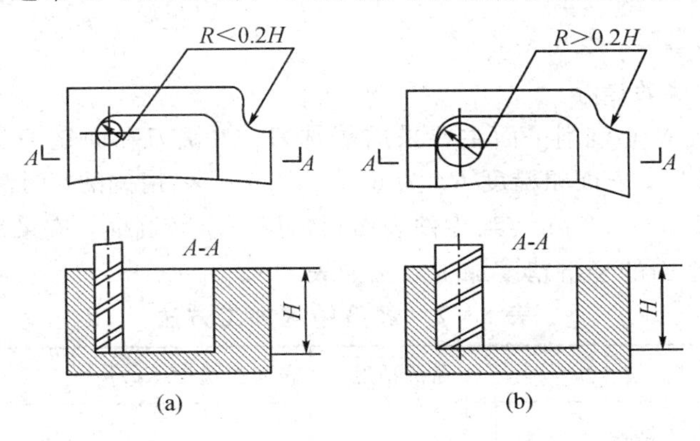

图 8-1　内槽（内型腔）结构工艺性对比

(2) 槽底圆弧半径值大小的影响：若槽底圆弧半径小，则可以采用较大铣刀加工槽底平面，该方法效率高，加工表面质量较好，工艺性好。如图 8-2 所示，铣刀端面刃与铣削平面的最大接触直径为 $d=D-2r$（D 为铣刀直径），当 D 一定时，r 越大，铣刀端面刃铣削平面的面积越小，加工平面的能力就越差，效率越低，工艺性也越差；当 r 大到一定程度时，甚至必须用球头铣刀加工，这是应该尽量避免的；当铣削的底面面积较大，底部圆弧半径 r 也较大时，只能用两把底部圆弧半径 r 不同的铣刀分两次进行铣削。

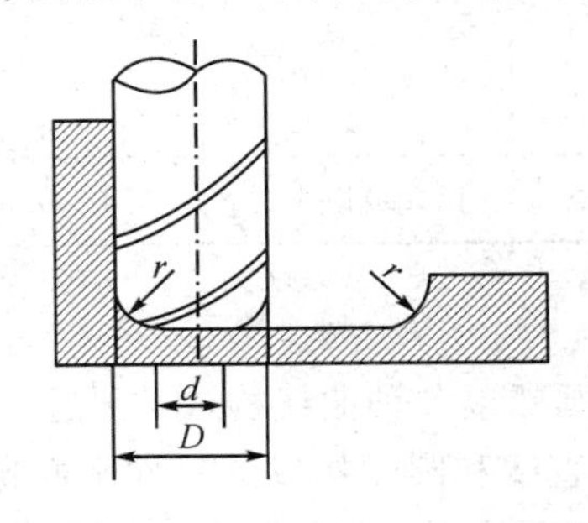

图 8-2　零件槽底平面圆弧对铣削工艺的影响

在一个零件上，凹圆弧半径在数值上的一致性问题对数控铣床、加工中心的工艺性显得相当重要，零件的外形、内腔最好采用统一的几何类型或尺寸，这样可以减少换刀次数，便于编程，有利于提高生产效率。一般来说，即使不能寻求完全统一，也要力求将数值相近的圆弧半径分组靠拢，达到局部统一，以尽量减少铣刀规格和换刀次数，并避免因频繁换刀而增加了零件加工表面上的接刀阶差，降低表面加工质量。

二、数控铣床、加工中心加工工艺路线

数控铣床、加工中心加工工艺路线的主要内容包括选择各加工表面的加工方法，划分加工阶段，划分加工工序，确定加工顺序（工序顺序安排）和进给加工路线等。拟订数控铣床、加工中心加工工艺时，应根据生产批量、现场生产条件、生产周期等情况，结合零件的加工精度、表面粗糙度、材料、结构形状、尺寸等确定零件表面的数控铣床、加工中心加工方法及加工路线。

1. 加工方法的选择

1）*平面加工方法的选择*

数控铣床、加工中心铣削平面主要采用端铣刀、立铣刀和面铣刀加工。粗铣的尺寸精度可达到IT10～IT12，表面粗糙度 Ra 为 6.3～12.5 μm；精铣的尺寸精度可达 IT7～IT9，表面粗糙度 Ra 为 1.6～6.3 μm。当零件表面粗糙度要求较高时，应采用顺铣方式。数控铣床、加工中心铣削平面的经济精度加工方法如表 8-2 所示。

表 8-2 经济精度加工方法

序号	加工方法	经济精度	表面粗糙度 Ra/μm	适用范围
1	粗铣—精铣 粗铣—半精铣—精铣	IT7～IT9	6.3～1.6	一般不淬硬平面
2	粗铣—精铣—刮研 粗铣—半精铣—精铣—刮研	IT6～IT7	0.8～0.1	精度要求较高的不淬硬平面
3	粗铣—精铣—磨削	IT8～IT9	6.3～1.6	精度要求高的淬硬平面或不淬硬平面
4	粗铣—精铣—粗磨—精磨	IT6～IT7	0.4～0.012	
5	粗铣—半精铣—拉削	IT7～IT8	1.6～0.4	大量生产，较小的平面（精度视拉刀精度而定）
6	粗铣—精铣—磨削—研磨	IT2 级以上	0.1～0.008	高精度平面

2）*平面轮廓的加工方法*

若零件的表面多由直线和圆弧或各种曲线构成，则通常采用三坐标数控铣床进行两轴半坐标加工。图 8-3 所示为由直线和圆弧构成的零件平面轮廓 $ABCDEA$，采用半径为 r 的立铣刀沿轴向加工，为保证加工面光滑，刀具沿 PA' 切向切入，沿 $A'K$ 切向切出。

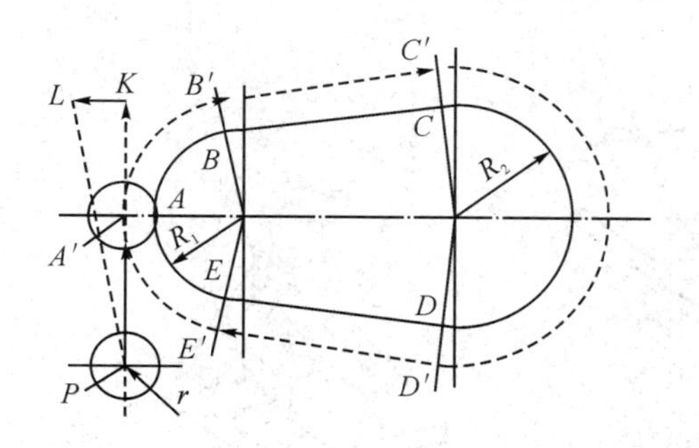

图 8-3 平面轮廓铣削

平面轮廓铣削

3）固定斜角平面的加工方法

固定斜角平面是与水平面成一固定夹角的斜面，当零件尺寸不大时，可用斜垫板垫平后加工；如果机床主轴可以摆角，则可以摆成适当的定角，用不同的刀具来加工，如图 8-4 所示。当零件尺寸较大，斜面斜度又较小时，常用行切法加工(“行切法”加工，即刀具与零件轮廓的切点轨迹是一行一行的，行间距按零件加工精度要求确定)，但加工后，会在加工面上留下残留面积，需要用钳修方法加以清除。比较而言，加工斜面的最佳方法是采用两轴半坐标数控铣床，主轴摆角后加工，可以不留残留面积。

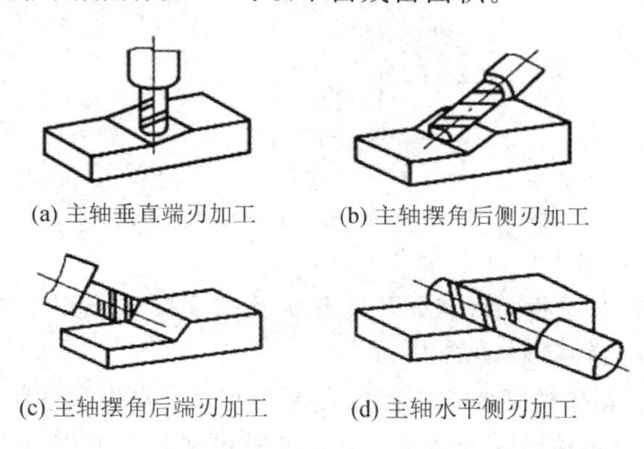

图 8-4 主轴摆角加工固定斜面

4）变斜角面的加工方法

(1) 对曲率变化较小的变斜角面，使用 X、Y、Z 和 A 四坐标联动的数控铣床，采用立铣刀(当零件斜角过大，超过机床主轴摆角范围时，可用角度成型铣刀加以弥补)以插补方式摆角加工，如图 8-5(a)所示。加工时，为保证刀具与零件斜面在全长上始终贴合，刀具应绕 A 轴摆角。

(2) 对曲率变化较大的变斜角面，用四坐标联动加工难以满足加工要求，最好用 X、Y、Z、A 和 B(或 C 转轴)的五坐标联动数控铣床，以圆弧插补方式摆角加工，如图 8-5(b)所示。

(3) 如果采用三坐标数控铣床两坐标联动，利用球头铣刀和鼓形铣刀，以直线或圆弧插补方式进行分层铣削加工，则加工后的残留面积须用钳修方法清除。图 8-6 所示是用鼓形铣刀铣削变斜角面。由于鼓形铣刀的鼓径可以做得比球头铣刀的球径大，因此加工后的残留面积高度小，加工效果比球头好。

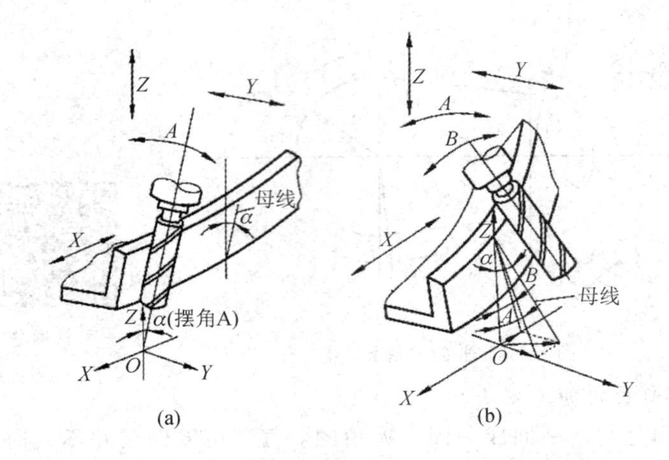

图 8-5　四、五坐标数控铣床加工零件变斜角面

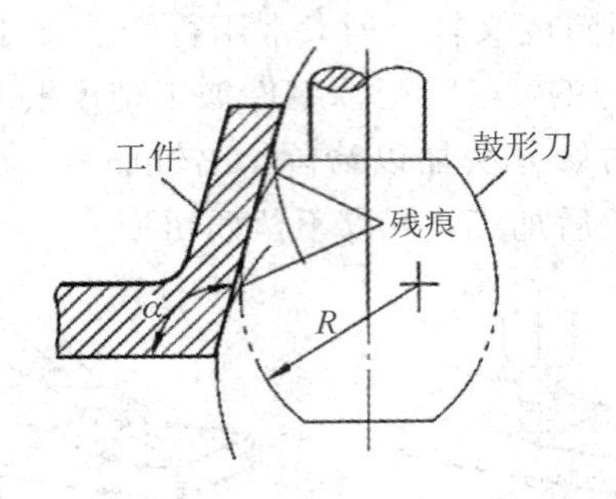

图 8-6　用鼓形铣刀分层铣削变斜角面

5）曲面轮廓的加工方法

立体曲面的加工应根据曲面现状、刀具形状及精度要求采用不同的铣削加工方法，如两轴半、三轴、四轴及五轴等联动加工。

（1）对曲率变化不大和精度要求不高的曲面粗加工，常采用两轴半坐标的行切法加工，即 X、Y、Z 三轴中任意两轴做联动插补，第三轴做单独的周期进给，如图 8-7 所示。球头铣刀的刀头半径应选得大一些，有利于散热，但刀头半径应小于内凹曲面的最小曲率半径。

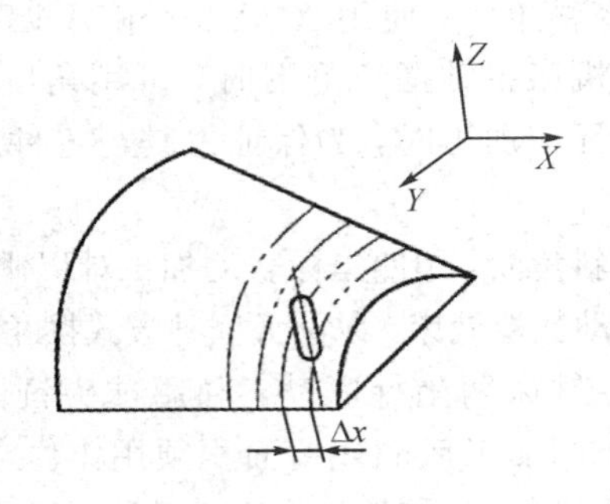

图 8-7　两轴半坐标行切法加工曲面

(2) 对曲率变化较大和精度要求较高的曲面精加工，常用 X、Y、Z 三轴坐标联动插补的行切法加工，如图 8-8 所示。

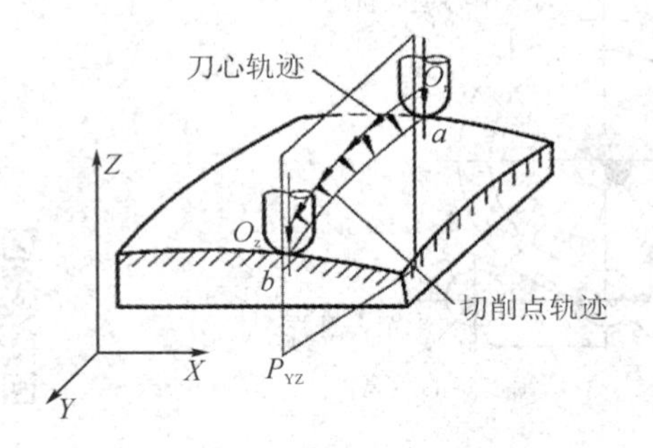

图 8-8　三轴坐标联动插补行切法加工曲面的切削点轨迹

(3) 对像叶轮、螺旋桨这样的复杂零件，因其叶片形状复杂，刀具容易与相邻表面干涉，故常用 X、Y、Z、A 和 B 的五坐标联动数控铣床加工。

2. 进给加工路线的确定

数控铣床、加工中心的加工对象根据机床的不同也是不一样的，立式数控铣床、立式加工中心一般适用于加工平面凸轮、样板、形状复杂的平面或立体曲面零件以及模具的内、外型腔等；卧式数控铣床、卧式加工中心一般适用于加工箱体、泵体、壳体等零件。加工路线是刀具在整个加工工序中相对于工件的运动轨迹，不但包括了工步的内容，而且也反映出工步的顺序。合理地选择加工路线，不但可以提高切削效率，还可以提高零件的表面精度。在确定数控铣床、加工中心加工路线时，应遵循如下原则：保证零件的加工精度和表面粗糙度；使走刀路线最短，减少刀具空行时间，提高加工效率；使节点数值计算简单，程序段数量少，以减少编程工作量；最终轮廓一次走刀完成。

1) 铣削平面类零件的加工路线

(1) 铣削外轮廓的加工路线。

当铣削平面类零件外轮廓时，一般采用立铣刀侧刃切削。刀具切入工件时，应避免沿零件外轮廓的法向切入，而应沿外轮廓曲线的延长线切向逐渐切入工件，以避免在切入处产生刀具的划痕而影响加工表面质量，从而保证零件曲线的平滑过渡。在切离工件时，也应避免在切削终点处直接抬刀，而应沿着零件外轮廓延长线的切向逐渐切离工件。如图8-9所示，铣刀的切入和切出点应沿零件轮廓曲线的延长线切入和切出零件表面，而不应沿法向直接切入零件，以避免加工表面产生划痕，保证零件轮廓光滑。

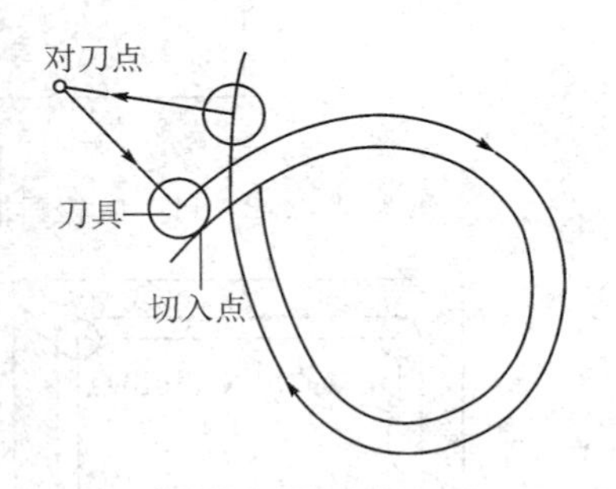

图 8-9　外轮廓加工刀具的切入和切出

当用圆弧插补方式铣削零件外轮廓或整圆加工时，应安排刀具从切向进入圆周铣削加工，如图 8-10 所示；当整圆加工完毕后，不要在切点 2 处直接退刀，而应使刀具沿切线方向多运动一段距离，以免取消刀补时，刀具与工件表面相碰，导致工件报废。

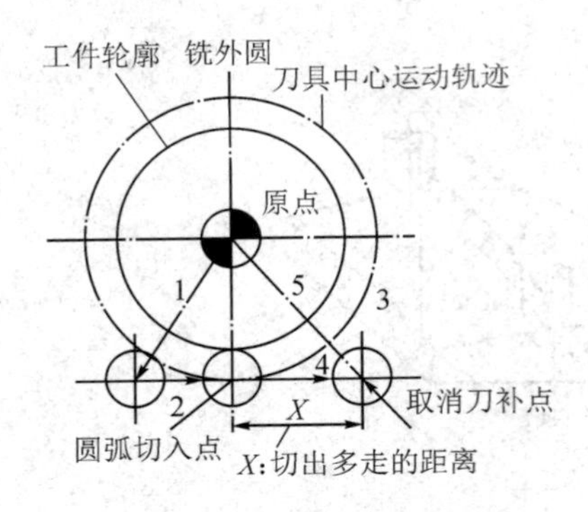

图 8－10　外轮廓加工刀具的切入、切出

外轮廓加工刀具的切入、切出

(2) 铣削内轮廓的加工路线。

当铣削封闭的内轮廓表面时，若内轮廓曲线允许外延，则应沿切线方向切入、切出；若内轮廓曲线不允许外延，如图 8－11 所示，则刀具只能沿内轮廓曲线的法向切入、切出，并将其切入、切出点选在零件轮廓两几何元素的交点处；当内部几何元素相切无交点时，为防止刀补取消时在轮廓拐角处留下凹口，刀具切入、切出点应远离拐角，如图 8－12 所示；当用圆弧插补铣削内圆弧时，也要遵循从切向切入、切出的原则，最好安排从圆弧过渡到圆弧的加工路线，以提高内孔表面的加工精度和质量，如图 8－13 所示。

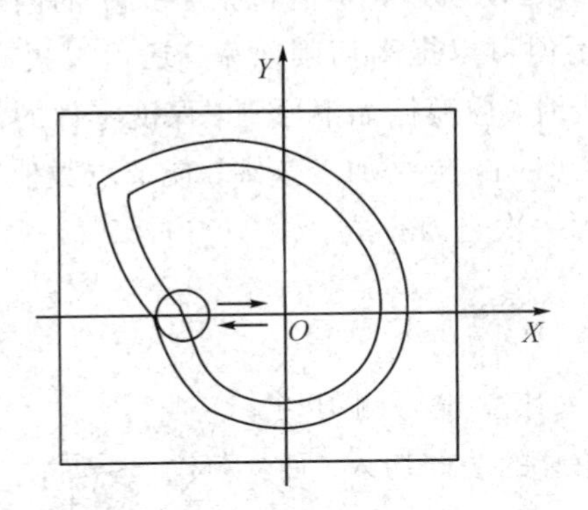

内轮廓加工刀具的切入、切出

图 8－11　内轮廓加工刀具的切入、切出

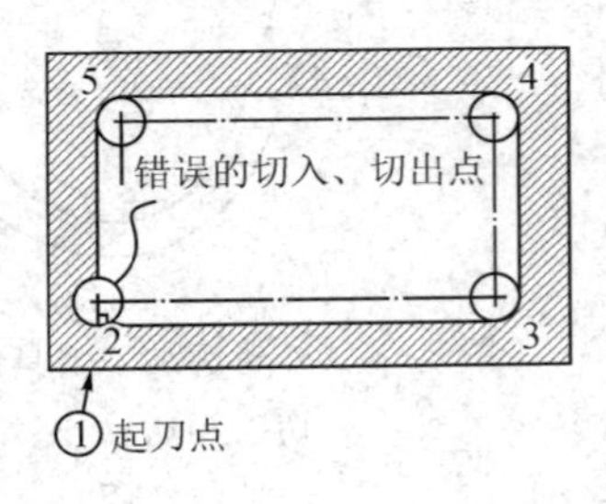

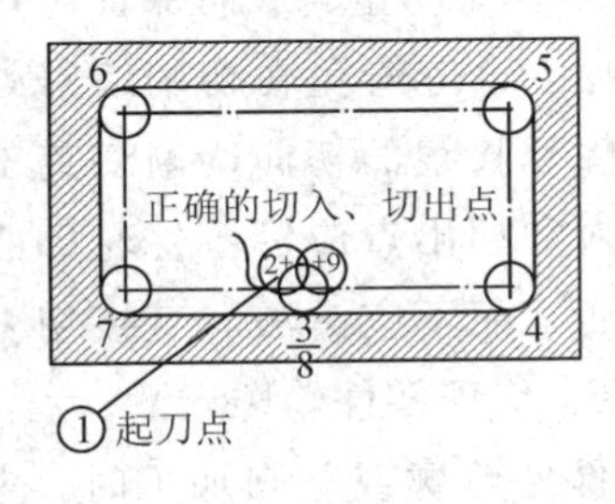

无交点内轮廓加工刀具的切入、切出

图 8－12　无交点内轮廓加工刀具的切入、切出

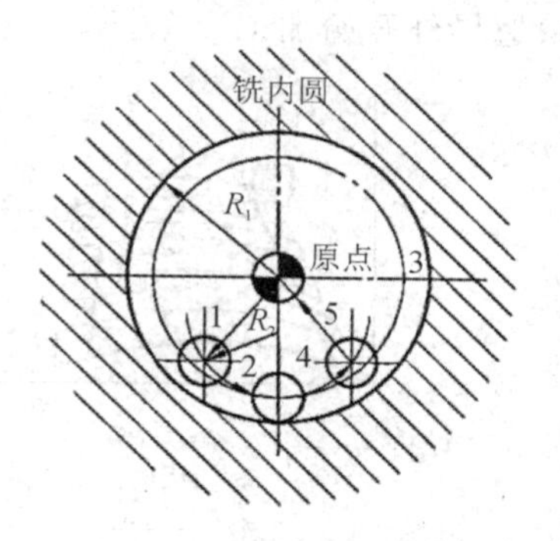

内轮廓加工刀具的切入、切出

图 8-13 内轮廓加工刀具的切入、切出

(3) 铣削内槽(内型腔)的加工路线。

内槽是指以封闭曲线为边界的平底凹槽，一般用平底立铣刀加工，刀具圆角半径应符合内槽的图样要求。图 8-14 所示为加工内槽的三种进给路线。图 8-14(a)和图 8-14(b)分别为用行切法和环切法加工内槽。这两种进给路线的共同点是都能切净内腔槽中的全部面积，不留死角，不伤轮廓，同时尽量减少重复进给的搭接量；不同点是行切法的进给路线比环切法的短，但行切法将在每两次进给的起点与终点间留下残留面积，而达不到所要求的加工表面粗糙度。用环切法加工获得的零件表面粗糙度要好于行切法，但环切法需要逐步向外扩展轮廓线，刀位点计算稍微复杂一些。采用图 8-14(c)所示的进给路线，即先用行切法切去中间部分余量，最后用环切法环切一刀光整轮廓表面，既能使总的进给路线较短，又能获得较好的表面粗糙度。

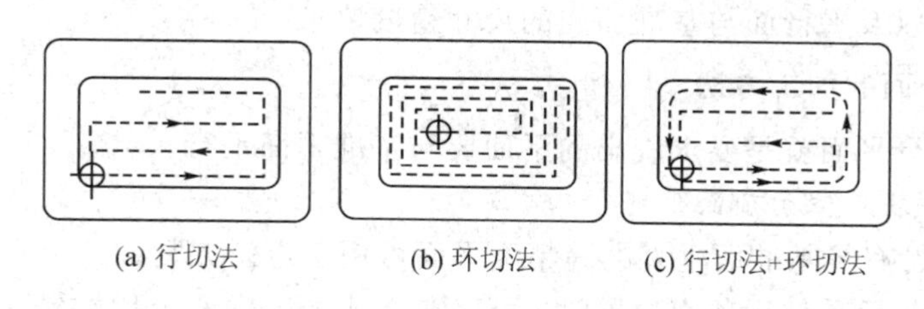
(a) 行切法　(b) 环切法　(c) 行切法+环切法

图 8-14 内槽的加工路线

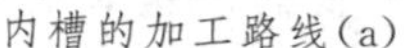
内槽的加工路线(a)

内槽的加工路线(b)

内槽的加工路线(c)

2）铣削曲面类零件的加工路线

铣削曲面类零件时，常用球头铣刀采用“行切法”进行加工。对于边界敞开的曲面加工，可采用两种加工路线。对于发动机大叶片，当采用图 8-15(a)所示的加工方案时，每次沿直线加工，刀位点计算简单，程序少，加工过程符合直纹面的形成，可以准确保证母线的直线度；当采用图 8-15(b)所示的加工方案时，符合这类零件数据给出的情况，便于加工后检验，叶形的准确度较高，但程序较多。由于曲面零件的边界是敞开的，没有其他表面限

制，所以曲面边界可以延伸，球头铣刀应由边界外开始加工。

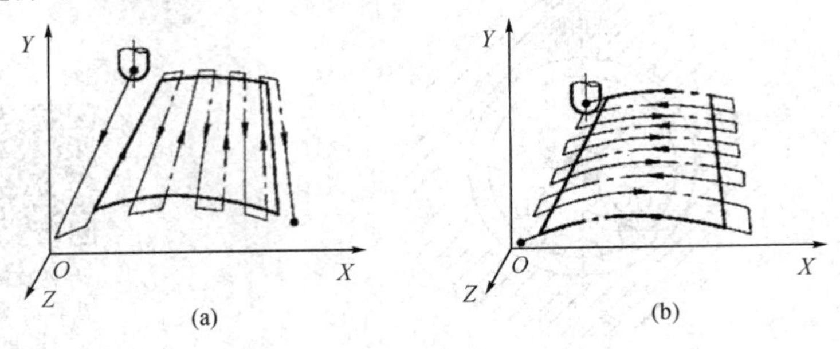

图 8－15　直纹曲面的加工路线

8.2　平面结构数控铣床、加工中心工艺

单一平面在加工中心上加工的主要方法是铣削，加工凸台、凹槽等小的平面应选择立铣刀铣削；加工大的平面应选择面铣刀铣削或飞刀铣削，这里主要介绍大平面的铣削。单一平面加工中心铣削的技术要求包括平面度和表面粗糙度以及相关毛坯面加工余量的尺寸要求。

一、平行面数控铣床、加工中心工艺

1. 平行面的铣削加工要求

与基准平面或直线平行的平面称为平行面。平行面铣削的技术要求包括平面度、平行度和表面粗糙度以及平行面与基准面间的尺寸精度要求。

2. 铣削平行面的加工方法

铣削加工平行平面就是要求铣出的平面要与基准平面平行。

1）加工面安装后位于顶面位置

（1）工件上没有与基准面垂直的高精度平面可用于定位夹紧。

当加工面安装后是位于顶面位置时，可以在立式加工中心上用端铣法或在卧式加工中心上用周铣法铣出平行面。如果工件上没有与基准面垂直的高精度平面可用于定位夹紧，则安装的要点是设法使基准面与加工中心工作台台面平行并与进给方向平行。当在虎钳上装夹工件时，下面最好垫两块等高的垫铁，如图 8－16 所示，必要时，可以在固定钳口的上部或下部垫铜皮或纸片。夹紧时，用铜锤或木锤轻轻敲击工件的顶面，使基准面与垫铁平面紧贴，从而与工作台台面平行。若工件上有可供压板直接压紧的位置，则可以将工件直接装夹在工作台台面上加工，如图 8－17 所示，使基准面与工作台台面贴合，而后铣出平行面。

（2）工件上有与基准面垂直的高精度平面可用于定位夹紧。

工件上有与基准面垂直的高精度平面可用于定位夹紧时，应利用这个垂直面进行装夹。若工件在虎钳上装夹，则将该垂直面与固定钳口贴合，然后用铜锤或木锤轻轻敲击顶面，使工件基准面与虎钳导轨面重合，这时铣出的工件顶面即与基准面平行。

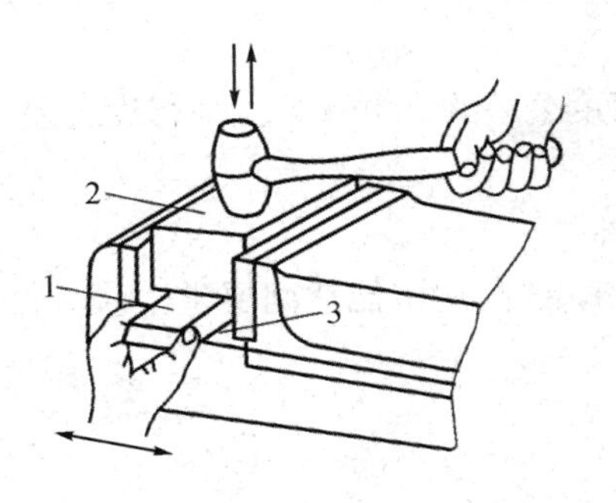

1、3—垫块；2—工件

图 8－16　铣平行面时的装夹方法

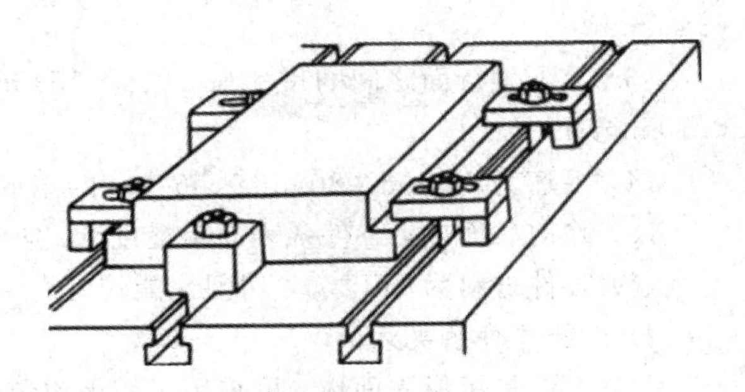

图 8－17　工件直接压在工作台面上的装夹方法

2）加工面安装后位于侧面位置

加工面安装后位于侧面位置加工的方式应用于较大尺寸的工件直接装夹在工作台上的场合，如图 8－18 所示，可采用定位块使基准面与工作台台面垂直，并与进给方向平行，这时在卧式加工中心上用面铣刀端铣法铣出的平面就是与基准面平行的平面。由于采用这种装夹方法加工平行平面时，与工件上定位用的垂直面的精度有密切关系，因而在加工前必须预先检查其垂直度，若不够准确，则应进行修正或垫准。

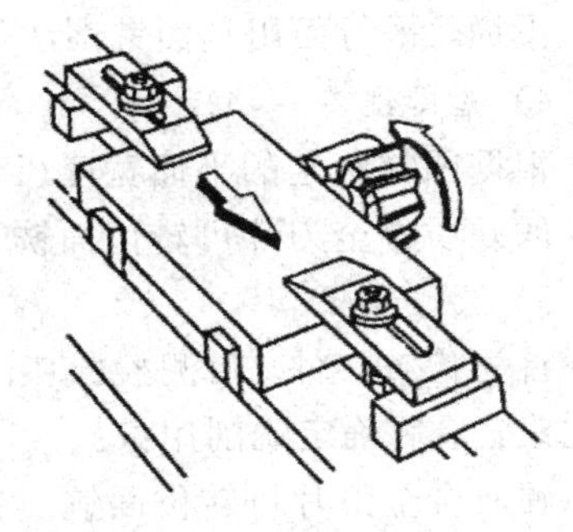

图 8－18　用定位块装夹工件铣平行面

3. 铣削平面、平行面实例

加工图 8－19 所示零件中 1、2、3、4 四个平面，保证其自身的平面度和上下面间、左右面间的平行度要求，材料为 HT200，铸造毛坯。

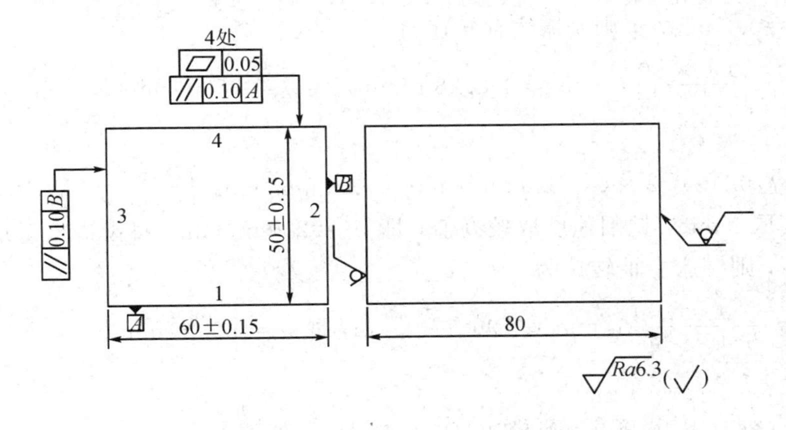

图 8－19　铣削平面、平行面零件图

铣削平面、平行面实例

1）零件图及毛坯分析

(1) 工件的尺寸为 60 mm×80 mm×50 mm，上、下、左、右四面需加工，平面度公差为 0.05 mm，前后两面为毛坯面，不需加工。

(2) 左右平行面之间的尺寸为(60±0.15) mm、平面度公差为 0.05 mm、平行度公差为

0.10 mm。

(3) 上下平行面之间的尺寸为(50±0.15) mm、平面度公差为0.05 mm、平行度公差为0.10 mm。

(4) 毛坯为66 mm×80 mm×56 mm的矩形铸造坯件。

(5) 除前后面外，工件各表面粗糙度 Ra 均为6.3 μm，铣削加工能达到要求。

(6) 工件材料为HT200，切削性能较好。

2）选择工件装夹方法

(1) 工件是矩形六面体，可采用机用虎钳装夹。

(2) 因工件有毛坯面，故在机用虎钳与工件之间可垫0.5 mm铜片。

3）选择铣削方法

平面、平行面用端面铣削法加工。

4）选择铣刀

根据图样给定的平面宽度尺寸选用外径为80 mm、宽为50 mm、孔径为27 mm、齿数为6的硬质合金刀片可转位面铣刀粗、精铣平面。

5）操作步骤

首先检查坯件，目测检验坯件的形状和表面质量，检验加工余量，然后安装和找正机用虎钳，最后确定铣削用量。

硬质合金刀片可转位面铣刀铣削铸铁铣削层深度为2～4 mm时，合理的铣削速度 v_c 在90～280 m/min范围内，每齿进给量 f_z 的范围为0.10～0.25 mm/z；铣削层深度为0.1～2.0 mm时，合理的铣削速度 v_c 的范围为120～300 m/min，每齿进给量 f_z 的范围为0.05～0.10 mm/z。按工件材料(HT200)和铣刀的规格选择、计算和调整铣削用量。

(1) 粗铣铣削层深度取2 mm，铣削速度取低值，故粗铣取铣削速度 v_c =90 m/min，每齿进给量取大值，即 f_z =0.2 mm/z，则铣床主轴转速为

$$n=\frac{1000v_c}{\pi D}=\frac{1000\times 90}{3.14\times 80}\ \text{r/min}\approx 358.28\ \text{r/min，取}\ n=350\ \text{r/min}$$

进给速度为

$$v_f=f_z zn=0.2\times 6\times 350\ \text{mm/min}=420\ \text{mm/min}$$

(2) 精铣铣削层深度取1 mm，铣削速度取较高值，即 v_c =200 m/min，每齿进给量取小值，即 f_z=0.05 mm/z，则铣床主轴转速为

$$n=\frac{1000v_c}{\pi D}=\frac{1000\times 200}{3.14\times 80}\ \text{r/min}\approx 796.17\ \text{r/min，取}\ n=800\ \text{r/min}$$

进给速度为

$$v_f=f_z zn=0.05\times 6\times 800\ \text{mm/min}=240\ \text{mm/min}$$

(3) 铣削层宽度为工件宽度。

(4) 安装铣刀。

选用BT40－FMB27－60的套式立铣刀刀柄，将硬质合金刀片可转位面铣刀在装卸刀座上与BT40－FMB27－60的套式立铣刀刀柄装在一起。在加工中心“点动”或“手轮”方式下，将装好刀具的刀柄放入主轴下端的锥孔内，对齐刀柄，按主轴上“刀具拉紧”键，抓住不

放，再用力向下拉，确认刀具已经被夹紧。

(5) 装夹工件。

工件下面垫长度大于 80 mm、宽度小于 50 mm 的平行垫块，其高度使工件上平面高于钳口 10～15 mm，粗铣时在垫块和钳口处衬垫铜片。工件夹紧以后，用锤子轻轻敲击工件，并拉动垫块检查下平面是否与垫块贴合。

4. 平面、平行面零件铣削操作步骤

1) *启刀和粗铣平面*

(1) 启动主轴，调整工作台，使铣刀处于工件上方，对刀时靠近但不要擦到毛坯表面，因毛坯表面的氧化层会损坏铣刀切削刃。

(2) 纵向退刀，按粗铣吃刀量 2 mm 下移主轴，用对称端铣方式粗铣平面 1。

(3) 90°翻转工件，将平面 1 与机用虎钳固定钳口(定位面)贴合，粗铣平面 2，然后再 180°翻转工作，使平面 1 与固定钳口贴合，粗铣平面 3。

(4) 将工件平面 1 与平行垫块贴合，铣削平面 4。

整个铣削过程详见图 8-20(a)～(d)。

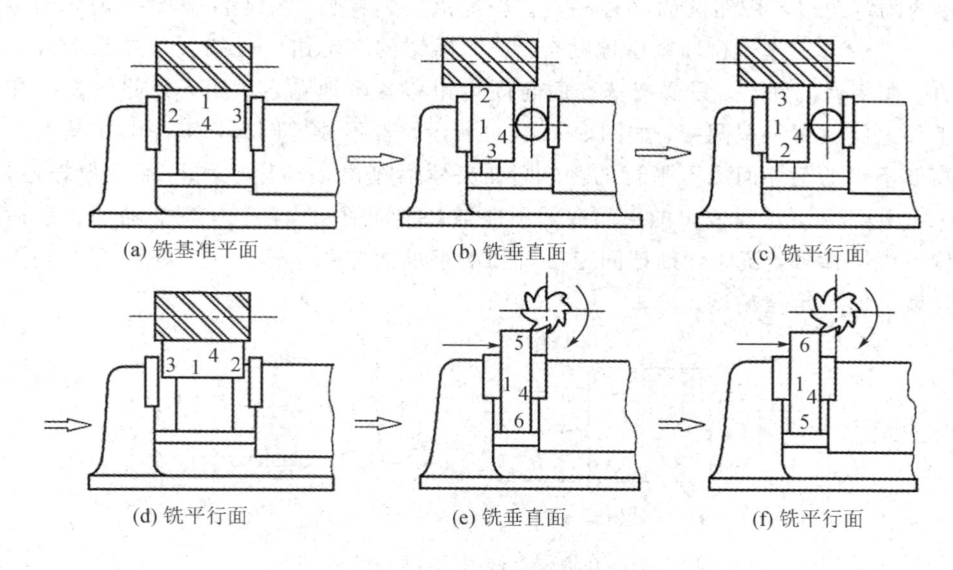

图 8-20　铣削六面体

2) *预检、精铣平面*

(1) 用刀口形直尺预检工件各面的平面度，挑选平面度较好的平面作为精铣定位基准。

(2) 用游标卡尺或千分尺测量尺寸为 50 mm、60 mm 的实际余量。

(3) 调整主轴转速和进给量。

(4) 精铣一平面，吃刀量为测得余量值的一半，用刀口形直尺预检精铣后表面的平面度，若精铣的平面平面度未达到 0.05 mm 的要求，则应更换铣刀。

(5) 按粗铣四面的步骤精铣各面，每面的吃刀量都为测得余量值的一半。在精铣的过程中，注意过程测量，在达到尺寸要求的同时，满足平行度要求。

二、垂直面数控铣床、加工中心工艺

1. 垂直面的铣削加工要求

与基准平面或直线垂直的平面称为垂直面。垂直面铣削的技术要求包括平面度、垂直度、表面粗糙度以及垂直面与其他基准(如对应表面的加工余量等)的尺寸要求。

2. 铣削垂直面的加工方法

铣削加工垂直面就是要求铣出的平面要与基准平面垂直，因此安装时就要保证加工面与基准平面垂直。

1) 加工面安装后位于顶面位置

(1) 工件在虎钳中装夹。

当加工面安装后仍位于顶面位置进行加工时，在立式加工中心上也用端铣法，在卧式加工中心上用周铣法铣出平面。所以，在这种条件下铣削加工垂直面，基准面安装是否与工作台台面垂直，是铣削加工垂直面的关键问题。将工件装夹在机用平口虎钳上铣削加工时，虎钳的固定钳口与虎钳底面必须垂直。当虎钳安装在加工中心工作台上时，虎钳底面又必须与加工中心工作台台面紧密地贴合，从而虎钳的固定钳口也就会与加工中心工作台台面垂直。在装夹工件时，只要把基准面与固定钳口紧密地贴合即可，为此往往要在活动钳口与工件之间放置一根圆棒，如图 8－21(a)所示。若不放置圆棒，工件上与基准面相对的面是高低不平的毛坯面或不平行的面，则在夹紧后基准面与固定钳口不能很好地贴牢，如图 8－21(b)所示，这样铣出的平面也就不能与基准面垂直。在装夹时，除了要在活动钳口处放置一根圆棒外，还应仔细把固定钳口和准基准面擦拭干净，因为在两者上只要有一点杂污物就会影响定位精度。

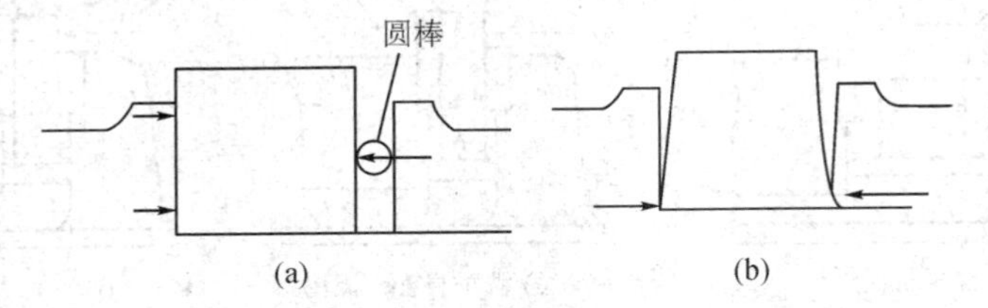

图 8－21　在虎钳上铣削垂直面的装夹方法

(2) 工件在角铁上装夹。

加工宽而长的工件时，一般将工件装夹在角铁上加工。角铁的两个平面是相互垂直的，所以一个面与工作台台面重合后，另一个面就与工作台台面垂直，相当于固定钳口。工件装夹情况如图 8－22 所示，两只弓形夹(又称 C 形夹)代替了活动钳口，起夹紧作用。此方式适用于在立式加工中心上用端铣法铣削垂直面，或在卧式加工中心上用周铣法铣出垂直面。

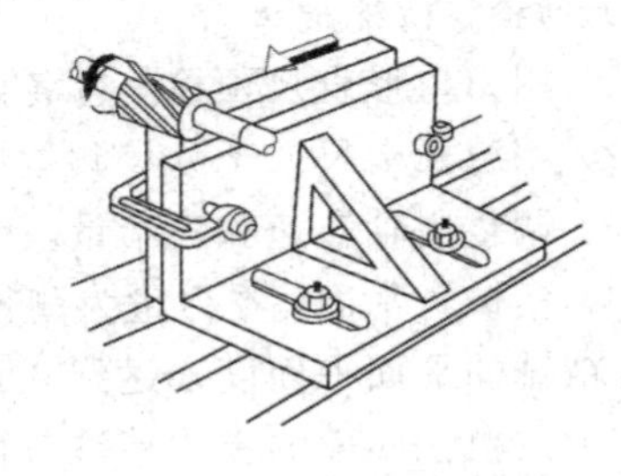

图 8－22　在角铁上铣垂直面的装夹方法

2）加工面安装后位于侧面位置

对于尺寸较大的工件，在卧式加工中心上用面铣刀端铣法铣削加工时，采用压板装夹工件比较合适，其装夹情况如图 8－23 所示。此时所铣削加工的平面与基准面垂直的程度，取决于加工中心本身的精度及工作台台面和基准面之间的清洁程度。因为加工中心的精度很高，而且基准面的接触面较大，又减少了夹具本身所引起的误差，因此采用这种加工方法，不仅简化了操作，而且能较好地保证垂直度。对于薄而宽的工件，在立式加工中心上用立铣刀周铣法铣削加工较为合适，工件下面垫平行垫铁，再用压板压紧，装夹及加工情况如图 8－24 所示，用这种方法加工，比采用角铁安装工件铣削垂直面要方便和稳固，加工精度也比较高。铣削加工垂直面的质量，除了表现为表面粗糙度和平面度外，主要的质量问题就是加工面的垂直度很差。

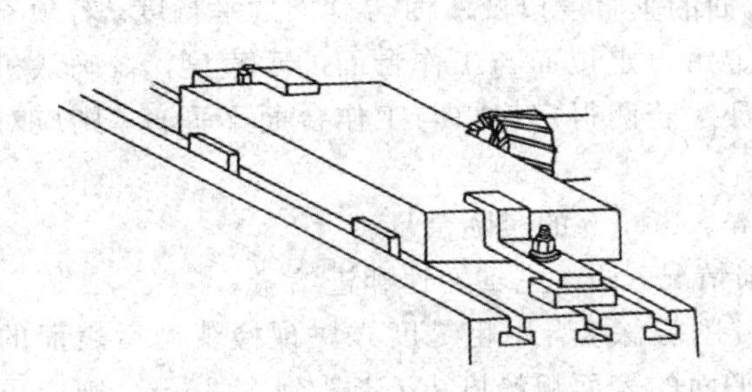

图 8－23　压板装夹较大工件的方法

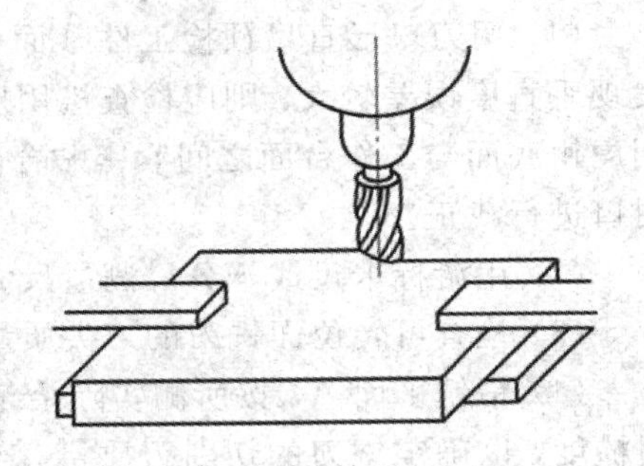

图 8－24　压板装夹宽薄工件的方法

3. 铣削平面、垂直面实例

加工图 8－25 所示零件中 A、B、C、D、E、F 六个平面，保证 A、B 面间和 C、A 面间的垂直度和 D、A 面间的平行度要求，所有平面粗糙度 Ra 均为 3.2 μm，材料 HT200，铸造毛坯。

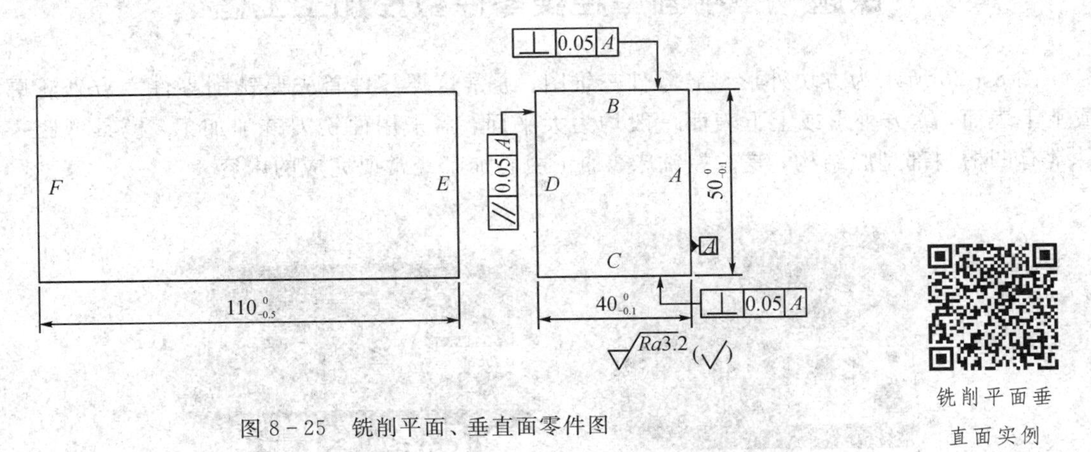

图 8－25　铣削平面、垂直面零件图

铣削平面垂直面实例

1）启刀和粗铣平面

（1）启动主轴，调整工作台，使铣刀处于工件上方，横向调整使工件和铣刀处于对称铣削位置。

(2) 纵向退刀后，按铣削层深度 2 mm 下降主轴，用对称端铣方式粗铣平面 A。

(3) 将平面 A 与机用虎钳固定钳口贴合，粗铣平面 B，180° 翻转工件，使平面 B 与平行垫块贴合，粗铣平面 C，为了保证面 A 与 B、C 的垂直度，在加工垂直面 B、C 时，应在 D 面与活动钳口之间加一根圆棒，以使平面 A 能紧贴固定钳口。

(4) 90° 翻转工件，将平面 A 与平行垫块贴合，粗铣平面 D。

(5) 将工件立放，使平面 A 与机用虎钳固定钳口贴合，F 面与平行垫块贴合，粗铣平面 E。

(6) 将工件翻转 180°立放，使平面 A 与机用虎钳固定钳口贴合，E 面与平行垫块贴合，粗铣平面 F。

整个铣削过程详见图 8-20。

2) 预检、精铣平面

(1) 用刀口形直尺预检工件 A 面与 B、C 面的垂直度以及 A 面与 D 面的平行度。若预检发现垂直度误差较大，则应检查机用虎钳固定钳口定位面与工作台面的垂直度。在确认机用虎钳底面与工作台面之间紧密贴合的前提下，若测得定钳口与工作台面不垂直，则应对钳口进行找正。

(2) 用游标卡尺或千分尺测量尺寸 50 mm、40 mm 的实际余量。

(3) 检查可转位面铣刀的刀尖质量、磨损情况，调整主轴转速和进给量。

(4) 精铣平面 A，按所测实际余量确定铣削层深度，用粗糙度样块预检精铣后表面的粗糙度，以确定铣刀的切削刃质量，若精铣平面的表面粗糙度 Ra 未达到 3.2 μm，则应更换铣刀。

(5) 按粗铣六面的步骤精铣其余各面。在精铣的过程中，注意过程测量，在达到尺寸要求的同时，还要满足垂直度、平行度要求。

课题一　平面型腔类零件数控加工工艺

图 8-26 所示为方块外形型腔零件三维图，通常这类零件首先要铣削零件六方外轮廓或上下表面，六方外形或上下表面一般均为大平面，需采用面铣刀铣削加工，模具型腔零件常有凹槽内部型腔结构，是数控铣床、加工中心加工经常要完成的内容。

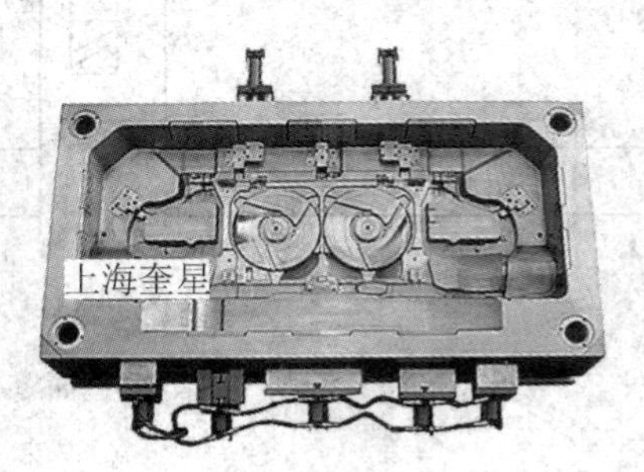

图 8-26　方块外形型腔零件三维图

任务 1　连接板零件数控加工工艺

一、工艺准备

1. 阅读分析图样

图 8 - 27 所示为连接板零件工作图，图 8 - 28 所示为连接板零件三维图。连接板是激光切割机上一个起连接作用的零件，圆弧凹槽走滚轮，U 型槽安装移动杆。连接板零件整体加工精度及表面质量要求一般，零件材料为 Q235 - A 普通碳素结构钢，方钢 56 mm×56 mm×136 mm，批量生产，零件加工使用机床为 XD - 40A 立式数控铣床，数控系统为 FANUC，刀柄形式为 BT40；或选用 VDL600A 立式加工中心，数控系统为 FANUC，刀库为斗笠式 16 把，刀柄形式为 BT40。

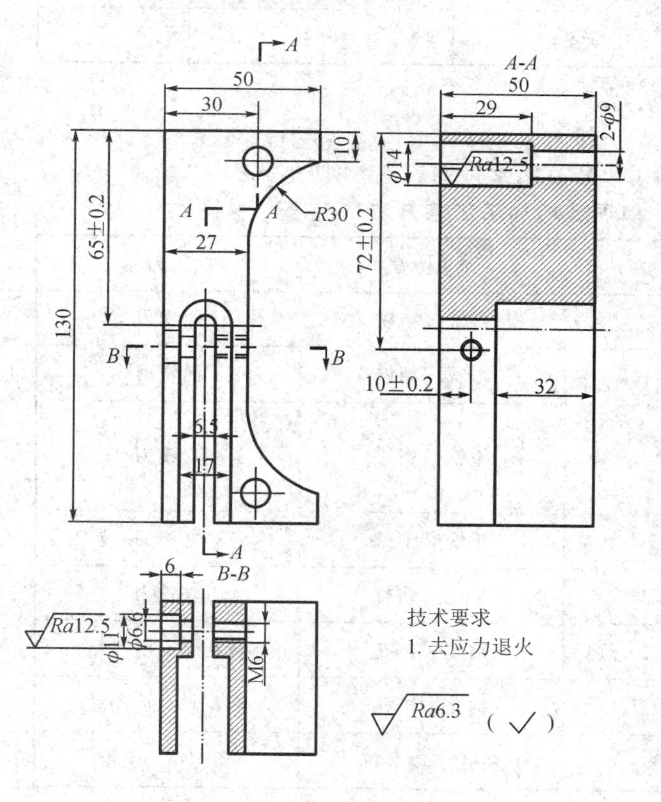

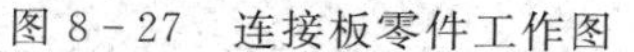
图 8 - 27　连接板零件工作图

图 8 - 28　连接板零件三维图

数控加工工艺设计的首要任务是对零件进行图样结构工艺分析，连接板零件图样结构工艺分析如表 8 - 3 所示。

表 8-3　连接板零件图样结构工艺分析

序号	加工项目	尺寸精度/mm	粗糙度 Ra/μm	备注
1	左右侧面	50	6.3	主要表面
2	宽度×高度	50×130	6.3	
3	R30 圆弧槽及直槽	R30 27	6.3	
4	大 U 型槽	17	6.3	
5	小 U 型槽	6.5	6.3	
6	ϕ9 内孔	2-ϕ9，2-ϕ14	6.3，12.5	
7	ϕ6.6 内孔	ϕ6.6，ϕ11	6.3，12.5	
8	M6 螺纹	M6	6.3	

2. 制订各主要部位加工方法

表 8-3 中八个加工项目的数控加工工艺方法安排如表 8-4 所示。

表 8-4　单项数控加工工艺方法

序号	加工项目	尺寸精度/mm	加工方法	加工刀具
1	左右侧面	50	粗铣—精铣	面铣刀
2	宽度×高度	50×130	粗铣—精铣	面铣刀
3	R30 圆弧槽及直槽	R30 27	粗铣—精铣	立铣刀
4	大 U 型槽	17	粗铣—精铣	立铣刀
5	小 U 型槽	6.5	粗铣—精铣	立铣刀
6	ϕ9 内孔	2-ϕ9，2-ϕ14	钻孔—扩孔	麻花钻、扩孔钻
7	ϕ6.6 内孔	ϕ6.6，ϕ11	钻孔—扩孔	麻花钻、扩孔钻
8	M6 螺纹	M6	钻孔—攻螺纹	麻花钻、丝锥

根据八个加工项目的数控加工工艺方法，查阅机械加工工艺手册，分别确定各加工表面的机械加工余量，详见表 8-5。

表 8-5　机械加工余量表

序号	尺寸精度/mm	加工方法	粗加工	精加工	总余量
			外圆、内孔双边余量，平面单边余量/mm		
1	50	粗铣—精铣	2	1	3
2	50×130	粗铣—精铣	2	1	3
3	R30 27	粗铣—精铣	21	2	23
4	17	粗铣—精铣	16	1	17
5	6.5	粗铣—精铣	6	0.5	6.5
6	2-ϕ9，2-ϕ14	钻孔—扩孔	9	5	
7	ϕ6.6，ϕ11	钻孔—扩孔	6.6	4.4	
8	M6	钻孔—攻螺纹	5	1.0825	

3. 确定工件坐标系

连接板零件在数控铣床、加工中心上加工时，以工件加工上表面对称中心作为工件坐标系原点 O。

4. 工件的定位与装夹

因为连接板零件为方块类槽系零件，所以工件装夹选用液压平口钳。

二、连接板零件加工顺序及加工路线

完成单个项目数控加工工艺方法的制订后，关键问题在于如何将这八个项目的加工工艺路线串接起来，形成相对合理又符合企业厂情的工艺规范。连接板是典型的方块类槽系零件，按照基准先行，先面后孔的原则，先在数控铣床或加工中心加工连接板零件的六面外轮廓，符合按加工部位划分及按所用刀具划分工序的原则，然后按照先重要后次要的原则，依次铣削 R30 圆弧槽及直槽、铣 U 型槽(先粗后精)，最后加工连接孔、过孔、油孔、螺纹孔等。连接板零件数控加工工艺过程设计如表 8-6 所示。从表 8-6 可以看出，工序 3、4、5、7 为数控铣床或加工中心加工工艺，工序集中，以下来分析工序 3、4、5、7 的加工工步。

连接板零件数
控加工工艺

表 8－6　连接板零件工艺过程设计

×××学院	数控加工工艺过程卡片	产品型号	HRXJ2271	零件图号	HRXJ2271－203
		产品名称	激光切割机	零件名称	连接板　共 1 页　第 1 页

材料牌号	Q235－A	毛坯种类	方钢	毛坯外形尺寸	56 mm×56 mm ×136 mm	每毛坯件数	1	每台件数	1	备注	

工序号	工序名称	程序号	工序内容	车间	工段	设备	工艺装备	工时/min 准终	工时/min 单件
1	下料		下料方钢 56 mm×56 mm×136 mm	下料	下料	GY4043	带锯机，0～300 钢直尺		
2	热		退火	热	退火	退火炉			
3	铣	O1003	钳口两次装夹，铣左右侧面至图纸尺寸，保证长度 50 mm	数控	加工中心	VDL600A	ϕ63 面铣刀(κ_r＝75°，BT40－FMB27－60，粗铣刀片 SNGX1205ENN－F67－WKP25，精铣刀片 XNGX1205ENN－F67－WKP25)		
4	铣	O1004	钳口多次装夹，以左侧面为基准，铣削宽度×高度至图纸尺寸，保证尺寸 50 mm×130 mm	数控	加工中心	VDL600A			
5	粗铣	O1005	粗铣 2－R30 圆弧槽及直槽，留余量 2 mm，粗铣开口台阶大 U 型槽，留余量 1 mm；粗铣开口台阶小 U 型槽，留余量 0.5 mm(两次安装)	数控	加工中心	VDL600A	ϕ30 立铣刀(BT40－SLN25－100)，ϕ16 立铣刀(BT40－ER25－100)，ϕ6 立铣刀(BT40－ER11－100)		
6	钳		钳口夹紧 24 小时，消除 U 型槽对长度的变形	数控	钳工	钳工台	液压平口钳		
7	精铣	O1007	钳口装夹，长度一侧面校正。 精铣 2－R30 圆弧槽及直槽至图纸尺寸；精铣开口台阶 U 型槽至图	数控	加工中心	VDL600A	ϕ12 立铣刀(BT40－ER20－100)，ϕ5 立铣刀(BT40－ER11－100)，A2.5 中心钻(BT40－APU08－85)，ϕ9 麻花钻(BT40－APU13－100)		
8	钻		翻转工件，在 2－ϕ9 孔圆心打中心孔，钻 2－ϕ9 孔，扩孔 2－ϕ14；翻转工件，在 ϕ6.6 孔圆心打中心孔，钻 ϕ6.6 孔及 ϕ11 沉孔至图纸尺寸；翻转工件，在 M6 螺纹圆心打中心孔，钻攻 M6 螺纹孔至图	数控	数控钻床	ZK5150	A2.5 中心钻(BT40－APU08－85)，ϕ14 扩孔钻(BT40－MTA1－45)、ϕ6.6 麻花钻(BT40－APU08－85)，ϕ11 锪钻(BT40－APU13－100)，ϕ5 麻花钻(BT40－APU08－85)，M6 丝锥(BT40－G3)		
9	钳		去毛刺	数控	钳工	钳工台	锉刀		
10	终检		清洗检验，油封入库	检验	检验	检验台	游标卡尺、内径量表、塞规、百分表等		

										设计(日期)	校对(日期)	审核(日期)	标准化(日期)	会签(日期)
标记	处数	更改文件号	签字	日期	标记	处数	更改文件号	签字	日期					

1. 工序 3 工步分析

工序 3 主要粗精铣工件左右侧面，即用面铣刀铣大平面，所选面铣刀应尽量包容工件整个加工宽度，以提高加工精度和效率，减小相邻两次进给之间的接刀痕迹，并保证铣刀的耐用度。一般面铣刀规格直径为 $D_c=(1.2\sim1.6)\times a_e$(mm)，$a_e$ 为工件铣削宽度，由此 $D_c=1.2\times50=60$ mm，因此选用 ϕ63 面铣刀，8 齿，75°主偏角，工序 3 刀具卡见表 8-7。

表 8-7　工序 3 加工刀具卡

工序 3	刀号	刀具与刀柄规格	刀片名称与规格	加工部位	备　注
铣	T01	ϕ63 面铣刀 BT40-FMB27-60	粗铣刀片 SNGX1205ENN-F67-WKP25	左右侧面	$\kappa_r=75°$、8 齿
程序号	T02	ϕ63 面铣刀 BT40-FMB27-60	精铣刀片 XNGX1205ENN-F67-WKP25	左右侧面	$\kappa_r=75°$、8 齿
O1003	刀具简图	T01、T02			

根据工件材料、零件硬度、加工性质及加工精度、表面质量要求，合理选择调整切削参数，工序 3 工序卡见表 8-8。

连接板—工序 3

2. 工序 4 工步分析

工序 4 主要粗精铣工件上下、前后侧面，即用面铣刀铣大平面，$D_c=1.2\times50=60$ mm，因此选用 ϕ63 面铣刀，8 齿，75°主偏角，工序 4 选用刀具与工序 3 相同，详见表 8-7。根据工件材料、零件硬度、加工性质及加工精度、表面质量要求，合理选择调整切削参数，工序 4 具体工序卡见表 8-9。

3. 工序 5 工步分析

工序 5 主要粗铣工件 2-R30 圆弧槽及直槽，粗精铣开口台阶 U 型槽，工序 5 选用立铣刀铣削各种槽，加工刀具卡见表 8-10。

根据工件材料、零件硬度、加工性质及加工精度、表面质量要求，合理选择调整切削参数，工序 5 具体加工参数见表 8-11。

连接板—工序 5

表 8-8　工序 3 工序卡

×××学院	数控加工工序卡片	产品型号	HRXJ2271	零件图号	HRXJ2271-203	程序号	O1003
		产品名称	激光切割机	零件名称	连接板	共 1 页	第 1 页

工步1、2:　翻面 工步3、4:

53　2　3　50　2　3

车间	工序号	工序名称	材料牌号
数控	3	铣	Q235-A
毛坯种类	毛坯外形尺寸	每毛坯可制件数	每台件数
方钢	56 mm×56 mm×136 mm	1	1
设备名称	设备型号	设备编号	同时加工件数
加工中心	VDL600A	WZLJ003	1

夹具编号	夹具名称	切削液	
WZJJ0018	液压平口钳	乳化液	
工位器具编号	工位器具名称	工序工时/min	
		准终	单件

工步号	工步内容	刀具号	工艺装备	刀补量		主轴转速/(r/min)	进给量/(mm/r)	背/侧吃刀量/mm	工时/min	
				半径	长度				机动	辅助
1	粗铣工件左侧面至尺寸 54 mm	T01	ϕ63 面铣刀 BT40-FMB27-60（刀片 SNGX1205ENN-F67-WKP25）			800	1.6	2		
2	精铣工件左侧面至尺寸 53 mm	T02	ϕ63 面铣刀 BT40-FMB27-60（刀片 XNGX1205ENN-F67-WKP25）			1000	0.8	1		
3	翻面，粗铣工件右侧面至尺寸 51 mm	T01	ϕ63 面铣刀 BT40-FMB27-60（刀片 SNGX1205ENN-F67-WKP25）			800	1.6	2		
4	精铣工件右侧面，保证长度至尺寸 50 mm	T02	ϕ63 面铣刀 BT40-FMB27-60（刀片 XNGX1205ENN-F67-WKP25）			1000	0.8	1		

										设计(日 期)	校对(日期)	审核(日期)	标准化(日期)	会签(日期)
标记	处数	更改文件号	签字	日期	标记	处数	更改文件号	签字	日期					

表 8-9　工序 4 工序卡

×××学院	数控加工工序卡片	产品型号	HRXJ2271	零件图号	HRXJ2271-203	程序号	O1004
		产品名称	激光切割机	零件名称	连接板	共 1 页	第 2 页

工步1、2：53　工步3、4：翻面　50　工步5、6：133　工步7、8：130

车间	工序号	工序名称	材料牌号
数控	4	铣	Q235-A
毛坯种类	毛坯外形尺寸	每毛坯可制件数	每台件数
方钢	56 mm×56 mm ×136 mm	1	1
设备名称	设备型号	设备编号	同时加工件数
加工中心	VDL600A	WZLJ003	1

夹具编号	夹具名称	切削液	
WZJJ0018	液压平口钳	乳化液	
工位器具编号	工位器具名称	工序工时/min	
		准终	单件

工步号	工步内容	刀具号	工艺装备	刀补量 半径	刀补量 长度	主轴转速 /(r/min)	进给量 /(mm/r)	背/侧吃刀量 /mm	工时/min 机动	工时/min 辅助
1	以左侧面为基准，粗铣前侧面至尺寸 54 mm	T01	φ63 面铣刀 BT40-FMB27-60 (刀片 SNGX1205ENN-F67-WKP25)			800	1.6	2		
2	精铣前侧面至尺寸 53 mm	T02	φ63 面铣刀 BT40-FMB27-60 (刀片 XNGX1205ENN-F67-WKP25)			1000	0.8	1		
3	翻面，粗铣后侧面至尺寸 51 mm	T01	φ63 面铣刀 BT40-FMB27-60 (刀片 SNGX1205ENN-F67-WKP25)			800	1.6	2		
4	精铣后侧面，保证宽度尺寸 50 mm	T02	φ63 面铣刀 BT40-FMB27-60 (刀片 XNGX1205ENN-F67-WKP25)			1000	0.8	1		
5	粗铣上表面至尺寸 134 mm	T01	φ63 面铣刀 BT40-FMB27-60 (刀片 SNGX1205ENN-F67-WKP25)			800	1.6	2		
6	精铣上表面至尺寸 133 mm	T02	φ63 面铣刀 BT40-FMB27-60 (刀片 XNGX1205ENN-F67-WKP25)			1000	0.8	1		
7	翻面，粗铣下表面至尺寸 131 mm	T01	φ63 面铣刀 BT40-FMB27-60 (刀片 SNGX1205ENN-F67-WKP25)			800	1.6	2		
8	精铣下表面，保证高度尺寸 130 mm	T02	φ63 面铣刀 BT40-FMB27-60 (刀片 XNGX1205ENN-F67-WKP25)			1000	0.8	1		

										设计(日期)	校对(日期)	审核(日期)	标准化(日期)	会签(日期)
标记	处数	更改文件号	签字	日期	标记	处数	更改文件号	签字	日期					

表 8-10　工序 5 加工刀具卡

工序 5	刀号	刀具与刀柄规格	刀片名称与规格	加工部位	备注
粗铣	T01	ϕ30 立铣刀 BT40-SLN25-100		2-R30 圆弧槽 及直槽	2 齿
程序号	T02	ϕ16 立铣刀 BT40-ER25-100		大 U 型槽	2 齿
	T03	ϕ6 立铣刀 BT40-ER11-100		小 U 型槽	2 齿
O1005	刀具 简图	T01	T02、T03		

表 8-11　工序 5 工序卡

×××学院	数控加工工序卡片	产品型号	HRXJ2271	零件图号	HRXJ2271-203	程序号	O1005
		产品名称	激光切割机	零件名称	连接板	共 1 页	第 1 页

工步1：

R28　29　2　3　12

工步2、3：

65±0.2　6　16　2　3

车间	工序号	工序名称	材料牌号
数控	5	粗铣	Q235-A
毛坯种类	毛坯外形尺寸	每毛坯可制件数	每台件数
方钢	56 mm×56 mm×136 mm	1	1
设备名称	设备型号	设备编号	同时加工件数
加工中心	VDL600A	WZLJ003	1

夹具编号	夹具名称	切削液	
WZJJ0018	液压平口钳	乳化液	
工位器具编号	工位器具名称	工序工时/min	
		准终	单件

工步号	工步内容	刀具号	工艺装备	刀补量		主轴转速/(r/min)	进给量/(mm/r)	背/侧吃刀量/mm	工时/min	
				半径	长度				机动	辅助
1	粗铣 2-*R*30 圆弧槽及直槽，留余量 2 mm	T01	ϕ30 立铣刀 BT40-SLN32-100			500	0.3	15/6		
2	粗铣开口台阶大 U 型槽，留余量 1 mm	T02	ϕ16 立铣刀 BT40-ER25-100			600	0.3	8		
3	粗铣开口台阶小 U 型槽，留余量 0.5 mm	T03	ϕ6 立铣刀 BT40-ER11-100			1000	0.3	3		

										设计(日期)	校对(日期)	审核(日期)	标准化(日期)	会签(日期)
标记	处数	更改文件号	签字	日期	标记	处数	更改文件号	签字	日期					

4. 工序 7 工步分析

工序 7 主要精铣工件 2 - $R30$ 圆弧槽及直槽，精铣开口台阶 U 型槽，工序 7 主要是选用立铣刀铣削各种槽，加工刀具卡见表 8 - 12。

表 8 - 12 工序 7 加工刀具卡

工序 7	刀号	刀具与刀柄规格	刀片名称与规格	加工部位	备注
精铣	T01	ϕ12 立铣刀 BT40 - ER20 - 100		2 - $R30$ 圆弧槽 及直槽、大 U 型槽	4 齿
O1007	T02	ϕ5 立铣刀 BT40 - ER11 - 100		小 U 型槽	4 齿
刀具 简图		T01、T02			

根据工件材料、零件硬度、加工性质及加工精度、表面质量要求，合理选择切削参数，工序 7 工序卡见表 8 - 13。

连接板—工序 7

5. 工序 8 加工

工序 8 是孔加工工序，工件翻转装夹，在 2 - ϕ9 孔圆心处打中心孔，钻 2 - ϕ9 通孔，扩孔 2 - ϕ14，保证孔深 29 mm，如图 8 - 29(a)所示；工件再次翻转装夹，在 ϕ6.6 孔圆心处打中心孔，钻 ϕ6.6 通孔及沉孔 11 至图纸尺寸，如图 8 - 29(b)所示；工件翻转装夹，在 M6 螺纹孔圆心处打中心孔，钻攻 M6 螺纹孔至图纸尺寸。

连接板—工序 8 - 1

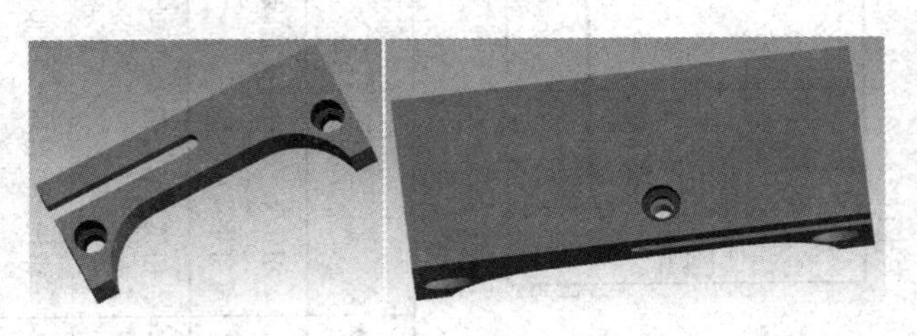

图 8 - 29 工序 8 加工完成后零件

连接板—工序 8 - 2

表 8 - 13　工序 7 工序卡

×××学院	数控加工工序卡片	产品型号	HRXJ2271	零件图号	HRXJ2271 - 203	程序号	O1007
		产品名称	激光切割机	零件名称	连接板	共 1 页	第 1 页

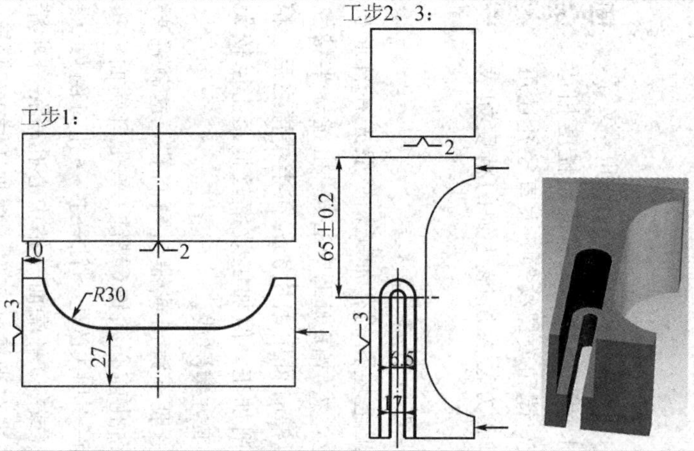

工步1:

工步2、3:

车间	工序号	工序名称	材料牌号
数控	7	精铣	Q235 - A
毛坯种类	毛坯外形尺寸	每毛坯可制件数	每台件数
方钢	56 mm×56 mm ×136 mm	1	1
设备名称	设备型号	设备编号	同时加工件数
加工中心	VDL600A	WZLJ003	1

夹具编号	夹具名称	切削液	
WZJJ0018	液压平口钳	乳化液	
工位器具编号	工位器具名称	工序工时/min	
		准终	单件

工步号	工步内容	刀具号	工 艺 装 备	刀补量		主轴转速 /(r/min)	进给量 /(mm/r)	背/侧吃刀量 /mm	工时/min	
				半径	长度				机动	辅助
1	精铣 2 - $R30$ 圆弧槽及直槽至图纸尺寸	T01	$\phi12$ 立铣刀 BT40 - ER20 - 100			800	0.2	2		
2	精铣开口台阶大 U 型槽至图纸尺寸	T02	$\phi5$ 立铣刀 BT40 - ER11 - 100			1100	0.2	0.5		
3	精铣开口台阶小 U 型槽至图纸尺寸	T02	$\phi5$ 立铣刀 BT40 - ER11 - 100			1100	0.2	0.25		

										设计(日 期)	校对(日期)	审核(日期)	标准化(日期)	会签(日期)
标记	处数	更改文件号	签字	日期	标记	处数	更改文件号	签字	日期					

课题二　孔系零件数控加工工艺

图 8－30 所示为方块类孔系零件，主要涉及六面体大平面及多用途孔类的加工，一般孔的加工尺寸精度要求高，形位公差要求较严格，表面质量要求高。拟定数控镗铣孔加工工艺路线主要内容包括选择各加工表面的加工方法、划分加工阶段、划分加工工序、确定加工顺序(工序顺序安排)和确定进给加工路线等。由于生产批量的差异，即使同一零件的数控镗铣孔加工工艺方案也有所不同，所以拟定数控镗铣孔加工工艺时，应根据具体生产批量、现场生产条件、生产周期等情况，拟定经济、合理的数控镗铣孔加工工艺。

图 8－30　方块类孔系零件三维图

一、加工方法的选择

加工中心加工零件的典型表面为平面、平面轮廓、曲面、孔和螺纹等，所选加工方法要与零件的表面特征、所要求达到的精度及表面粗糙度相适应。孔的加工方法比较多，有钻孔、扩、铰、镗和攻螺纹等，大直径孔还可采用圆弧插补方式进行削铣加工。孔的加工方法及所能达到的精度如表 8－14表示。

孔加工方案

(1) 所有孔系一般先全部粗加工后，再进行精加工。

(2) 对于直径大于 $\phi30$ 的已铸出或锻出毛坯孔的孔加工，一般先在普通机床上进行毛坯粗加工，直径上留 4～6 mm 的加工余量，然后在加工中心按“粗镗→半精镗→孔口倒角→精镗”四个工步的加工方案完成；有空刀槽时可用锯片铣刀在半精镗之后、精镗之前用圆弧插补方式铣削完成，也可以单刃镗刀镗削加工，但加工效率较低；孔径较大时可用立铣刀以圆弧插补方式通过“粗铣→精铣”的加工方案完成。

(3) 对于直径小于 $\phi30$ 的孔，毛坯上一般不铸出或锻出预制孔，这就需要在加工中心完成全部加工。为提高孔的位置精度，在钻孔前必须锪(或铣)平孔口端面，并钻出中心孔作为导向孔，即通常采用“锪(或铣)平端面→钻中心孔→钻→扩→孔口倒角→铰”的加工方案；对于有同轴度要求的小孔，需采用“锪(或铣)平端面→钻中心孔→钻→半精镗→孔口倒角→精镗(或铰)”的加工方案。孔口倒角安排在半精加工后、精加工之前进行，以防孔内产生毛刺。

表 8-14　H13～H7 孔加工方案(孔长度小于等于直径 5 倍)

孔的精度	孔的毛坯性质	
	在实体材料上加工孔	预先铸出或热冲出的孔
H13、H12	一次钻孔	用扩孔钻钻孔或镗刀镗孔
H11	孔径≤10 mm：一次钻孔 孔径范围为 10～30 mm：钻孔及扩孔 孔径范围为 30～80 mm：钻孔、扩孔或钻孔、扩孔、镗孔	孔径小于等于 80 mm，粗孔、精扩，或用镗刀粗镗、精镗，或根据余量一次镗孔或扩孔
H10、H9	孔径≤10：钻孔及铰孔 孔径范围为 10～30 mm：钻孔、扩孔及铰孔 孔径范围为 30～80 mm：钻孔、扩孔、铰孔或钻孔、扩孔、镗孔(或铣孔)	孔径小于等于 80 mm，用镗刀粗镗(一次或两次，根据余量而定)、铰孔(或精镗孔)
H8、H7	孔径≤10 mm：钻孔、扩孔及铰孔 孔径范围为 10～30 mm：钻孔、扩孔及一次或两次铰孔 孔径范围为 30～80 mm：钻孔、扩孔(或用镗刀分几次粗镗)、一次或两次铰孔(或精镗孔)	孔径小于等于 80 mm，用镗刀粗镗(一次或两次，根据余量而定)及半精镗、精镗(或精铰)

(4) 在孔系加工中，先加工大孔，再加工小孔，特别是在大小孔相距很近的情况下，更要按这一顺序进行。

(5) 零件上光孔和螺纹的尺寸规格应尽可能少，以减少加工时钻头、铰刀及丝锥等刀具的数量，并缩短换刀时间，同时防止刀库容量不足。

(6) 对于螺纹孔，要根据其孔径的大小选择不同的加工方式，直径在 M6～M20 之间的螺纹孔，一般在加工中心用攻螺纹的方法加工；对于直径在 M6 以下的螺纹，则只在加工中心加工出底孔，然后通过其他方法攻螺纹，因加工中心自动换刀是按数控程序自动加工的，所以在攻小螺纹时不能随机控制加工状态，使小丝锥容易扭断，从而产生废品；对于直径在 M20 以上的螺纹，一般采用镗刀镗削或铣螺纹，铣螺纹加工示例如图 8-31 所示。

图 8-31　铣螺纹加工示例

铣螺纹加工示例

零件孔加工结构工艺性参见 8.1.1 节中表 8-1 零件的孔加工工艺性对比实例。

二、进给加工路线的确定

加工中心的进给加工路线分为孔加工进给加工路线和铣削进给加工路线。加工中心加工孔时，一般首先将刀具在 XY 平面内迅速、准确运动到孔中心线的位置，然后再沿 Z 向(轴向)运动进行加工，因此确定的孔加工进给路线包括在 XY 平面内的进给加工路线和 Z 向进给路线。

1. 在 XY 平面内的进给加工路线

加工孔时，刀具在 XY 平面内的运动属点位运动，因此确定进给加工路线时主要考虑以下几个方面。

1) 迅速定位

迅速定位也就是在刀具不与工件、夹具和机床干涉的前提下尽量缩短空行程，例如，加工图 8-32(a)所示零件，按图 8-32(b)所示进给加工路线比按图 8-32(c)所示进给加工路线节省近一半的定位时间，这是因为加工中心(含数控铣床)在点位运动情况下，刀具由一点运动到另一点时，通常沿 X、Y 坐标轴方向同时快速移动，当沿 X、Y 轴移动的距离不同时，短移动距离方向的运动先停，待长移动距离方向的运动停止后刀具才达到目标位置。由于图 8-31(b)所示的进给加工路线沿 X、Y 轴方向的移动距离接近，所以定位迅速。

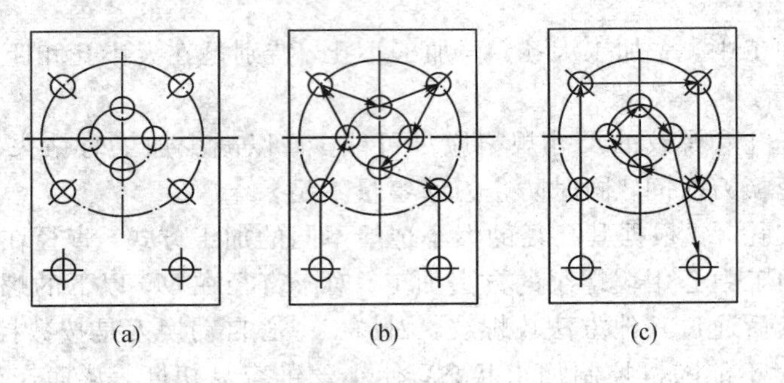

图 8-32　最短进给加工路线设计示例

2) 准确定位

安排进给加工路线时，应避免机械进给传动系统反向间隙对孔位精度的影响，例如镗削图 8-33(a)所示零件上的四个孔，按图 8-33(b)所示进给加工路线，由于 4 孔与 1、2、3 孔定位方向相反，所以 Y 向反向间隙会使定位误差增加，从而影响 4 孔与其他孔的位置精度。按图 8-33(c)所示进给加工路线，加工完 3 孔后再向上移动一段距离至 P 点，然后再返回来在 4 孔处进行定位加工，这样方向一致就可避免反向间隙的引入，提高了 4 孔的定位精度。

迅速定位和准确定位有时难以同时满足，图 8-33(b)是按最短路线进给的，满足了迅速定位的要求，但因不是从同一方向趋近目标的，所以引入了机床进给传动系统的反向间隙，故难以做到准确定位。图 8-33(c)是从同一方向趋近目标位置的，消除了机床进给传动系统反向间隙的误差，满足了准确定位的要求，但非最短进给路线，没有满足迅速定位的要求。因此，在具体加工中，应抓住主要矛盾，若按最短路线进给能保证位置精度，则取最短路线；反之，则应取能保证准确定位的路线。

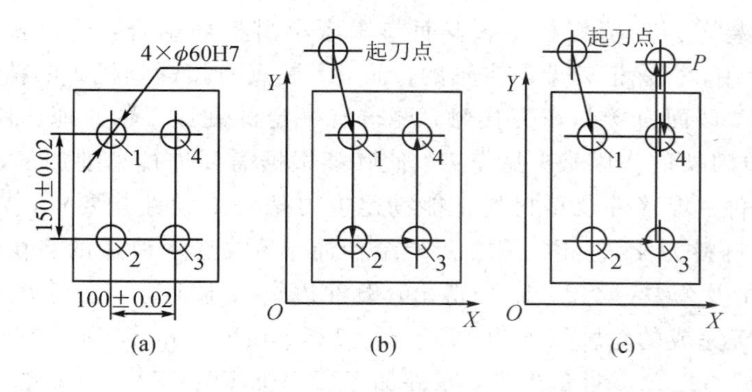

准确定位进给加工路线设计示例

图 8－33　准确定位进给加工路线设计示例

2. *Z* 向(轴向)进给加工路线

刀具在 Z 向的进给加工路线分为快进(即快速进给)和工进(即工作进给)。在开始加工前，应将刀具快速移动到距待加工表面一定距离的 R 平面(距工件加工表面一切入距离的平面)上，然后才能以工作进给速度进行切削加工，图 8－34(a)所示为加工单个孔时刀具的进给加工路线(进给距离)。加工多孔时，为减少刀具空行程的进给时间，加工完成前一个孔后，刀具不必退回到初始平面，只需退到 R 平面即可沿 X、Y 坐标轴方向快速移动到下一孔位，其进给加工路线如图 8－34(b)所示。

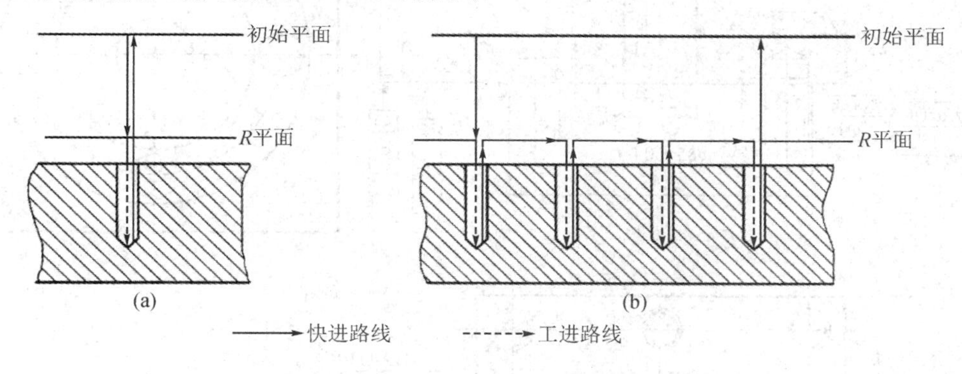

图 8－34　刀具 Z 向进给加工路线设计示例

任务 2　方刀架零件数控加工工艺

一、工艺准备

1. 阅读分析图样

图 8－35 所示为车床用方刀架零件工作图，图 8－36 所示为车床用方刀架零件三维图。方刀架是车床溜板箱上的零件，通过螺栓紧固实现车刀固定夹紧转换。方刀架为典型的方块孔槽类零件，$\phi36^{+0.03}_{0}$ 孔和 M12－6H 的螺纹孔用于安装方刀架转动手柄；上表面

8×M12-6H的螺纹孔用于安装车刀压紧螺栓；下表面与车床小滑板面结合，可以转动，4×$\phi15^{+0.019}_{0}$孔在刀架定位时使用，以保证刀架与主轴的位置，其精度直接影响机床的精度；方刀架中槽结构用于装夹车刀，C面直接与车刀接触，要求有一定的硬度，热处理选用表面淬火40～45HRC。车床用方刀架的作用是夹持车刀，使其能根据需要进行车削加工，方刀架的受力情况比较复杂，铸件、焊接件及型材均不能满足方刀架的力学性能要求，方刀架宜选用锻造作为毛坯类型，材料为45号钢，因方刀架结构简单，故选用锻造的自由锻。查表“方块锻件的机械加工余量及公差(JZ12-59)”得出，锻件边长为125时，毛坯余量及公差取(6±2) mm，因零件加工完成的轮廓尺寸为125 mm×125 mm×72 mm，所以锻件的毛坯尺寸取135 mm×135 mm×82 mm，批量生产，零件加工所用机床为XD-40A立式数控铣床，数控系统为FANUC，刀柄形式为BT40；或选择VDL600A立式加工中心，数控系统为FANUC，刀库为斗笠式16把，刀柄形式为BT40；或选择卧式加工中心HDA50，数控系统为FANUC-0i-MD，刀库为刀臂式24把，刀柄形式为BT40。

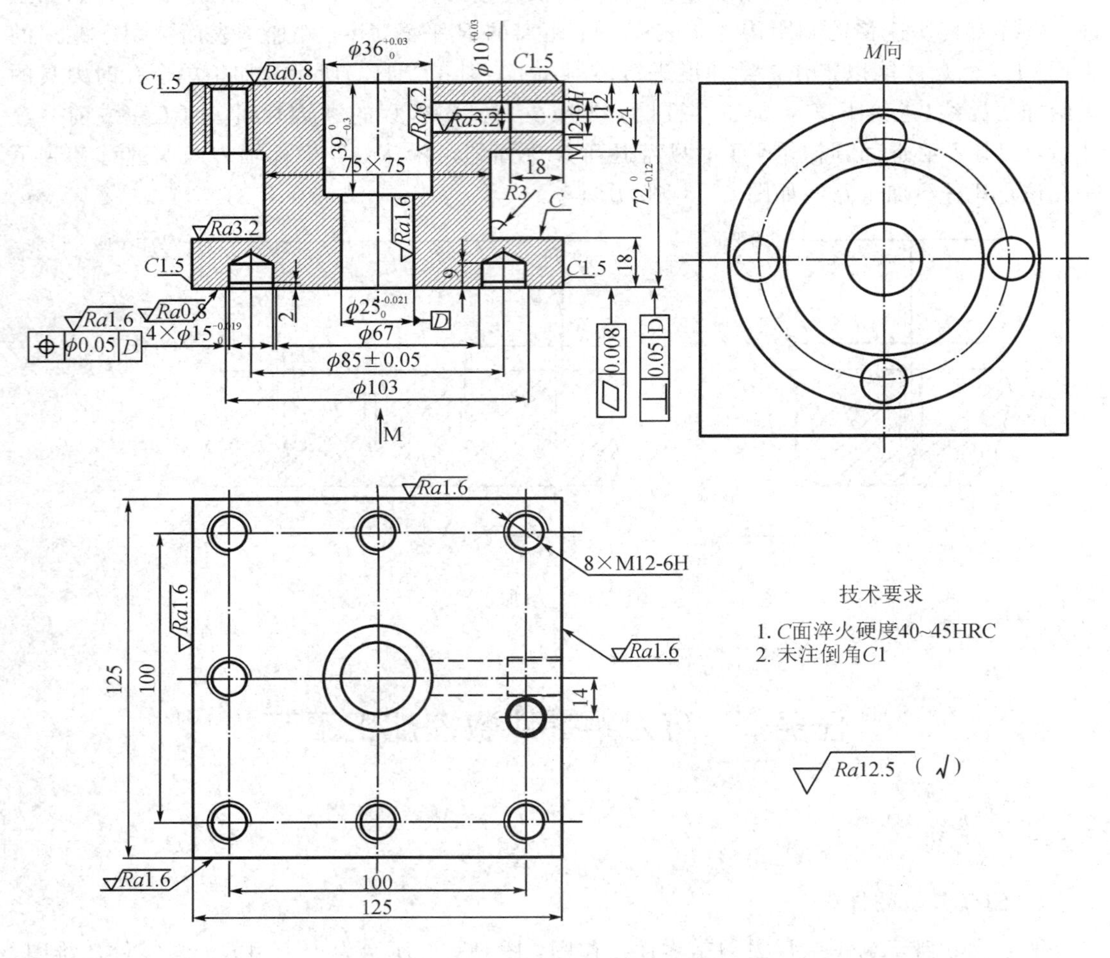

图8-35　方刀架零件工程图

图 8－36　方刀架零件三维图

数控加工工艺设计的首要任务是对零件进行图样结构工艺分析，方刀架零件图样结构工艺分析如表 8－15 所示。

表 8－15　方刀架零件图样结构工艺分析

序号	加工项目	尺寸精度/mm	粗糙度 $Ra/\mu m$	基准	几何公差	备　注
1	上表面	$72_{-0.12}^{0}$		$Ra0.8$		主要表面
	下表面				平面度 0.008 垂直度 0.05(*D* 基准)	
2	长度×宽度	125×125	1.6			
3	$\phi25$ 内孔	$\phi25^{+0.021}_{0}$	1.6	*D* 基准		
4	$4\times\phi15$ 内孔	$4\times\phi15^{+0.019}_{0}$	1.6		位置度 $\phi0.05$(*D* 基准)	
5	$\phi36$ 内孔	$\phi36^{+0.03}_{0}$	3.2			
6	环槽	$\phi103\times\phi67\times2$	12.5			
7	$\phi10$ 孔	$\phi10^{+0.03}_{0}$	3.2			
8	M12 螺纹	M12－6H	12.5			
9	中槽	75×75	12.5			主要表面
10	*C* 面	18	3.2		表面淬火 40～45HRC	
11	8×M12 螺纹	8×M12－6H	12.5			
12	面倒角	*C*1.5	12.5			

2. 制订各主要部位加工方法

表 8－15 中 12 个加工项目的数控加工工艺方法安排如表 8－16 所示。

表 8-16 单项数控加工工艺方法

序号	加工项目	尺寸精度/mm	加工方法	加工刀具
1	上下表面	$72_{-0.12}^{0}$	粗车—精车—磨	车刀、砂轮
2	长度×宽度	125×125	粗铣—精铣—磨	面铣刀、砂轮
3	$\phi25$ 内孔	$\phi25_{0}^{+0.021}$	钻—车—镗	麻花钻、扩孔钻、镗刀
4	4×$\phi15$ 内孔	$4\times\phi15_{0}^{+0.019}$	钻—扩—铰	
5	$\phi36$ 内孔	$\phi36_{0}^{+0.03}$	钻—车	麻花钻、车刀
6	环槽	$\phi103\times\phi67\times2$	车	端面槽车刀
7	$\phi10$ 孔	$\phi10_{0}^{+0.03}$	钻—铰	麻花钻、铰刀
8	M12 螺纹	M12-6H	钻—攻螺纹	麻花钻、丝锥
9	中槽	75×75	铣	圆角立铣刀
10	*C* 面	18	粗铣—精铣	圆角立铣刀
11	8×M12 螺纹	8×M12-6H	钻—攻螺纹	麻花钻、丝锥
12	面倒角	*C*1.5	铣	倒角铣刀

根据 12 个加工项目的数控加工工艺方法，查阅机械加工工艺手册，分别确定各加工表面的机械加工余量，详见表 8-17。

表 8-17 机械加工余量表

序号	尺寸精度/mm	加工方法	粗加工	精加工	磨/镗/铰	总余量	备注
			外圆、内孔双边余量，平面单边余量/mm				
1	$72_{-0.12}^{0}$	粗车—精车—磨	3	1.5	0.5	5	保证定位时的精度
2	125×125	粗铣—精铣—磨	3	1.5	0.5	5	
3	$\phi25_{0}^{+0.021}$	钻—扩—镗	22	2	1	25	
4	$4\times\phi15_{0}^{+0.019}$	钻—扩—铰	14	0.85	0.15	15	
5	$\phi36_{0}^{+0.03}$	钻—车	22	14		36	
6	$\phi103\times\phi67\times2$	车	36×2			36×2	
7	$\phi10_{0}^{+0.03}$	钻—铰	9.8		0.2	10	
8	M12-6H	钻—攻螺纹	10.2		1.894		
9	75×75	铣	3			3	单边余量
10	18	粗铣—精铣	3	1		4	
11	8×M12-6H	钻—攻螺纹	10.2		1.894		
12	*C*1.5	铣					

3. 确定工件坐标系

方刀架零件在数控铣床、加工中心加工时，以工件加工上表面内孔圆心作为工件坐标系原点 O。

4. 工件的定位与装夹

选择适当的工件表面作为粗基准把精基准加工出来，可选用方刀架四周侧面作为粗基准，一是便于装夹；二是可保证四周侧面对精基准面的位置精度，定位精基准设定在方刀架 $\phi36^{+0.03}_{0}$ 孔与上表面、$\phi25^{+0.021}_{0}$ 孔与下表面。因为方刀架零件为方块孔槽类零件，所以选用的工件装夹涉及液压平口钳、压板组合、回转工作台、四爪卡盘、大平面短圆柱定位专用夹具。

二、方刀架零件加工顺序及加工路线

因为方刀架零件是批量生产的，并采用数控机床加工，所以采用工序集中原则安排工艺路线，首先粗车上表面及加工内孔，是为了给下一道工序下表面及内孔的加工提供定位精基准，接下来下表面及内孔的加工也是为后面几道工序提供定位精基准，符合“基准先行、先面后孔、先主后次”的原则。然后铣四周侧面、铣中槽 75×75、精铣 C 面、铣上下表面的倒角，C 面精铣后表面淬火是为了提高 C 面的硬度，满足图纸要求。热处理后工件会产生一定的变形，但因 C 面加工精度要求不高，故不再安排磨削工序，但对于精度要求较高的上下表面、四周侧面、$\phi25^{+0.021}_{0}$ 孔、$4\times\phi15^{+0.019}_{0}$ 定位内孔及螺纹孔的加工，为了避免 C 面热处理变形带来的影响，都安排在 C 面表面淬火后进行精加工，符合先粗后精的工序原则，方刀架上下表面、四周侧面均安排了磨削加工工艺，作用是保证方刀架定位时的精度。方刀架零件数控加工工艺过程设计如表 8－18 所示，加工顺序为：下料→自由锻→正火→粗加工→半精加工→表面淬火→精加工。从表 8－18 可以看出，工序 3、4 为数控车削工艺，当然也可以设计成数控铣削或加工中心工艺，依据企业的生产调度、产品批量、设备使用、交货日期而定。工序 5、6、9、10 为数控铣床或加工中心加工工艺，工序集中，接下来分析工序 5、9 的加工工步。

方刀架零件

数控加工工艺

表 8-18　方刀架零件工艺过程设计

×××学院			数控加工工艺过程卡片	产品型号	CA6140		零件图号	CA6140-5125	
				产品名称	普通车床		零件名称	方刀架　共 1 页 第 1 页	
材料牌号	45 钢	毛坯种类	锻造	毛坯外形尺寸		135 mm×135 mm ×82 mm	每毛坯件数 1　每台件数 1	备注	
工序号	工序名称	程序号	工 序 内 容	车间	工段	设备	工 艺 装 备	工时/min	
								准终	单件
1	锻造		自由锻 135 mm×135 mm×82 mm	锻压	锻压	空气锤	0～300 钢直尺		
2	热		正火	热	正火	箱式炉			
3	车		用四爪单动卡盘装夹工件四周侧面，粗精车上表面留磨量 0.5 mm，钻 $\phi22$ 通孔，车孔 $\phi36^{+0.03}_{0}$ 至图纸要求，深 39.5 mm，倒角 $C1$	数控	数控车床	CK6140	$\phi22$ 麻花钻，端面车刀 DCLNR2525M12（刀片 CNMG120408-NM9 WPP10），内孔车刀 A20S-SCLCR09（刀片 CCMT09T304-PM5 WPP10）		
4	车		掉头，用 $\phi36^{+0.03}_{0}$ 孔和上表面定位装夹工件，粗精车下表面留磨量 0.5 mm，保证距上表面尺寸 73 mm，车 $\phi22$ 孔至 $\phi24$H8，车环形槽至 $\phi103\times\phi67\times2.5$ mm	数控	数控车床	CK6140	端面车刀 DCLNR2525M12（刀片 CNMG120408-NM9 WPP10），内孔车刀 A20S-SCLCR09（刀片 CCMT09T304-PM5 WPP10），端面槽车刀		
5	铣	O2005	以 $\phi24$H8 孔及下表面定位装夹工件，铣工件四侧面至尺寸 126 mm×126 mm；铣四周中槽，保证距上表面 24.5 mm，距下表面 19.5 mm，保证尺寸 75×75 mm 及 $R3$；精铣 C 面，保证距下表面尺寸 18.5 mm	数控	加工中心	HDA50	$\phi160$ 面铣刀（$\kappa_r=75°$，BT40-FMB40-60，粗铣刀片 SNGX1205ENN-F67-WKP25，精铣刀片 XNGX1205ENN-F67-WKP25），$\phi20$ 带 $R3$ 圆角立铣刀(BT40-ER32-100)，$\phi16$ 带 $R3$ 圆角立铣刀(BT40-ER25-100)，回转工作台		
6	铣	O2006	用液压平口钳装夹工件四周侧面，加工上下表面四周的面倒角 $C1.5$	数控	加工中心	VDL600A	倒角铣刀（BT40-ER32-100，ODMT050408-D57-WKP25）		
7	热		C 表面淬火 40～45HRC	热	淬火	淬火机床			
8	磨		磨上表面，保证图纸尺寸 $39_{-0.3}^{0}$ mm 及 24 mm；磨下表面，保证图纸尺寸 $72_{-0.12}^{0}$ mm 及 18 mm；磨四周侧面，保证图纸尺寸 125 mm×125 mm	数控	数控磨床	MK7130	砂轮，电磁吸盘		
9	铣	O2009	以 $\phi36^{+0.03}_{0}$ 孔及上表面定位装夹工件，倒角 $C1$，精镗内孔 $\phi25$ 至图纸要求，打中心孔，钻扩铰 4×$\phi15^{+0.019}_{0}$ 孔至图纸要求	数控	加工中心	VDL600A	精镗头 CBH20-36（BT40-LBK1-75，刀片 TP08），90°倒角刀(BT40-ER25-100)，A2.5 中心钻(BT40-APU08-85)，$\phi14$ 麻花钻(BT40-APU16-105)，$\phi14.85$ 扩孔钻(BT40-APU16-105)，$\phi15H7$ 铰刀(BT40-MTA2-45)		
10	铣	O2010	以 $\phi25^{+0.021}_{0}$ 孔及下表面定位装夹工件，打中心孔，钻八个螺纹底孔 $\phi10.2$ mm，孔口倒角 $C1.5$，攻螺纹 8×M12-6H	数控	加工中心	VDL600A	A2.5 中心钻(BT40-APU08-85)，$\phi10.2$ 麻花钻(BT40-APU13-100)，M12 机用丝锥(BT40-G3)，90°倒角刀(BT40-ER11-100)		
11	钻		钻侧面底孔 $\phi9.8$，铰孔至尺寸 $\phi10^{+0.03}_{0}$；孔入口深 18 mm 段，扩孔至 $\phi10.2$，攻螺纹 M12-6H	数控	数控钻床	ZK5150	$\phi9.8$ 麻花钻(BT40-APU13-100)，$\phi10$H7 铰刀(BT40-MTA1-45)，$\phi10.2$ 扩孔钻(BT40-APU13-100)，M12 机用丝锥(BT40-G3)		
12	检验		清洗检验，油封入库	检验	检验	检验台	游标卡尺、内径量表、塞规、百分表等		
				设计(日期)	校对(日期)	审 核(日期)	标准化(日期)	会签(日期)	
标记	处数	更改文件号	签字　日期	标记	处数	更改文件号	签字　日期		

1. 工序 5 工步分析

工序 5 以 $\phi25^{+0.021}_{0}$ 孔与下表面定位装夹工件，铣方刀架四个侧面、四周中槽、C 面。方刀架四个侧面的铣削选用面铣刀，要求所选面铣刀应尽量包容工件整个加工宽度，以提高加工精度和效率，减小相邻两次进给之间的接刀痕迹，并保证铣刀的耐用度。一般面铣刀规格直径为 $D_c=(1.2\sim1.6)\times a_e$ (mm)，a_e 为工件铣削宽度，由此 $D_c=1.2\times125=150$ mm，因此选用 $\phi160$ 面铣刀，12 齿，75°主偏角。方刀架铣削中槽、C 面时选用带圆角的立铣刀，工序 5 加工刀具卡见表 8－19。

表 8－19　工序 5 加工刀具卡

工序 5	刀号	刀具与刀柄规格	刀片名称与规格	加工部位	备　注
铣	T01	$\phi160$ 面铣刀 BT40－FMB40－60	粗铣刀片 SNGX1205ENN－ F67－WKP25	四侧面	$\kappa_r=75°$，12 齿
程序号	T02	$\phi160$ 面铣刀 BT40－FMB40－60	精铣刀片 XNGX1205ENN－ F67－WKP25	四侧面	$\kappa_r=75°$，12 齿
O2005	T03	$\phi20$ 带 $R3$ 圆角立铣刀 BT40－ER32－100		中槽	4 刃(整体硬质合金)
	T04	$\phi16$ 带 $R3$ 圆角立铣刀 BT40－ER25－100		C 面	
刀具简图		T01、T02	T03、T04		

根据工件材料、零件硬度、加工性质及加工精度、表面质量要求，合理选择切削参数，工序 5 工序卡见表 8－20。

方刀架—工序 5

表 8-20　工序 5 工序卡

×××学院	数控加工工序卡片	产品型号	CA6140	零件图号	CA6140-5125	程序号	O2005
		产品名称	普通车床	零件名称	方刀架	共 2 页	第 1 页

车间	工序号	工序名称	材料牌号
数控	5	铣	45#
毛坯种类	毛坯外形尺寸	每毛坯可制件数	每台件数
锻件	135 mm×135 mm×82 mm	1	1
设备名称	设备型号	设备编号	同时加工件数
加工中心	HDA50	WZWJ-002	1

夹具编号	夹具名称	切削液	
WZJJ1103	小圆销大平面定位专用夹具	乳化液	
工位器具编号	工位器具名称	工序工时/min	
		准终	单件

工步号	工步内容	刀具号	工艺装备	刀补量		主轴转速/(r/min)	进给量/(mm/r)	侧/背吃刀量/mm	工时/min	
				半径	长度				机动	辅助
1	以 ϕ24H8 孔及下表面定位装夹工件，粗铣工件四侧面至尺寸 129 mm×129 mm	T01	ϕ160 面铣刀 BT40-FMB40-60(粗铣刀片 SNGX1205ENN-F67-WKP25)			350	2.4	3		
2	精铣四侧面至尺寸 126 mm×126 mm	T02	ϕ160 面铣刀 BT40-FMB40-60(精铣刀片 XNGX1205ENN-F67-WKP25)			450	1.2	1.5		
3	铣工件中槽，保证距上表面 24.5 mm，距下表面 19.5 mm，保证尺寸 75 mm×75 mm及 $R3$	T03	ϕ20 带 $R3$ 圆角立铣刀 BT40-ER32-100			1000	0.8	3		
4	精铣 C 面，保证距下表面尺寸 18.5 mm	T04	ϕ16 带 $R3$ 圆角立铣刀 BT40-ER25-100			1200	0.4	1		

										设计(日 期)	校对(日期)	审核(日期)	标准化(日期)	会签(日期)
标记	处数	更改文件号	签字	日期	标记	处数	更改文件号	签字	日期					

2. 工序 9 工步分析

工序 9 加工下表面的孔，主要是选用孔加工刀具，工序 9 加工刀具卡见表 8－21。

表 8－21　工序 9 加工刀具卡

工序 9	刀号	刀具与刀柄规格	刀片名称与规格	加工部位	备　注
铣	T01	90°倒角刀 BT40－ER11－100		ϕ25 内孔倒角	
程序号	T02	精镗头 CBH20－36 BT40－LBK1－75	刀片 TP08	ϕ25 内孔	
O2009	T03	A2.5 中心钻 BT40－APU08－85		打中心孔	
	T04	ϕ14 麻花钻 BT40－APU16－105		ϕ14 钻孔	2 刃
	T05	ϕ14.85 扩孔钻 BT40－APU16－105		扩孔	4 刃
	T06	ϕ15H7 铰刀 BT40－MTA2－45		ϕ15 铰孔	
刀具简图		T01	T02	T03	
		T04	T05	T06	

根据工件材料、零件硬度、加工性质及加工精度、表面质量要求，合理选择切削参数，工序 9 工序卡见表 8－22。

方刀架—工序 9

表 8-22　工序 9 工序卡

×××学院	数控加工工序卡片	产品型号	CA6140	零件图号	CA6140-5125	程序号	O2009
		产品名称	普通车床	零件名称	方刀架	共 2 页	第 2 页

车间	工序号	工序名称	材料牌号
数控	9	铣	45°
毛坯种类	毛坯外形尺寸	每毛坯可制件数	每台件数
锻件	135 mm×135 mm ×82 mm	1	1
设备名称	设备型号	设备编号	同时加工件数
加工中心	VDL600A	WZWJ-002	1

夹具编号	夹具名称	切削液	
WZJJ1105	大平面短圆销定位专用夹具+压板	乳化液	
工位器具编号	工位器具名称	工序工时/min	
		准终	单件

工步号	工步内容	刀具号	工艺装备	刀补量		主轴转速/(r/min)	进给量/(mm/r)	侧/背吃刀量/mm	工时/min	
				半径	长度				机动	辅助
1	以内孔 $\phi 36^{+0.03}_{0}$ 及上表面为基准，孔口倒角 C1	T01	90°倒角刀 BT40-ER11-100			300	0.25			
2	精镗内孔 $\phi 25^{+0.021}_{0}$ 至图样	T02	精镗头 CBH20-36BT40-LBK1-75			1200	0.12	0.5		
3	在 $4\times\phi 15^{+0.019}_{0}$ 孔圆心处打中心孔	T03	A2.5 中心钻 BT40-APU08-85			1500	0.06			
4	钻孔至 $\phi 14$	T04	$\phi 14$ 麻花钻 BT40-APU16-105			450	0.14	14		
5	扩孔至 $\phi 14.85$	T05	$\phi 14.85$ 扩孔钻 BT40-APU16-105			225	0.25	0.85		
6	铰孔至图纸要求 $4\times\phi 15^{+0.019}_{0}$	T06	$\phi 15$H7 铰刀 BT40-MTA2-45			300	0.5	0.15		

										设计(日 期)	校对(日期)	审核(日期)	标准化(日期)	会签(日期)
标记	处数	更改文件号	签字	日期	标记	处数	更改文件号	签字	日期					

3. 工序 6、工序 10 加工

工序 6 主要是工件上下表面面倒角，用液压平口钳装夹工件四周侧面，用倒角铣刀加工工件上表面四周的面倒角 $C1.5$，然后翻转工件，加工工件下表面四周的面倒角 $C1.5$，如图 8－37(a)所示。

工序 10 加工工件上表面孔系，以 $\phi25^{+0.021}_{0}$ 孔及下表面定位装夹工件，在上表面八个螺纹孔中心处打中心孔，钻八个螺纹底孔 $\phi10.2$ mm，孔口倒角 $C1.5$，攻螺纹 8×M12－6H，如图 8－37(b)所示。

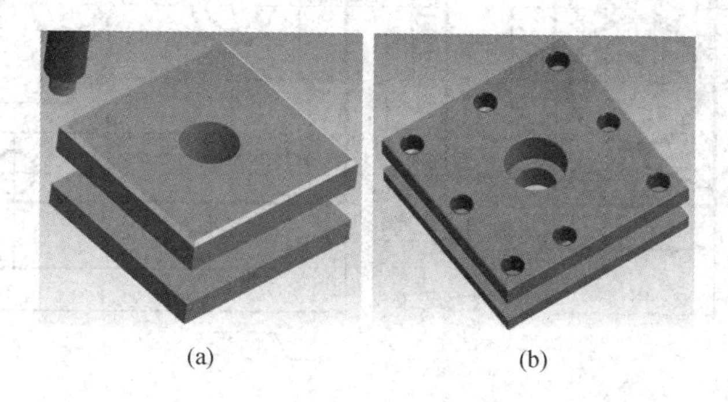

(a)　　(b)

图 8－37　工序 6、工序 10 加工完成后零件

方刀架—工序 6

方刀架—工序 10

任务 3　阀体零件数控加工工艺

一、工艺准备

1. 阅读分析图样

图 8－38 所示为液压阀阀体零件工作图，图 8－39 所示为液压阀阀体零件三维图。液压阀是一种用压力油操作的自动化元件，它受配压阀压力油的控制，通常与电磁配压阀组合使用，可用于远距离控制水电站油、气、水管路系统的通断，用于降低并稳定系统中某一支路的油液压力，常用于夹紧、控制、润滑油路等。液压阀在结构上主要由阀体和阀芯构成，阀体多为方块类孔系零件，内有纵横交错的油路、管路、螺纹接口、密封槽等结构，加工精度及表面质量要求一般较高。液压阀阀体材料为 45 钢(锻造方钢 135 mm×132 mm×58 mm)，批量生产，零件加工所用机床为 XD－40A 立式数控铣床，数控系统为 FANUC，刀柄形式为 BT40；或使用 VDL600A 立式加工中心，数控系统为 FANUC，刀库为斗笠式 16 把，刀柄形式为 BT40。

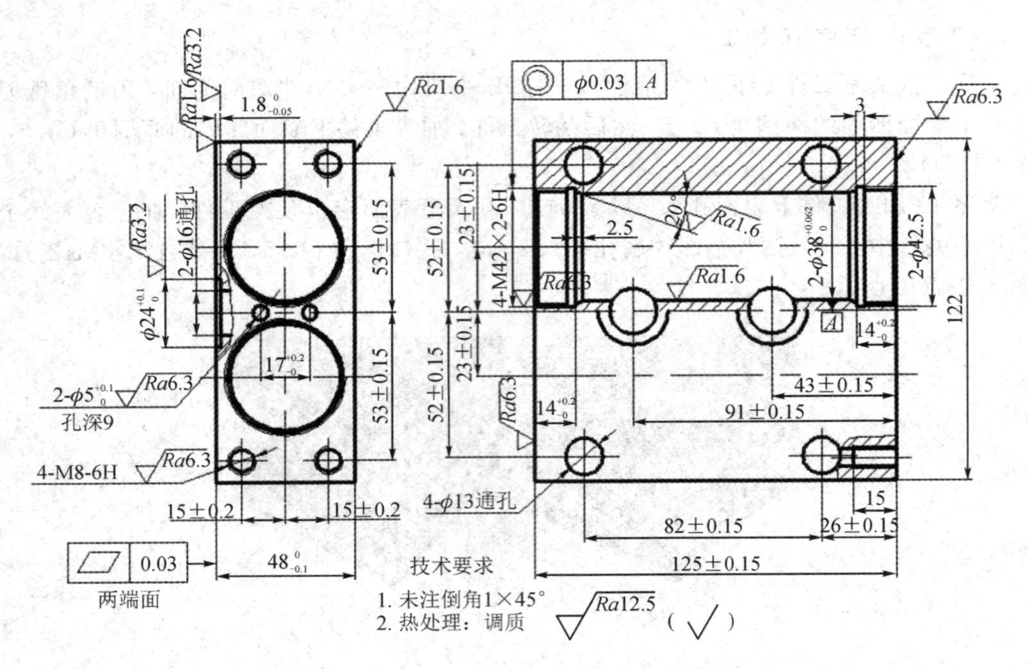

图 8-38　液压阀阀体零件工作图

图8-39　液压阀阀体零件三维图

数控加工工艺设计的首要任务是对零件进行图样结构工艺分析，阀体零件图样结构工艺分析如表 8-23 所示。

表 8-23　阀体零件图样结构工艺分析

序号	加工项目	尺寸精度/mm	粗糙度 Ra/μm	基准	几何公差	备　注
1	左右安装面	$48^{0}_{-0.1}$	1.6		平面度 0.03	主要表面
2	四侧面	(125±0.15)×122	6.3，12.5			
3	φ38 内孔	$2-\phi38^{+0.062}_{0}$	1.6	A 基准		
4	20°短内锥		1.6			
5	M42 螺纹	4-M42×4-6H	6.3		同轴度 φ0.03（A 基准）	
6	内槽	4-φ42.5	12.5			
7	M8 螺纹	4-M8-6H	6.3			

续表

序号	加工项目	尺寸精度/mm	粗糙度 Ra/μm	基准	几何公差	备 注
8	$\phi16$ 孔	$2-\phi16$	12.5			
9	$\phi24$ 沉孔	$2-\phi24^{+0.1}_{0}$	3.2			
10	$\phi5$ 小孔	$2-\phi5^{+0.1}_{0}$	6.3			
11	$\phi13$ 孔	$4-\phi13$	12.5			

2. 制订各主要部位加工方法

表 8-23 中 11 个加工项目的数控加工工艺方法安排如表 8-24 所示。

表 8-24 单项数控加工工艺方法

序号	加工项目	尺寸精度/mm	加工方法	加工刀具	备 注
1	左右安装面	$48^{0}_{-0.1}$	粗铣—精铣—磨	面铣刀、砂轮	磨削后保证平面度
2	四侧面	$(125\pm0.15)\times122$	粗铣—精铣	面铣刀	
3	$\phi38$ 内孔	$2-\phi38^{+0.062}_{0}$	钻—粗镗—精镗	麻花钻、镗刀	
4	20°短内锥		粗铣—精铣	球铣刀	
5	M42 螺纹	4-M42×2-6H	钻—镗—螺纹铣削	麻花钻、镗刀、螺纹铣刀	M42×2-6H 螺纹与 $\phi38^{+0.062}_{0}$ 内孔（A 基准）在一次装夹中完成加工，以保证同轴度
6	内槽	$4-\phi42.5$	铣槽	环槽铣刀	
7	M8 螺纹	4-M8-6H	钻—攻螺纹	麻花钻、丝锥	
8	$\phi16$ 孔	$2-\phi16$	钻	麻花钻	
9	$\phi24$ 沉孔	$2-\phi24^{+0.1}_{0}$	粗铣—精铣	立铣刀	
10	$\phi5$ 小孔	$2-\phi5^{+0.1}_{0}$	钻—铰	麻花钻、铰刀	
11	$\phi13$ 孔	$4-\phi13$	钻	麻花钻	

根据 11 个加工项目的数控加工工艺方法，查阅机械加工工艺手册，分别确定各加工表面的机械加工余量，详见表 8-25。

表 8-25 机械加工余量表

序号	尺寸精度/mm	加工方法	粗加工	精加工	磨/镗/铰	总余量
			外圆、内孔双边余量，平面单边余量/mm			
1	$48^{0}_{-0.1}$	粗铣—精铣—磨	2	1.2	0.3	3.5
2	$(125\pm0.15)\times122$	粗铣—精铣	2	1		3
3	$2-\phi38^{+0.062}_{0}$	钻—粗镗—精镗	36	1.7	0.3	38
4	20°短内锥	粗铣—精铣		1.06		
5	4-M42×2-6H	钻—镗—螺纹铣削	粗	半精	精	螺纹铣削余量
			1.52	0.43	0.23	

续表

序号	尺寸精度/mm	加工方法	粗加工	精加工	磨/镗/铰	总余量
			外圆、内孔双边余量，平面单边余量/mm			
6	4 - ϕ42.5	铣槽	4.8			4.8
7	4 - M8 - 6H	钻—攻螺纹	6.8	1.35		
8	2 - ϕ16	钻	16			16
9	2 - $\phi24^{+0.1}_{0}$	粗铣—精铣	7	1		8
10	2 - $\phi5^{+0.1}_{0}$	钻—铰	4.8		0.2	5
11	4 - ϕ13	钻	13			13

3. 确定工件坐标系

液压阀阀体零件在数控铣床、加工中心加工时，以工件加工上表面对称中心作为工件坐标系原点 O。

4. 工件的定位与装夹

因为液压阀阀体零件为方块类孔系零件，所以工件装夹选用液压平口钳、压板组合、回转工作台。工艺精基准设定在液压阀阀体零件安装面上。

二、阀体零件加工顺序及加工路线

完成单个项目数控加工工艺方法的制订后，关键问题在于如何将这 11 个项目的加工工艺路线串接起来，形成相对合理又符合企业厂情的工艺规范。因为阀体是典型的方块类孔系零件，所以按照基准先行，先面后孔的原则，先在加工中心加工阀体零件六面，其中左右安装面加工精度较高，适合作为设计工艺基准，故应最先加工，然后安排磨削加工来保证基准的精度质量要求，符合先粗后精的工序原则。左右安装面粗精铣加工完成后，作为工艺基准进行阀体零件四侧面的铣削加工至图纸要求。阀体的六面外形加工完成后，按照先重要后次要的原则安排前侧面孔系加工，也符合按部位划分工序及按安装次数划分工序的原则，前侧面孔系加工精度高，内孔 2 - $\phi38^{+0.062}_{0}$ 是基础故先加工，20°短内锥理论上应该安排在内槽加工之前，内槽是螺纹退刀槽，故应安排在螺纹加工之前。因为 2 - $\phi38^{+0.062}_{0}$ 内孔、20°短内锥表面粗糙度为 $Ra1.6$，所以要安排精镗或精铰，精镗精铰应在螺纹加工前进行。2 - $\phi38^{+0.062}_{0}$ 内孔组件工艺线路为：钻镗内孔—粗精铰 20°短内锥—精镗内孔—切内槽—螺纹加工。

接下来进行左安装面孔系加工，左安装面孔系加工较为简单，精度要求也不高，使用传统钻削加工即可。使用 2 - $\phi24^{+0.1}_{0}$ 沉头孔加工传统工艺是用带导柱的锪钻，但数控加工中锪钻、扩孔钻之类的成形刀具使用日渐减少，本案例采用立铣刀用插补铣工艺铣沉头孔，符合现代企业数控加工工艺发展趋势。阀体零件数控加工工艺过程设计如表 8 - 26 所示。从表 8 - 26 可以看出，工序 3、4、6、7 为数控铣床或加工中心加工工艺，工序集中，以下来分析工序 6、7 的加工工步。

阀体零件数控加工工艺

表 8－26　阀体零件数控加工工艺过程设计

×××学院		机械加工工艺过程卡片	产品型号	FHS400		零件图号	FHS400－13		
			产品名称	液压阀		零件名称	阀体	共 1 页	第 1 页
材料牌号	45 钢	毛坯类：锻造	毛坯外形尺寸	135 mm×132 mm×58 mm		每毛坯件数：1	每台件数：1	备注	
工序号	工序名称	程序号	工序内容	车间	工段	设备	工艺装备	工时/min 准终	单件
1	锻造		锻造 135 mm×132 mm×58 mm	锻压	锻造	空气锤	0～300 钢直尺		
2	热		调质	热	调质	箱式炉			
3	铣	O2003	平口钳装夹工件，粗精铣左右两侧安装面，留磨量 0.3 mm	数控	加工中心	VDL600A	ϕ160 面铣刀(BT40－FMB40－60)，粗铣刀片 SNGX1205ENN－F57－WKP25，精铣刀片 XNGX1205ENN－F67－WKP25		
4	铣	O2004	粗精铣工件四侧面至图(125±0.15) mm×122 mm	数控	加工中心	VDL600A	ϕ63 面铣刀(BT40－FMB27－60，粗铣刀片 SNGX1205ENN－F57－WKP25，精铣刀片 XNGX1205ENN－F67－WKP25)		
5	磨		磨左右两侧安装面至图纸要求 $48_{-0.1}^{0}$	数控	数控磨床	MK7130	砂轮，电磁吸盘		
6	铣	O2006	前侧面打 8 处中心孔，钻 2－ϕ36 通孔，粗镗通孔至 2－ϕ37.7H8，镗内螺纹底径 ϕ39.82，粗精铰 20°短内锥，孔口倒角 $C1$，精镗 2－$\phi 38^{+0.062}_{0}$ 至图样，铣内槽 2－ϕ42.5 至图样，铣削螺纹 2－M42×2－6H 至图样；钻铰 2－$\phi 5^{+0.1}_{0}$ 孔至图纸尺寸，钻 4－ϕ6.8 孔，攻螺纹 4－M8－6H 至图纸尺寸 通过回转工作台将工件翻转 180°，镗内螺纹底径 ϕ39.82，粗精铰 20°短内锥，铣内槽 2－ϕ42.5 至图样，孔口倒角 $C1$，铣削螺纹 2－M42×2－6H 至图样	数控	加工中心	HDA50	B3.15 中心钻(BT40－APU08－85)，ϕ36 麻花钻(BT40－ER50－100)，粗镗头 RBH32－42－C(刀柄 BT40－LBK3－125，刀片 CCMT060204)，螺纹铣刀杆 T9111000－25×5(BT40－SLA25－90，刀片 T1192206－4.0×5)，锥度铰刀(BT40－MTA4－75)，倒角铣刀(BT40－ER32－100，ODMT050408－D57－WKP25)，3 mm 宽 T 型槽铣刀(BT40－ER20－75)，精镗头 CBH25－47(BT40－LBK2－85，刀片 TP08)，ϕ4.8、ϕ6.8 麻花钻(BT40－APU08－85)，ϕ5H8 铰刀(BT40－MTA1－45)，M8 机用丝锥(BT40－G3)，回转工作台		
7	铣	O2007	左安装面打 6 处中心孔，钻 4－ϕ13 通孔至图纸尺寸，2－ϕ16 通孔至图，铣 2－$\phi 24^{+0.1}_{0}$ 沉头孔至图纸尺寸	数控	加工中心	VDL600A	B3.15 中心钻(BT40－APU08－85)，ϕ13 麻花钻(BT40－APU13－100)，ϕ16 麻花钻(BT40－APU16－105)，ϕ14 立铣刀(BT40－ER25－100)		
8	钳		去毛刺	数控	钳工	钳工台	锉刀		
9	表		表面处理(镀锌)	热	表面处理	镀锌设备			
10	检		清洗检验，油封入库	检验	检验	检验台	游标卡尺、内径量表、螺纹量规、百分表		
				设计(日期)	校对(日期)	审核(日期)	标准化(日期)	会签(日期)	
标记	处数	更改文件号	签字　日期　标记　处数　更改文件号　签字　日期						

1. 工序 6 工步分析

工序 6 加工前侧面孔系，是数控加工典型的工序集中案例，其中，有四处加工工艺问题需要解决：

第一，切内槽：内槽加工可选用 T 型槽铣刀，根据内槽的直径及宽度选刀，使用弹簧夹头刀柄 BT40 - ER20 - 75；

第二，粗精加工 20°短内锥：解决方法是定制锥度铰刀粗精加工，也可以螺旋插补铣，刀具选择灵活，可选用球铣刀、螺旋插补铣刀、圆角铣刀等，刀柄为削平刀柄 BT40 - SLA 或直柄 BT40 - ER；

第三，粗精镗内孔：关键是刀具选择，粗镗头选择 RBH32 - 42 - C，精镗头选择 CBH25 - 47，刀柄为 BT40 - LBK；

第四，螺纹加工：基于现代企业螺纹铣削加工已经非常普遍，选择螺纹铣削加工方式的好处是快捷性好且效率高，同时毛刺少，按照螺纹公称尺寸及螺距选择相应的螺纹铣刀即可，刀柄多为削平刀柄 BT40 - SLA。

下一步通过第四轴将工件翻转 180°，继续在后侧面加工 2 - $\phi38^{+0.062}_{0}$ 内孔组件，工序 6 加工工步如图 8 - 40 所示。

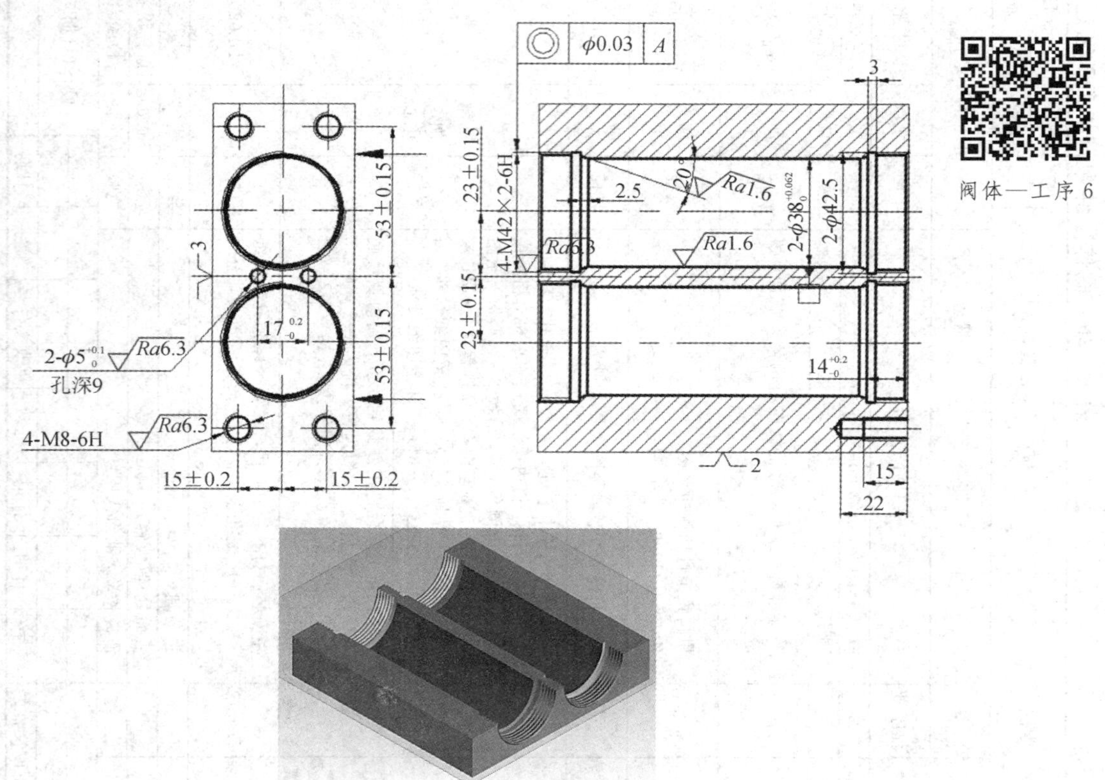

图 8 - 40 工序 6 加工工步图

工序 6 加工前侧面孔系，中间为 2 - $\phi38^{+0.062}_{0}$ 内孔组件，四周有四个 M8 - 6H 螺纹孔，中心线上有两个 $\phi5^{+0.1}_{0}$ 小孔，主要用刀为孔加工刀具及螺纹铣刀，工序 6 加工刀具卡见表 8 - 27。

表 8-27　工序 6 加工刀具卡

工序 6	刀号	刀具与刀柄规格	刀片名称与规格	加工部位	备　注
铣	T01	B3.15 中心钻 BT40-APU08-85		打中心孔	
程序号	T02	ϕ36 麻花钻 BT40-ER50-100		钻通孔	2 刃
O3006	T03	粗镗头 RBH32-42-C BT40-LBK3-125	CCMT060204	粗镗 ϕ37.7、ϕ39.82 内孔	双刃
	T04	锥度铰刀	BT40-MTA4-75	粗铰 20°短内锥	定制
	T05	锥度铰刀	BT40-MTA4-75	精铰 20°短内锥	
	T06	倒角铣刀 BT40-ER32-100	ODMT050408-D57 -WKP25	孔口倒角	插补铣 3 刃
	T07	精镗头 BH25-47 BT40-LBK2-85	TP08	精镗 $\phi38^{+0.062}_{0}$ 内孔	单刃
	T08	3 mm 宽 T 型槽铣刀 BT40-ER20-75		铣 ϕ42.5 内槽	
	T09	螺纹铣刀杆 T9111000-25×5 BT40-SLA25-90	T1192206-4.0×5	螺纹铣削	
	T10	ϕ4.8 麻花钻 BT40-APU08-85		ϕ5 小孔处钻孔	2 刃
	T11	ϕ5H8 铰刀 BT40-MTA1-45		ϕ5 铰孔	
	T12	ϕ6.8 麻花钻 BT40-APU08-85		M8 螺纹钻底孔	2 刃
	T13	M8 机用丝锥 BT40-G3		攻 M8 螺纹	
刀具简图	T01 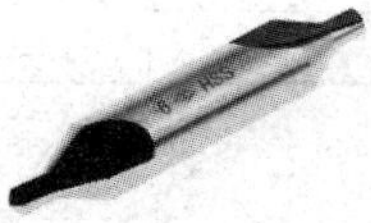	T02 	T03 		
	T04、T05 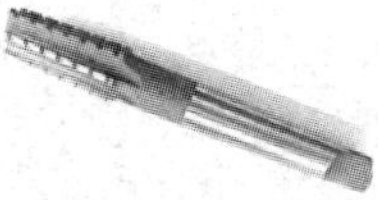	T06 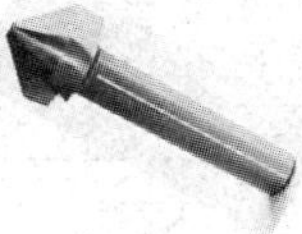	T07 		
	T08 	T09 	T10、T12 		
	T11 	T13 			

根据工件材料、零件硬度、加工性质及加工精度、表面质量要求，合理选择切削参数，工序 6 具体加工参数见表 8 - 28。

表 8 - 28　工序 6 加工工步卡

工序 6	装夹	工步	工步内容	刀具号	转速 /(r/min)	进给速度 /(mm/r)	背/侧吃刀量 /mm
铣	压板组合＋回转工作台	1	在前侧表面打 8 处中心孔	T01	1500	0.06	
		2	钻 2 - ϕ36 通孔	T02	500	0.2	36
		3	粗镗通孔至 2 - ϕ37.7H8	T03	800	0.5	0.85
		4	镗内螺纹底径 ϕ39.82	T03	800	0.3	1.06
		5	粗铰 20°短内锥	T04	200	0.1	
		6	精铰 20°短内锥至图样	T05	250	0.06	0.1
		7	孔口倒角 $C1$	T06	800	0.75	
		8	精镗 2 - $\phi38^{+0.062}_{0}$ 内孔至图样	T07	1000	0.12	0.15
		9	铣内槽 2 - ϕ42.5 至图样	T08	600	0.2	2.25
		10	铣螺纹 2 - M42×2 - 6H 至图样	T09	900		0.76/0.215/0.115
		11	钻 2 - ϕ4.8 孔	T10	1000	0.05	4.8
		12	铰 2 - $\phi5^{+0.1}_{0}$ 孔至图样	T11	500	0.1	0.2
		13	钻 4 - ϕ6.8 孔	T12	1000	0.07	6.8
		14	攻螺纹 4 - M8 - 6H 至图样	T13	300		1.35
		15	通过回转工作台把工件翻转 180°，镗内螺纹底径 ϕ39.82	T03	800	0.3	1.06
		16	粗铰 20°短内锥	T04	200	0.1	
		17	精铰 20°短内锥至图样	T05	250	0.06	0.1
		18	孔口倒角 $C1$	T06	800	0.75	
		19	铣内槽 2 - ϕ42.5 至图样	T08	600	0.2	2.25
		20	铣螺纹 2 - M42×2 - 6H 至图样	T09	900		0.76/0.215/0.115

2. 工序 7 工步分析

工序 7 加工左安装面孔系，主要安装连接孔，工序 7 加工工步如图 8 - 41 所示，主要用刀为孔加工刀具，工序 7 刀具卡见表 8 - 29。

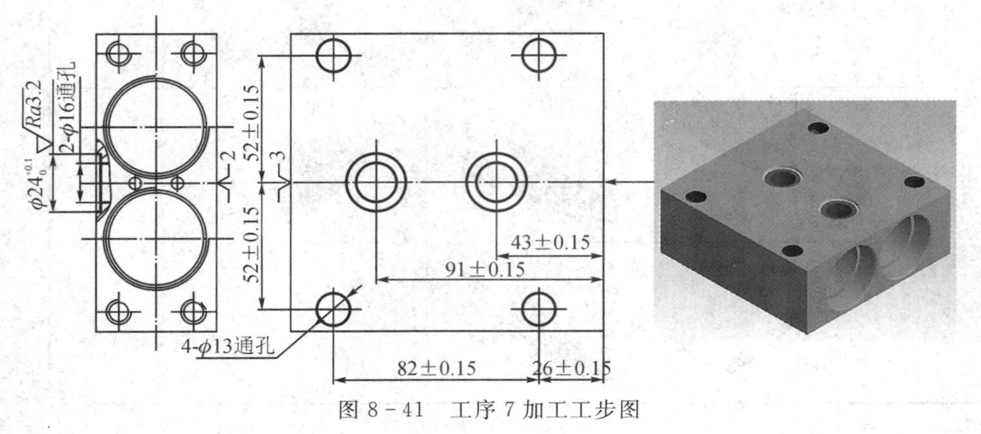

图 8 - 41　工序 7 加工工步图

阀体—工序 7

表 8－29　工序 7 加工刀具卡

工序 7	刀号	刀具与刀柄规格	刀片名称与规格	加工部位	备　注
铣	T01	B3.15 中心钻 BT40－APU08－85		打中心孔	
程序号	T02	$\phi 13$ 麻花钻 BT40－APU13－100		钻 $\phi 13$ 内孔	2 刃
O3007	T03	$\phi 16$ 麻花钻 BT40－APU16－10		钻 $\phi 16$ 内孔	2 刃
	T04	$\phi 14$ 立铣刀 BT40－ER25－100		铣 $\phi 24$ 沉头孔	2 刃
	刀具简图	T01	T02、T03	T04	

根据工件材料、零件硬度、加工性质及加工精度、表面质量要求，合理选择切削参数，工序 7 具体加工参数见表 8－30。

表 8－30　工序 7 加工工步卡

工序 7	装夹	工步	工步内容	刀具号	转速 /(r/min)	进给速度 /(mm/r)	背/侧吃刀量/mm
铣	液压平口钳	1	在左安装面打六处中心孔	T01	1500	0.06	
		2	钻 4－$\phi 13$ 通孔至图样	T02	500	0.13	13
		3	钻 2－$\phi 16$ 通孔至图样	T03	450	0.16	16
		4	粗铣沉头孔，留余量 1 mm	T04	400	0.2	3.5
		5	精铣 2－$\phi 24^{+0.1}_{0}$ 沉头孔至图	T04	550	0.1	0.5

课题三　异形类零件数控加工工艺

一、异形类零件的工艺特点

异形类零件即外形特异的零件，零件结构不规则，装夹刚性差，需要多次装夹才能完成，是数控铣床、加工中心比较难加工的一类零件。如图 8－42 所示的连杆，图 8－43 所示的曲轴等都是外形不规则的零件，即异形类零件，这类零件大都需要采用点、线、面多工位混合加工。异形类零件的总体刚性一般较差，在装夹过程中容易变形，在普通机床上只能采取工序分散的原则加工，需用工装较多，周期较长，而且难以保证加工精度。而数控机床特别是加工中心具有多工位点、线、面混合加工的特点，能够完成大部分甚至全部工序内容，实践证明，异形类零件的形状越复杂，加工精度要求越高，使用加工中心加工便越能显示其优越性。

图 8-42　连杆

图 8-43　曲轴

二、异形类零件的定位与装夹

对于不便装夹的异形类零件，在进行零件图样结构工艺性审查时，可考虑在毛坯上另外增加装夹余量或工艺凸台、工艺凸耳等辅助基准。如图 8-44 所示，该异形类零件缺少合适的定位基准，可在毛坯上铸出三个工艺凸耳，再在工艺凸耳上加工出定位基准孔，这样使该异形类零件便于装夹，从而适合批量生产。

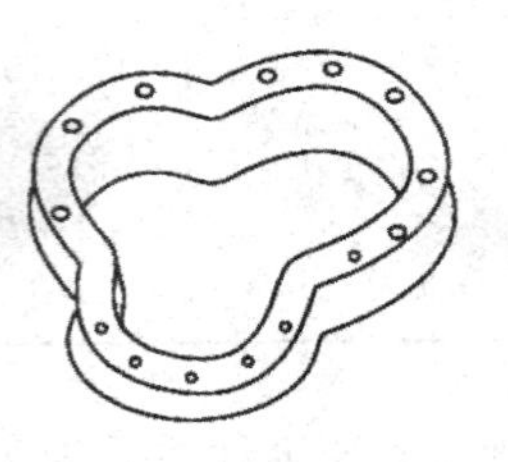

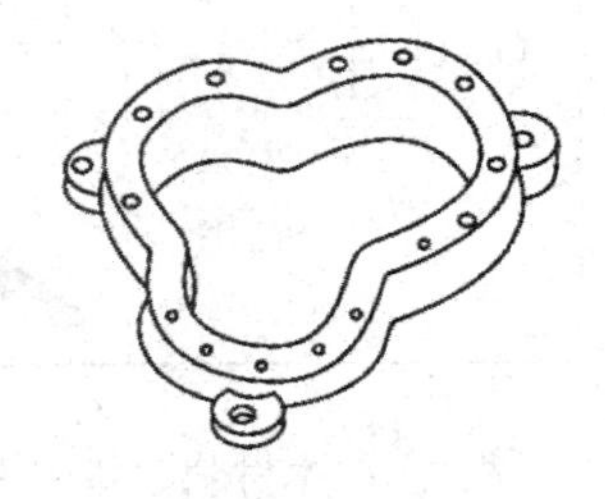

图 8-44　增加毛坯工艺凸耳辅助基准

若零件毛坯无法制出辅助工艺定位装夹基准，则可考虑在不影响零件强度、刚度、使用功能的部位特制工艺孔作为定位基准。图 8-45 所示为样板零件数控铣削外轮廓，因该零件轮廓外形不规则，故单件生产可以 $\phi15^{+0.07}_{0}$ 孔作为定位基准，配以带螺纹的定位销进行定位和压紧，在加工过程中，要注意及时更换压紧部位及装夹的位置，以保证加工过程稳定进行。若为批量生产，则可以采用专用夹具，即仍以 $\phi15^{+0.07}_{0}$ 孔定位兼夹紧，在零件下方选择不影响样板强度、刚度、使用功能的适当位置钻一个工艺孔（如图 8-46 所示的虚线孔），并将该工艺孔作为第二个定位基准孔，以满足一面两销准确而可靠的定位。

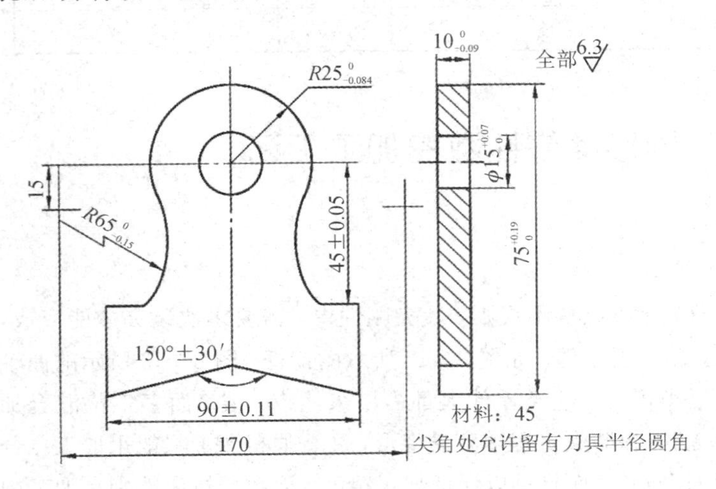

图 8-45　样板零件数控铣削外轮廓

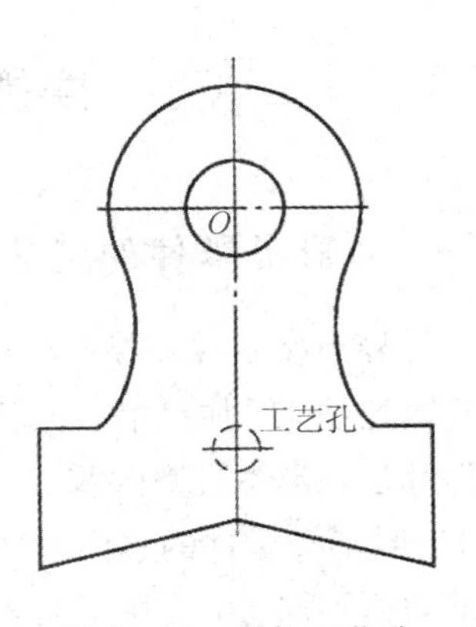

图 8-46　增加工艺孔

任务 4　拨叉零件数控加工工艺

一、工艺准备

图 8-47 所示为拨叉零件工作图，图 8-48 所示为拨叉零件三维图。拨叉零件属典型的叉架类零件，主要应用在拖拉机变速箱的换挡机构中。在拨叉零件中，拨叉头以孔套在变速器上，并用销钉经 $\phi8^{+0.015}_{0}$ 孔与变速叉轴连接，拨叉脚则夹在双联变换齿轮的槽中，变速时操纵变速杆，变速操纵机构就通过拨叉头的操纵槽带动拨叉与变速器叉轴一起滑移，拨叉脚拨动双联变换齿轮在花键轴上滑动以改换挡位，从而改变拖拉机的行驶速度。

拨叉在工作过程中会承受冲击载荷，为增强拨叉的强度和冲击韧度，使金属纤维尽量不被切断，保证零件工作可靠，毛坯选用锻件，材料为 45 钢，采用模锻成型，批量生产，零件加工所用机床为 XD-40A 立式数控铣床，数控系统为 FANUC，刀柄形式为 BT40；或使用 VDL600A 立式加工中心，数控系统为 FANUC，刀库为斗笠式 16 把，刀柄形式为 BT40。

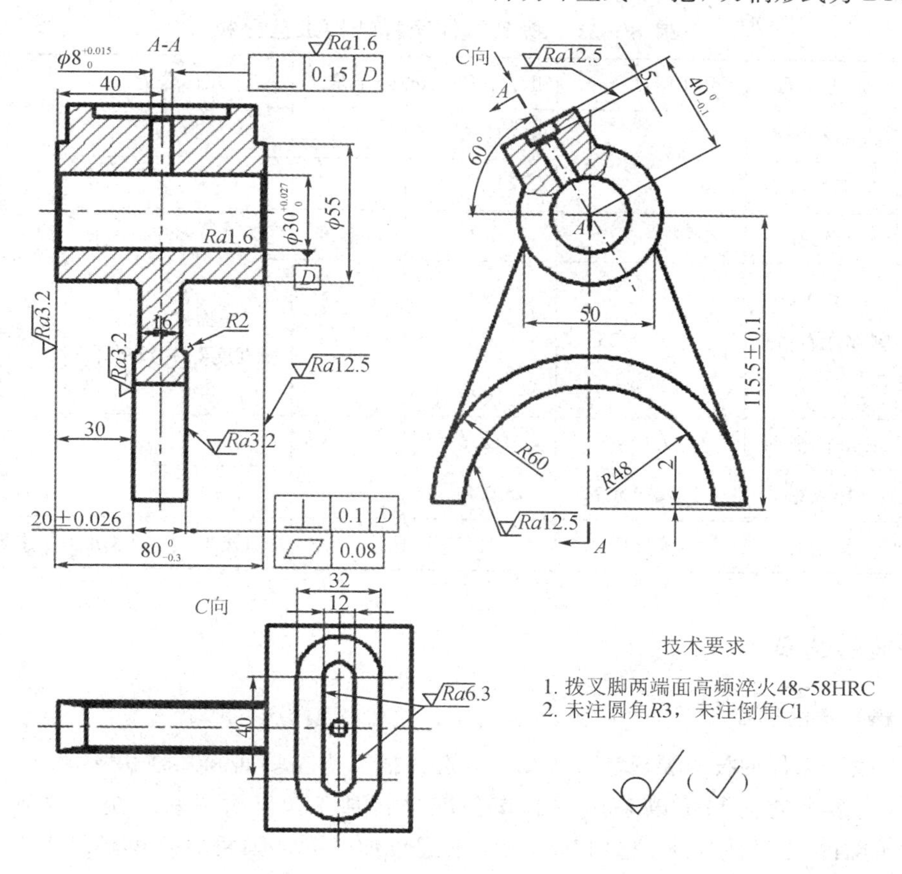

图 8-47　拨叉零件工作图

数控加工工艺设计的首要任务是对零件进行图样及结构工艺分析，拨叉在改换挡位时要承受弯曲应力和冲击载荷的作用，因此应具有足够的强度、刚度和韧性，以适应拨叉的工作条件。根据拨叉用途可知其主要工作表面为拨叉脚两端面、叉轴孔 $\phi30^{+0.021}_{0}$（H7）和锁销孔 $\phi8^{+0.015}_{0}$（H7），在设计工艺规程时应重点予以保证。为实现换挡变速的功能，应保证叉轴孔与变速叉轴配合，因此加工精度要求较高。叉脚两端面在工作中需要承受冲击载荷，为增强其耐磨性，该表面要求高频淬火处理，硬度为 48～58HRC；为保证拨叉换挡时叉脚受力均匀，要求叉脚两端面对叉轴孔 $\phi30^{+0.021}_{0}$ 的垂直度要求为 0.1，其自身的平面度为0.08。为保证拨叉在叉轴上有准确的位置，应确保改换挡位准确，拨叉采用锁销定位，锁销孔的尺寸为 $\phi8^{+0.015}_{0}$，且锁销孔的中心线与叉轴孔的中心线的垂直度要求为 0.15。拨叉零件图样结构工艺分析如表 8-31。

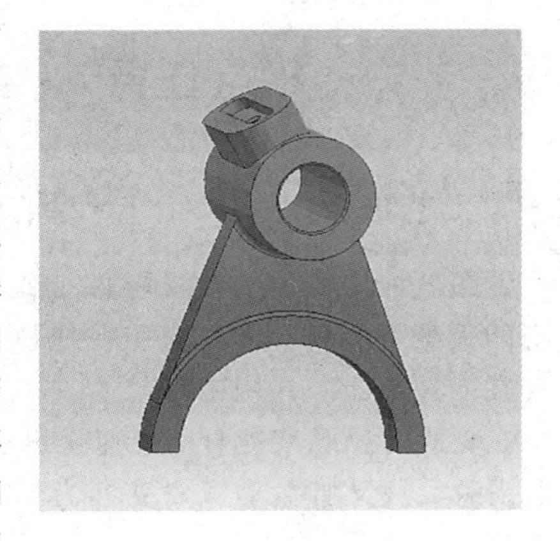

图 8-48　拨叉零件三维图

表 8-31　拨叉零件图样结构工艺分析

序号	加工项目	尺寸精度/mm	粗糙度 Ra/μm	基准	几何公差	备　注
1	头部右端面	$80^{0}_{-0.3}$	12.5			
2	头部左端面		3.2			主要表面
3	叉轴孔	$\phi30^{+0.021}_{0}$	1.6	D 基准		
4	脚部左右端面	20±0.026	3.2		平面度 0.08 垂直度 0.1(D 基准)	主要表面 高频淬火 48～58HRC
5	R48 圆弧面	R48	12.5			
6	操纵槽	40×12×5	6.3			
7	锁销孔	$\phi8^{+0.015}_{0}$	1.6		垂直度 0.15(D 基准)	主要表面

二、基准的选择

1. 精基准的选择

根据拨叉零件的技术要求和装配要求，选择拨叉头左端面和叉轴孔 $\phi30^{+0.021}_{0}$ 作为精基准，零件的多个表面都可以采用它们作基准进行加工，遵循了基准统一原则。叉轴孔 $\phi30^{+0.021}_{0}$ 的轴线是设计基准，选用其作精基准定位加工拨叉脚两端面和锁销孔 $\phi8^{+0.015}_{0}$，实现了设计基准和定位基准的重合，保证了被加工表面的垂直度要求。选用拨叉头左端面作为精基准，同样遵循了基准重合的原则，因为该拨叉在轴向方向上的尺寸多以该端面作为设计基准。由于拨叉零件刚性较差，受力易产生弯曲变形，为了避免在机械加工中产生夹紧变形，夹紧力应垂直于主要定位基面，并遵循“作用在刚度较大部位”的原则，夹紧力作用点不能在叉杆上。选用拨叉头左端面作为精基准，夹紧可作用在拨叉头右端面上，从而使夹紧稳定可靠。

2. 粗基准的选择

选择变速叉轴孔 $\phi30^{+0.021}_{0}$ 的外圆表面和拨叉头右端面作粗基准，这是因为采用变速叉轴孔 $\phi30^{+0.021}_{0}$ 外圆面定位加工内孔可保证孔的壁厚均匀，采用拨叉头右端面作粗基准加工左端面，可以为后续工序准备好精基准。

三、制订各主要部位加工方法

根据拨叉零件图上各加工表面的尺寸精度和表面粗糙度，确定工件各表面的加工方法，表 8-31 中七个加工项目的数控加工工艺方法安排如表 8-32 所示。

表 8-32　单项数控加工工艺方法

序号	加工项目	尺寸精度/mm	加工方法	加工刀具
1	头部右端面	$80^{0}_{-0.3}$	铣	面铣刀
2	头部左端面		粗铣—精铣	面铣刀
3	叉轴孔	$\phi30^{+0.021}_{0}$	钻—扩—铰	麻花钻、扩孔钻、铰刀
4	脚部左右端面	20±0.026	粗铣—精铣—磨	立铣刀、砂轮
5	$R48$ 圆弧面	$R48$	铣	立铣刀
6	操纵槽	40×12×5	粗铣—精铣	键槽铣刀
7	锁销孔	$\phi8^{+0.015}_{0}$	钻—铰	麻花钻、铰刀

根据七个加工项目的数控加工工艺方法，查阅机械加工工艺手册，分别确定各加工表面的机械加工余量，详见表 8-33。

表 8-33　机械加工余量表

序号	尺寸精度/mm	加工方法	粗加工	精加工	磨/镗/铰	总余量
			外圆、内孔双边余量，平面单边余量/mm			
1	$80^{0}_{-0.3}$右端面	粗铣	4			4
2	$80^{0}_{-0.3}$左端面	粗铣—精铣	4	2		6
3	$\phi30^{+0.021}_{0}$	钻—扩—铰	28	1.7	0.3	30
4	20±0.026	粗铣—精铣—磨	2	0.8	0.3	3.1
5	$R48$	铣	4			4
6	40×12×5	粗铣—精铣	10	2		12
7	$\phi8^{+0.015}_{0}$	钻—铰	7.8		0.2	8

3. 确定工件坐标系

拨叉零件在数控铣床、加工中心上加工时，以工件加工上表面内孔圆心作为工件坐标系原点 O。

4. 工件的定位与装夹

因为拨叉零件为不规则异形叉架类零件，所以工件装夹选用 V 型块或小平面长圆销定位专用夹具。

四、拨叉零件加工顺序及加工路线

拨叉零件加工质量要求较高，可将加工阶段划分成粗加工、半精加工和精加工三个阶段。在粗加工阶段，首先将精基准(拨叉头左端面和叉轴孔)加工好，使后续工序都可采用精基准定位加工；然后加工拨叉脚内圆弧面、拨叉脚两端面、操纵槽内侧面和底面。在半精加工阶段，完成拨叉脚两端面的精铣加工和销轴孔 $\phi8^{+0.015}_{0}$ 的钻铰加工。在精加工阶段，进行拨叉脚两端面的磨削加工。

遵循“先基准后其他”原则，首先加工精基准——拨叉头左端面和叉轴孔 $\phi30^{+0.021}_{0}$；遵循先主后次原则，先加工主要表面——拨叉头左端面和叉轴孔 $\phi30^{+0.021}_{0}$ 以及拨叉脚两端面，后加工次要表面——操纵槽底面和内侧面；遵循先面后孔原则，先加工拨叉头端面，再加工叉轴孔 $\phi30^{+0.021}_{0}$ 孔；先铣操纵槽，再钻销轴孔 $\phi8^{+0.015}_{0}$；先铣削拨叉脚两端面，后铣削拨叉脚内圆弧面。因为拨叉零件为不规则异形叉架类零件，装夹困难，所以依照按部位加工原则安排工艺，先加工头部，后加工脚部，最后加工倾斜部位。据此拨叉工序安排为：基准加工—主要表面粗加工及一些余量的表面粗加工—主要表面半精加工和次要表面加工—热处理—主要表面精加工。拨叉零件数控加工工艺过程设计如表 8－34 所示。

拨叉零件毛坯选用锻件，模锻成型后切边，进行正火或调质，调质硬度为 241～285HBS，并进行酸洗、喷丸处理，喷丸可以提高表面硬度，增加耐磨性，消除毛坯表面因脱碳而对机械加工带来的不利影响。对叉脚两端面在精加工之前进行局部高频淬火，提高其耐磨性和在工作中承受冲击载荷的能力。在粗加工拨叉脚两端面和热处理后，安排校直工序；在半精加工后，安排去毛刺和中间检验工序；在精加工后，安排去毛刺、清洗和终检工序。

拨叉零件数
控加工工艺

表 8-34　拨叉零件工艺过程设计

×××学院			数控加工工艺过程卡片	产品型号	FT800B	零件图号	FT800B-3125		
				产品名称	拖拉机	零件名称	拨叉　共 1 页 第 1 页		
材料牌号	45 钢	毛坯种类	锻造	毛坯外形尺寸			每毛坯件数 1　每台件数 1	备注	
工序号	工序名称	程序号	工序内容	车间	工段	设备	工艺装备	工时/min 准终	单件
1	锻造		模锻	锻压	模锻	MP-630	模锻锤		
2	热		正火	热	正火	箱式炉			
3	表面处理		喷丸	热	喷丸	喷丸机			
4	铣	O4004	粗精铣拨叉头左端面，翻面，铣拨叉头右端面，保证两端面尺寸至图 $80_{-0.3}^{0}$ mm；打中心孔，钻扩铰叉轴孔 $\phi30_{0}^{+0.021}$ 至图样，C1 孔口倒角，翻面孔口倒角 C1	数控	加工中心	VDL600A	$\phi80$ 面铣刀($\kappa_r=75°$，BT40-FMB27-60，粗铣刀片 SNGX1205ENN-F67-WKP25，精铣刀片 XNGX1205ENN-F67-WKP25)；B3.15 中心钻(BT40-APU08-85)，$\phi28$ 麻花钻(BT40-ER50-100)，$\phi29.7$ 扩孔钻(BT40-MTA3-75)，$\phi30$H7 铰刀(BT40-MTA3-75)，90°倒角刀(BT40-MTA1-45)；专用夹具		
5	钳工		校正拨叉脚	数控	钳工	钳工台	手锤		
6	粗铣	O4006	以叉轴孔 $\phi30_{0}^{+0.021}$ 为基准，粗铣拨叉脚两端面，留余量 2.2 mm，铣拨叉脚内圆弧面至图样 R48	数控	加工中心	VDL600A	插补铣 $\phi20$ 立铣刀(BT40-SLA20-90，刀片 ADGT0803PER-D51-WKP25)；专用夹具		
7	铣	O4007	以叉轴孔 $\phi30_{0}^{+0.021}$ 为基准，铣操纵槽底面和内侧面至图样；打中心孔，钻铰锁销孔 $\phi8_{0}^{+0.015}$ 至图样	数控	加工中心	VDL600A	$\phi12$ 键槽铣刀(BT40-ER20-100)，B3.15 中心钻(BT40-APU08-85)，$\phi7.8$ 麻花钻(BT40-APU08-85)，$\phi8$H7 铰刀(BT40-MTA1-45)；专用夹具		
8	精铣	O4008	以叉轴孔 $\phi30_{0}^{+0.021}$ 为基准，精铣拨叉脚两端面，留磨量 0.6 mm	数控	加工中心	VDL600A	插补铣 $\phi16$ 立铣刀(BT40-SLA16-75，刀片 ADGT0803PER-D51-WKP25)，专用夹具		
9	钳		去毛刺	数控	钳工	钳工台	锉刀		
10	中检			检验	检验	检验台	游标卡尺、内径量表、塞规、百分表等		
11	热		拨叉脚两端面局部高频淬火 48～58HRC	热	淬火	淬火机			
12	钳工		校正拨叉脚	数控	钳工	校直机	手锤		
13	磨		磨削拨叉脚两端面至图样(20±0.026) mm	数控	数控磨床	MK7130	砂轮，电磁吸盘		
14	清洗			金工	清洗	清洗机			
15	终检		检验，油封入库	检验	检验	检验台	游标卡尺、内径量表、塞规、百分表等		
					设计(日期)	校对(日期)	审　核(日期)	标准化(日期)	会签(日期)
标记	处数	更改文件号	签字　日期	标记　处数	更改文件号	签字　日期			

从表 8－34 可以看出，工序 4、6、7、8 为数控铣床或加工中心加工工艺，工序集中，接下来分析工序 4、7 的加工工步。

1. 工序 4 工步分析

工序 4 主要粗精铣拨叉头部两端面，并完成叉轴孔加工。粗精铣拨叉头部两端面就是用面铣刀铣大平面，所选面铣刀应尽量包容工件整个加工宽度，以提高加工精度和效率，减小相邻两次进给之间的接刀痕迹和保证铣刀的耐用度。一般面铣刀规格直径为 $D_c=(1.2\sim1.6)\times a_e$(mm)，$a_e$ 为工件铣削宽度，由此 $D_c=1.2\times55=66$ mm，因此选用 ϕ80 面铣刀，8 齿，75°主偏角；叉轴孔加工选用孔加工刀具，工序 4 加工刀具卡见表 8－35。

表 8－35　工序 4 加工刀具卡

工序 4	刀号	刀具与刀柄规格	刀片名称与规格	加工部位	备　注
铣	T01	ϕ80 面铣刀 BT40－FMB27－60	粗铣刀片 SNGX1205 ENN－F67－WKP25	头部两端面	$\kappa_r=75°$，8 齿
程序号	T02	ϕ80 面铣刀 BT40－FMB27－60	精铣刀片 XNGX1205 ENN－F67－WKP25	头部左端面	$\kappa_r=75°$，8 齿
O4004	T03	B3.15 中心钻 BT40－APU08－85		打中心孔	
	T04	ϕ28 麻花钻 BT40－ER50－100		钻孔	2 刃
	T05	ϕ29.7 扩孔钻 BT40－MTA3－75		扩孔	4 刃
	T06	90°倒角刀 BT40－MTA2－45		倒角	
	T07	ϕ30H7 铰刀 BT40－MTA3－75		铰孔	
刀具简图		T01、T02	T03	T04	
		T05	T06	T07	

根据工件材料、零件硬度、加工性质及加工精度、表面质量要求，合理选择切削参数，工序 4 工序卡见表 8－36。

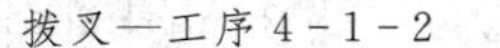

拨叉—工序 4－1－2

拨叉—工序 4－3－8

表 8-36　工序 4 工序卡

×××学院	数控加工工序卡片	产品型号	FT800B	零件图号	FT800B-3125	程序号	O4004
		产品名称	拖拉机	零件名称	拨叉	共 1 页	第 1 页

车间	工序号	工序名称	材料牌号
数控	4	铣	45
毛坯种类	毛坯外形尺寸	每毛坯可制件数	每台件数
锻件		1	1
设备名称	设备型号	设备编号	同时加工件数
加工中心	VDL600A	WZVTC-301	1

夹具编号	夹具名称	切削液	
WZJJ-3103	V 型块	乳化液	
工位器具编号	工位器具名称	工序工时/min	
		准终	单件

工步号	工步内容	刀具号	工艺装备	刀补量 半径	刀补量 长度	主轴转速/(r/min)	进给量/(mm/r)	背/侧吃刀量/mm	工时/min 机动	工时/min 辅助
1	粗铣拨叉头左端面至 83 mm	T01	ϕ80 面铣刀 BT40-FMB27-60(粗铣刀片)SNGX1205ENN-F67-WKP25			600	1.6	2		
2	精铣拨叉头左端面至 82 mm	T02	ϕ80 面铣刀 BT40-FMB27-60(精铣刀片)XNGX1205ENN-F67-WKP25			800	0.8	1		
3	粗铣拨叉头右端面至 $80_{-0.3}^{\ 0}$ mm	T01	ϕ80 面铣刀 BT40-FMB27-60(粗铣刀片)SNGX1205ENN-F67-WKP25			600	1.6	2		
4	打中心孔	T03	B3.15 中心 BT40-APU08-85			1500	0.06			
5	钻孔 ϕ28	T04	ϕ28 麻花钻 BT40-ER50-100			350	0.28	28		
6	扩孔 ϕ29.7	T05	ϕ29.7 扩孔钻 BT40-MTA3-75			200	0.5	1.7		
7	孔口倒角 $C1$	T06	90°倒角刀 BT40-MTA1-45			300	0.33			
8	铰孔 $\phi30_{\ 0}^{+0.021}$	T07	ϕ30H7 铰刀 BT40-MTA3-75			250	0.6	0.3		
9	翻面，孔口倒角 $C1$	T06	90°倒角刀 BT40-MTA1-45			300	0.33			

										设计(日期)	校对(日期)	审核(日期)	标准化(日期)	会签(日期)
标记	处数	更改文件号	签字	日期	标记	处数	更改文件号	签字	日期					

2. 工序 7 工步分析

工序 7 加工拨叉倾斜部位，按照先面后孔的原则，先加工操纵槽，后加工锁销孔，工序 7 加工工步如图 8 - 49 所示。

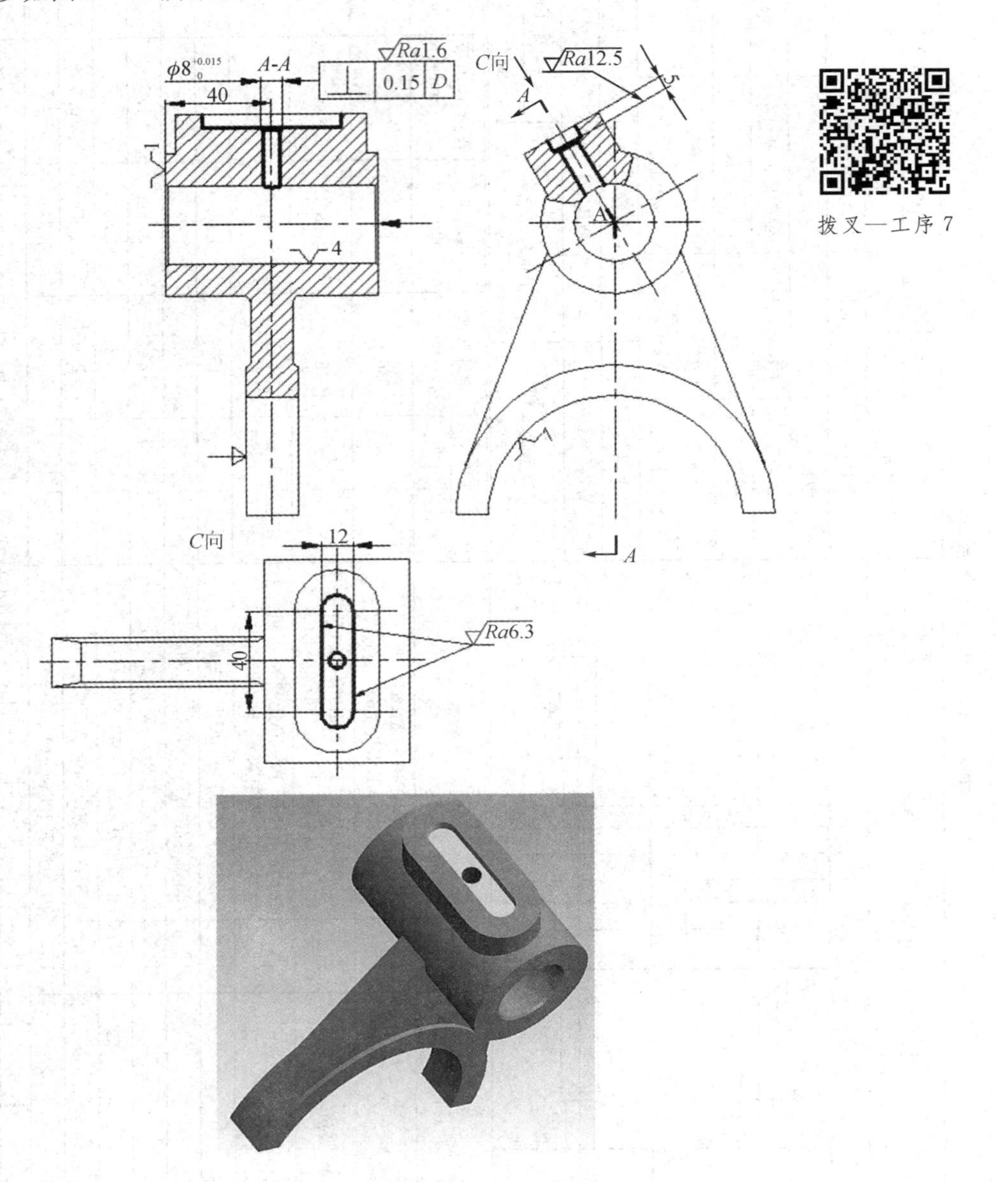

图 8 - 49　工序 7 加工工步图

工序 7 加工操纵槽选用键槽铣刀，加工锁销孔选用孔加工刀具，工序 7 加工刀具卡见表 8 - 37。

根据工件材料、零件硬度、加工性质及加工精度、表面质量要求，合理选择切削参数，工序 7 具体加工参数见表 8 - 38。

表 8－37　工序 7 加工刀具卡

工序 7	刀号	刀具与刀柄规格	刀片名称与规格	加工部位	备注
铣	T01	ϕ12 键槽铣刀 BT40－SLN12－50		铣操纵槽	2 刃
程序号	T02	B3.15 中心钻 BT40－APU08－85		打中心孔	
O4007	T03	ϕ7.8 麻花钻 BT40－APU08－85		钻孔	2 刃
	T04	ϕ8H7 铰刀 BT40－MTA1－45		铰孔	
刀具 简图	T01		T02	T03	
	T04				

表 8－38　工序 7 加工工步卡

工序 7	装夹	工步	工步内容	刀具号	转速 /(r/min)	进给速度 /(mm/r)	背/侧吃刀量 /mm
铣	小平面长圆销定位专用夹具	1	以叉轴孔 $\phi30^{+0.021}_{0}$ 为基准，铣操纵槽底面、内侧面至图	T01	550	0.3	12
		2	打中心孔	T02	1500	0.06	
		3	钻孔 ϕ7.8 mm	T03	800	0.1	7.8
		4	铰孔 $\phi8^{+0.015}_{0}$ mm 至尺寸	T04	500	0.35	0.2

3. 工序 6 加工

工序 6 是粗加工，以叉轴孔 $\phi30^{+0.021}_{0}$ 为基准上心轴定位装夹，粗铣拨叉脚两端面，留精加工余量 2.2 mm，铣拨叉脚内圆弧面至图纸尺寸 R48，如图 8－50 所示。

图 8－50　工序 6 加工完成后零件

拨叉—工序 6

任务 5　三孔连杆零件数控加工工艺

一、工艺准备

1. 阅读分析图样

图 8－51 所示为三孔连杆零件工作图，图 8－52 为三孔连杆零件三维图。三孔连杆为不规则异形零件，材料为 45 钢，通过模锻成型，批量生产，零件加工所用机床为 XD－40A 立式数控铣床，数控系统为 FANUC，刀柄形式为 BT40；或选用 VDL600A 立式加工中心，数控系统为 FANUC，刀库为斗笠式 16 把，刀柄形式为 BT40。

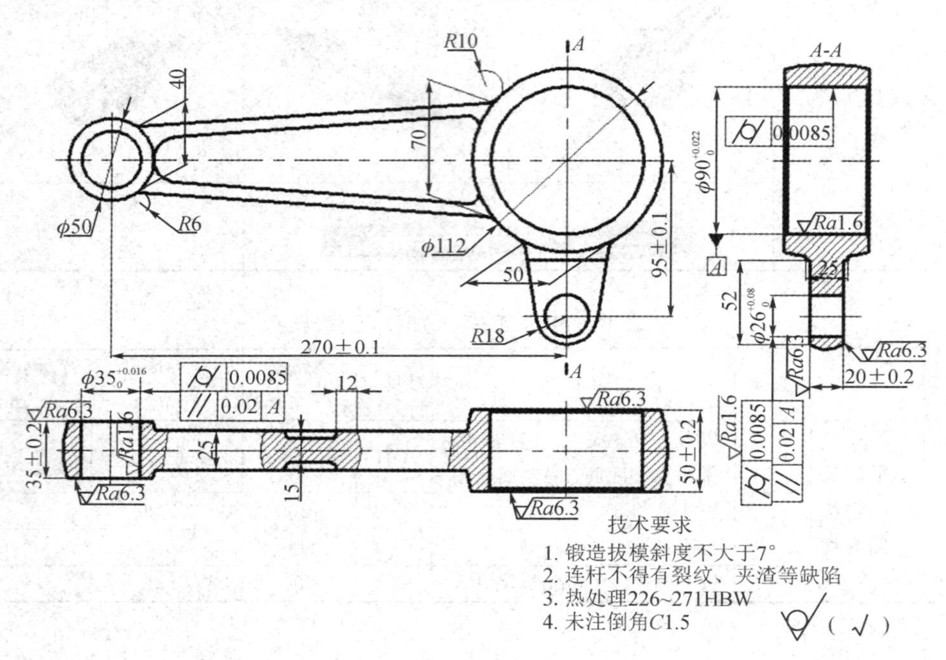

图 8－51　三孔连杆零件工作图

图 8－52　三孔连杆零件三维图

数控加工工艺设计的首要任务是对零件进行图样工艺分析，三孔连杆零件图样结构工艺分析如表 8－39 所示。

表 8－39　三孔连杆零件图样结构工艺分析

序号	加工项目	尺寸精度/mm	粗糙度 $Ra/\mu m$	基准	几何公差	备注
1	大头上下端面	50±0.2	6.3			主要表面
2	小头上下端面	35±0.2	6.3			
3	耳部上下端面	20±0.2	6.3			
4	大头内孔	$\phi 90^{+0.022}_{0}$	1.6	A 基准	圆柱度 0.0085	
5	小头内孔	$\phi 35^{+0.016}_{0}$	1.6		平行度 0.02(A 基准) 圆柱度 0.0085	
6	耳部内孔	$\phi 26^{+0.013}_{0}$	1.6		平行度 0.02(A 基准) 圆柱度 0.0085	

2. 制订各主要部位加工方法

表 8－39 中六个加工项目的数控加工工艺方法安排如表 8－40 所示。

表 8－40　单项数控加工工艺方法

序号	加工项目	尺寸精度/mm	加工方法	加工刀具
1	大头上下端面	50±0.2	粗铣—精铣	面铣刀
2	小头上下端面	35±0.2	粗铣—精铣	面铣刀
3	耳部上下端面	20±0.2	粗铣—精铣	面铣刀
4	大头内孔	$\phi 90^{+0.022}_{0}$	预锻孔—粗镗—精镗	镗刀
5	小头内孔	$\phi 35^{+0.016}_{0}$	钻孔—粗镗—精镗	麻花钻、镗刀
6	耳部内孔	$\phi 26^{+0.013}_{0}$	钻孔—粗镗—精镗	麻花钻、镗刀

根据六个加工项目的数控加工工艺方法，查阅机械加工工艺手册，分别确定各加工表面的机械加工余量，详见表 8－41。

表 8－41　机械加工余量表

序号	尺寸精度/mm	加工方法	粗加工	精加工	磨削或铰削	总余量
			外圆、内孔双边余量，平面单边余量/mm			
1	50±0.2	粗铣—精铣	4	2		6
2	35±0.2	粗铣—精铣	4	2		6
3	20±0.2	粗铣—精铣	4	2		6
4	$\phi 90^{+0.022}_{0}$	预锻孔—粗镗—精镗	4	2		6
5	$\phi 35^{+0.016}_{0}$	钻孔—粗镗—精镗	29	5	1	35
6	$\phi 26^{+0.013}_{0}$	钻孔—粗镗—精镗	20	5	1	26

3. 确定工件坐标系

三孔连杆零件在数控铣床、加工中心加工时，以工件加工上表面大孔圆心作为工件坐标系原点 O。

4. 工件的定位与装夹

三孔连杆零件粗基准设在三孔连杆大头上端面，精基准设在三孔连杆大头下端面及大头内孔轴心线。因为三孔连杆零件为不规则异形零件，所以工件装夹选用V型块定位、一面两销定位、长圆销小平面定位专用夹具。

二、三孔连杆零件加工顺序及加工路线

完成单个项目数控加工工艺方法的制订后，关键问题在于如何将这六个项目的加工工艺路线串接起来，形成相对合理又符合企业厂情的工艺规范。因为三孔连杆是不规则异形零件，故应按照基准先行、先面后孔的原则，先在加工中心加工三孔连杆零件大小头及耳部上下端面，其中大头下端面作为精基准；然后按照先面后孔、先主后次的原则，安排大小头三孔粗精加工，三孔加工时遵循互为基准原则，以大头内孔为主要基准面加工小头及耳部内孔。三孔连杆零件数控加工工艺过程设计如表 8-42 所示。

表 8-42　三孔连杆零件工艺过程设计

工序号	工序名称	工序内容	使用机床
1	锻造	模锻	模锻锤
2	热	正火	箱式炉
3	喷砂	喷砂、去毛刺	喷砂机
4	粗铣	工件找正垫平，杆身加辅助支承，压紧工件，铣大头下端面(做标记作为基准)至尺寸 54 mm	立式加工中心
5	铣	以大头下端面为基准，杆身加辅助支承，按大小头中心线找正压紧工件，铣大头上端面至尺寸 52 mm，铣小头上端面至尺寸 37 mm，铣耳部上端面至尺寸 22 mm	立式加工中心
6	铣	翻面，杆身加辅助支承，按大小头中心线找正压紧工件，铣工件大小头及耳部下端面，保证大头两端面尺寸至图(50±0.2) mm，小头两端面尺寸至图(35±0.2) mm，耳部两端面尺寸至图(20±0.2) mm，保证耳部高度尺寸 52 mm；粗镗大头孔至 $\phi 88^{+0.087}_{0}$ mm，孔口倒角1.5×45°	立式加工中心
7	镗	以大头孔与大头下端面为基准，打中心孔，钻耳部孔至 ϕ20 mm，粗镗耳部孔至 $\phi 25^{+0.052}_{0}$ mm，粗镗小头孔至 $\phi 34^{+0.062}_{0}$ mm	立式加工中心
8	镗	一面两销定位，孔口倒角 1.5×45°，精镗大头孔至图样 $\phi 90^{+0.022}_{0}$ mm	立式加工中心
9	镗	以大头孔与大头下端面为基准，精镗小头孔至图 $\phi 35^{+0.016}_{0}$ mm，耳部孔至图 $\phi 26^{+0.013}_{0}$ mm	立式加工中心
10	钳	修钝各处尖棱，去毛刺	钳工台
11	检验	无损探伤检查，检查零件有无裂纹、夹渣	磁力探伤仪
12	检验	清洗检验，油封入库	检验台

三孔连杆数控加工工艺

表 8-42 的工艺过程设计能够保证三孔连杆的加工精度及质量，铣平面后，立即确定大头孔下端面为以下各工序加工的主要精基准面，保证加工质量的稳定性，铣平面时，应保证小头及耳部平面厚度与大头平面厚度的对称性。由于连杆三个平面的厚度不一致，所以加工中要注意合理布置辅助支承；可以将连杆平面加工分粗、精两道工序，以便更好地保证三个平面的相互位置及尺寸精度。

从表 8-42 可以看出，工序 4～9 为数控铣床或加工中心加工工艺，工序集中，接下来分析工序 6、9 的加工工步。

1. 工序 6 工步分析

工序 6 主要粗精铣大小头、耳部下端面及粗镗大头孔，工序 6 加工工步如图 8-53 所示。

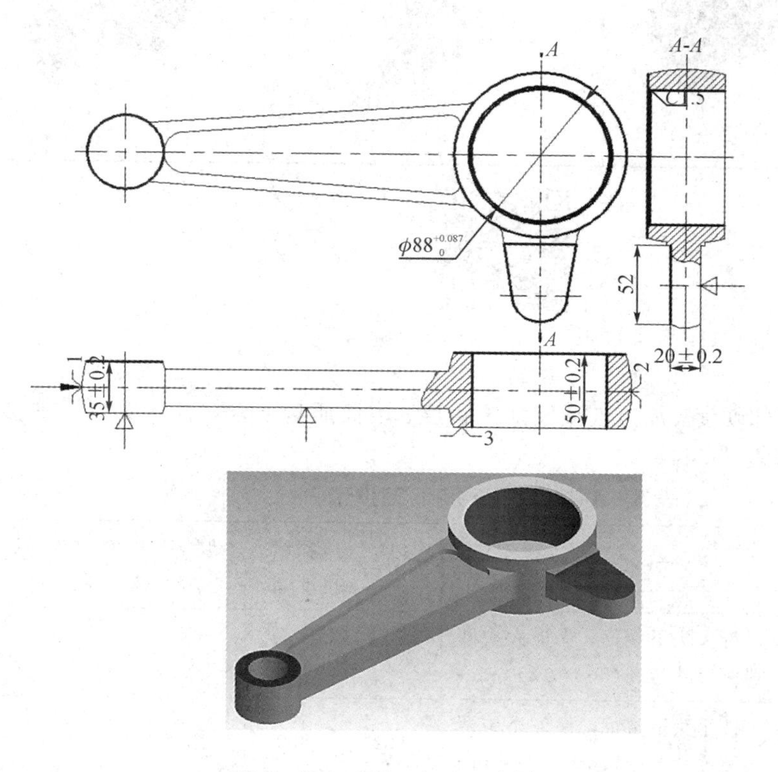

图 8-53　工序 6 加工工步图

三孔连杆—工序 6

工序 6 选用面铣刀铣大平面，粗镗大头孔选用粗镗刀，加工刀具卡见表 8-43。

表 8-43　工序 6 加工刀具卡

工序 6	刀号	刀具与刀柄规格	刀片名称与规格	加工部位	备　注
铣	T01	φ160 面铣刀 BT40-FMB40-60	SNGX1205ENN-F67-WKP25	大头下端面	κ_r =75°，12 齿
程序号	T02	φ63 面铣刀 BT40-FMB27-60	SNGX1205ENN-F67-WKP25	小头下端面	κ_r =75°，8 齿

续表

工序 6	刀号	刀具与刀柄规格	刀片名称与规格	加工部位	备　注
O5006	T03	ϕ20 平底立铣刀 BT40 - ER25 - 70		耳部下端面	4 刃
	T04	粗镗头 RBH68 - 92 - C BT40 - LBK6 - 115	CCMT120408	镗孔	
刀具简图		T01、T02	T03	T04	

三孔连杆
工序 6 分析

根据工件材料、零件硬度、加工性质及加工精度、表面质量要求，合理选择切削参数，工序 6 具体加工参数见表 8 - 44。

表 8 - 44　工序 6 加工工步卡

工序 6	装夹	工步	工 步 内 容	刀具号	转速 /(r/min)	进给速度 /(mm/r)	背/侧吃刀量/mm
铣	大平面 V 型块	1	铣大头下端面，保证大头两端面尺寸至图(50±0.2) mm	T01	350	2.4	2
		2	铣小头下端面，保证小头两端面尺寸至图(35±0.2) mm	T02	800	1.6	2
		3	铣耳朵下端面，保证耳部两端面尺寸至图(20±0.2) mm，保证耳部高度尺寸 52 mm	T03	800	1.6	2
		4	粗镗大头孔至 $\phi88^{+0.087}_{0}$ mm	T04	500	0.4	2

2. 工序 9 工步分析

工序 9 主要精镗小头孔及耳部孔，加工工步如图 8 - 54 所示。

三孔连杆—工序 9

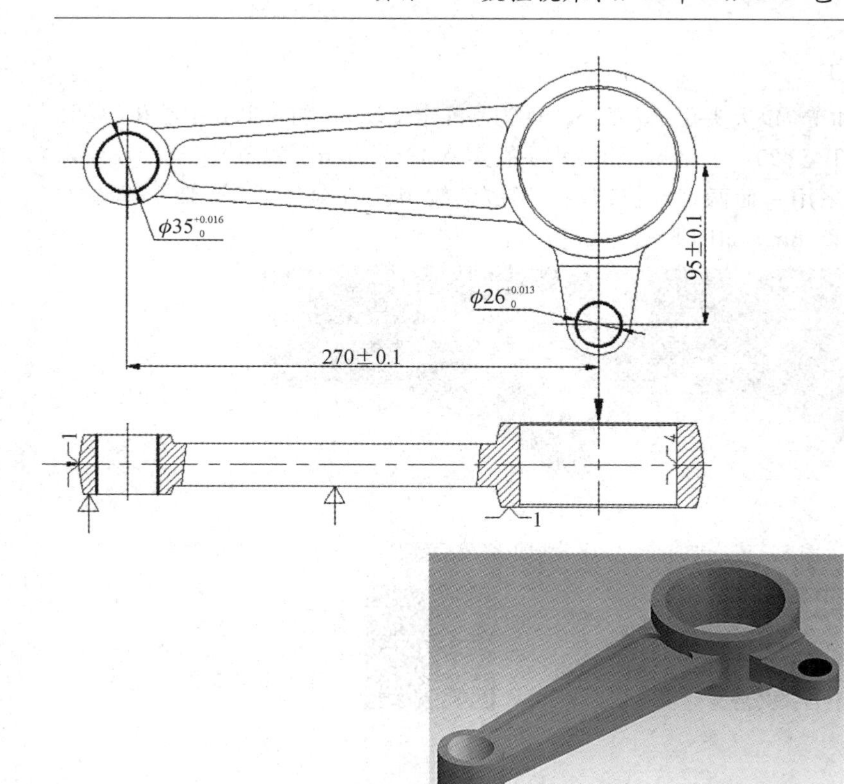

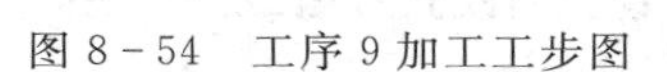

图 8-54　工序 9 加工工步图

工序 9 选用精镗刀，加工刀具卡见表 8-45。

表 8-45　工序 9 加工刀具卡

工序 9	刀号	刀具与刀柄规格	刀片名称与规格	加工部位	备　注
镗	T01	精镗头 CBH20-36 BT40-LBK1-75	TP08	精镗孔	
程序号	刀具简图				
O5009					

根据工件材料、零件硬度、加工性质及加工精度、表面质量要求，合理选择切削参数，工序 9 具体加工参数见表 8-46。

表 8-46　工序 9 加工工步卡

工序 9	装夹	工步	工步内容	刀具号	转速 /(r/min)	进给速度 /(mm/r)	背/侧吃刀量 /mm
镗	长圆销小平面、浮动 V 型块	1	精镗小头孔至 $\phi35^{+0.016}_{0}$ mm	T01	1100	0.15	0.5
		2	精镗耳部孔至 $\phi26^{+0.013}_{0}$ mm	T01	1100	0.15	0.5

3. 工序 7、工序 8 加工

工序 7 主要加工孔系加工，以大头孔与大头下端面为基准定位装夹，打耳部孔中心孔，钻耳部孔至 $\phi20$ mm，粗镗耳部孔至 $\phi25^{+0.052}_{0}$ mm，粗镗小头孔至 $\phi34^{+0.062}_{0}$ mm，如图 8 - 55(a)所示。

工序 8 是精镗加工，采用一面两销定位装夹，用倒角铣刀孔口倒角 1.5×45°，精镗刀精镗大头孔至图样 $\phi90^{+0.022}_{0}$ mm，如图 8 - 55(b)所示。

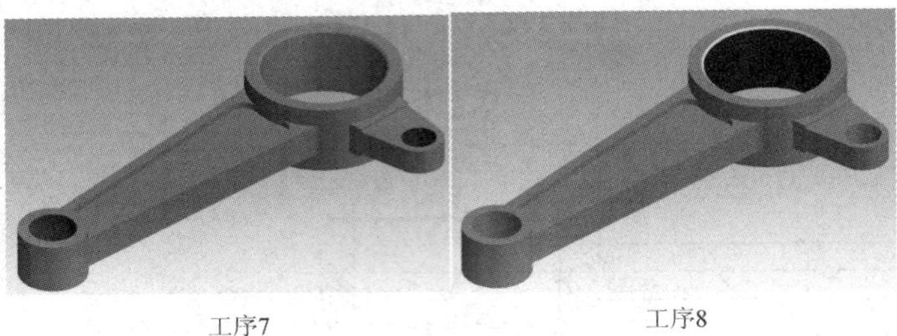

图 8 - 55　工序 7、工序 8 加工完成后零件

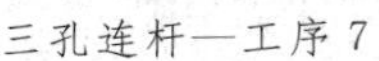

三孔连杆—工序 7

三孔连杆—工序 8

课题四　箱体类零件数控加工工艺

箱体类零件是机器及其部件的基础零件，它将机器及其部件中的轴、轴承、套和齿轮等零件按一定的相互关系装配成一个整体，并按预定的传动关系协调其运动，因此，箱体类零件的加工质量直接影响着机器的性能、精度和寿命。汽车上的变速器壳体、发动机缸体、机床上的主轴箱、进给箱等都属于箱体类零件，图 8 - 56 所示为几种箱体类零件的结构简图。由该图可见，各种箱体零件尽管形状各异，尺寸不一，但它们均有空腔，结构复杂，箱壁薄且壁厚不均匀等共同特点，在箱壁上有许多精度较高的轴承支撑孔和平面，外表面上有许多基准面和支承面以及一些精度要求不高的紧固孔等。因此，箱体零件的加工部位多，加工精度高，加工难度大。

图 8 - 56　箱体类零件

箱体类零件

一、箱体类零件主要技术要求

在箱体类零件中，以机床主轴箱精度要求最高。现以某车床主轴箱(零件图如图 8-57 所示)为例，将箱体零件的主要技术要求归纳为以下几项：

1) 孔径精度

孔径的尺寸误差和几何形状误差会使轴承与孔配合不良。孔径过大，配合过松，使旋转部件不稳定，并降低了支承刚度，易产生振动和噪声；孔径过小，使配合过紧，轴承将因外环变形而不能正常运转，缩短寿命；装轴承的孔不圆，也使轴承外环变形而引起旋转部件不稳定。从以上分析可知，孔的精度要求较高，主轴孔的尺寸精度为 IT6 级，表面粗糙度 Ra 值为 0.8 μm，其余孔为 IT7 级，表面粗糙度 Ra 值为 1.6 μm；孔的形状精度(如圆度、圆柱度)除作特殊规定外，一般不超过孔径的尺寸公差。

2) 孔与孔的位置精度

孔与孔的位置精度是指孔系的同轴度、平行度和垂直度要求。同一轴线上各孔的同轴度误差和孔端面对轴线的垂直度误差，会使轴和轴承装配到箱体后产生歪斜，致使主轴产生径向圆跳动和轴向窜动，同时也使温升增高，加剧轴承磨损。一般同轴上各孔的同轴度约为最小孔尺寸公差的一半。

孔系的平行度和垂直度误差影响齿轮的啮合质量，图 8-57 中Ⅱ、Ⅲ轴孔的轴线对主轴孔Ⅰ的轴线平行度公差为 0.01 mm/100 mm，Ⅳ轴孔的轴线对主轴孔Ⅰ的轴线平行度公差为 0.02 mm/100 mm，主轴孔 ϕ95K6 和 ϕ90K6 相对于基准 A(ϕ120K6 的轴线)的径向圆跳动不得大于 0.02。

3) 孔与平面的位置精度

孔与平面的位置精度主要指主轴孔和主轴箱安装基面的平行度要求，它决定了主轴与床身导轨的相互位置关系，这项精度是在总装时通过刮研来达到的。为减少刮研工作量，一般规定主轴孔对装配基面的平行度公差为 0.1 mm/600 mm。另外，孔的轴线对端面的垂直度也有一定的要求，如主轴孔箱壁内面对 ϕ120K6 轴线的垂直度为 0.01。

4) 主要平面的精度

箱体装配基面的平面度误差影响主轴箱与床身连接时的接触刚度，若加工箱体零件时以此作为定位基准，则会影响孔的加工精度，因此规定底面和导向面必须平直和相互垂直，其平面度、垂直度公差等级为 5 级。顶面的平面度要求是为了保证箱盖的密封性，防止工作时润滑油泄出，当大批大量生产将其顶面用做定位基面加工孔时，对顶面的平面度要求还要提高。一般箱体主要平面的平面度公差为 0.04 mm，表面粗糙度为$Ra \leq 1.6$ μm，平面之间的垂直度公差为 0.1 mm/300 mm。图 8-57 中，A 面的平面度公差为 0.05 mm。

5) 表面粗糙度

重要孔和主要表面的表面粗糙度会影响连接面的配合性质和接触刚度，其具体要求一般用 Ra 值来评价。一般重要配合孔的表面粗糙度为 Ra0.4 μm，其他各纵向孔的表面粗糙度为 Ra1.6 μm，孔的内端面粗糙度为 Ra3.2 μm，装配基准面和定位基准面粗糙度为 Ra 0.63～2.5 μm，其他平面粗糙度为 Ra2.5～10 μm。

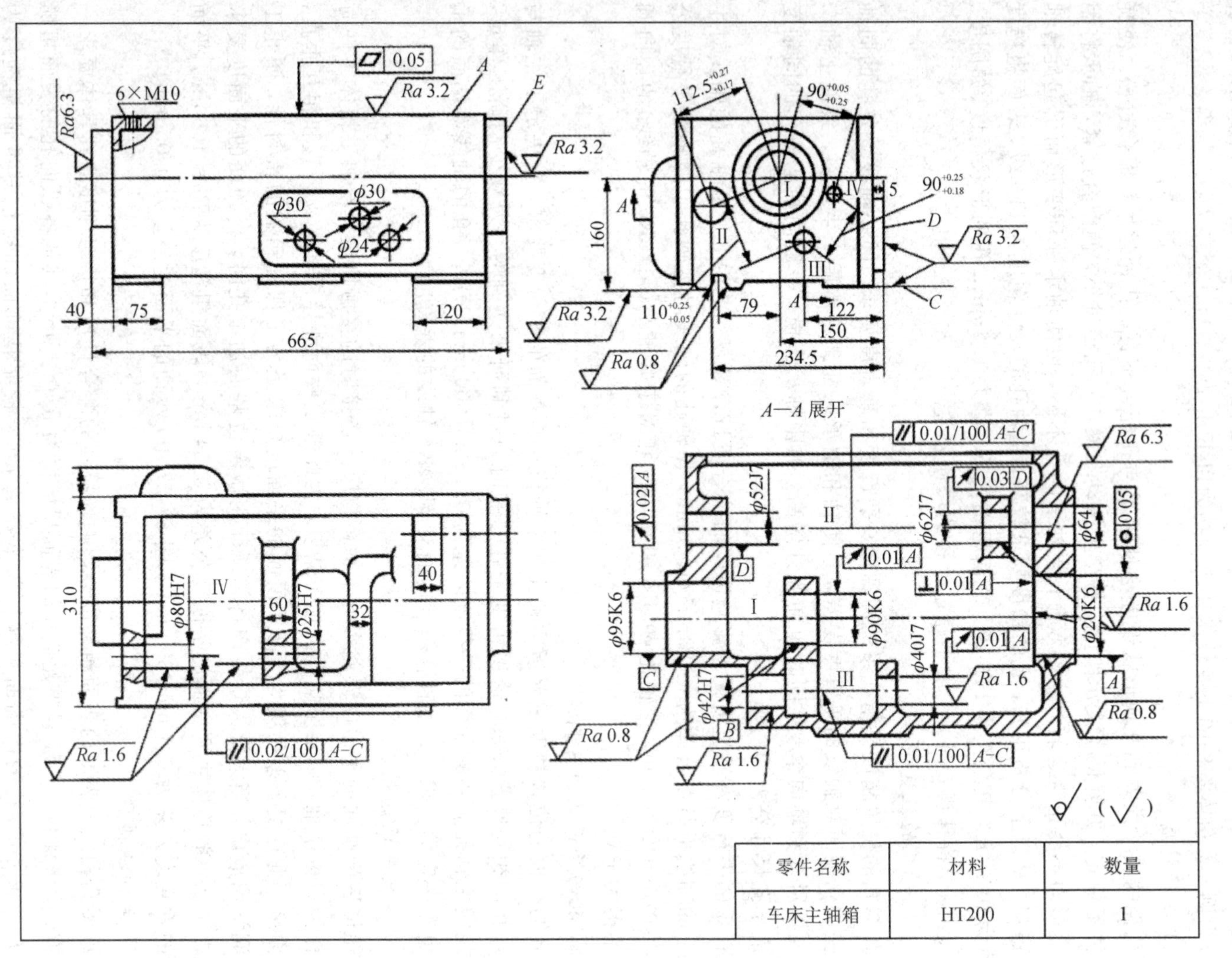

零件名称	材料	数量
车床主轴箱	HT200	1

图8-57　车床主轴箱零件图

二、箱体零件材料及毛坯确定

箱体类零件的结构形状一般都比较复杂，且内部呈腔形，其材料一般采用灰铸铁，常用的牌号为 HT200，这是因为灰铸铁不仅成本低，而且具有较好的耐磨性、可铸性、可切削性、吸振性和阻尼特性。精度要求较高的箱体可选用耐磨铸铁，负荷大的箱体也可采用铸钢件；对单件生产或某些简易的箱体，为了缩短生产周期和降低生产成本，可采用钢板焊接结构；在某些特定情况下，为减轻重量，也可采用铝镁合金或其他合金，如飞机发动机箱体及摩托车发动机箱体、变速箱箱体等。

铸件毛坯的加工余量视生产批量而定，单件、小批量生产的工件多用木模手工造型，毛坯精度低，加工余量大；批量、大量生产的工作通常采用金属模机器造型，毛坯精度高，加工余量小。单件、小批量生产直径大于 50 mm 的孔、批量生产直径大于 30 mm 的孔，一般都在毛坯上铸出预孔，以减少加工余量。

箱体类零件的加工主要是面和孔的综合加工，小型箱体一般可以在立式加工中心加工，大型箱体一般在卧式加工中心加工。箱体加工工艺过程随其结构、精度要求和生产批量的不同而有较大区别，但由于其加工内容主要是平面和孔系，所以加工方法上有共同点，下面结合实例来分析一般箱体加工中的共性问题。

三、箱体平面的结构工艺性与加工

箱体平面的粗加工和半精加工主要采用刨削和铣削，刨削的刀具结构简单，机床调整方便，但在加工较大平面时，生产效率低，适用于单件、小批量生产；铣削的生产效率一般比刨削高，在批量和大量生产中，多采用铣削。当生产批量较大时，为提高生产率，可采用专用的组合铣床对箱体各平面进行多刀、多面同时铣削。对于尺寸较大的箱体，可在龙门铣床上进行组合铣削，如图 8－58(a)所示。对于箱体平面的精加工，单件、小批量生产时，除一些高精度的箱体仍需采用手工刮研外，一般多以精刨代替传统的手工刮研；当生产批量大且精度要求较高时，多采用磨削方式。当磨削的平面较多时，也可采用图 8－58(b)所示的组合磨削方法，以提高磨削效率和平面间的相互位置精度。

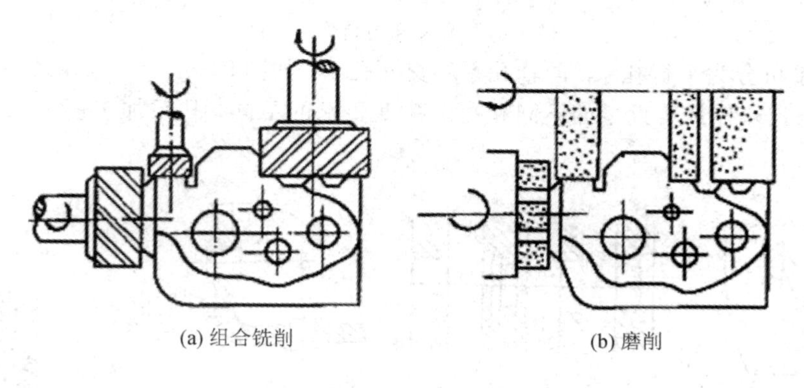
(a) 组合铣削　　(b) 磨削

图 8－58　箱体平面的组合铣削和磨削

四、箱体孔系的结构工艺性与加工

箱体上一系列具有相互位置精度要求的孔，称为孔系。孔系中，孔本身的精度、孔距精度和相互位置精度要求都很高，因此孔系加工是箱体加工的主要工序，根据生产规模和孔的精度要求可采用不同的加工方法。箱体上精度为IT7级的轴承孔一般需经3～4次加工，可采用镗(扩)—粗铰—精铰或粗镗(扩)—半精镗—精镗的加工方案(若未铸预孔则应先钻孔)，以上两种方案均能使孔的加工精度达IT7级，表面粗糙度达$Ra0.63\sim2.5\ \mu m$。当孔的精度高于IT6级，表面粗糙度值小于$Ra0.63$时，还应增加一道超精加工(精细镗、珩磨等)工序作为终加工工序，单件、小批量生产时，也可采用浮动铰孔。

箱体孔可分为通孔、阶梯孔、盲孔、交叉孔等几类，其中以通孔的工艺性为最好，尤其是孔深L与孔径D之比$L/D\leqslant1\sim1.5$的短圆柱孔工艺性最好；$L/D\geqslant5$的孔称为深孔，若深孔精度要求较高且表面粗糙度值较小时，加工较困难。阶梯孔、盲孔、交叉孔的加工工艺性较差，如图8-59(a)所示。当加工ϕ100H7孔的刀具走到交叉口处时，由于不连续切削产生径向受力不等，所以容易使孔的轴线偏斜和损坏刀具。为改善其工艺性，可将ϕ70 mm的毛坯孔不铸通(如图8-59(b)所示)，或先加工完ϕ100 mm孔后再加工ϕ70 mm孔，以使孔的加工质量易于保证。

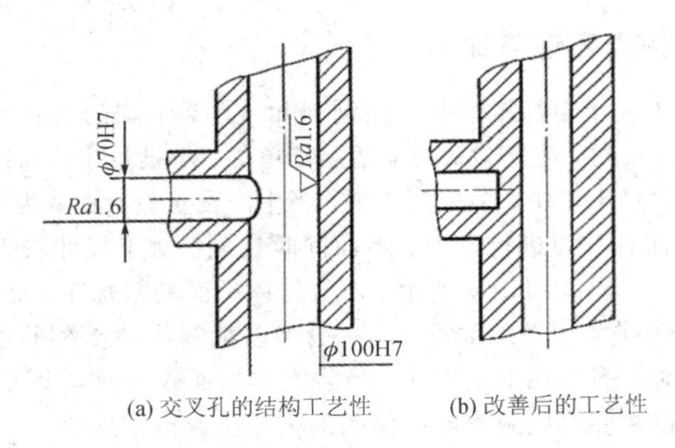

(a) 交叉孔的结构工艺性　　(b) 改善后的工艺性

图8-59　交叉孔的结构工艺性

箱体孔系可分为平行孔系、同轴孔系和交叉孔系，如图8-60所示。孔系加工是箱体加工的关键，根据箱体加工批量的不同和孔系精度要求的不同，孔系加工所用的方法也是不同的。

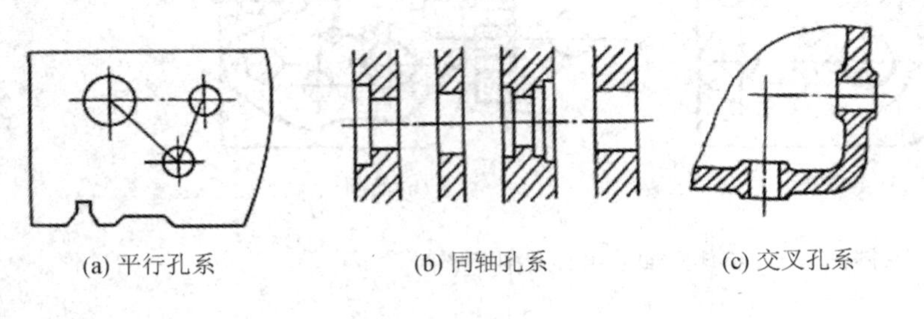

(a) 平行孔系　　(b) 同轴孔系　　(c) 交叉孔系

图8-60　孔系分类

孔系分类(镗削)

1. 平行孔系的加工

下面主要介绍保证平行孔系孔距精度的方法。

1）找正法

找正法是在通用机床(镗床、铣床)上利用辅助工具来找正所要加工孔的正确位置的加工方法。找正法加工的效率低，一般只适于单件、小批量生产，找正时除根据划线用试镗方法外，有时借用心轴和块规或用样板找正，以提高找正精度。

图 8-61 所示为心轴和块规找正法。镗第一排孔时将心轴插入主轴孔内(或直接利用镗床主轴)，然后根据孔和定位基准的距离组合一定尺寸的块规来校正主轴位置，校正时用塞尺测定块规与心轴之间的间隙，以避免块规与心轴直接接触而损伤块规，如图 8-61(a)所示。镗第二排孔时，分别在机床主轴和已加工孔中插入心轴，采用同样的方法校正主轴轴线的位置，以保证孔心距的精度，如图 8-61(b)所示，这种找正法的孔心距精度可达±0.03 mm。

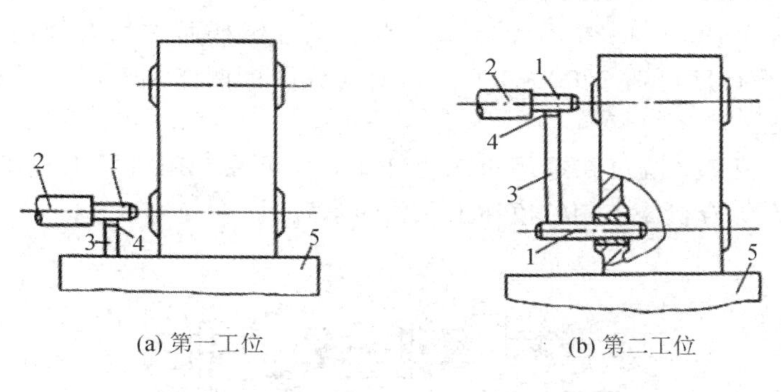

(a) 第一工位　　(b) 第二工位

1—心轴；2—镗床主轴；3—块规；4—塞尺；5—镗床工作台

图 8-61　用心轴和块规找正

图 8-62 所示为样板找正法，用 10～20 mm 厚的钢板制成样板 1，装在垂直于各孔的端面上(或固定于机床工作台上)，样板上的孔距精度较箱体孔系的孔距精度高(一般高0.01～0.03 mm)，样板上的孔径较工件的孔径大，以便于镗杆通过。样板上的孔径要求不高，但要有较高的形状精度和较小的表面粗糙度，当样板准确地装到工件上后，在机床主轴上装千分表 2，按样板找正机床主轴，找正后，即换上镗刀加工。样板找正法加工孔系不易出差错，找正方便，孔距精度可达 0.05 mm，此方法成本低，仅为镗模成本的 1/7～1/9，可用于单件、小批量生产中大型的箱体加工。

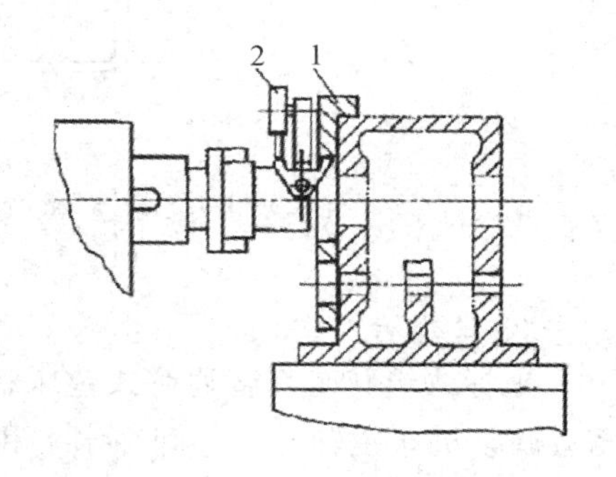

1—样板；2—千分表

图 8-62　样板找正法镗孔

2）镗模法

在成批生产中，广泛采用镗模加工孔系。如图 8-63 所示，工件 5 装夹在镗模上，镗杆 4 被支撑在镗模的导套 6 里，导套的位置决定了镗杆的位置，装在镗杆上的镗刀 3 将工件上相应的孔加工出来。

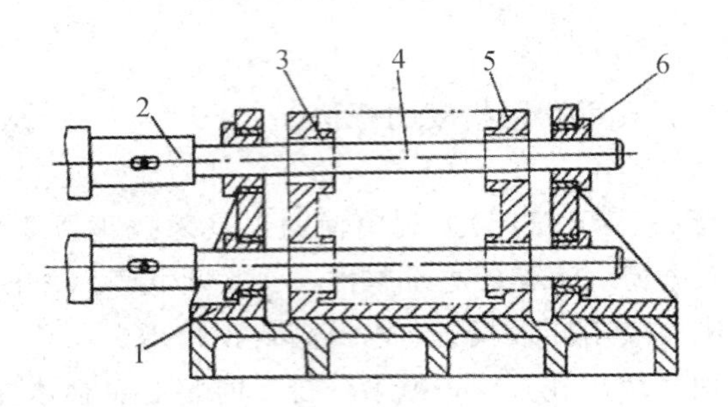

1—镗架支承；2—镗床主轴；3—镗刀；4—镗杆；5—工件；6—导套

图 8-63　用镗模加工孔系

当用两个或两个以上的支承 1 来引导镗杆时，镗杆与机床主轴 2 必须浮动连接。当采用浮动连接时，机床精度对孔系加工精度的影响很小，因而可以在精度较低的机床上加工出精度较高的孔系，孔距精度主要取决于镗模，一般可达 0.05 mm。公差等级 IT7 的孔，其表面粗糙度 Ra 可达 5～1.25 μm。当从一端加工且镗杆两端均有导向支承时，孔与孔之间的同轴度和平行度可达 0.02～0.03 mm；当分别由两端加工时，同轴度和平行度可达 0.04～0.05 mm。

用镗模法加工孔系，既可在通用机床上加工，也可在专用机床上或组合机床上加工，图 8-64 所示为在组合机床上用镗模加工孔系的示意图。

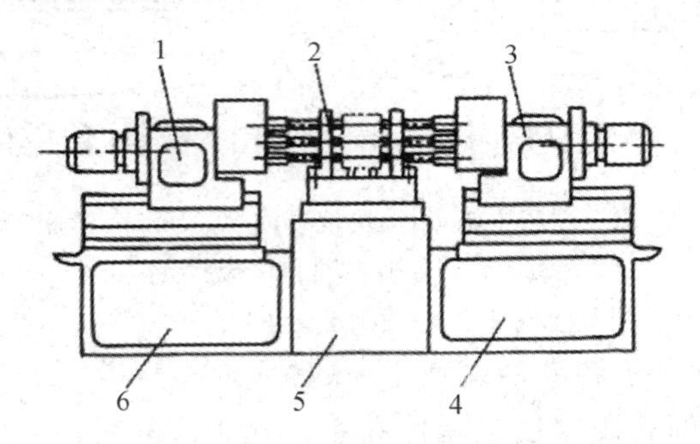

1—左动力头；2—镗模；3—右动力头；4、6—侧底座；5—中间底座

图 8-64　在组合机床上用镗模加工孔系

3）坐标法

坐标法镗孔是在普通卧式镗床、坐标镗床或数控镗铣床等设备上，借助于精密测量装置，调整机床主轴与工件间在水平和垂直方向的相对位置，来保证孔心距精度的一种镗孔方法。采用坐标法加工孔系时，要特别注意选择基准孔和镗孔顺序，否则坐标尺寸累积误差会影响孔距精度。选择的基准孔应尽量为本身尺寸精度高、表面粗糙度值小的孔（一般为主轴孔），这样在加工过程中，便于校验其坐标尺寸。孔心距精度要求较高的两孔应连在一起加工，加工时应尽量使工作台朝同一方向移动，因为工作台多次往复，其间隙会产生误差，影响坐标精度。

2. 同轴孔系的加工

箱体上同轴孔系的孔径排列方式有三种，图 8-65(a)所示为孔径大小向一个方向递减的孔，且相邻两孔直径之差大于孔的毛坯加工余量，这种排列方式便于镗杆和刀具从一端伸入并同时加工同轴线上的各孔，对单件、小批量生产的工件适用于在通用机床上加工。图8-65(b)所示为孔径大小从两边向中间递减的孔，对于大批量生产的工件，这种结构便于采用组合机床从两边同时加工，使镗杆的悬伸长度大大减短，提高了镗杆的刚度。图8-65(c)所示为孔径外小内大的孔，加工时要将刀杆伸入箱体后装刀、对刀，该孔结构工艺性差，应尽量避免。

在批量生产中，箱体上同轴孔系的同轴度几乎都由镗模来保证；在单件、小批量生产中，若同轴孔系相距很近，则用穿镗法加工；若同轴孔系跨距较大，则应尽量采用调头镗的方法加工，以缩短刀具的伸长量，减小其长径比，提高加工质量。

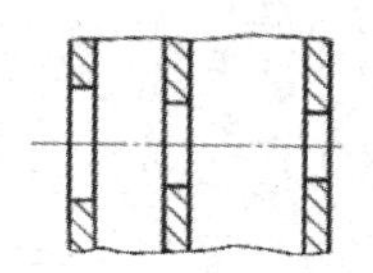

(a) 孔径大小向一个方向递减

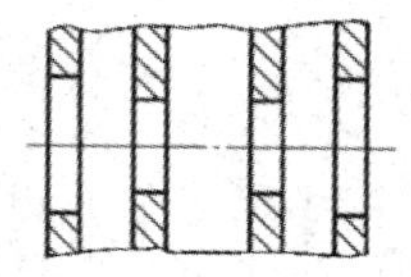

(b) 孔径大小从两边向中间递减

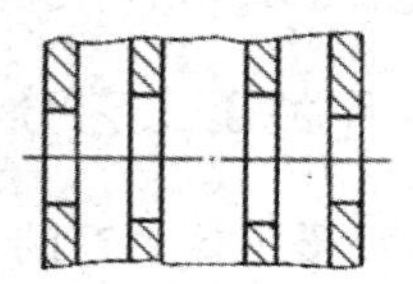

(c) 孔径外小内大

图8-65　同轴孔的结构工艺性

1）用已加工孔作支承导向

如图8-66所示，当箱体前壁上的孔加工好后，在孔内装一导向套，以支承和引导镗杆加工后壁上的孔，从而保证两孔的同轴度要求，这种方法只适用于加工箱壁较近的孔。

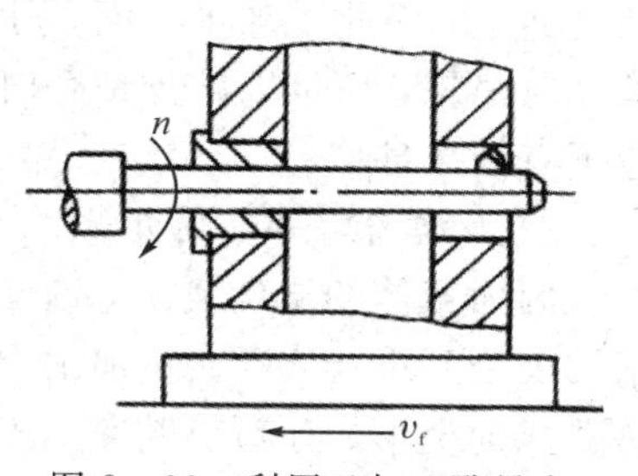

图8-66　利用已加工孔导向

2）用镗床后立柱上的导向套支承导向

镗杆系两端支承，刚性好，但调整麻烦，镗杆长，较笨重，故只适合于单件、小批量生产中大型箱体的加工。

3）用调头镗

当箱体箱壁相距较远时，可采用调头镗，工件在一次装夹下，镗好一端孔后，将镗床工作台回转180°，调整工作台位置，使已加工孔与镗床主轴同轴，再加工另一端孔。对同轴度要求不高的孔，可选择普通镗床镗削；对同轴度要求较高的孔，可选择卧式加工中心镗削。

调头镗

3. 箱体的端面

箱体的外端面凸台应尽可能在同一平面上，如图8-67(a)所示，若采用图8-67(b)所示形式，则加工就较繁琐。箱体的内端面加工比较困难，为了加工方便，箱体内端面尺寸应尽可能小于刀具需穿过的孔加工前的直径，如图8-67(a)所示；否则，必须先将刀杆引入孔后再装刀具，加工后卸下刀具才能将刀杆退出，如图8-67(b)所示，加工很不方便。另外，对于箱体孔内部端面的加工，一般都是采用铣、锪加工方法，这就要求加工的端面不宜过大，否则因为加工时轴向切削力大，易产生振动，影响加工质量。

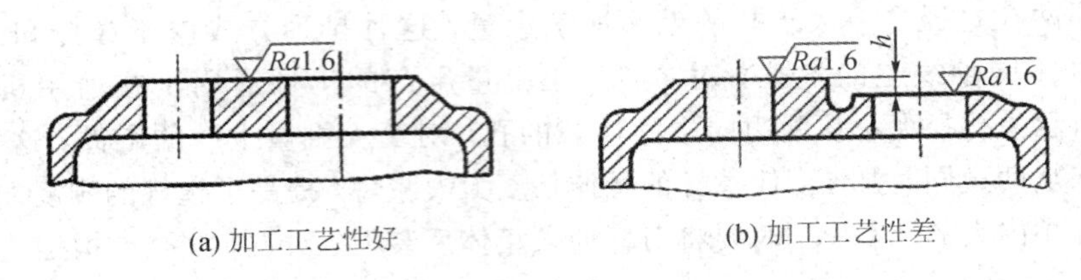

(a) 加工工艺性好 (b) 加工工艺性差

图 8-67 箱体端面的结构工艺性

4. 箱体的装配基面

箱体装配基面的尺寸应尽可能大，形状力求简单，以利于加工、装配和检验；另外，箱体上紧固孔的尺寸规格应尽量一致，以减少加工中换刀的次数。

五、箱体零件加工工艺分析

1. 不同批量箱体生产的共性

1）加工顺序

箱体零件的加工顺序为先面后孔，因为箱体孔的精度要求一般较高，加工难度大，先以孔为粗基准加工好平面，再以平面为精基准加工孔，这样既能为孔的加工提供稳定可靠的精基准，同时可以使孔的加工余量均匀。由于箱体上的孔一般是分布在外壁和中间隔壁的平面上，因此先加工平面，可通过切除毛坯表面的凸凹不平和夹砂等缺陷，减少不必要的工时消耗，还可以减少钻孔时刀具引偏及崩刃，有利于保护刀具，为提高孔加工精度创造了有利条件。

2）加工阶段粗、精分开

因为箱体的结构复杂，壁厚不均，刚性较差，而加工精度要求又高，所以加工时将粗、精加工分开进行，可在精加工中削除由粗加工所产生的内应力以及切削力、夹紧力和切削热造成的变形，有利于保证加工质量。但对于单件、小批量生产的箱体或大箱体的加工，为减少机床和夹具的数量，可将粗、精加工安排在一道工序内完成，不过从工步上讲，粗、精加工还是分开的。如粗加工后将工件松开一点，然后再用较小的夹紧力夹紧工件，使工件因夹紧力而产生的弹性变形在精加工之前得以恢复；粗加工后待充分冷却后再进行精加工，这样可以减少切削用量、增加进给次数，从而减少切削力和切削热的影响。

3）工序间安排时效处理

箱体的结构比较复杂，壁厚不均匀，铸造残余应力较大，为了消除残余应力、减少加工后的变形、保证加工后的精度及稳定性，毛坯铸造后应安排人工时效处理。对普通精度的箱体，一般在毛坯铸造之后安排一次人工时效即可；而对一些高精度的箱体或形状特别复杂的箱体，应在粗加工之后再安排一次人工时效处理，以消除粗加工所造成的内应力，进一步提高箱体加工精度的稳定性；对于有些精度要求不高的箱体毛坯，可以不安排时效处理，而是利用粗、精加工工序间的停放和运输时间，使之进行自然时效。

2. 箱体零件定位基准的选择

1）粗基准的选择

一般用箱体上的重要孔作为粗基准，这样可以使重要孔加工时余量均匀。主轴箱上的主轴孔是最重要的孔，所以常用主轴孔作为粗基准，但以主轴孔为粗基准只能限制工件的四个自由度，一般还需选一个与主轴孔相距较远的孔为粗基准，以限制围绕主轴孔回转的自由度。虽然箱体零件一般都选用重要孔为粗基准，但随着生产类型的不同，以主轴孔为粗基准的工件装夹方式也不同。

2）精基准的选择

箱体加工精基准的选择取决于生产批量。单件、小批量生产用装配基准作为定位精基准。如图 8-57 所示车床主轴箱单件、小批量加工孔系时，选择箱体底面导轨 B、C 面作为定位基准，B、C 面既是主轴孔的设计基准，又与箱体的主要纵向孔系、端面、侧面有直接的相互位置关系，故选择导轨 B、C 面做定位基准，不仅消除了基准不重合误差，还有利于保证各表面的相互位置精度，而且在加工各孔时，箱口朝上，便于安装调整刀具、更换导向套、测量孔径尺寸、观察加工情况和加注切削液等。这种定位方式适用于单件、小批量生产且刀具系统刚性好及箱体中间壁上的孔距端面较近的情况。当刀具系统刚性较差，箱体中间壁上的孔距端面较远时，为提高孔的加工精度，需要在箱体内部设置刀杆的导向支承。但由于箱口朝上，中间导向支承需装在图 8-68 所示的吊架装置上，这种悬挂的吊架刚性差，安装误差大，影响箱体孔系的加工精度，工件与吊架的装卸也很不方便。因此这种定位不适用于批量、大量生产。

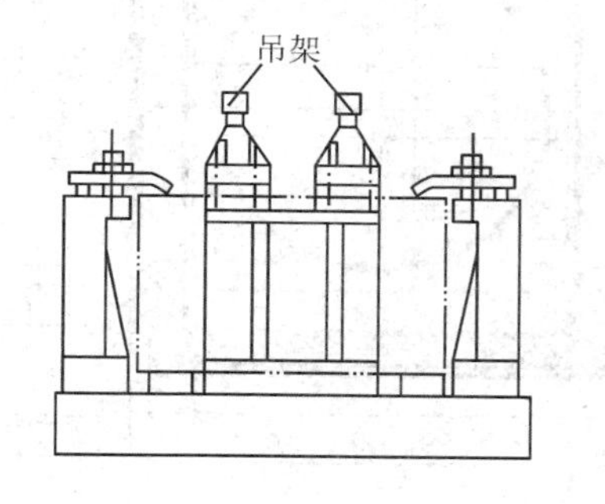

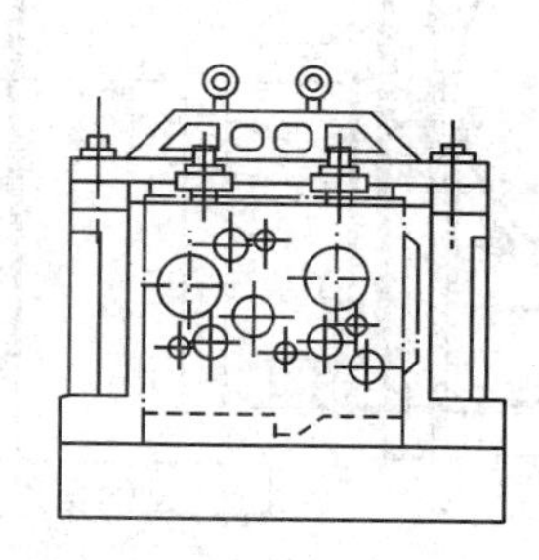
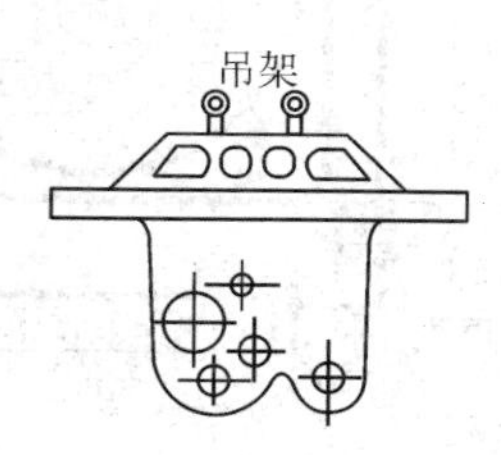

图 8-68　吊架式镗模夹具

批量生产时采用一面两孔作定位基准，主轴箱常以顶面和两定位销孔为精基准，如图 8-69所示，这种定位方式的箱口朝下，中间导向支架可固定在夹具上。由于简化了夹具结构，提高了夹具的刚度，同时工件装卸也比较方便，因而提高了孔系的加工质量和生产效率。这种定位方式同样也存在一定问题，由于定位基准与设计基准不重合，因此产生了基准不重合误差，为保证箱体的加工精度，必须提高作为定位基准的箱体顶面和两定位孔的加工精度。因此，在批量、大量生产的主轴箱(图8-57)工艺过程中，安排了磨 A 面工序和在顶面 A 上钻、扩、铰两个定位孔工艺工序，严格控制 A 面的平面度和 A 面至底面、A 面至

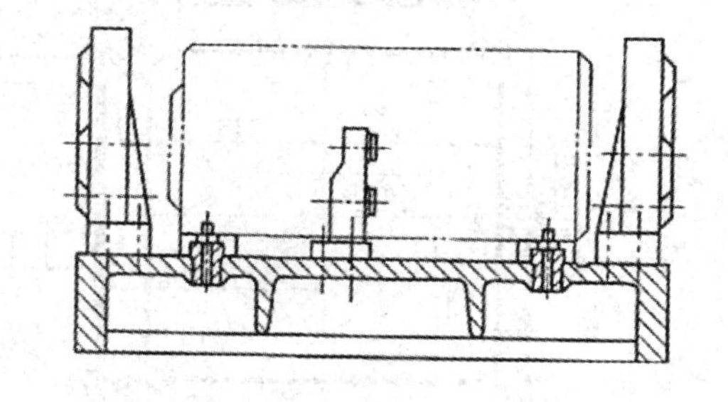

图 8-69　用箱体顶面和两销定位的镗床夹具

主轴孔轴心线的尺寸精度与平行度，并将两定位销孔通过钻、扩、铰等工序使其直径精度提高到 H7，增加了箱体加工的工作量。此外，这种定位方式中，箱口朝下，不便于在加工中直接观察加工情况，也无法在加工中测量尺寸和调整刀具。但在大批、批量生产中，广泛采用自动循环的组合机床、定尺寸刀具以及在线检测和误差补偿装置，因此加工情况比较稳定。

任务 6　箱体零件数控加工工艺

一、工艺准备

1. 阅读分析图样

图 8－70 所示为箱体零件工作图，图 8－71 所示为箱体零件三维图。箱体类零件形状复杂，尺寸要求多，一般都带有空腔、孔槽、小凸台面、壁厚等。箱体壁厚上往往设计有精度较高的轴承支承孔、同轴孔，箱体表面则往往是作基准用的大平面、支承面以及一些精

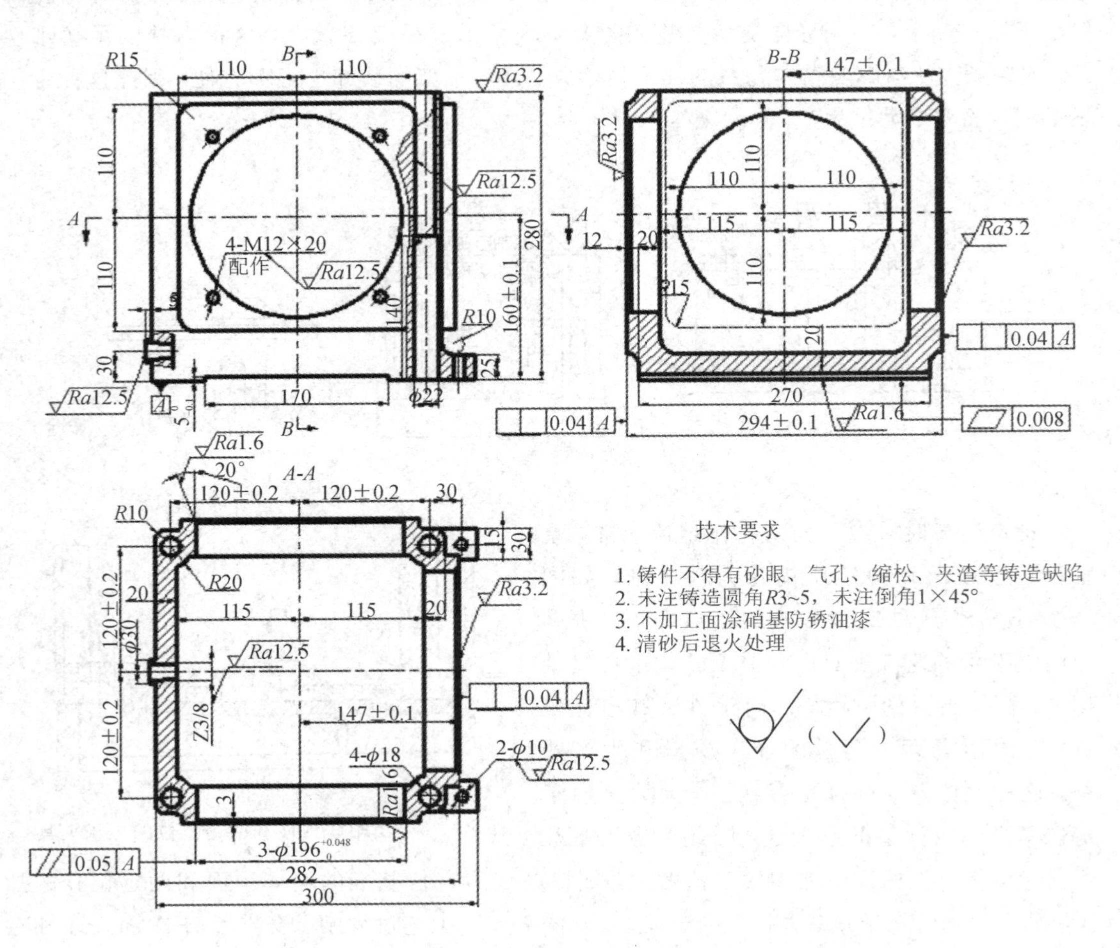

图 8－70　箱体零件工作图

度要求不高的紧固孔等，箱体类零件加工部位多，加工精度要求高，加工难度大。箱体材料为 QT600－3 球墨铸铁，铸造毛坯，批量生产，零件加工所用机床为卧式加工中心 HDA50，数控系统为 FANUC－0i－MD，刀库为刀臂式 24 把，刀柄形式为 BT40；或选用 VDL600A 立式加工中心，数控系统为 FANUC，刀库为斗笠式 16 把，刀柄形式为 BT40。

图 8－71　箱体零件三维图

数控加工工艺设计的首要任务是对零件进行图样结构工艺分析，箱体零件图样结构工艺分析如表 8－47 所示。

表 8－47　箱体零件图样结构工艺分析

序号	加工项目	尺寸精度/mm	粗糙度 $Ra/\mu m$	基准	几何公差	备注
1	底面	280，160±0.1	1.6	*A* 基准	平面度 0.008	主要表面
2	上表面		3.2			
3	长度×宽度	282×(294±0.1)	3.2		垂直度 0.04(*A* 基准)	
4	ϕ196 内孔	3－$\phi196^{+0.046}_{0}$	1.6		平行度 0.05(*A* 基准)	
5	ϕ22 内孔	ϕ22	12.5			
6	ϕ18 内孔	4－ϕ18	12.5			
7	ϕ10 内孔	2－ϕ10	12.5			
8	Z3/8 螺纹孔	Z3/8	12.5			
9	Z3/8 凸台面	ϕ30	12.5			

2. 制订各主要部位加工方法

九个加工项目的数控加工工艺方法安排如表 8－48 所示。

表 8－48　单项数控加工工艺方法

序号	加工项目	尺寸精度/mm	加工方法	加工刀具
1	底面	280，160±0.1	粗铣—精铣—磨	面铣刀、砂轮
2	上表面		粗铣—精铣	面铣刀
3	长度×宽度	282×(294±0.1)	粗铣—精铣	面铣刀
4	ϕ196 内孔	3－$\phi196^{+0.046}_{0}$	粗镗—精镗	镗刀
5	ϕ22 内孔	ϕ22	钻孔	加长麻花钻
6	ϕ18 内孔	4－ϕ18	钻孔	加长麻花钻具
7	ϕ10 内孔	2－ϕ10	钻孔	麻花钻
8	Z3/8 螺纹孔	Z3/8	钻孔—攻螺纹	麻花钻、丝锥
9	Z3/8 凸台面	ϕ30	锪	立铣刀

根据九个加工项目的数控加工工艺方法，查阅机械加工工艺手册，分别确定各加工表面的机械加工余量，详见表 8-49。

表 8-49　机械加工余量表

序号	尺寸精度/mm	加工方法	粗加工	精加工	磨削或铰削	总余量	备注
			外圆、内孔双边余量，平面单边余量/mm				
1	280 底面	粗铣—精铣—磨	4	2	0.5	6.5	保证平面度
2	280 上表面	粗铣—精铣	4	2		6	
3	282×(294±0.1)	粗铣—精铣	4	2		6	以底面为基准，保证垂直度
4	3-$\phi196^{+0.046}_{0}$	粗镗—精镗	4	2		6	以底面为基准，保证平行度
5	4-ϕ22	钻孔	22			22	
6	4-ϕ18	钻孔	18			18	
7	2-ϕ10	钻孔	10			10	
8	Z3/8	钻孔—攻螺纹	14.4				
9	ϕ30 凸台面	锪	2			2	

3. 确定工件坐标系

在加工中心上加工小箱体零件时，一般以工件上表面对称中心或左下角作为工件坐标系原点 O。

4. 工件的定位与装夹

箱体零件的加工一般采用一面两销定位或平面几何体定位，粗基准设定在箱体上表面，精基准设定在箱体底面，装夹一般选用压板组合。

二、箱体零件的加工顺序及加工路线

完成单个项目数控加工工艺方法的制订后，关键问题在于如何将这九个项目的加工工艺路线串接起来，形成相对合理又符合企业厂情的工艺规范。按照基准先行原则，先用加工中心加工箱体上下表面，再按先面后孔、先重要后次要的原则，以底面为基准加工箱体各侧面及镗削大孔，最后加工螺纹连接孔等，符合按加工部位划分工序及按安装次数划分工序的原则。箱体零件数控加工工艺过程设计如表 8-50 所示。

箱体零件数控加工工艺

表 8-50　箱体零件数控加工工艺过程设计

工序号	工序名称	工 序 内 容	机床
1	铸造	铸造	
2	清砂	清除浇注系统冒口、型砂、飞边、毛刺等	清砂机
3	热	时效	

续表

工序号	工序名称	工 序 内 容	机床
4	油漆	非加工面涂防锈底漆	
5	铣	粗精铣箱体底面，保证尺寸(160.5±0.2) mm	立式加工中心
6	铣	粗精铣箱体上表面至尺寸 280.5 mm	立式加工中心
7	铣镗	以箱体底面为基准，粗铣 Ra3.2 各侧面均留余量 2 mm，粗镗 3-$\phi196^{+0.046}_{0}$孔，留余量 2 mm	卧式加工中心
8	磨	平磨箱体底面，保证尺寸(160±0.1) mm，箱体高度尺寸 280 mm	数控磨床
9	铣镗	以箱体底面为基准，精铣 Ra3.2 各侧面，保证图样尺寸(294±0.1) mm、(147±0.1) mm，孔口 20°倒角，精镗 3-$\phi196^{+0.046}_{0}$孔至图纸尺寸	卧式加工中心
10	钻	钻孔 4-ϕ18、4-ϕ22、2-ϕ10 至图纸尺寸，锪锥螺纹 Z3/8 凸台小平面至图样尺寸，钻攻锥螺纹 Z3/8 至图纸尺寸	数控钻床
11	钳	去毛刺	钳工台
12	热	氮化	氮化炉
13	终检	清洗检验，油封入库	检验台

从表 8-50 可以看出，工序 5、6、7、9 为数控铣床或加工中心加工工艺，工序集中，接下来分析工序 7、9 的加工工步。

1. 工序 7 工步分析

工序 7 粗加工箱体零件各个侧面及 3-$\phi196^{+0.046}_{0}$大孔，工序集中。工作内容是将箱体安装在卧式加工中心的回转工作台上，用压板组合夹紧，工序 7 加工工步如图 8-72 所示。

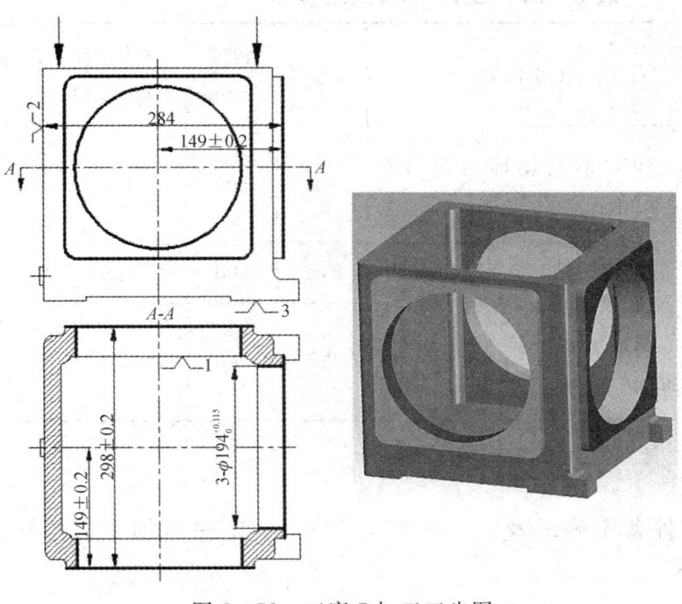

图 8-72　工序 7 加工工步图

箱体—工序 7

工序 7 选用面铣刀加工箱体各个侧面，箱体 3 - $\phi196^{+0.046}_{0}$ 三个大孔选用粗镗刀加工，工序 7 加工刀具卡见表 8 - 51。

表 8 - 51　工序 7 加工刀具卡

工序 7	刀号	刀具与刀柄规格	刀片名称与规格	加工部位	备　注
铣镗	T01	$\phi80$ 面铣刀 BT40 - FMB27 - 60	粗铣刀片 SNGX1205ANN - F67 - WAK15	前后侧面	$\kappa_r=45°$，8 齿
程序号	T02	$\phi50$ 面铣刀 BT40 - FMB22 - 60	粗铣刀片 SNGX1205ANN - F67 - WAK15	右侧面	$\kappa_r=45°$，4 齿
O6007	T03	粗镗头 RBH160 - 204 - C BT40 - BST - 70	CCMT120408	镗孔	双刃
刀具简图		T01、T02	T03		

根据工件材料、零件硬度、加工性质及加工精度、表面质量要求，合理选择切削参数，工序 7 具体加工参数见表 8 - 52。

表 8 - 52　工序 7 加工工步卡

工序 7	装夹	工步	工步内容	刀具号	转速 /(r/min)	进给速度 /(mm/r)	背/侧吃刀量 /mm
铣镗	压板装夹＋回转工作台	1	粗铣前后侧面均留余量 2 mm	T01	500	1.8	2
		2	粗铣右侧面留余量 2 mm	T02	500	1.8	2
		3	粗镗 3 - $\phi196^{+0.046}_{0}$ 孔均留余量 2 mm	T03	250	0.8	2

2. 工序 9 工步分析

工序 9 精加工箱体零件各个侧面及 3 - $\phi196^{+0.046}_{0}$ 大孔，工序 9 加工工步如图 8 - 73 所示。

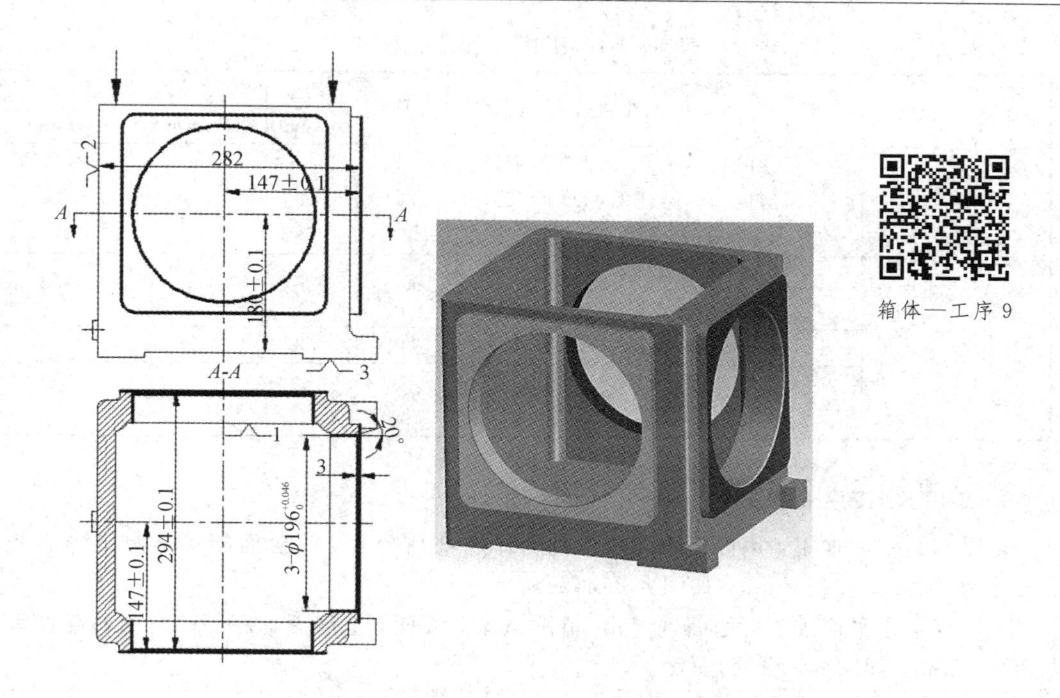

图 8-73　工序 9 加工工步图

选用面铣刀加工箱体各个侧面，箱体三个大孔选用精镗刀加工，工序 9 加工刀具卡见表 8-53。

表 8-53　工序 9 加工刀具卡

工序 9	刀号	刀具与刀柄规格	刀片名称与规格	加工部位	备　注
铣镗	T01	φ80 面铣刀 BT40-FMB27-60	精铣刀片 XNGX1205ANN-F67-WAK15	前后侧面	$\kappa_r=45°$，8 齿
	T02	φ50 面铣刀 BT40-FMB22-60	精铣刀片 XNGX1205ANN-F67-WAK15	右侧面	$\kappa_r=45°$，4 齿
程序号	T03	倒角铣刀 BT40-ER32-100	ODMW050408-A57-WAK15	倒角	插补铣，3 刃
O6009	T04	精镗头 CBH100-203 BT40-LBK6-115	TC11	镗孔	单刃
刀具简图		T01、T02	T03	T04	

根据工件材料、零件硬度、加工性质及加工精度、表面质量要求，合理选择切削参数，工序 9 具体加工参数见表 8-54。

表 8-54 工序 9 加工工步卡

工序 9	装夹	工步	工步内容	刀具号	转速 /(r/min)	进给速度 /(mm/r)	背/侧吃刀量 /mm
铣镗	压板装夹+回转工作台	1	以箱体底面为基准，精铣前后侧面，保证图样尺寸(294±0.1) mm	T01	700	0.9	2
		2	精铣右侧面，保证图样尺寸(147±0.1) mm	T02	700	0.9	2
		3	孔口 20°倒角	T03	1000	0.75	
		4	精镗 $3-\phi196^{+0.046}_{0}$ mm 孔至图样	T04	350	0.15	1

3. 工序 5、工序 6 加工

工序 5 是平面加工，用面铣刀粗、精铣箱体底部凸台面，凸台面与箱体水平中心线高度尺寸为(160.5±0.2) mm，如图 8-74(a)所示。

工序 6 也是平面加工，用面铣刀粗、精铣箱体上表面，上表面与底部凸台面的高度尺寸为 280.5 mm，如图 8-74(b)所示。

箱体—工序 5

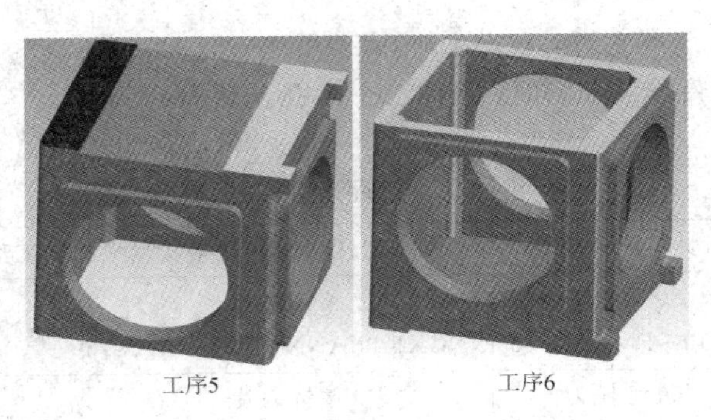

箱体—工序 6

图 8-74 工序 5、工序 6 加工完成后零件

思考与练习

8-1 加工孔时，刀具在 *XY* 平面内的运动属点位运动，因此确定进给加工路线时应主要考虑什么？

8-2 对于不便装夹的异形类零件，可考虑在毛坯上增加辅助基准，试举例说明。

8-3 简述箱体零件定位粗基准的选择。

8-4 简述铣削平行平面的加工方法。

8-5 简述铣削垂直平面的加工方法。

8-6 内槽(型腔)起始切削的加工方法主要有哪几种？各有何特点？

8-7 简述铣削外轮廓的加工路线。

8-8 简述铣削内轮廓的加工路线。

8-9　简述铣削内槽(内型腔)的加工路线。

8-10　编写图8-75所示平面沟槽凸轮零件的数控加工工艺规程，生产类型属批量生产，零件材料HT200。

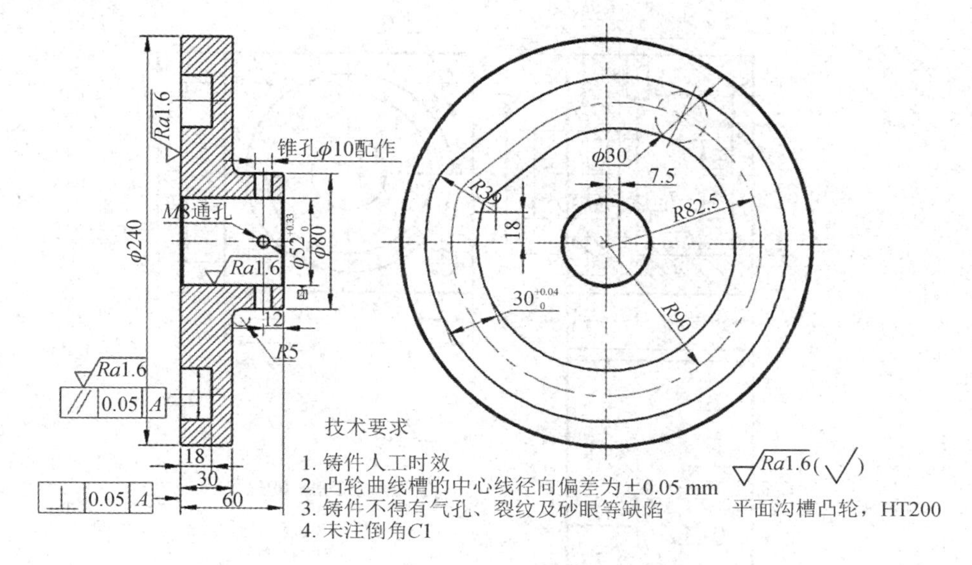

图8-75　平面沟槽凸轮零件

8-11　编写图8-76所示上盖板零件的数控加工工艺规程，生产类型属批量生产，零件材料45。

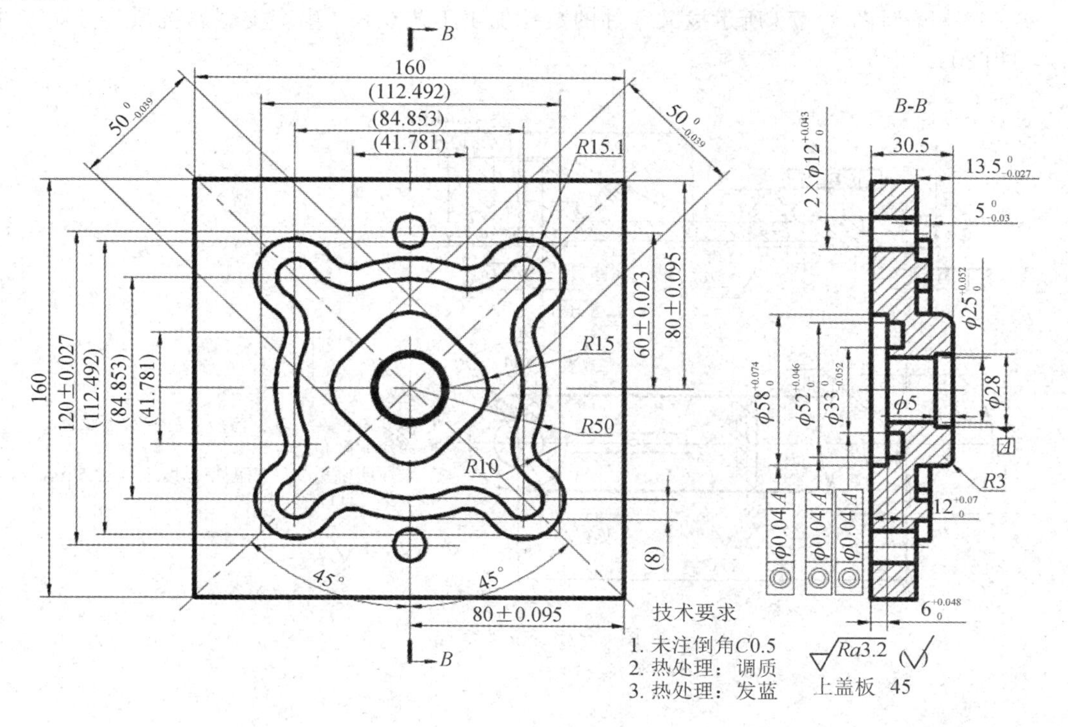

图8-76　上盖板零件

8-12 编写图 8-77 所示中阀体零件的数控加工工艺规程，生产类型属批量生产，零件材料 ZCuSn10P1。

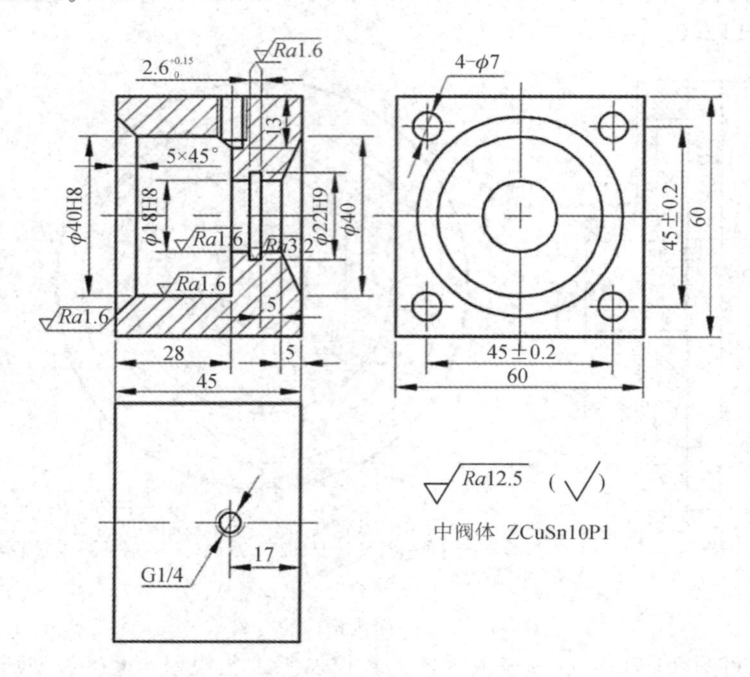

图 8-77 中阀体零件

8-13 编写图 8-78 所示拨叉零件的数控加工工艺规程，生产类型属批量生产，零件材料 HT200。

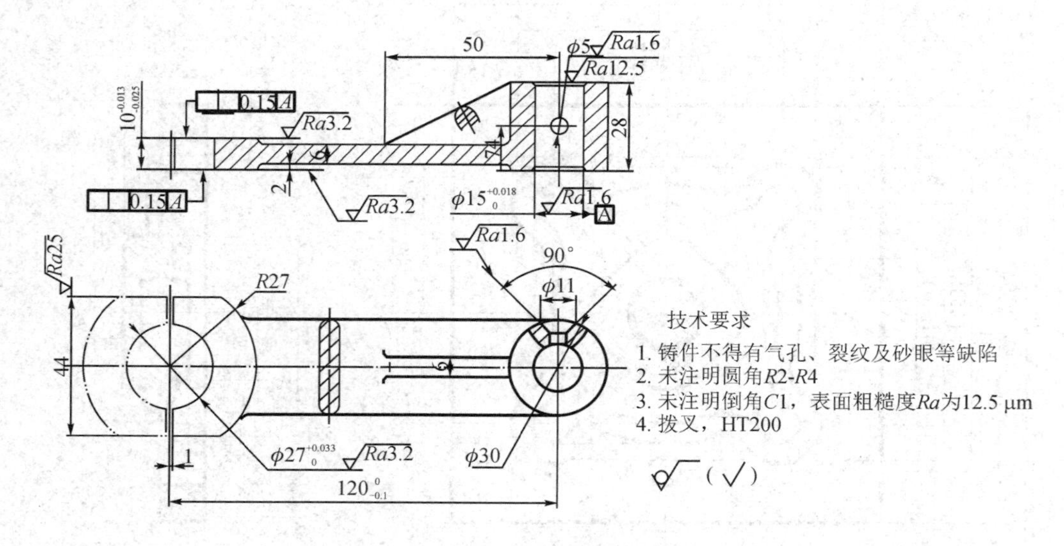

图 8-78 拨叉零件

编写图 8－79 所示钟形罩零件的数控加工工艺规程，生产类型属批量生产，零

250。

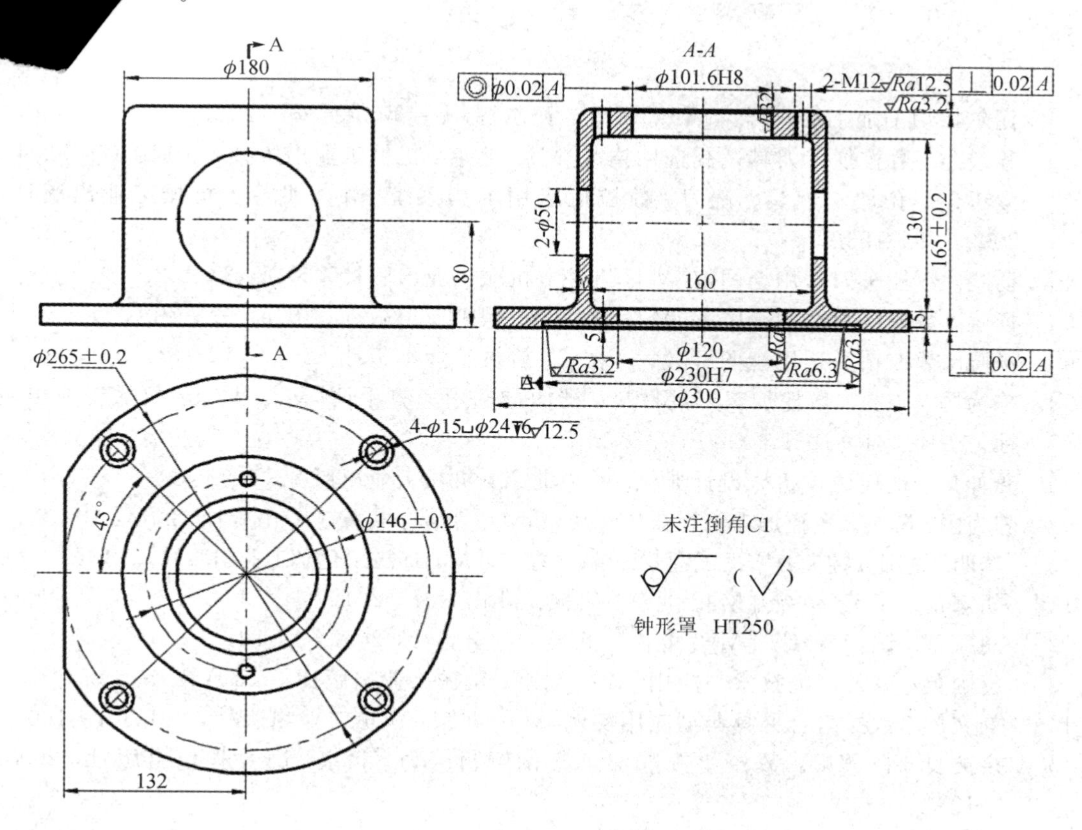

图 8－79　钟形罩零件

参考文献

[1] 瓦尔特切削加工综合样本[M]. 无锡：瓦尔特(无锡)有限公司，2012.
[2] 苏宏志. 数控加工刀具及其选用技术[M]. 北京：机械工业出版社，2014：175-204.
[3] 袁哲俊. 孔加工刀具、铣刀、数控机床用工具系统[M]. 北京：机械工业出版社，2009：89-123.
[4] 杨晓. 数控车刀选用全图解[M]. 北京：机械工业出版社，2014：3-102.
[5] 杨晓. 数控铣刀选用全图解[M]. 北京：机械工业出版社，2015：17-79.
[6] 杨晓. 数控钻头选用全图解[M]. 北京：机械工业出版社，2017：12-64.
[7] 陈为国，陈昊. 数控加工刀具材料、结构与选用速查手册[M]. 北京：机械工业出版社，2016：31-103.
[8] 龚仲华. 现代数控机床设计典例[M]. 北京：机械工业出版社，2014：24-117.
[9] 陈为国，陈昊. 数控加工编程技巧与禁忌[M]. 北京：机械工业出版社，2014：10-200.
[10] 李明. 全国数控大赛实操试题及详解(数控车)[M]. 北京：化学工业出版社，2013：1-90.
[11] 胡家富. 铣工(初级)[M]. 北京：机械工业出版社，2012：1-51.
[12] 胡家富. 铣工(中级)[M]. 北京：机械工业出版社，2012：1-84.
[13] 赵国英. 高效铣削技术与应用[M]. 北京：机械工业出版社，2016：5-79.
[14] 刘文周. 数控组合夹具典型应用实例[M]. 北京：机械工业出版社，2015：1-160.
[15] 余英良，杨德卿. 数控车铣削加工案例解析[M]. 北京：高等教育出版社，2008：1-93.
[16] 金福昌. 车工(初级)[M]. 北京：机械工业出版社，2012：1-201.
[17] 金福昌. 车工(中级)[M]. 北京：机械工业出版社，2012：1-128.
[18] 金福昌. 车工(高级)[M]. 北京：机械工业出版社，2012：1-77.
[19] 郑修本. 机械制造工艺学[M]. 北京：机械工业出版社，2017：23-141.
[20] 李守勇，李增平. 机械制造工艺与机床夹具[M]. 北京：机械工业出版社，2015：57-216.
[21] 何庆稀. 实用数控编程技术教程[M]. 北京：清华大学出版社，2018：40-52.
[22] 金属切削基础及刀具应用—刀柄系统[M]. 北京：山特维克可乐满(中国)，2011.
[23] 魏杰. 数控机床结构[M]. 北京：化学工业出版社，2015：1-89.
[24] 张宝珠. 典型精密零件机械加工工艺分析及实例[M]. 北京：机械工业出版社，2017：55-119.
[25] 陈宏钧. 典型零件机械加工生产实例[M]. 北京：机械工业出版社，2016：102-217.
[26] 马敏莉. 机械制造工艺编排及实施[M]. 北京：清华大学出版社，2016：25-52.